Forschungshefte aus dem
Gebiete des Stahlbaues

Herausgegeben vom

Deutschen Stahlbau-Verband, Berlin, im NS.-Bund Deutscher Technik

Schriftleitung: Professor Dr.-Ing. K. Klöppel, Technische Hochschule, Darmstadt

Heft 6

Beiträge zur Baustatik,
Elastizitätstheorie, Stabilitätstheorie, Bodenmechanik

Von

W. Blick, E. Chwalla, F. Dischinger, O. Domke, R. Grammel,
H. Hencky und W. Moheit, R. Hoffmann, K. Klöppel, H. Lorenz,
L. Mann, R. Gran Olsson, H. Petermann, J. Pirlet, K. Pohl,
A. Pucher, A. Rudakow, F. Schleicher, A. Schleusner,
F. Tölke, U. Wegner, G. Worch

Mit dem Bildnis August Hertwigs und 157 Abbildungen im Text

Springer-Verlag Berlin Heidelberg GmbH
1943

ISBN 978-3-642-89002-4   ISBN 978-3-642-90858-3 (eBook)
DOI 10.1007/978-3-642-90858-3

August Hertwig.

Geheimrat Professor Dr.-Ing. e. h. August Hertwig vollendete am 20. März 1942 in geistiger und körperlicher Frische sein siebzigstes Lebensjahr. Sein Geburtsort ist Mühlhausen in Thüringen, wo bemerkenswerterweise auch noch zwei andere der bedeutendsten Brückenbauer und Statiker ihre Schulzeit verlebten: August Röbling (1806 bis 1869), der Schöpfer der ersten vollkommenen Kabelhängebrücke in Amerika, und Hermann Zimmermann (1845 bis 1935), der Nachfolger Schwedlers als Betreuer des staatlichen Brückenbaues in Preußen. Nach dem Besuch des Gymnasiums seiner Vaterstadt studierte Hertwig in Berlin zunächst kurze Zeit Architektur und dann Bauingenieurwesen. 1894 wurde er Regierungsbauführer und 1898 Regierungsbaumeister. In dieser Zeit, die er zu einem großen Teil im Oldenburger Land verbrachte, war er überwiegend als Brückenbauer tätig. Danach wurde ihm die bedeutsame Aufgabe übertragen, Entwurf und Ausführung der großen Gewächshäuser für die Neuanlage des Botanischen Gartens in Berlin-Dahlem durchzuführen. Hier hatte er erstmals Gelegenheit, seine schöpferische Begabung zu offenbaren: er bereicherte die Theorie des räumlichen Fachwerkes um eine neue Form statisch bestimmter Netzwerkkuppeln, die den bei diesem Bau gestellten Bedingungen besser gerecht wurde als die bis dahin bekannten Tragwerksformen.

Seiner Neigung zum Lehren und Mitteilen folgend, betätigte er sich gleichzeitig als Assistent an der Technischen Hochschule in Berlin bei Hauck (Darstellende Geometrie), Brandt (Eisenkonstruktionen des Hochbaues) und Müller-Breslau (Statik). Im Jahre 1902 wurde Hertwig nach Aachen berufen, wo er etwas später auch noch den Eisenbau übernahm. Er entfaltete hier neben seiner vorbildlichen Lehrtätigkeit eine umfangreiche Forschungstätigkeit. Schon in dieser Zeit entstand ein großer Teil seiner Abhandlungen, die in dem angefügten Verzeichnis zusammengestellt sind. Aber auch als Gutachter war er von den Behörden und der benachbarten rheinischen Industrie hoch geschätzt; seine Mitarbeit am „Deutschen Normalprofilbuch für Walzeisen" fällt ebenfalls in diese Zeit. Zweimal berief ihn das Vertrauen seiner Kollegen zum Rektoramt, 1909—1911 und in der Kriegszeit 1915—1917. Als Stadtverordneter stellte er seine Arbeitskraft dem Gemeinwohl zur Verfügung, besonders in der schweren Zeit der Rheinlandbesetzung konnte er der Stadtgemeinde wie der Hochschule durch mannhaftes Eintreten für die deutschen Interessen wertvolle Dienste leisten.

Das Jahr 1924 brachte eine Wende: Hertwig wurde als wahrhaft würdiger Nachfolger des emeritierten Altmeisters Müller-Breslau an die Technische Hochschule Berlin berufen, wo er noch volle dreizehn Jahre eine Tätigkeit ausübte, deren Umfang und Vielseitigkeit ganz ungewöhnlich war. Die wissenschaftliche Vorbereitung der jungen Baureferendare, die ihm immer besonders am Herzen lag, half er als Mitglied des technischen Oberprüfungsamtes seit 1926 fördern. Im gleichen Sinne konnte er sich seit 1936 als Mitglied des Reichsprüfungsamtes für höhere technische Verwaltungsbeamte einsetzen. Im Jahre 1926 wurde er auch zum Mitglied der Akademie des Bauwesens ernannt und die Technische Hochschule Darmstadt verlieh ihm die Würde eines Dr.-Ing. ehrenhalber.

Die neue Wissenschaft der Bodenmechanik, der er sich in seiner Berliner Zeit besonders widmete, hat er grundlegend bereichert. In der „Deutschen Forschungsgesellschaft für Bodenmechanik" führt er seit 1928 den Arbeitsausschuß.

Hertwigs überragende Verdienste liegen auf dem Gebiet der Berechnung hochgradig statisch unbestimmter Systeme. Hier verdanken wir ihm vor allem eine umfassende statische Deutung der mathematischen Erscheinungsformen, wodurch die Fehlerempfindlichkeit der Elastizitätsgleichungen eine anschauliche und erschöpfende Erklärung fand. Für die Praxis ergaben sich dadurch leichtmögliche Kriterien für die zweckmäßige Wahl der statisch überzähligen Größen. Die klaren Gedanken seiner tiefgründigen Arbeiten wurzeln in einer zuverlässigen physikalischen Grundlage und sind mathematisch meisterhaft formuliert. Diese Vorzüge geben seinen Arbeiten ihr besonderes Gepräge; aus ihnen strömte aber auch die Frische und Lebendigkeit, die wir an Hertwig besonders schätzen. Von seiner souveränen Beherrschung der Baustatik zeugt auch die aufschlußreiche Abhandlung über den Dualismus zwischen der Kräftegrößen- und der neueren Formänderungsgrößen-Methode. Die Ergebnisse seiner Untersuchungen — sei es nun das bekannte Hertwigsche Verfahren zur Auflösung der Elastizitätsgleichungen durch Reihenentwicklung, oder sei es etwa seine Formel zur Feststellung der Fehlerempfindlichkeit eines Gleichungssystems — sind allgemein anerkannte und unentbehrliche Bestandteile der Grundlagen unserer Baustatik geworden. Stets führt die Vertiefung statischer Kenntnisse auch auf die Hertwigschen Arbeiten, deren erzieherische Wirkung gerade in den besonders wertvollen Abhandlungen und Dissertationen unseres Fachgebietes unverkennbar ist.

Nie erlahmte sein Forschergeist! So ist es wohl verständlich, daß Hertwig nicht abseits stand, als in jüngerer Zeit die Schweißtechnik im Stahlbau eingeführt wurde.. Er beschäftigte sich mit dem Kräfteverlauf in den Stirn- und Flankenkehlnähten — worüber er in einem seiner beliebten Vorträge zur wissenschaftlichen Tagung des Deutschen Stahlbau-Verbandes im Jahre 1933 berichtete — und ließ in der von ihm geleiteten Versuchsanstalt für Statik auch geschweißte Konstruktionselemente untersuchen. Seine versuchstechnischen Arbeiten im Stahlbau erstreckten sich im übrigen vor allem auf Nietverbindungen und Druckstäbe.

Vom Generalinspektor für das deutsche Straßenwesen und vom Generalbauinspektor für die Reichshauptstadt wurde er zur Bewältigung besonders schwieriger statischer Aufgaben herangezogen. Dieser Zusammenarbeit entstammen die Aufsätze über weitgespannte Hängebrücken und die nicht veröffentlichten Arbeiten über Massivkuppeln. Für die Reichsbahn untersuchte er in jüngster Zeit das statische Verhalten mehrteiliger Fachwerke mit biegungssteifen Gurtungen in Abhängigkeit von ihrer Ausfachungsart.

Für die führenden Baubehörden war er auch als Baugrundforscher tätig. Insbesondere beim Bau der Reichsautobahnen konnten seine Vorschläge zur Bodenuntersuchung und Bodenverdichtung verwirklicht werden; hat doch Hertwig erstmals die grundlegenden Beziehungen zwischen den Schwingungserscheinungen des Bodens und dessen Elastizitäts- sowie Festigkeitszahlen untersucht. Auch an diesen Abhandlungen besticht die mathematische Gewandtheit. Nach seiner Emeritierung wirkte er auch in größerem Umfange als gerichtlicher Gutachter für die Beurteilung von Gebäudeschäden, die durch Grundwasserabsenkung entstehen.

In der Aufgeschlossenheit seines Wesens für alle Kulturprobleme liegt es begründet, daß sich Hertwig mit der Arbeit auf seinem engeren Fachgebiet nicht begnügen konnte. Schon immer hatte ihn die Geschichte der Technik angezogen; Beiträge zur Geschichte der Gewölbe, des deutschen Eisenbrückenbaues, der Straßenbautechnik und zur Geschichte der Statik im 19. Jahrhundert sind die Früchte dieser Tätigkeit. Eine auch stilistisch besonders gut gelungene Biographie Joh. Wilh. Schwedlers, zu dessen 100. Geburtstag im Auftrag der Akademie des Bauwesens herausgegeben, soll die Erinnerung an den Altmeister des norddeutschen Eisenbrücken- und Hochbaues wachhalten; wahrhaftig ein Buch, so recht geeignet, in der Jugend Ehrfurcht und Begeisterung zu wecken und den rückschauenden Ingenieur mit Stolz auf sein Fachgebiet zu erfüllen.

Seinen Gedanken über die Stellung der Technik in der Kultur hatte er bereits in einer Aachener Rektoratsrede Ausdruck gegeben. Anregungen, um den besten Weg für die Ausbildung der jungen Techniker zu finden, sind in der Schrift „Zur Hochschulreform" niedergelegt. Dabei war ihm stets bewußt, daß das persönliche Beispiel des Lehrers — dessen Verhältnis zu den Studierenden — wichtiger ist als alle organisatorischen Maßnahmen. Immer hilfsbereit mit Auskunft und Rat, hielt er Sonder- und Doppelvorträge, die oft mit großen Opfern an Zeit und Bequemlichkeit verbunden waren. Zahlreiche Ingenieure, die in Aachen und Berlin studiert haben, werden ihres verehrten Lehrers an seinem Ehrentage in Liebe und Dankbarkeit gedenken. Daß ihm auch eine stattliche Anzahl führender Statiker des Flugzeugbaues ihre wissenschaftliche Ausbildung verdankt, sei nur nebenbei erwähnt.

Auf vielen Gebieten zu Hause, ein sehr guter, temperamentvoller Redner, stets bereit, Zeit und Kraft in den Dienst der Allgemeinheit zu stellen, war er der gesuchte Leiter von Fachausschüssen, des Deutschen Luftfahrzeugausschusses (1927), der Deutschen Gesellschaft für Bauwesen (1935), der Fachgruppe für Festigkeitsfragen in der Lilienthal-Gesellschaft u. a. Seit dem Ableben Schapers führt Hertwig auch den Deutschen Ausschuß für Stahlbau.

Als gerichtlicher Gutachter bei Bauunfällen hat er oft die schwierige Aufgabe gemeistert, den Richtern das Wesen technisch-wissenschaftlicher Probleme nahezubringen und zu einer gerechteren Beurteilung schwieriger Ingenieurarbeiten beizutragen.

Eine solche erfolgreiche Ausstrahlung des beruflichen Wirkens hat natürlich starke Persönlichkeitswerte zur Voraussetzung. In der Tat hinterläßt Hertwig wohl auf jeden, der mit ihm in nähere Berührung kommt, einen tiefen und nachhaltigen Eindruck, der vor allem auf der Lauterkeit, Bescheidenheit und Natürlichkeit seines Wesens beruht, dem jede Pose und Eitelkeit fremd ist. Allen Tagesfragen zugängig, zum Aufnehmen und Lernen immer ebenso bereit wie zum Mitteilen und Weitergeben, voll Ehrfurcht vor den Leistungen der Väter, mit wohlwollendem und förderndem Verständnis für den Vorwärtsdrang der Jugend, ist August Hertwig einer der wissenschaftlichen Techniker, die dem Vorbild nahekommen, das dem geistigen Deutschen der Weise von Weimar bedeutet. Als ihm vom Führer des Deutschen Volkes an seinem siebzigsten Geburtstage die Goethemedaille für Kunst und Wissenschaft verliehen wurde, hat diese höchste Ehrung eines der ihrigen die ganze deutsche Fachwelt mit freudiger Genugtuung erfüllt.

Ein engerer Kreis von Fachgenossen wollte die Gelegenheit nicht vorübergehen lassen, in der vorliegenden Schrift eine bleibende Erinnerung an diesen bedeutungsvollen Tag zu schaffen. Wenn dieser kurzfristig gefaßte Entschluß trotz Krieg verwirklicht werden konnte, so verdankt dies die Fachwelt vor allem auch dem Deutschen Stahlbau-Verband, der gern und freudig eines der von ihm herausgegebenen Forschungshefte hierfür bereitstellte und auf diese Weise zugleich einen Teil seines Dankes an Hertwig als dem langjährigen Ordinarius für Stahlbau und dem ersten Schriftleiter der Zeitschrift „Der Stahlbau" abstatten möchte.

Den Mitarbeitern an dieser Schrift gilt ebenfalls unser Dank, nicht zuletzt auch dafür, daß sie vielfach trotz kriegswichtiger Tätigkeit in so kurzer Zeit ihre Beiträge zur Verfügung stellten. Manch einer ist zu seinem Bedauern durch solche Tätigkeit verhindert worden, an dieser Ehrung teilzunehmen. Schließlich gebührt aber unser besonderer Dank auch dem Verlag, der sich trotz der Ungunst der Zeit eine sorgfältige und würdige Ausstattung der Schrift hat angelegen sein lassen.

Mitten in dem gewaltigen Ringen um Großdeutschlands Freiheit und Lebensraum erschienen, soll die Schrift auch Zeugnis ablegen für den Fortgang der geistigen Arbeit in der Heimat. Sie will durch die Ehrung eines Mannes, der sich als Gelehrter wie als Mensch vorbildlich bewährt hat, zugleich dem wissenschaftlichen Nachwuchs dienen; nicht zuletzt sei sie aber auch der Ausdruck der herzlichen Glückwünsche unserer Fachwelt für den Jubilar, der noch recht lange in seiner bewunderungswürdigen Rüstigkeit als verpflichtendes Vorbild unter uns weilen möge.

K. Pohl. **K. Klöppel.**

Hertwigs Veröffentlichungen.

A. Auf dem Gebiet der Statik und Elastizitätslehre.

1. Beziehungen zwischen Symmetrie und Determinante in einigen Aufgaben der Fachwerktheorie. Festschrift für A. Wüllner 1905.
2. Die Entwicklung einiger Prinzipien in der Statik der Baukonstruktion und die Vorlesung über Statik der Baukonstruktion und Festigkeitslehre von G. C. Mehrtens. Z. Archit. u. Ingenieurw. 1906, S. 493.
3. Über die Berechnung mehrfach statisch unbestimmter Systeme und verwandte Aufgaben in der Statik der Baukonstruktion. Z. Bauw. 1910, S. 109.
4. Die Lösung linearer Gleichungen durch unendliche Reihen und ihre Anwendung auf die Berechnung hochgradig statisch unbestimmter Systeme. Festschrift für H. Müller-Breslau 1912.
5. Die Berechnung der Gewölbe nach der Elastizitätstheorie. Z. Betonbau 1913/14, S. 153.
6. Die Berechnung des Trägers auf mehreren Stützen mit gleichem und veränderlichem Querschnitt mit frei drehbaren oder eingespannten Stützen. Armierter Beton 1913, S. 219 und 261.
7. Einige besondere Klassen linearer Gleichungen und ihre Auflösung in der Statik der durchlaufenden Träger und der Rahmengebilde. Eisenbau 1917, S. 19.
8. Die Fehlerwirkung beim Auflösen linearer Gleichungen und die Berechnung statisch unbestimmter Gebilde. Eisenbau 1917, S. 110.
9. Die Berechnung der Rahmengebilde. Eisenbau 1921, S. 122.
10. Zur Berechnung symmetrischer, statisch unbestimmter Gebilde. Bauingenieur 1928, S. 161.
11. Die Statik der Baukonstruktionen. Erschienen im Handbuch der physikalischen und technischen Mechanik, Bd. IV, herausgegeben von Auerbach und Hort 1929.
12. Johann Wilhelm Schwedler, ein Leben und ein Werk. Berlin, Ernst u. Sohn 1930 (Buch).
13. Das „Kraftgrößenverfahren" und das „Formänderungsgrößenverfahren" für die Berechnung statisch unbestimmter Gebilde. Stahlbau 1933, S. 145.
14. Beitrag zum Hängebrückenproblem. Stahlbau 1940, S. 105.
15. Einfluß der nachgiebigen Hängestangen auf die Berechnung der Hängebrücke. Stahlbau 1941, S. 88.
16. Beitrag zur Berechnung mehrfacher Fachwerke. Stahlbau 1943.
17. Hertwig, A., und H. Petermann: Knickung zweier gegeneinander abgestützter Stäbe. Stahlbau 1928, S. 44.
18. Hertwig, A., und K. Pohl: Die Stabilität der Brückenendrahmen. Stahlbau 1936, S. 129.
19. Ausbildung der Enden einer Brücke mit Parallelträger. Schlußbericht der Intern. Verein. Brückenbau und Hochbau 1938.
20. Betrachtungen über I-Profile. Z. VDI. 1906, S. 1098.
21. Die Beanspruchung der Baumaterialien und die neuen ministeriellen Bestimmungen. Techn. Gemeindeblatt, Z. techn. u. hygien. Aufgaben der Verwaltung 1911, S. 21.
22. Messung der Nietbelastung in Nietverbindungen. Bauingenieur 1922, S. 170.
23. Hertwig, A., und H. Petermann: Über die Verteilung einer Kraft auf die einzelnen Niete einer Nietreihe. Stahlbau 1929, S. 289.
24. Die Spannung in Schweißnähten. Stahlbau 1933, S. 161.
25. Zur Frage der Bruchsicherheit mit Staumauern (mit Ludin und Petermann). Dtsch. Wasserw. 1933, S. 139.
26. Die Messehalle Nr. 7 in Leipzig. Stahlbau 1928, S. 2.
27. Nachwort zum Prozeß über den Kinoeinsturz in der Mainzer Landstraße in Frankfurt am Main. Stahlbau 1929, S. 89.
28. Zum Prozeß über den Kinoeinsturz in der Mainzer Landstraße in Frankfurt am Main. Stahlbau 1930, S. 132.

B. Auf dem Gebiet der Bodenmechanik.

29. Wesen und Ziele der neueren Bodenforschung in der Bautechnik. Bergbaul. Rdsch. 1930, Nr. 7, S. 52.
30. Die dynamische Bodenuntersuchung. Bauingenieur 1931, S. 457.
31. Baugrundforschung. Z. VDI 1933, S. 550.
32. Hertwig, Früh, Lorenz: Die Ermittlung der für das Bauwesen wichtigsten Eigenschaften des Bodens durch erzwungene Schwingungen. Berlin: Springer 1933.
33. Hertwig und Lorenz: Baugrundlehre. VDI-Jahrbuch 1934.
34. Neue Versuche über Bodenschwingungen. RTA-Nachr. 1934, Nr. 26, S. 30.
35. Bodenverdichtung. Straße 1934, S. 106.
36. Hertwig und Lorenz: Das dynamische Bodenuntersuchungsverfahren. Bauingenieur 1935, S. 279.
37. Bericht über die dynamischen Bodenuntersuchungen. Intern. Verein. Brückenbau und Hochbau, Vorbericht 1936.
38. Bemerkungen über neuere Erddruckuntersuchungen. Berlin: Springer 1939.

C. Auf dem Gebiet der Technikgeschichte.

39. Die Stellung der Technik im geistigen Leben des 19. Jahrhunderts. Festrede 26. 1. 1907.
40. Aus der Geschichte der Gewölbe, einn Beitrag zur Kulturgeschichte. Mitt. des Aachener Bezirksvereins Deutscher Ingenieure 1918.
41. Der deutsche Eisenbrückenbau, ein Beispiel für die Zusammenarbeit von Theorie und Praxis. Festschrift für Fa. Harkort 1922.
42. Aus der Geschichte der Gewölbe. Ein Beitrag zur Kulturgeschichte. Technikgeschichte Bd. 23 (1934).
43. Aus der Geschichte der Straßenbautechnik. Technikgeschichte Bd. 23 (1934).
44. Die Eisenbahn und das Bauwesen. Technikgeschichte Bd. 24 (1935).
45. Zur Geschichte der Statik der Baukonstruktionen. Technikgeschichte VDI 1940.
46. Technische Kulturdenkmäler, Abschnitt Bauwesen S. 95. München: F. Bruckmann 1932.

D. Verschiedenes.

47. Hochschulreform, erschienen 1930.
48. Die ersten Fünfzig Jahre der Stahlbauwerkstätten B. Seibert, Saarbrücken. Bautechn. 1934, S. 281.
49. Heinrich Müller-Breslau zum 70. Geburtstage. Bauingenieur 1921, S. 201.
50. Müller-Breslau zum Gedächtnis. Rede 15. 6. 1925.
51. Zum Hundertsten Geburtstag Wilhelm Schwedlers. Bauingenieur 1923, S. 317.
52. Hermann Zimmermann †. Z. VDI 1935, S. 595.
53. Technik-Geschichte. Conrad Matschoß zum 70. Geburtstage. Z. VDI 1941, S. 538.

Inhaltsverzeichnis.

Verformung und statische Funktionen sowie Eigenschwingungen unserer Tragsysteme.

Von **W. Blick**, Düsseldorf-Benrath.

Mit 7 Abbildungen.

Für die genaue Ermittelung der Beanspruchungen unserer Tragwerke ist es erforderlich, ihre durch die jeweilige Belastung hervorgerufene Verformung zu berücksichtigen. Während es zulässig ist, für kleinere Bauwerke diese Verformung im Berechnungsgang zu vernachlässigen, so ist es doch gerade für die sichere und wirtschaftliche Gestaltung der Tragwerke des Großbrückenbaues und auch großer und schlanker Konstruktionen des Kran- und Hochbaues — besonders bei Verwendung hochwertiger Baustähle — unbedingt notwendig, den Formänderungen bei der Bestimmung der inneren Kräfte Rechnung zu tragen. Dabei kann man keine allgemeinen Einflußlinien verwenden, weil Proportionalität zwischen Belastung einerseits und Beanspruchung und Verformung andererseits nicht mehr besteht und demgemäß das Superpositionsgesetz, das nur mit dem Vorhandensein von linearen Beziehungen verknüpft ist, seine Gültigkeit verliert[1]. Man erhält vielmehr die statischen Funktionen aus den Gleichgewichtszuständen der infolge vorgegebener Belastungen und gegebenenfalls thermischer Einflüsse verformten Tragwerke, also in Abhängigkeit von Winkeländerungen oder Verschiebungen der Stäbe oder Knotenpunkte, die zu den Belastungen, den Stabquerschnitten oder der Steifigkeit EJ in funktionaler Beziehung stehen. Bei Anwendung der Verformungstheorie müssen daher die Querschnitte der einzelnen Bauglieder eines Tragsystems bekannt sein. Ihre Größe bzw. ihr Verhältnis zueinander hat daher —

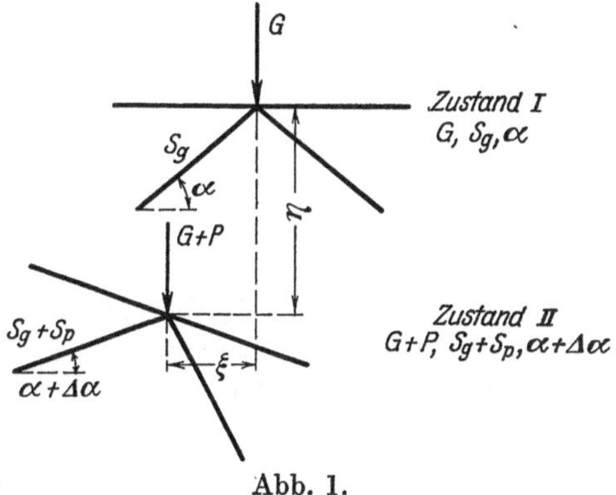

Abb. 1.

auch bei an und für sich statisch bestimmten Systemen — entscheidenden Einfluß auf die wirklichen Kräfte, wie andererseits Temperatureinflüsse infolge ihrer formändernden Wirkung von Bedeutung sind besonders im Zusammenwirken mit höheren Belastungen.

Die Berücksichtigung der Verformung zeigt nun Auswirkungen in dreifacher Hinsicht, die wieder für die grundsätzlich in Balken, Bogen bzw. Systeme mit Momenten und Normalkräften und Hängesysteme einzuteilenden Tragwerke verschieden sind. Und zwar handelt es sich um die Beeinflussung der statischen Größen und als Folge davon um die mit der entsprechenden Bemessung der Bauwerksglieder zusammenhängende Veränderung der Massen und Steifigkeit, die wiederum auf die dynamischen Eigenschaften und die Eigenfrequenzen der Tragsysteme einwirkt.

Bei Berücksichtigung der Verformung ergibt sich am gegliederten Balken unter den Belastungszuständen der ständigen Last allein oder im Zusammenwirken mit der Verkehrslast, wenn diesen Zuständen nach Abb. 1 die Knotenlasten G und $G + P$, die Stabkräfte S_g und $S_g + S_p$ sowie die Stabneigungswinkel α und $\alpha + \Delta\alpha$ zugeordnet sind, für das Gleichgewicht

---

[1] Nach Krabbe: Beitrag zur Verformungstheorie unter Verwendung von Einflußlinien. Stahlbau 1939, Heft 10, ist es jedoch möglich, mit Einflußlinien — allerdings im nicht üblichen Sinne — zu arbeiten, für deren Ermittelung das unter der in Frage kommenden Belastung verformte System zugrunde gelegt werden muß. Diese Linien gelten nur für einen Lastfall, geben aber bei der zugrunde gelegten Gesamtbelastung den Einfluß jeder Einzellast dieser Gesamtbelastung richtig an.

an den Knotenpunkten bei Zerlegung der Stabkräfte des Zustandes *II* im Verschiebungszustand ξ, η nach den Stabachsen des Ursprungssystems und rechtwinklig dazu die Beziehung

$$(1) \qquad \sum(\overline{S}_g + \overline{S}_p)\,\varDelta\alpha + \sum\overline{S}_p + \sum\overline{P} = 0,$$

in der die bekannten Komponentengleichungen für die Knotenpunkte enthalten sind.

Die quergestrichenen Größen sind dabei als gerichtete Größen angenommen; außerdem ist mit Rücksicht auf die Kleinheit von $\varDelta\alpha$ eingeführt

$$\cos\varDelta\alpha = 1, \quad \sin\varDelta\alpha = \varDelta\alpha.$$

Da bei weitgespannten Trägerbrücken S_p nur ein Bruchteil von S_g ist, kann zur angenäherten Untersuchung des Einflusses der Verformung entweder S_p vernachlässigt oder durch einen Faktor $a = 1 + \varphi$ berücksichtigt werden, in dem das Verhältnis der ständigen Last zur Verkehrslast $\varphi = p/g$ zum Ausdruck kommt. Unter Berücksichtigung von φ geht Gleichung (1) über in

$$(2) \qquad a\sum\overline{S}_g\,\varDelta\alpha + \sum\overline{S}_p + \sum\overline{P} = 0.$$

In dem ersten Gliede von Gleichung (2), das in der gewöhnlichen Theorie des Fachwerks nicht erscheint, kommt im wesentlichen die Systemverformung zum Ausdruck, die bei den Bogen und den im Widerlager verankerten Hängebrücken mit der Durchbiegung η_x infolge Verkehrslast und Temperatur für die Momente am Bogen bzw. Versteifungsträger durch ein zusätzliches Moment $M'_x = f(H, \eta_x)$ gegeben ist. Bezeichnet $H = H_{g+p+t}$ die Horizontalkomponente der Bogen-Normalkraft oder der Kabelkraft aus ständiger Last, Verkehrslast und thermischer Einflüsse, so erhält man bei Vernachlässigung waagerechter Verschiebungen für das Moment am Bogen die Beziehung

$$(3) \qquad M_x = \overline{M}_x - H\,y_x + H\,\eta_x,$$

während sich für den Versteifungsträger der Hängebrücke ergibt

$$(4) \qquad M_x = \overline{M}_x - (H - H_g)\,y_x - H\,\eta_x.$$

Darin bedeutet $\overline{M}_x$ das Moment am Tragsystem ausschließlich des Beitrages von H, das beim einfach unbestimmten System zum Moment M_{0x} am bestimmten Hauptsystem wird. Für die Querkräfte lassen sich entsprechende Ausdrücke ermitteln.

Die in Abweichung von der Näherungstheorie sich ergebenden Verformungsglieder $S_g\varDelta\alpha$ bzw. $\pm H\eta_x$ hängen in erster Linie von der ständigen Last ab, da diese schon bei mittleren Stützweiten die Verkehrslast ganz beträchtlich überschreitet. Für Straßenbrücken erreicht sie bei den gegenwärtig gültigen Verkehrslasten schon bei 300 m Stützweite etwa das Vierfache und steigert sich bei Vergrößerung der Stützweite auf ungefähr 1000 m etwa auf das Sechsfache der Verkehrslast. Weiterhin sind naturgemäß die Steifigkeit und das Pfeilverhältnis $f:l$ bestimmend für die Verformungsglieder und damit für die wirkliche Größe der statischen Funktionen. Bei vorgegebener Stützweite wird der Einfluß der Verformungsglieder mit abnehmender Steifigkeit und steigendem Verhältnis $\varphi = p/g$ größer, wie er sich andererseits mit zunehmender Stützweite infolge der größeren Nachgiebigkeit der Systeme vergrößert.

Für die Balkenträger bringt die genauere Berechnung keine wesentlichen Veränderungen der statischen Größen, da die Drehwinkel $\varDelta\alpha$ relativ sehr klein sind. Selbst bei der gegenwärtig größten Trägerbrücke, der neuen Straßenbrücke über den Rhein zwischen Duisburg und Rheinhausen, mit deren Ausführung der Verfasser betraut war, erhalten die Stabkräfte durch die auftretende Systemverformung nur Veränderungen bis zu 1,50 %. Das Verhältnis φ beträgt bei dieser Brücke mit Hauptträgern auf drei Stützen mit der verhältnismäßig großen Höhe von 24,0 m in der Schiffahrtsöffnung von 255,75 m Stützweite $\varphi = 0{,}322$ und in der Seitenöffnung von 153,45 m $\varphi = 0{,}394$. Über die größten bei Balkenbrücken überhaupt auftretenden Formänderungen und Werte $\varDelta\alpha$ erhält man Aufschluß bei Betrachtung des unter Vollbelastung stehenden Balkens unter Berücksichtigung der einzuhaltenden größten zulässigen Durchbiegungen nach den amtlichen Berechnungsvorschriften. Für den Trapezträger auf zwei Stützen erhält man z. B. unter der üblichen Annahme einer parabolischen Biegelinie aus Verkehrslast mit dem Scheitelwert η_s, der für Straßenbrücken $l/600$ und für Eisenbahnbrücken $l/900$ beträgt, nach Abb. 2 einen größten Drehwinkel der Gurtung $\varDelta\alpha_G < \frac{4\,\eta_s}{l}$, also für Straßenbrücken $< \frac{1}{150}$ und für Eisenbahnbrücken $< \frac{1}{225}$, da der Endgurtstab nicht ganz in die Richtung der Tangente an die Biegelinie fällt. Der Drehwinkel für die Enddiagonale richtet sich nun nach ihrem Neigungswinkel bzw. nach der Höhe des Trägers und ermittelt sich unter Einführung gleicher Senkungen η_1 für den unteren und oberen Knotenpunkt im Punkt 1 bei den Grenzlagen unter $\alpha_D = 60^0$ bzw. 45^0 zu

$$\varDelta\alpha_D = \frac{\eta_1}{4\,\lambda - 1{,}732\,\eta_1} \quad \text{bzw.} \quad \frac{\eta_1}{2\,\lambda - \eta_1}.$$

Vernachlässigt man im Nenner dieser Ausdrücke die verhältnismäßig kleinen η-Glieder, so erhält man unter Beachtung der Beziehung $\frac{\eta_1}{\lambda} < \frac{1}{150}\left(\frac{1}{225}\right)$ für die Enddiagonalen Drehwinkelwerte von $< \frac{1}{600}\left(\frac{1}{900}\right)$ bis $< \frac{1}{300}\left(\frac{1}{450}\right)$ für die angenommenen Neigungswinkel. (Die Klammerwerte gelten für Eisenbahnbrücken.) Die größte Veränderung der Trägerhöhe beträgt $\sim \frac{1}{1000}$. Alle Drehwinkel nehmen nach der Mitte des Trägers zu nach Null hin ab. Bei der Kleinheit der Drehwinkel ist es auch bei den größten Balken-

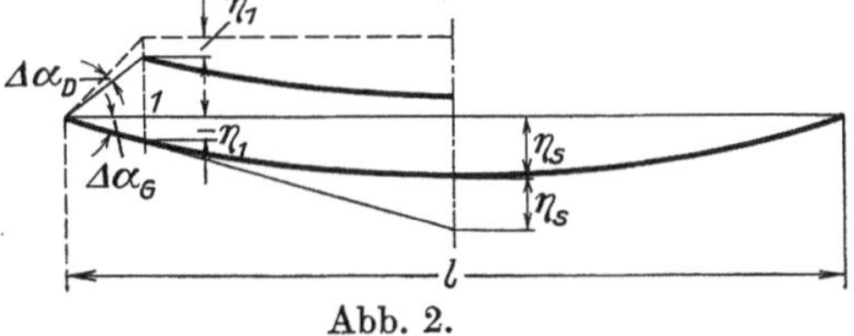

Abb. 2.

brücken zulässig, der Berechnung die unveränderte Form zugrunde zu legen.

Wesentlich fühlbarer wirken sich jedoch die Formänderungen bei den Bögen und hier insbesondere bei den Dreigelenk-Bögen aus, die infolge ihres Scheitelgelenkes nur geringe Biegesteifigkeit besitzen und im Vergleich zu den übrigen Bogenträgern relativ weich sind.

Während bei diesen Dreigelenkbogenträgern als Hauptträger von Bogenbrücken hauptsächlich große vertikale Bewegungen des Scheitelgelenkes auftreten, lassen sich bei dem bekannten Dreigelenk-Portalkran, nach Abb. 3, der bei der Aufstellung von Stahlbauwerken und mit gewisser Abwandlung im Kranbau Verwendung findet, verhältnismäßig große horizontale Verschiebungen des Gelenkes a selbst bei reiner Vertikalbelastung feststellen. Würde man nun ohne Rücksicht auf diese Formänderungen dimensionieren, so würden die Horizontalbewegungen des Gelenkes a im Betriebszustande unter Wirkung von Horizontalkräften unter Umständen sehr gefährlich werden können. Im übrigen tritt bei diesem Tragsystem die Wirkung der Verfor-

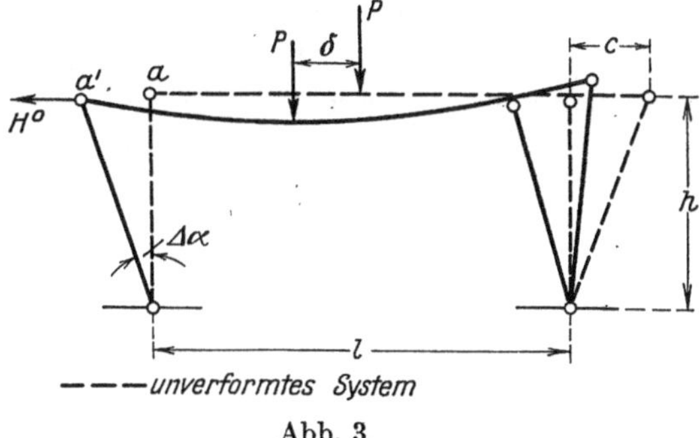

Abb. 3.

mung am statisch bestimmten System sehr deutlich in Erscheinung. Bei einer Belastung des Riegels mit einer vertikalen Last P ermittelt die übliche Berechnungsweise senkrechte Auflagerdrücke und keine Horizontalschübe. In Wirklichkeit tritt jedoch eine endliche waagerechte Bewegung δ des Gelenkes a ein (streng genommen eine Drehung), die eine Schrägstellung der Stützen um $\varDelta\alpha$ und damit das Auftreten von Horizontalkräften an den Fußgelenken zur Folge hat. Der Riegel erhält zusätzlich Momente aus dem Horizontalschub. Die horizontale Bewegung δ läßt sich entsprechend der Bestimmung des Gleichgewichtszustandes durch schrittweise Annäherung als Folge

$$(5) \qquad\qquad \delta = \delta_0 + \sum_{i=0}^{n} \varDelta\delta_i$$

darstellen. Hierbei ist δ_0 die Verschiebungsgröße für den unverformten Ausgangszustand, während die übrigen Verschiebungen sich aus dem jeweils vorhergehenden, noch nicht endgültigen Verformungs- und Kräftezustand als Zusatzgrößen ergeben. Die Reihe kann man sehr bald abbrechen; es genügt die Ermittelung von höchstens 2 bis 3 Gliedern. Die statischen Größen und die Werte $\varDelta\,\delta_i$ ergeben sich in Abhängigkeit von den Deformationen bzw. deren Potenzen. Man findet z. B. für die Komponenten der Auflagerkräfte

$$(6) \qquad A_v,\, B_v = \frac{P}{2} \pm \frac{P\,\delta}{l}; \quad H = \frac{P}{h}\left(\frac{\delta}{2} + \frac{\delta^2}{l}\right),$$

wenn $\cos \varDelta\,\alpha = 1$, also $h \cos \varDelta\,\alpha \approx h$ gesetzt wird.

Die zusätzlichen Momente für den Riegel sind gegeben durch

$$(7) \qquad M_b = P\left(\frac{\delta}{2} + \frac{\delta^2}{l}\right).$$

Nimmt man für den Riegel $EJ = $ konst an, so bestimmt sich für mittige Belastung mit P bei Vernachlässigung des Einflusses der Normalkräfte die Horizontalverschiebung des Gelenkes a zu

$$(8) \qquad \delta_0 = \frac{P\,h\,l^2}{16\,EJ}.$$

Mit $\overline{M}_b = h + \dfrac{\delta\,h}{l}$ (Moment inf. $H^0 = 1$ im Verformungszustand δ_0) findet man

$$(9) \qquad \varDelta\,\delta_0 = \frac{P\,h}{EJ}\left(\frac{11\,l + 8\,c}{48}\,\delta_0 + \frac{l + c}{2\,l}\,\delta_0^2 + \frac{l + c}{3\,l^2}\,\delta_0^3\right).$$

Aus den Gleichungen (8) und (9) leitet sich für die ersten beiden Glieder der Folge nach (5) die Beziehung ab

$$(10) \qquad \delta_0 + \varDelta\,\delta_0 = \frac{P\,h}{EJ}\left(a_0 + a_1\,\delta_0 + a_2\,\delta_0^2 + a_3\,\delta_0^3\right).$$

Hierin ist $a_0 = \dfrac{l^2}{16}$, während die Beiwerte $a_{1,\,2,\,3}$ der Größen δ_0^i aus Gleichung (9) hervorgehen. Eine Fortsetzung der Reihe ist nicht erforderlich. Beim Zusammenwirken des behandelten Belastungszustandes mit den Belastungszuständen der ständigen Last, Bremskräfte und Windbelastung, die streng genommen nicht getrennt untersucht werden können, lassen sich entsprechende Beziehungen für die statischen Größen aufstellen. Der Einfluß der Formänderungen auf die Momente ist nicht sehr groß. Es ist jedoch wichtig, die gesamten Verschiebungen für alle Belastungen festzustellen und diese dann durch entsprechende Wahl des Riegelquerschnittes zur Vermeidung von Schwingungserscheinungen zu reduzieren.

Für ein Rechnungsbeispiel ist gewählt:

$h = 30,0$ m; $l = 35,0$ m; $C = 4,0$ m; $\psi\,P = 1,2$ t ($\psi = $ Stoßbeiwert); $EJ = 157\,500$ tm².

Damit ist

$$\delta_0 = \frac{12 \cdot 30 \cdot 35^2}{16 \cdot 157\,500} = 0,175 \text{ m},$$

$$\varDelta\,\delta_0 = \frac{12 \cdot 30}{157\,500}\left(\frac{385 + 32}{48}\,0,175 + \frac{39}{70}\,0,175^2 + \frac{39}{3 \cdot 1225}\,0,175^3\right) = 0,0035 \text{ m},$$

$$H = \frac{12}{30}\left(\frac{0,175}{2} + \frac{0,0307}{35}\right) = 0,035 \text{ t}; \quad M_b = 1,0632 \text{ tm}; \quad M_p = 105 \text{ tm},$$

$$M_p^m + \varDelta M = 105 + 0,5 \cdot 1,0632 = 105,53 \text{ tm}; \quad \varDelta M = 0,5\,\%.$$

Der größte Verschiebungswert des Gelenkes a aus allen Belastungseinflüssen beträgt bei den gewählten Querschnitten, deren Beanspruchungen die zulässigen Grenzen keineswegs überschreiten, etwa 0,50 m. Dieser Wert müßte im Interesse der Sicherheit unbedingt verkleinert werden.

Bei den Bogenträgern vergrößert sich nach Gleichung (3) wegen des positiven Zusatzmomentes die statische Funktion M. Im gleichen Sinne verändern sich die Größen N und Q. Dadurch wird nach den eingehenden Untersuchungen von Fritz[1], denen Arbeiten

---

[1] Fritz, B.: Theorie und Berechnung vollwandiger Bogenträger bei Berücksichtigung des Einflusses der Systemverformung. Berlin 1934.

von Engesser[1], Melan[2], Müller-Breslau[3] und Kasarnowsky[4] voraufgingen, z. B. für einen Bogenträger von 212,0 m Spannweite bei $f/l = \frac{1}{10}$ mit abnehmendem Grade der statischen Unbestimmtheit (ν = Anzahl der Unbekannten = 3, 2, 1 und 0) an den ungünstigsten Stellen eine Erhöhung der Randspannungen von 8,3 % bis 61,7 % hervorgerufen. Diesen Berechnungen liegen zugrunde:

Die Bogenquerschnittswerte $J = 0,460 \text{ m}^4$, $W = 0,358 \text{ m}^3$ und $F = 0,319 \text{ m}^2$ und ferner die Belastungswerte $g = 8,80 \text{ t/m}$, $p = 4,20 \text{ t/m}$ und $\varphi = p/g = 0,477$.

Dem praktisch wichtigsten Bogenträger, dem Zweigelenkbogen ist nach den vorerwähnten Untersuchungen ein Spannungszuwachs von $\Delta\sigma = 0,489 \text{ t/cm}^2$ oder 27 % zugeordnet bei einer Vergleichsspannung von 1,817 t/cm² für das nichtverformte System. Wird nun dieser Zweigelenkbogen nach der genaueren Theorie unter Einhaltung der dem Stahl 48 entsprechenden Vergleichsspannung bemessen, so ändern sich naturgemäß die Größen J und φ und damit die Abweichungen von der Näherungstheorie, die bei der Wahl von St. 52 entsprechend der höheren zulässigen Beanspruchung eine weitere Veränderung erfahren würden. Für das Moment im Bogenviertel bei ständiger Last und halbseitiger Verkehrslast ergeben sich die nachfolgend zusammengestellten Werte.

| Berech-nungsart | Querschnittswerte | | | Belastungswerte | | | N (t) | M (tm) | σ t/cm² | $\Delta\sigma$ gegenüber I | |
	J (m⁴)/W (m³)		F (m²)	g t/m	p t/m	φ				t/cm²	%
I*	0,460	0,358	0,319	8,80	4,20	0,477	− 2923,0	3222,9	1,817	—	—
II*	0,460	0,358	0,319	8,80	4,20	0,477	− 2946,0	4956,5	2,306	0,489	+ 27
I	0,582	0,451	0,404	9,80	4,20	0,429	− 3127,1	3250,0	1,510	—	—
II	0,582	0,451	0,404	9,80	4,20	0,429	− 3214,7	4492,8	1,792	0,282	+ 18,6

* I = Näherungsrechnung; II = Genauere Berechnung.

Es ist aus dieser Zusammenstellung zunächst erkennbar, daß der Bogenquerschnitt und damit sein Trägheitsmoment ganz beträchtlich, und zwar bei Einhaltung der Trägerhöhe um rd. 26,5 % vergrößert werden muß. Als Folge hiervon ergibt sich eine Erhöhung der ständigen Belastung um 11,36 %[5]. Darüber hinaus aber kann man allgemein aus den gewonnenen Ergebnissen herleiten, daß bei vorgegebener Stützweite mit der Erhöhung des Trägheitsmomentes, die mit fallendem φ verbunden ist, die Unterschiede zwischen den Ergebnissen der Annäherungsrechnung und der genaueren Berechnung kleiner werden.

Diese Folgerung besitzt auch Gültigkeit für verankerte Hängebrücken, denn auch hier hat eine wachsende Steifigkeit des Versteifungsträgers oder eine Verstärkung des Hängeorganes, wie sie bei Verwendung weniger hochwertigen Kabelmateriales oder bei der Flachstahlkette gegeben ist, eine geringere Systemnachgiebigkeit und bei entsprechend kleineren Formänderungen eine geringere Abweichung von den Rechnungsergebnissen der Einflußlinientheorie zur Folge. Die Systemverformungen beeinflussen allerdings die statischen Größen M, Q und H im günstigen Sinne, denn durch das negative Verformungsglied $-H\eta_x$ der Gleichung (4) werden die Momente fast ebenso verkleinert wie es bei den Querkräften durch das subtraktive Glied $H \cdot \Delta \operatorname{tg} \varphi_x$ der Fall ist. Die Veränderung von H ist jedoch nur gering. Als Folge der Momentenabnahme ergibt sich außerdem eine ganz wesentliche Ver-

---

[1] Engesser, Fr.: Über den Einfluß der Formänderungen auf den Kräfteplan statisch bestimmter Systeme, insbesondere Dreigelenkbogen. Z. Architektur und Ingenieurwes. 1903 S. 178.

[2] Melan, J.: a) Zur Bestimmung der Spannungen in den durch einen geraden Balken mit Mittelgelenk versteiften Hängeträgern. Z. öst. Ing.- und Archit.-Ver. 1900 S. 553. — b) Die Ermittelung der Spannungen im Dreigelenkbogen und in dem durch einen geraden Balken mit Mittelgelenk versteiften Hängeträger mit Berücksichtigung seiner Formänderung. Öst. Wschr. öffentl. Baudienst 1903 S. 438. — c) Genauere Theorie des Zweigelenkbogens mit Berücksichtigung der durch die Belastung erzeugten Formänderung. Handbuch d. Ingenieurwiss. 1906. Bd. 2. 5. Abtlg. Kap. XII. — d) Der biegsame eingespannte Bogen. Bauingenieur 1925 Heft 4.

[3] Müller-Breslau, H.: Der Einfluß der Formänderungen auf die Biegungsmomente und den Horizontalschub. Die graph. Statik der Baukonstr. 1908. Bd. 2. 2. Abtlg. 1. Aufl. S. 529.

[4] Kasarnowsky, S.: Beitrag zur Theorie weitgespannter Brückenbogen mit Kämpfergelenken. Stahlbau 1931 Heft 6.

[5] Eine wesentliche Veränderung der Trägerhöhe, die naturgemäß nur eine geringere Gewichtserhöhung nach sich zieht, wird man mit Rücksicht auf die ästhetische Gestaltung des Bauwerkes kaum vornehmen.

ringerung der Durchbiegung des Versteifungsträgers gegenüber der Näherungstheorie. Für ein Bauwerk von 364 m Stützweite zeigen sich Unterschiede bis zu 50%[1].

Während es bei den Bogenbrücken ein Gebot der Sicherheit ist, die Systemverformung rechnungsmäßig einzuführen, so ist ihre Berücksichtigung bei den Hängesystemen unbedingt im Interesse der Wirtschaftlichkeit erforderlich. Die geringeren Erstellungskosten einer nach der Verformungstheorie berechneten Hängebrücke stützen sich auf die Ersparnis an Konstruktionsstahl für den gesamten Überbau ausschließlich der Fahrbahn. Für einen Überbau von 364,0 m Stützweite mit $g = 16,0$ t/m und $\varphi = 0,539$ ergibt sich bei einer durchschnittlichen Momentenabnahme von 27,35% und einer Veränderung der Querkräfte um etwa 26% eine Gewichtsersparnis von 1743 t $= 14,7\%$, die einer Verminderung der ständigen Last um 11% gleichkommt. Die Ermittelung dieses Gewichtsunterschiedes basiert auf den Werkstoffen St. 48/37 für die Haupt- bzw. Nebenkonstruktionen und SM-Stahldraht von 150 kg/mm² Bruchfestigkeit und dreifacher Sicherheit für die paralleldrähtigen Tragkabel[2].

Nicht unerheblich dürften außerdem die Auswirkungen auf die Unterbauten sein, da außer den Normal- und Horizontalkräften auch die Momente in der Querrichtung der Pfeiler verringert werden. Es ist nämlich wegen der beträchtlich geringeren Durchbiegungen, um deren Maß die Konstruktionsunterkante über dem freizuhaltenden Schiffahrtsprofil bleiben muß, möglich, die Pfeiler niedriger zu bauen und außerdem die Momente aus Windkräften durch die Ausbildung schlankerer Versteifungsträger mit tiefer liegendem Windangriffspunkt zu verkleinern. Dadurch werden auch die Kosten für die anschließenden Rampen wesentlich herabgesetzt. Es ergibt sich aus diesen Darlegungen ohne weiteres die große Tragweite des genauen Berechnungsverfahrens, das mit zunehmender Stützweite wegen des immer stärker wachsenden Horizontalzuges und der größeren Nachgiebigkeit des Systems auch eine wachsende Abminderung der statischen Größen M und Q des Versteifungsträgers zeigt. Diese steigert sich nach einer Überschlagsrechnung bei einer Stützweite von 1200 m bereits auf 60%, so daß es bei solchen Öffnungen möglich ist, im ersten Ausbauzustand mit zunächst geringerer Verkehrslast den Versteifungsträger fortzulassen, wie es bei den großen amerikanischen Hängebrücken, z. B. der George-Washington-Hudson- und der Golden-Gate-Brücke, der Fall gewesen ist.

Mit der Anwendung der Verformungstheorie ist gemäß den vorliegenden Untersuchungen eine beträchtliche Veränderung der Belastungs- und Querschnitts- bzw. Steifigkeitswerte verbunden. Dabei zeigen Bogen- und Hängebrücken aber entgegengesetztes Verhalten, und zwar vergrößern sich Masse und Steifigkeit beim Bogen im Gegensatz zur Hängebrücke, bei der nach der genaueren Theorie der Versteifungsträger bei kleinerem Trägheitsmoment eine kleinere Masse als nach der Einflußlinientheorie erhält. Wegen der Beurteilung der Wirkungen von periodisch die Tragwerke treffenden Impulsen und der Bestimmung von Formänderungen und Beanspruchungen bei Ausgleichsschwingungen ist es nun von Interesse, den Einfluß der mit der genauen Untersuchung gegebenen Massen- und Steifigkeitsänderung auf die Eigenschwingungszahlen zu untersuchen. Es läßt sich nämlich aus den Energiesätzen herleiten, daß eine Verringerung der Masse, die nur die Amplitude der bezogenen kinetischen Energie beeinflußt, während die Formänderungsenergie unverändert bleibt, eine Erhöhung der Eigenfrequenzen zur Folge hat. Dementsprechend werden natürlich die Eigenfrequenzen bei Massenvergrößerung verringert. Wird die Steifigkeit des Systems vergrößert, dann vergrößert sich für alle möglichen Auslenkungsformen die Formänderungsarbeit. Demnach erhöhen sich auch die Eigenfrequenzen, da der Energiequotient bei der Unabhängigkeit der kinetischen Energie von der Steifigkeit für alle Schwingungsformen größer wird. Bei Verringerung der Steifigkeit fallen die Eigentöne. Da nun in vorliegenden Fällen eine Beeinflussung von Masse und Steifigkeit im gleichen Sinne erfolgt, so ist mit einem gewissen Aufheben der Wirkungen auf die Eigenfrequenzen zu rechnen.

---

[1] Blick, W.: Der Einfluß der Formänderungen auf die Größe der statischen Funktionen von versteiften Hängebrücken und die wirtschaftliche Auswirkung der Berücksichtigung der Formänderungen. Dissertation. Berlin 1932. Siehe auch Z. VDI 1933 S. 921.

[2] Diese Werkstoffe wurden gewählt, weil die bereits längere Zeit zurückliegenden ersten Vorarbeiten hiermit durchgeführt worden sind.

Hinsichtlich der Eigenschwingungen verhalten sich Bogen- und Hängebrücken ähnlich, da sie gemäß Abb. 4 zu den beiderseitig zweiachsig abgestützten Tragsystemen gehören. Die Horizontalstützkräfte besitzen entgegengesetztes Vorzeichen. Im übrigen kann man auch das Hängesystem bei Betrachtung in einem um 180^0 gedrehten Zustande gewissermaßen als Bogen mit aufwärts wirkender Belastung ansprechen. Die beiden Tragsysteme besitzen jedoch eine andere Grundschwingungsform als der Balken, bei dem sich entsprechend der Möglichkeit einer Horizontalverschiebung am beweglichen Auflager eine knotenlose Grundschwingung einstellen kann. Schafft man nun bei einem Bogenträger nach Abb. 4a, der zunächst im Punkte 2 ein horizontal verschiebliches Lager besitzen und sich daher im Zustande der Grundschwingung als Balken um $\pm\,\delta_h$ verschieben möge, durch Anordnung eines festen Gelenkes die Bedingung $\delta_h = 0$, so wird die bisher veränderliche Bogensehne zur unveränderlichen Stützweite. Bei Einführung der Mittelachse als Symmetrieachse für Form und Massenverteilung bewegt sich dann der über der nunmehr konstant vorgegebenen Stütz-

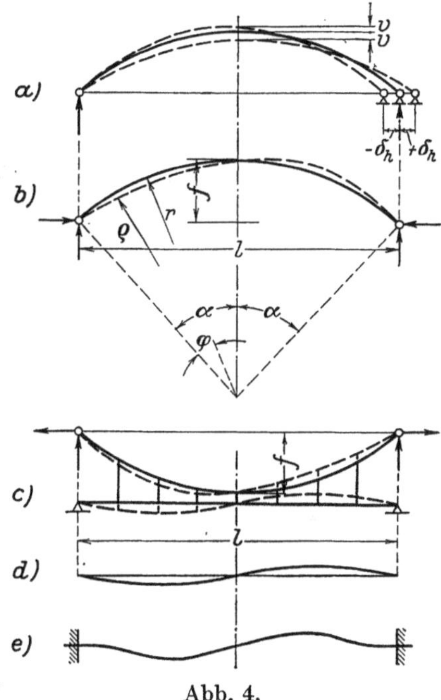

weite schwingende Bogenstab im Falle symmetrischer Schwingungen derart, daß gewisse Stabteile beiderseits der Symmetrieachse Aufwärtsbewegungen ausführen, während andere Abwärtsbewegungen zeigen, da die infolge der Beziehung $\sum\varDelta s = 0$ unveränderliche Stablänge sich über der unveränderlichen Bogensehne entwickeln muß. Im Falle antisymmetrischer Schwingungen weisen entsprechende Stabteile in bezug auf die Mittelachse entgegengesetzte Bewegungen auf. Bei Bewegungen des Scheitels in vertikaler Richtung entstehen symmetrische Schwingungsformen mit einer Knotenzahl von mindestens $n = 2$ und entsprechend höherer Eigenkreisfrequenz als bei den Formen mit $n = 1$ und 0, falls die letztere eine mögliche Form wäre. Die Schwingungsform mit einer Knotenzahl $n = 0$ ist jedoch nicht möglich, da sie eine Längenänderung des Stabes bedingt, die ohne zusätzliche Beeinflussung des Systemes, also ohne entsprechende äußere Arbeit nicht ausführbar ist. Es wird daher die antisymmetrische Form nach Abb. 4d mit $n = 1$, die Linie des geringsten Widerstandes, zur Grundschwingungsform. Die Stabhälften führen bei dieser Form bei unveränderlicher Gesamtlänge des Stabes gleich große Aufwärts- bzw. Abwärtsbewegungen aus. Dabei verschiebt sich der Bogenscheitel, wie aus einem Versuch hervorgeht, jeweils

Abb. 4.

nach der Seite der sich aufwärts bewegenden, stärker gekrümmten Bogenhälfte, und zwar angenähert um die Differenz zwischen der Länge des unverformten Bogens für den halben Zentriwinkel α beim Krümmungshalbmesser r und der Bogenlänge im gleichen Bereich bei schwächerer Krümmung entsprechend $\varrho > r$ *.

Wird außer der Horizontalverschiebung des Bogenträgers seine freie Drehung um die Kämpfergelenke durch Einspannen der Bogenenden verhindert, was gleichbedeutend ist mit der Erhöhung seiner Steifigkeit, so wird sich eine Grundschwingungslinie mit horizontalen Endtangenten nach Abb. 4e und höherer Eigenkreisfrequenz einstellen[1].

* In Wirklichkeit ist die Verschiebung infolge des Einflusses der Normalkräfte aus den Massenwirkungen unwesentlich größer.

[1] Betrachtet man im Zusammenhang mit diesen Grundschwingungsformen die Knickformen des Bogens, so findet man eine entsprechende Analogie. Die Stabachse des gedrückten nimmt nämlich ebenso wie diejenige des schwingenden Bogenstabes die Grundform ein, bei welcher beim Eintritt von Bewegungen, die allerdings für den gedrückten Bogenstab gewissermaßen nur in einer einmaligen Knickschwingung mit unendlich großer Schwingungsdauer in Erscheinung tritt, der geringste Widerstand geleistet wird. Daß diese die antisymmetrische ist, haben für die Bögen die Knickversuche anläßlich des Baues der Mälarseebrücke gezeigt. (Gaber, E.: Über die Knicksicherheit vollwandiger Bögen. Bautechnik 1934 Heft 49.) Im übrigen folgt aus der bekannten Lösung der Differentialgleichung für die Knickform des Zweigelenkbogens $y = C \sin \dfrac{n\,\pi\,\varphi}{2\,\alpha}$, daß — infolge $y = 0$ für $\varphi = \alpha$ — der Scheitelpunkt des Bogens Inflexionspunkt ist und daher Knickform und Grundschwingungsform übereinstimmen.

Auch beim Hängesystem findet man, daß die Grundschwingungsform antisymmetrisch ist. Werden in üblicher Weise die Formänderungen der Hängestangen vernachlässigt, so führen die einander zugeordneten Punkte des Kabels und des Versteifungsträgers die gleichen Bewegungen aus.

Für die betrachteten Tragsysteme erhält man, mit der einknotigen Schwingungsform beginnend, Eigenschwingungsformen, bei denen jede nächst höhere Form unter der Voraussetzung der Einflußlinientheorie einen zusätzlichen Knoten aufweist. Es folgen sich demnach im allgemeinen symmetrische und antisymmetrische Eigenschwingungsformen, die sich nach fixierter Knotenpunktslage in bekannter Weise unter Anwendung der Energiemethode, ausgehend von einer gleichmäßig verteilten Einheitsbelastung mit feldweise wechselndem Vorzeichen, bestimmen lassen. Die Horizontalkomponente H_p wird dabei zu Null. Bei Einführung der Verformungstheorie zeigen jedoch die schwingenden Systeme anderes Verhalten, da die Größe $H'_p = H - H_g$ dann nicht dem Gesetz der Einflußlinie, sondern dem die Systemverformungen berücksichtigenden Gesetz unterliegt, das die Knotenlage der symmetrischen Schwingungsformen entsprechend den beiden möglichen Bewegungsrichtungen des Scheitels und der damit gegebenen verschiedenen Beeinflussung von H'_p verändert. Es sind demnach mehrere Schwingungsformen mit verschiedener Eigenkreisfrequenz für eine bestimmte Oberschwingung mit geradzahliger Knotenzahl möglich. Die Frequenzunterschiede nehmen jedoch für höhere Eigenfrequenzen ab, da der Einfluß der Verformungen auf H'_p mit größerer Knotenzahl immer geringer wird.

In Abb. 5 sind die Verhältnisse für den ersten Oberton am Zweigelenkbogen dargestellt. Als positive Richtung für die Lastwirkung und Anfangsscheitelbewegung ist die Abwärtsrichtung eingeführt, während in üblicher Weise Druckkräfte negativ angenommen sind. Zunächst ist für die positive Richtung die Komponente $H_{p(E)} = H - H_g$ der Bogenkraft in Abhängigkeit von $\xi = x : l/2$, dem Verhältnis der positiven Belastungslänge zur halben Stützweite unter Benutzung der Einflußlinie, bestimmt. Mit $\xi = 0$ bzw. 1 ist Vollbelastung mit negativer bzw. positiver Einheitsbelastung gegeben, wobei $\pm H'_{p_E}$max entsteht. Für $\xi = \frac{2}{3}$, also einer Belastungslänge $x = l/3$ wird $H_{p(E)} = 0$. Die hierdurch festgelegte Knotenlage entpricht der zweiten Oberschwingung des einfachen Balkens mit der Stützweite l. Die zugehörige Aus-

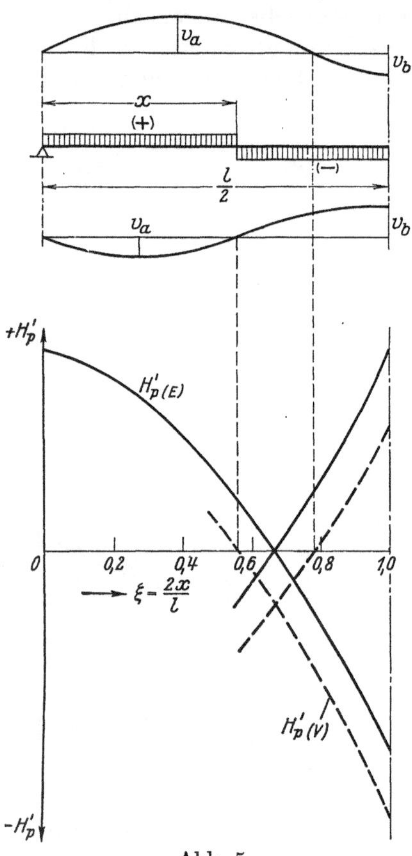

Abb. 5.

lenkungsform ist eindeutig festgelegt durch die Parameter v_a/v_b bzw. $v_b/v_c = -1$, wobei $v_{a,\,b,\,c}$ die mittigen Auslenkungen in den Einzelöffnungen bedeuten. In Wirklichkeit ist jedoch bei der vorausgesetzten positiven Scheitelbewegung $H'_{p(V)}$ größer als nach der Einflußlinie. Die Beziehung $H'_{p(V)} = f(\xi)$ sei durch die untere Kurve von Abb. 5 dargestellt. Bei $\xi = \frac{2}{3}$ ist $H'_{p(V)}$ noch negativ; der Nullwert erscheint erst bei $\xi < \frac{2}{3}$, also $x < l/3$. Geht man von einer Anfangsscheitelhebung aus, dann wird $x > l/3$, da $H'_{p(V)} < H'_{p(E)}$. Es bestehen jetzt für die beiden möglichen Auslenkungsformen zwei ungleiche Verhältnisse v_a/v_b und v_b/v_c, und zwar $\gtrless 1$. Für das Hängesystem gestalten sich die Verhältnisse wegen des entgegengesetzten Verhaltens umgekehrt.

Bei der Ermittelung des Einflusses der Massen- und Steifigkeitsänderung auf die Eigenfrequenzen der Tragwerke als Folge der Anwendung der Verformungstheorie kann von der Untersuchung des Balkens Abstand genommen werden. Es werden daher nur der Zweigelenkbogen und die einfeldrige Hängebrücke mit den Massen- und Steifigkeitswerten nach der Einflußlinien- bzw. der Verformungstheorie untersucht, wozu die beiden bereits früher angeführten Tragsysteme von 212 m bzw. 364 m Stützweite herangezogen werden.

Für den Zweigelenkbogen von $l = 212{,}0$ m Stützweite und $f:l = 1:10$ ist

1. nach der Einflußlinien-Theorie

$$J = 0{,}46\ \text{m}^4;\quad EJ = 9{,}660 \cdot 10^6;\quad g = 8{,}80\ \text{t/m};\quad \mu = \frac{8{,}80}{9{,}81} = 0{,}896\ [\text{t s}^2\,\text{m}^{-1}],$$

2. nach Verformungstheorie

$$J = 0{,}582\ \text{m}^4;\quad EJ = 12{,}222 \cdot 10^6;\quad g = 9{,}80\ \text{t/m};\quad \mu = \frac{9{,}80}{9{,}81} = \sim 1\ [\text{t s}^2\,\text{m}^{-1}].$$

Wird nun für die Bestimmung der zum Vergleich herangezogenen antisymmetrischen Grundschwingung die halbseitige positive bzw. negative Einheitsbelastung eingeführt, so ergeben sich bei Berücksichtigung der Verformung nach mehrfachem Rechnungsgang Auslenkungsformen nach Abb. 6 mit den Auslenkungen v_x für das Bauwerk entworfen nach

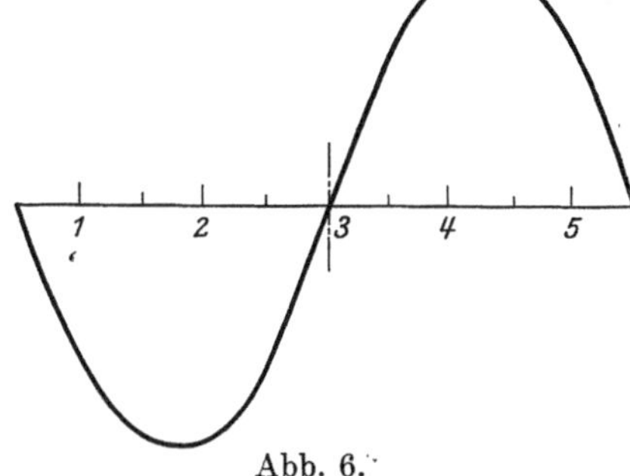

1. Einflußlinientheorie	2. Verformungstheorie
$EJ v_1 = \quad 1{,}108 \cdot 10^6$	$EJ v_1 = \quad 1{,}071 \cdot 10^6$
$v_2 = \quad 1{,}750$	$v_2 = \quad 1{,}699$
$v_3 = \quad 0$	$v_3 = \quad 0$
$v_4 = \quad -1{,}750$	$v_4 = \quad -1{,}699$
$v_5 = \quad -1{,}108$	$v_5 = \quad -1{,}071$

Abb. 6.

Bei Anwendung der Energiemethode erhält man die Eigenkreisfrequenz ω aus der Beziehung $\omega = \sqrt{\dfrac{A}{B}}$, worin A die Formänderungsarbeit und B die bezogene kinetische Energie für diese Schwingungsformen bedeutet. Die Schwingungsdauer ist gegeben mit $T = \dfrac{2\pi}{\omega}$.

Man erhält für das Bauwerk

nach 1. $2A = \dfrac{2l \cdot 10^6}{5\,EJ}(1{,}108 + 1{,}750),$ nach 2. $2A = \dfrac{2l \cdot 10^6}{5\,EJ}(1{,}071 + 1{,}699),$

$2B = \dfrac{2l \cdot 0{,}896 \cdot 10^6}{5\,(EJ)^2}(1{,}108^2 + 1750^2),$ $2B = \dfrac{2l \cdot 10^6}{5\,(EJ)^2}(1071^2 + 1699^2),$

$\omega_1 = 2{,}680\ [\text{s}^{-1}];\quad T = 2{,}344\ [\text{s}],$ $\omega_1 = 2{,}896\ [\text{s}^{-1}];\quad T = 2{,}169\ [\text{s}].$

Ohne Berücksichtigung der Verformung ist

$\omega_1 = 2{,}882\ [\text{s}]\ (3{,}069),$ $T = 2{,}188\ [\text{s}]\ (2{,}047).$

Die ( )-Werte gelten für das Bauwerk nach 2.

Es zeigt sich, daß die Eigenfrequenz sich bei Berücksichtigung der Verformung, die der Einbeziehung einer negativen Normalkraft entspricht, erniedrigt und daß der kleineren Normalkraft der größere Unterschied zugeordnet ist. Im übrigen ist die Frequenz nach 2. nur um 8,08 % größer als nach 1, obgleich sich das Trägheitsmoment um 26,5 % vergrößert hat. Die Vergrößerung der Masse um 11,6 % hat also einen beträchtlichen Ausgleich geschaffen.

Bei der Bestimmung der Eigenschwingungen für die einfeldrige Hängebrücke — symmetrische Massenverteilung vorausgesetzt — wird aus den Belastungszuständen $p(x)$ und $p(x) + \Delta p(x)$ der Zustand $\Delta p(x)$ ermittelt, der demjenigen aus den Trägheitskräften der auf der Brücke sich befindlichen Lasten entspricht. Den Ausgangszuständen sind die Durchbiegungen $\eta(x)$ bzw. $\eta(x) + v(x)$ und die Kabelkräfte H bzw. $H + \Delta H$ zugeordnet. Wird die Bewegungsform durch die Beziehung

$$v(x,\,t) = v(x) \sin \omega t$$

mit der Schwingungsform $v(x)$ sowie der Kreisfrequenz ω eingeführt und sind ferner die Größen $\Delta p(x)$ und ΔH_p in periodischer Abhängigkeit von der Zeit angenommen mit

$$\Delta p(x,\,t) = -\mu\,\frac{\partial^2 v(x,\,t)}{\partial t^2} = \omega^2 \mu \sin \omega t\, v(x),$$

$$\Delta H_p(t) = \Delta H_p \sin \omega t,$$

so ergibt sich mittels der Beziehung für die Belastung des Versteifungsträgers aus den Zuständen $p(x)$ und $\Delta p(x)$ die Gleichung

$$(11) \qquad [E J v''(x)]'' - H v''(x) = \Delta H_p y''(x) + \omega^2 \mu v(x).$$

Die Lösung dieser inhomogenen Differentialgleichung mit homogenen Randbedingungen wird nach einschlägigen Arbeiten des Fachschrifttums durch die Reihe

$$(12) \qquad v(x) = \sum_{i=1}^{n} d_i \varphi_i(x)$$

dargestellt. Die Größen $\varphi_i(x)$ sind die Eigenlösungen der zugehörigen homogenen Differentialgleichung mit den gleichen Randbedingungen. Die Entwickelungskoeffizienten d_i dieses Ansatzes ergeben sich aus n homogenen linearen Gleichungen von der Form

$$(13) \qquad (\lambda_j + H) d_j + \sum_{i=1}^{n} \left(b_i b_j \frac{E_k F_k}{L} - \omega^2 A_{i,j} \right) d_i = 0, \qquad (j = 1, 2 \ldots n)$$

aus deren Null gesetzter und wegen der vorausgesetzten Symmetrie bezüglich Form und Massenanordnung in zwei Teile aufgespalteter Determinante sich die Größen ω bestimmen. Die zugehörigen Schwingungszeiten sind dann

$$T = \frac{2\pi}{\omega},$$

während sich die Eigenschwingungszahlen aus den reziproken Werten von T ergeben. Man erhält symmetrische und antisymmetrische Schwingungsformen.

Für den zahlenmäßigen Vergleich werden die untersten vier Eigenfrequenzen ermittelt. Es wird ein Bauwerk von $l = 26 \cdot 14 = 364{,}0$ m Stützweite mit $f/l = 1 : 9{,}1$ untersucht; für das eingeführt wird

1. gemäß Berechnung nach der Elastizitätslehre die Belastungswerte

$$g = 18{,}0 \text{ t/m}; \; G = 252 \text{ t/Knotenpunkt}; \; H_g = 7450 \text{ t}$$

und die Querschnittswerte

$$J = 2{,}14 \text{ m}^4 \text{ (Versteifungsträger)}; \; F_k = 0{,}28 \text{ m}^2 \text{ (Kabel) sowie ferner}$$

2. gemäß Berechnung nach genauer Theorie

$$g = 16{,}0 \text{ t/m}; \; G = 224 \text{ t/Knotenpunkt}; \; H_g = 6624{,}9 \text{ t}; \; J = 1{,}60 \text{ m}^4; \; F_k = 0{,}26 \text{ m}^2.$$

Mit den Eigenlösungen

$$\varphi_i = \frac{\sqrt{2 l}}{i \pi} \sin \frac{i \pi x}{l} = \frac{8{,}59}{i} \sin \frac{i \pi x}{l} \qquad (i = 1, 2, 3, 4)$$

und den Eigenwerten

$$\lambda_i = \frac{i^2 \pi^2 E J}{l^2} = 1565 \, i^2 J \qquad (i = 1, 2, 3, 4)$$

sowie den entsprechenden Größen b_{ij}, $\lambda_j + H$ und A_{ij} erhält man die beiden Gruppen von Bestimmungsgleichungen für die Koeffizienten d_i, und zwar

$$
\begin{array}{ll}
\text{für Fall 1:} & \text{für Fall 2:} \\[4pt]
(215{,}835 - 24{,}550\,\omega^2)\,d_1 + 22{,}350\,d_3 = 0, & (199{,}627 - 21{,}900\,\omega^2)\,d_1 + 20{,}950\,d_3 = 0, \\[4pt]
(\;20{,}190 - \;\;6{,}138\,\omega^2)\,d_1 \qquad\qquad = 0, & (\;16{,}633 - \;\;5{,}475\,\omega^2)\,d_2 \qquad\qquad = 0, \\[4pt]
22{,}350\,d_1 + (38{,}600 - 2{,}730\,\omega^2)\,d_3 = 0, & 20{,}950\,d_1 + (31{,}453 - 2{,}433\,\omega^2)\,d_3 = 0, \\[4pt]
(58{,}410 - 1{,}533\,\omega^2)\,d_4 \qquad\qquad = 0, & (\;46{,}657 - \;\;1{,}368\,\omega^2)\,d_4 \qquad\qquad = 0.
\end{array}
$$

Es ist ersichtlich, daß die Gleichungssysteme gespalten sind. Die gleich Null gesetzte Determinante der ersten und dritten Gleichung liefert die Kreisfrequenzen der symmetrischen

Lösungen, während aus den beiden übrigen Gleichungen die Kreisfrequenzen der antisymmetrischen Schwingungsformen hervorgehen.

In nachfolgenden Zusammenstellungen sind die Rechnungsergebnisse für ω, T und die Eigenschwingungszahlen ν (Hz) verzeichnet:

Fall 1	1	2	3	4
ω [s⁻¹]	2,765	1,887	3,930	6,180
T [s]	2,270	3,330	1,600	1,020
ν [Hz]	0,441	0,300	0,625	0,981

Fall 2	1	2	3	4
ω [s⁻¹]	2,755	1,755	3,810	5,840
T [s]	2,280	3,580	1,645	1,075
ν [Hz]	0,436	0,279	0,608	0,930

In Abb. 7 sind die zu den gefundenen Eigenkreisfrequenzen gehörenden Schwingungsformen dargestellt. Die Abbildung zeigt, daß die Grundschwingung wie bei den Bogen eine zweiwellige, antisymmetrische Linie ist. Außerdem treten deutlich die beiden zweiknotigen symmetrischen Formen hervor, deren Knotenpunkte gegenüber dem Drittelspunkt, wie er sich im Falle unveränderlicher geometrischer Form des Traggebildes ergeben hätte, relativ stark verschoben sind. Mit der Größe dieser Knotenverschiebung verhält es sich ähnlich wie mit der Abnahme der Momente im Versteifungsbalken, d. h. also, sie wächst mit abnehmender Steifigkeit und daher mit zunehmender Stützweite. Ein Vergleich der Eigenkreisfrequenzen ω_2 der Grundschwingung mit denjenigen bei Vernachlässigung der Verformung ergibt, da

$$\omega_2' = \frac{39,4784}{364^2} \sqrt{\frac{21 \cdot 10^6 \cdot 2,14}{1,835}} = 1,55 \; [\text{s}^{-1}]$$

bzw.

$$\omega_2' = 0,000297 \sqrt{\frac{21 \cdot 10^6 \cdot 1,60}{1,63}} = 1,35 \; [\text{s}^{-1}]$$

ist, daß sie sich entgegengesetzt zum Bogen — entsprechend dem umgekehrten Vorzeichen der Zusatzmomente — bei der genauen Berechnung erhöhen. Die Veränderung beträgt 21,7 % für Fall 1 und 23,1 % für Fall 2.

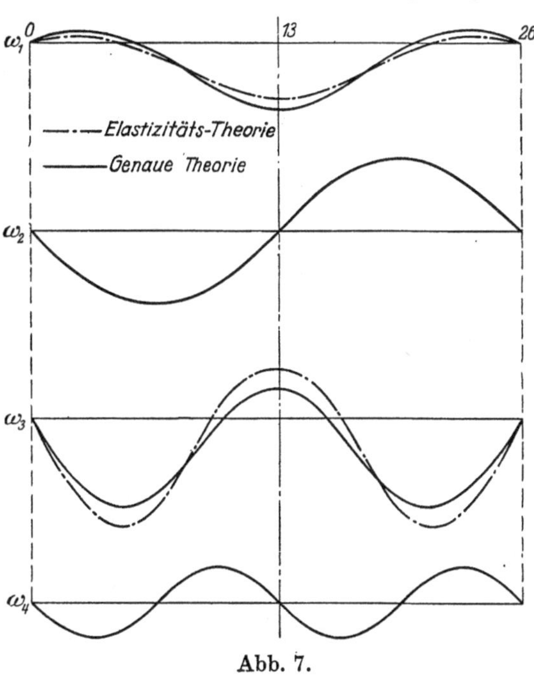

Abb. 7.

Die Gegenüberstellung der Größen ω und T, die nach der genaueren Theorie kleiner geworden sind, läßt außerdem erkennen, daß bei den gegebenen Verhältnissen die Steifigkeitsänderung gegenüber der Massenverminderung den größeren Einfluß auf die Eigenfrequenzen und damit auf die Schwingungszeiten ausübt. Die Abnahme von ω beträgt bei der Grundschwingung 7,5 % und bewegt sich bei den übrigen ermittelten Eigenschwingungen innerhalb der Werte 0,44 und 5,4 %. Mit zunehmender Nachgiebigkeit des Hängesystemes, die mit wachsender Stützweite bei außerdem größerem H_g gegeben ist, werden die Unterschiede größer. Nach überschläglichen Schätzungen der Unterschiede an Bauwerken von wesentlich größeren Stützweiten dürften keineswegs Bedenken bestehen, die Verformungstheorie auf Hängesysteme anzuwenden; damit dürften dann bereits bei kleineren Stützweiten Hängebrücken mit anderen Tragsystemen in erfolgreichen Wettbewerb treten.

(Eingegangen am 5. 3. 1942.)

Einige Ergebnisse der Theorie des außermittig gedrückten Stabes mit dünnwandigem, offenem Querschnitt.

Von E. Chwalla, Brünn.

Mit 6 Abbildungen.

1. Die elastostatischen Grundbeziehungen.

Wir untersuchen einen geraden Stab, dessen Werkstoff dem Hookeschen Formänderungs-gesetz gehorcht und der einen gleichbleibenden, dünnwandigen und offenen (d. h. nur ein-fach zusammenhängenden) Querschnitt von beliebiger unsymmetrischer Form hat[1].

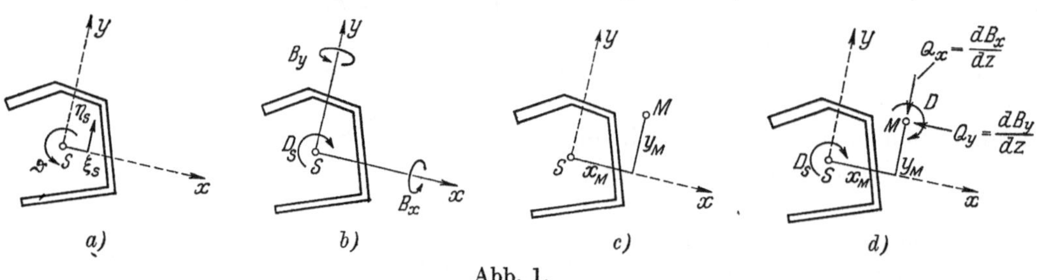

Abb. 1.

Wir setzen voraus, daß die Querschnittsfigur bei der Verformung des Stabes keine Ver-änderung erfährt — um Beulerscheinungen[2] zu vermeiden, darf die Wanddicke nicht allzu klein sein und muß dem Stab unter Umständen eine Querversteifung durch Eckbleche, Quer-schotte oder Quersteifen gegeben werden — und können dann diese Verformung durch drei der Querschnittstelle z zugeordnete Größen ξ_S, η_S und ϑ festlegen, wobei ξ_S, η_S die Ver-schiebungen des Querschnittsschwerpunktes und ϑ die Verdrehung der Querschnittsfigur in der Querschnittsebene bedeuten; die positiven Richtungen von ξ_S, η_S und ϑ sind aus Abb. 1a — in der x, y ein beliebig gewähltes, durch den Querschnittsschwerpunkt S gehendes Achsenkreuz ist — zu entnehmen.

Wird der Stab durch die Biegemomente B_x, B_y und das in der Querschnittsebene wir-kende, auf die Stabachse bezogene Drehmoment D_S beansprucht und werden diese drei Schnittgrößen — wenn wir in Richtung der positiven z-Achse auf den Querschnitt blicken —

---

[1] Der Ausbau der Elastostatik und Stabilitätstheorie des gedrückten Stabes mit dünnwandigem, offenem Querschnitt ist im Anschluß an die ersten Untersuchungen, die H. Wagner (Festschrift 25 Jahre Techn. Hoch-schule Danzig, S. 329. Danzig 1929) über das Drillknicken durchgeführt hat, durch die Arbeiten von A. Ostenfeld (Mitteilungen des Labor. f. Baustatik der Techn. Hochschule Kopenhagen, Heft 5, 1931), F. Bleich (Stahlhoch-bauten, Bd. 2, S. 925. Berlin 1933), H. Wagner und W. Pretschner [Luftf.-Forschg. Bd. 11 (1934) S. 174], B. v. Schlippe (Jahrbuch 1935 der Ver. f. Luftfahrtforschung, S. 158), F. u. H. Bleich (Vorbericht zum II. Kongr. der Int. Ver. f. Brücken- u. Hochbau in Berlin 1936, S. 885), E. E. Lundquist [J. Aeron. Sciences Bd. 4 (1937) Heft 6], E. E. Lundquist and Cl. M. Fligg (Nat. Advisory Comm. for Aeronautics, Rep. Nr. 582, 1937) gefördert worden. Eine Abklärung erfuhr das Problem durch die Arbeit von R. Kappus [Luftf.-Forschg. Bd. 14 (1937) S. 444; Jahrbuch 1937 der Deutschen Luftfahrtforschung, I. Teil, S. 409], die auch die Unterlagen für den weiteren Ausbau der Theorie enthält und an die die vorliegenden Untersuchungen unmittelbar anknüpfen.

[2] Die Beuluntersuchung des mittig gedrückten Stabes mit dünnwandigem, offenem Querschnitt ist für Stäbe mit L-Querschnitt von C. F. Kollbrunner (Mitteilungen aus dem Inst. f. Baustatik a. d. ETH, Heft 4. Zürich und Leipzig 1935), für Stäbe mit T-Querschnitt von F. Hartmann (Knickung—Kippung—Beulung, S. 175. Leipzig und Wien 1937) und für Stäbe mit ⊏-Querschnitt von G. Kimm [Luftf.-Forschg. Bd. 18 (1941) S. 155] durchgeführt worden.

nach Abb. 1b positiv bezeichnet, so lauten die linearisierten, die räumliche Verformung des Stabes beschreibenden elastostatischen Grundbeziehungen

$$(1) \qquad \begin{cases} EJ_x\,\eta_S'' + EJ_{xy}\,\xi_S'' + ER_{Sx}\,\vartheta'' + B_x = 0, \\[4pt] EJ_y\,\xi_S'' + EJ_{xy}\,\eta_S'' + ER_{Sy}\,\vartheta'' + B_y = 0, \\[4pt] ER_{Sy}\,\xi_S''' + ER_{Sx}\,\eta_S''' + EC_S\,\vartheta''' - GJ_D\,\vartheta' + D_S = 0, \end{cases}$$

wobei die Striche Ableitungen nach z bedeuten. In diesen Grundbeziehungen sind

E der Elastizitätsmodul des Werkstoffes;

G der Schubmodul des Werkstoffes;

J_x und J_y die auf die Achsen x bzw. y bezogenen Trägheitsmomente des Querschnitts in [cm^4];

J_{xy} das auf das Achsenkreuz x, y bezogene Zentrifugalmoment des Querschnitts in [cm^4];

J_D der St.-Venantsche Drillwiderstand des Querschnitts in [cm^4];

R_{Sx} und R_{Sy} die auf den Schwerpunkt S und die Achsen x bzw. y bezogenen, von Kappus[1] eingeführten Wölbmomente des Querschnitts in [cm^5];

C_S der auf den Schwerpunkt S bezogene, von Kappus[1] eingeführte Wölbwiderstand des Querschnitts in [cm^6].

An Stelle der beiden Wölbmomente können auch zwei andere Querschnittsfestwerte — die auf das gewählte Achsenkreuz x, y bezogenen Koordinaten x_M, y_M des Schubmittelpunktes M — verwendet werden, wobei der Zusammenhang

$$(2) \qquad x_M = \frac{R_{Sx}\,J_y - R_{Sy}\,J_{xy}}{J_x J_y - J_{xy}^2}, \qquad y_M = \frac{-R_{Sy}\,J_x + R_{Sx}\,J_{xy}}{J_x J_y - J_{xy}^2}$$

besteht[2] (Abb. 1c). Bei Querschnitten, die (wie z. B. der $\llcorner$-Querschnitt) mit Bezug auf den Schwerpunkt polarsymmetrisch sind — daher auch bei allen doppelt-symmetrischen Querschnitten — und schließlich auch bei einfach-symmetrischen Querschnitten bestimmter Abmessung ist $R_{Sx} = R_{Sy} = 0$ und daher $x_M = y_M = 0$.

Legen wir die räumliche Verformung des Stabes nicht durch ϑ und die Schwerpunktsverschiebungen ξ_S, η_S, sondern durch ϑ und die Verschiebungen ξ_M, η_M des Schubmittelpunktes fest und führen wir die zugehörigen Transformationsformeln

$$(3) \qquad \begin{cases} \xi_S = \xi_M + y_M\,\vartheta = \xi_M + \dfrac{-R_{Sy}\,J_x + R_{Sx}\,J_{xy}}{J_x J_y - J_{xy}^2}\,\vartheta, \\[10pt] \eta_S = \eta_M - x_M\,\vartheta = \eta_M - \dfrac{R_{Sx}\,J_y - R_{Sy}\,J_{xy}}{J_x J_y - J_{xy}^2}\,\vartheta \end{cases}$$

in (1) ein, so gehen die drei gekoppelten Gleichungen (1) in die Gleichungen

$$(4) \qquad \begin{cases} EJ_x\,\eta_M'' + EJ_{xy}\,\xi_M'' + B_x = 0, \\[4pt] EJ_y\,\xi_M'' + EJ_{xy}\,\eta_M'' + B_y = 0, \\[4pt] EC_M\,\vartheta''' - GJ_D\,\vartheta' + (D_S + ER_{Sx}\,\eta_M''' + ER_{Sy}\,\xi_M''') = 0 \end{cases}$$

über, wobei

$$(5) \qquad C_M = C_S - (R_{Sx}\,x_M - R_{Sy}\,y_M) = C_S - \frac{R_{Sx}^2\,J_y - 2\,R_{Sx}\,R_{Sy}\,J_{xy} + R_{Sy}^2\,J_x}{J_x J_y - J_{xy}^2}$$

den auf den Schubmittelpunkt M bezogenen Wölbwiderstand des Stabquerschnittes bedeutet; es ist dies der kleinstmögliche — bei den „wölbfreien" Querschnitten (z. B.

---

[1] Siehe Fußnote 1 auf S. 12.

[2] Für den Punkt M, der sowohl Querkraftmittelpunkt als auch Drillruhepunkt ist, wird hier die alte, neutrale Bezeichnung „Schubmittelpunkt" gewählt. Aus dem einschlägigen Schrifttum sei außer den in der Fußnote 1, Seite 12, genannten Abhandlungen noch angeführt: C. Weber [Z. angew. Math. Mech. Bd. 4 (1924) S. 334; Bd. 6 (1926) S. 85], A. u. L. Föppl (Drang und Zwang, Bd. 2, S. 121. München u. Berlin 1928), A. Ostenfeld [Mitteilungen des Labor. f. Baustatik der TH. Kopenhagen, Heft 6 (1932) S. 15], W. L. Schwalbe [Z. angew. Math. Mech. Bd 15 (1935) S. 138], E. Trefftz [Z. angew. Math. Mech. Bd. 15 (1935) S. 220], D. L. Holl and D. H. Rock [Z. angew. Math. Mech. Bd. 19 (1939) S. 141], R. Kappus (Arbeitsblatt Nr. 3 des Inst. f. Festigkeit der DVL. Berlin 1939), F. Stüssi (Abhandlungen der IVBH. Bd. 6, S. 277. Zürich 1940/41), H. Neuber [Z. angew. Math. Mech. Bd. 21 (1941) S. 91], A. Pflüger [Z. angew. Math. Mech. Bd. 22 (1942) S. 99].

den $\llcorner$-, $\top$- und $+$-Querschnitten) bis auf Null heruntersinkende — Wölbwiderstand des gegebenen Stabquerschnittes. Da wir die beiden ersten Gleichungen von (4) nach ξ_M'', η_M'' auflösen und mit Hilfe dieses Auflösungsergebnisses zeigen können, daß

$$(6) \quad (D_S + E R_{Sx} \eta_M''' + E R_{Sy} \xi_M''') = D_S - \frac{dB_x}{dz} \frac{R_{Sx} J_y - R_{Sy} J_{xy}}{J_x J_y - J_{xy}^2} + \frac{dB_y}{dz} \frac{-R_{Sy} J_x + R_{Sx} J_{xy}}{J_x J_y - J_{xy}^2}$$
$$= D_S - Q_x x_M + Q_y y_M = D$$

das auf den Schubmittelpunkt M bezogene Drillmoment darstellt (Abb. 1d), läßt sich (4) auch in der Form

$$(7) \quad \begin{cases} \xi_M'' = - \dfrac{B_y - B_x \dfrac{J_{xy}}{J_x}}{E J_y - \dfrac{E J_{xy}^2}{J_x}}, \qquad \eta_M'' = - \dfrac{B_x - B_y \dfrac{J_{xy}}{J_y}}{E J_x - \dfrac{E J_{xy}^2}{J_y}} \\[2em] D = G J_D \vartheta' - E C_M \vartheta''' \end{cases}$$

schreiben; die drei elastostatischen Grundbeziehungen sind hier voneinander unabhängig und lassen, sofern auch die Randbedingungen entkoppelt sind, eine getrennte Berechnung der drei Ortsfunktionen ξ_M, η_M und ϑ zu. Die durch die Biegemomente B_x und B_y (Abb. 1b) an einer Stelle x, y des Stabquerschnittes hervorgerufenen Biegespannungen (Normalspannungsanteil der Biegemomente) betragen hierbei, wenn wir sie als Zugspannungen positiv bezeichnen,

$$(8) \quad \sigma_{x,y} = \frac{B_y - B_x \dfrac{J_{xy}}{J_x}}{J_y - \dfrac{J_{xy}^2}{J_x}} x + \frac{B_x - B_y \dfrac{J_{xy}}{J_y}}{J_x - \dfrac{J_{xy}^2}{J_y}} y.$$

Wird für das Achsenkreuz x, y das Hauptachsenkreuz gewählt, so gilt $J_{xy} = 0$, wodurch alle angeführten Gleichungen erheblich vereinfacht werden.

2. Die Grundgleichungen für außermittige Druckbelastung.

Wird der Stab an seinen beiden Enden durch eine außermittig angreifende, als Druckkraft positiv bezeichnete Axialkraft P belastet und hat der Kraftangriffspunkt im gewählten Achsenkreuz x, y die Koordinaten a und b (die „Angriffshebel" von P, vgl. Abb. 2a), dann führen die elastostatischen Grundbeziehungen (1) — wenn wir für B_x, B_y und D_S die der Theorie zweiter Ordnung entspringenden Schnittgrößen einsetzen — zu den drei Grundgleichungen der Theorie zweiter Ordnung

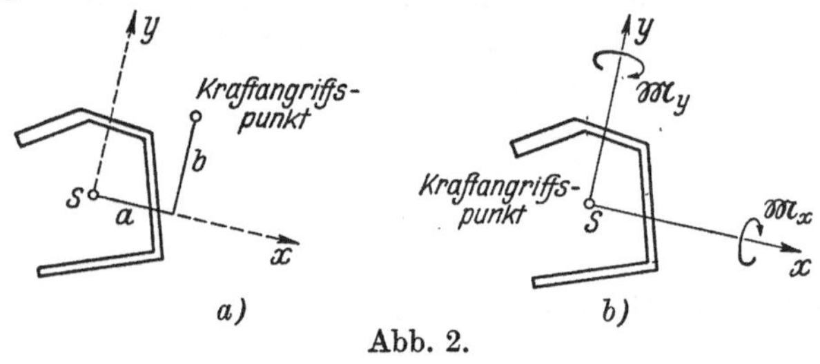

Abb. 2.

$$(9) \quad \begin{cases} E J_x \eta_S'''' + E J_{xy} \xi_S'''' + E R_{Sx} \vartheta'''' + P \eta_S'' + P a \vartheta'' = 0, \\ E J_y \xi_S'''' + E J_{xy} \eta_S'''' + E R_{Sy} \vartheta'''' + P \xi_S'' - P b \vartheta'' = 0, \\ E R_{Sy} \xi_S'''' + E R_{Sx} \eta_S'''' + E C_S \vartheta'''' + (P i_p^2 - G J_D + \Phi \varphi + \Psi \psi) \vartheta'' + \\ \qquad\qquad\qquad\qquad + P a \eta_S'' - P b \xi_S'' + \varkappa \vartheta = 0. \end{cases}$$

In diesen Gleichungen stellt $i_p = \sqrt{\dfrac{J_x + J_y}{F}}$ den polaren Trägheitshalbmesser des Stabquerschnittes und F die Querschnittsfläche vor, während Φ, Ψ die von den Angriffsmomenten abhängigen Hilfsgrößen

$$(10) \quad \Phi = \frac{P a - P b \dfrac{J_{xy}}{J_x}}{1 - \dfrac{J_{xy}^2}{J_x J_y}}, \qquad \Psi = \frac{P b - P a \dfrac{J_{xy}}{J_y}}{1 - \dfrac{J_{xy}^2}{J_x J_y}}$$

der Dimension [kgcm] und φ, ψ die durch die Beziehungen

$$(11) \quad \varphi = \frac{1}{J_y} \int\limits_F x (x^2 + y^2) \, dF, \qquad \psi = \frac{1}{J_x} \int\limits_F y (x^2 + y^2) \, dF$$

bestimmten Querschnittsfestwerte der Dimension [cm] sind; bei der Anwendung ist zu beachten, daß die Größen J_{xy}, R_{Sx}, R_{Sy}, φ und ψ (ebenso wie die Angriffshebel a und b) auch negative Zahlenwerte annehmen können. Das Glied $(+\varkappa\cdot\vartheta)$ in der dritten Zeile von (9) bezieht sich auf eine gedachte „elastische Drehbettung" des Stabes, ein Fall, der schon von H. Wagner[1] untersucht worden ist und hier der Vollständigkeit halber berücksichtigt wurde. Eine derartige Drehbettung besteht aus unendlich vielen, unendlich schmalen und voneinander unabhängigen Bettungselementen, die längs der Drillachse aneinandergereiht sind und der Verdrillung des Stabes — und zwar ausschließlich der Verdrillung — einen stetig verteilten Widerstand entgegenstellen, dessen örtliche Intensität $m_D = \varkappa\vartheta$ beträgt; ist keine Drehbettung vorhanden, so ist in (9) für die Drehbettungsziffer $\varkappa = 0$ zu setzen. Die Gleichungen (9) gelten sinngemäß auch für Stäbe, die mittig gedrückt und zusätzlich durch die Endmomente $\mathfrak{M}_x$, $\mathfrak{M}_y$ auf querkraftfreie Biegung beansprucht werden (Abb. 2b). In den Gleichungen (9) und (10) ist dann das Angriffsmoment Pa durch $\mathfrak{M}_y$ und das Angriffsmoment Pb durch $\mathfrak{M}_x$ zu ersetzen.

Wird für das Achsenkreuz x, y das Hauptachsenkreuz des Stabquerschnitts gewählt, so gilt $J_{xy} = 0$, wodurch sich die Gleichungen (9) und (10) vereinfachen. Hat der Querschnitt des untersuchten Stabes eine Symmetrieachse und wird das Achsenkreuz x, y so angenommen, daß die y-Achse mit dieser Symmetrieachse zusammenfällt, dann ist nicht nur J_{xy}, sondern auch R_{Sx} und φ gleich Null. Hat der Querschnitt des untersuchten Stabes zwei Symmetrieachsen und fällt das gewählte Achsenkreuz x, y mit diesen Symmetrieachsen zusammen, so gilt $J_{xy} = R_{Sx} = R_{Sy} = \varphi = \psi = 0$. Ist der Stabquerschnitt unsymmetrisch, greift jedoch die Druckkraft P mittig an $(a = b = 0!)$, dann gehen die Gleichungen (9) in die von Kappus[2] veröffentlichten Grundgleichungen über.

3. Stäbe mit einfach-symmetrischem Querschnitt; der Kraftangriffspunkt liegt auf der Symmetrieachse.

Wir beschränken unsere Untersuchungen im weiteren auf gerade Stäbe, deren gleichbleibender Querschnitt eine Symmetrieachse hat, und wählen das Achsenkreuz x, y so, daß die y-Achse mit dieser Symmetrieachse zusammenfällt; da dann $J_{xy} = R_{Sx} = \varphi = 0$ ist,

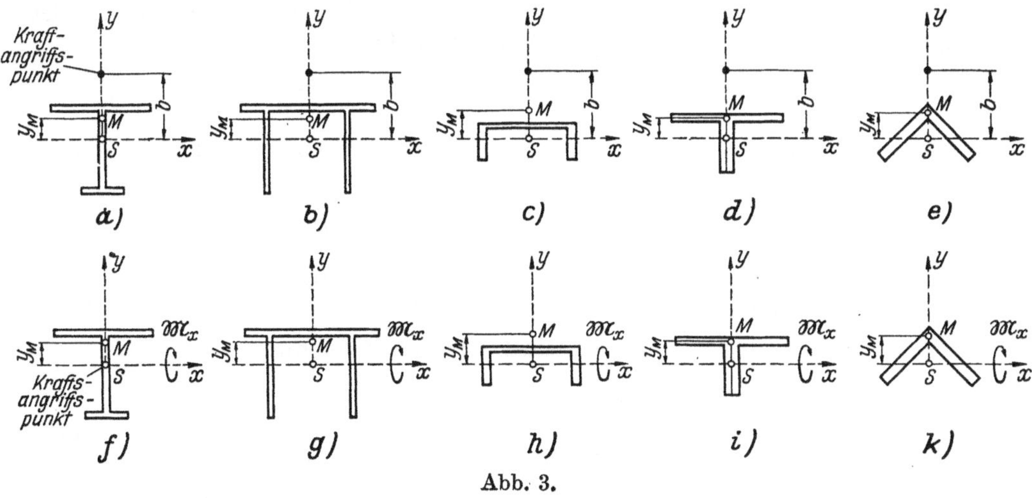

Abb. 3.

werden die Grundgleichungen (9) erheblich vereinfacht und die Gleichungen (2) für die Koordinaten des Schubmittelpunktes auf die Form

$$(12) \qquad x_M = 0, \quad y_M = -\frac{R_{Sy}}{J_y}$$

gebracht. Setzen wir nun zusätzlich voraus, daß der Angriffspunkt der außermittigen Druckkraft P auf der Symmetrieachse — in der Entfernung b vom Schwerpunkt S (vgl. Abb. 3a bis 3e) — liegt, oder daß am Stab eine mittige Druckkraft P und zusätzliche, in

[1] Siehe Fußnote 1 auf S. 12.   [2] Siehe Fußnote 1 auf S. 12.

der Symmetrieebene wirkende Endmomente $\mathfrak{M}_x$ angreifen (Abb. 3f bis 3k), so zerfallen die drei simultanen, der Theorie zweiter Ordnung zugeordneten Grundgleichungen (9) in die unabhängige Einzelgleichung

$$(13) \qquad E J_x \eta_S'''' + P \eta_S'' = 0$$

und in das gekoppelte Gleichungspaar

$$(14) \qquad \begin{cases} E J_y \xi_S'''' + E R_{Sy} \vartheta'''' + P \xi_S'' - P b \vartheta'' = 0, \\ E R_{Sy} \xi_S'''' + E C_S \vartheta'''' + (P i_p^2 + P b \psi - G J_D) \vartheta'' - P b \xi_S'' + \varkappa \vartheta = 0. \end{cases}$$

Die Einzelgleichung (13) bestimmt die Ausbiegung $\eta_S = f_1(z)$, die die Achse des auf Druck und Biegung beanspruchten Stabes in der Symmetrieebene erfährt, und das Gleichungspaar (14) beschreibt sowohl die Ausbiegung $\xi_S' = f_2(z)$ der Stabachse in der Richtung rechtwinklig zur Symmetrieachse als auch die mit dieser Ausbiegung zwangläufig verbundene Verdrehung $\vartheta = f_3(z)$ der Querschnittsfigur in der Querschnittsebene. Da nicht nur die Gleichungen (14), sondern auch die zugehörigen Randbedingungen linear und homogen sind, liegt hier ein Eigenwertproblem — also ein Problem der Gleichgewichtsverzweigung, ein Stabilitätsproblem — vor. Wir haben daher folgendes Tragverhalten zu erwarten: Wird die Größe von b bzw. $\mathfrak{M}_x$ festgehalten und wächst P von Null langsam an — oder wird die Größe der mittigen Kraft P festgehalten und wächst $\mathfrak{M}_x$ langsam von Null an —, so tritt im Rahmen unserer idealisierten Theorie bei hinreichend kleinen Lastwerten weder eine seitliche Ausbiegung ξ_S der Stabachse noch eine Verdrehung ϑ des Stabquerschnittes ein. Erst wenn der ideale, der Verzweigungsstelle zugeordnete „kritische" Lastwert P_{Ki} bzw. $(\mathfrak{M}_x)_{Ki}$ erreicht ist, beginnt der Stab seitlich auszuweichen; er wird hierbei sowohl verbogen als auch verdrillt, so daß wir diese Instabilitätserscheinung — zum Unterschied von der reinen Biegeknickung und der reinen Drillknickung — als „Biegedrillknickung" bezeichnen wollen. Bei überwiegender Biegebeanspruchung (also bei verhältnismäßig großem b oder $\mathfrak{M}_x$) spricht man hier — ebenso wie im Grenzfall ausschließlicher Biegebeanspruchung — von der Instabilitätserscheinung der „Kippung"[1].

Wir sehen im weiteren der Einfachheit halber vom Einfluß einer elastischen Drehbettung ab ($\varkappa = 0!$) und führen die neue unabhängige Veränderliche

$$(15) \qquad \zeta = \frac{z}{l}$$

ein. Die beiden Grundgleichungen (14) lauten dann, wenn wir sie mit l^4/P multiplizieren, zweimal integrieren und (12) einsetzen,

$$(16) \qquad \begin{cases} b l^2 \vartheta + \dfrac{E J_y}{P} y_M \dfrac{d^2 \vartheta}{d\zeta^2} = l^2 \xi_S + \dfrac{E J_y}{P} \dfrac{d^2 \xi_S}{d\zeta^2} + K_1 \zeta + K_2, \\[2ex] b l^2 \xi_S + \dfrac{E J_y}{P} y_M \dfrac{d^2 \xi_S}{d\zeta^2} = \dfrac{l^2}{P} (P i_p^2 + P b \psi - G J_D) \vartheta + \dfrac{E C_S}{P} \dfrac{d^2 \vartheta}{d\zeta^2} + K_3 \zeta + K_4, \end{cases}$$

wobei K_1 bis K_4 Integrationskonstante sind. Dieses Gleichungspaar liefert nach Elimination von $\dfrac{d^2 \xi_S}{d\zeta^2}$ die Beziehung

$$(17) \qquad \xi_S = \frac{1}{l^2 (b - y_M)} \left[\frac{l^2}{P} (P i_p^2 + P b \psi - G J_D - P b y_M) \vartheta + \frac{1}{P} (E C_S - E J_y y_M^2) \frac{d^2 \vartheta}{d\zeta^2} + \right.$$
$$\left. + y_M (K_1 \zeta + K_2) + (K_3 \zeta + K_4) \right],$$

---

[1] Greift außer der Druckkraft P noch eine in der Symmetrieebene des Stabes liegende, in der Richtung der negativen y-Achse wirkende Querbelastung an, die ihre Richtung während des Auskippens des Stabes unverändert beibehält, so sind die linken Seiten von (14) in der ersten Zeile durch den Term $-(B_x \vartheta)''$ und in der zweiten Zeile durch den Term $+ \psi (B_x \vartheta')' - B_x \xi_S'' - p e \vartheta$ zu ergänzen. Hierbei bedeuten B_x das von der Querbelastung herrührende, von z abhängige und in der Richtung von $\mathfrak{M}_x$ (Abb. 3) positiv gezählte Biegemoment, p die örtliche Intensität der stetig verteilten Querbelastung und e die in der Richtung der y-Achse positiv gezählte Entfernung des Angriffspunktes dieser Querbelastung vom Schwerpunkt S. Die so ergänzten Gleichungen (14) sind die beiden Grundgleichungen des Kippproblems eines auf mittigen oder außermittigen Druck und zusätzliche Querkraftbiegung beanspruchten Trägers mit unveränderlichem, einfachsymmetrischem Querschnitt von beliebiger dünnwandiger, offener Form.

die ebenso wie die durch zweimalige Differentiation von (17) gewonnene Beziehung für $\dfrac{d^2\xi_s}{d\zeta^2}$ in eine der beiden Gleichungen (16) einzuführen ist. Wir gelangen so zur Differential-gleichung

$$(18)\qquad E\,(C_S - J_v\,y_M^2)\,\frac{d^4\vartheta}{d\zeta^4} + l^2\Big(P\,i_p^2 + P\,b\,\psi - GJ_D - 2\,P\,b\,y_M + P\,\frac{C_S}{J_v}\Big)\frac{d^2\vartheta}{d\zeta^2} +$$
$$+ \frac{P\,l^4}{E\,J_v}\,(P\,i_p^2 + P\,b\,\psi - GJ_D - P\,b^2)\,\vartheta + \frac{P^2 l^2}{E\,J_v}\,[(b\,K_1 + K_3)\,\zeta + (b\,K_2 + K_4)] = 0\,,$$

die die Größe $(C_S - J_v\,y_M^2) = C_M$ enthält und deren allgemeine Lösung

$$(19)\qquad \vartheta = -\,\frac{P\,[(b\,K_1 + K_3)\,\zeta + (b\,K_2 + K_4)]}{l^2\,(P\,i_p^2 + P\,b\,\psi - GJ_D - P\,b^2)} + K_5\sin\zeta\,\sqrt{k_1} + K_6\sin\zeta\,\sqrt{k_2} +$$
$$+ K_7\cos\zeta\,\sqrt{k_1} + K_8\cos\zeta\,\sqrt{k_2}$$

lautet, wobei k_1 und k_2 die Wurzeln der charakteristischen Gleichung

$$(20)\qquad E\,(C_S - J_v\,y_M^2)\,k^2 - l^2\Big(P\,i_p^2 + P\,b\,\psi - GJ_D - 2\,P\,b\,y_M + P\,\frac{C_S}{J_v}\Big)\,k +$$
$$+ \frac{P\,l^4}{E\,J_v}\,(P\,i_p^2 + P\,b\,\psi - GJ_D - P\,b^2) = 0$$

sind. Die acht in den allgemeinen Lösungen (17) und (19) auftretenden Integrations-konstanten K_1 bis K_8 sind aus den acht linearen, homogenen Randbedingungen des Problems zu ermitteln. Setzen wir (17) und (19) in diese Rand-bedingungen ein, so erhalten wir ein System von acht in K_1 bis K_8 linearen, homogenen Gleichungen, das nur dann eine von der trivialen Nullösung verschiedene Lösung hat, wenn seine Koeffizientendeterminante $\varDelta_K$ verschwindet; die Gleichung

$$(21)\qquad\qquad \varDelta_K = 0$$

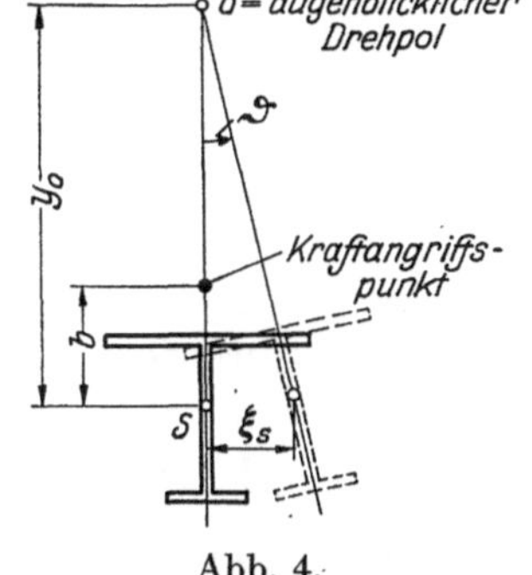

Abb. 4.

stellt demnach die gesuchte „Biegedrillknickbedingung" vor und dient zur Bestimmung der Stabilitätsgrenzen und damit auch zur Festlegung der baupraktisch maßgebenden kleinsten idealen Biegedrillknicklast P_{Ki}. Wird der Stab durch die mittige Last P und die Endmomente $\mathfrak{M}_x$ beansprucht, so haben wir in (16) bis (21) die Größe $P\,b$ durch $\mathfrak{M}_x$ zu ersetzen und (21) — je nachdem, ob P oder $\mathfrak{M}_x$ als unveränderliche Größe vorgegeben ist — nach $(\mathfrak{M}_x)_{Ki}$ beziehungsweise P_{Ki} aufzulösen.

Setzen wir den gefundenen kritischen Lastwert in die acht linearen, homogenen Randbedingungsgleichungen ein, so können wir mit Hilfe dieser Gleichungen die relativen Größen der acht Integrationskonstanten berechnen und die durch (17) und (19) bestimmten Ortsfunktionen $\xi_s = f_1(\zeta)$, $\vartheta = f_2(\zeta)$ bis auf einen gemeinsamen, unendlich klein zu denkenden Faktor festlegen. Diese Ortsfunktionen beschreiben die dem kritischen Lastwert zugeordnete „Biegedrillknickfigur" des Stabes und ermöglichen die Bestimmung der Ordinaten

$$(22)\qquad\qquad y_0 = \frac{\xi_s}{\vartheta}$$

der auf der Symmetrieachse liegenden „augenblicklichen Drehpole O", um die sich die Querschnittsfigur des Stabes in den einzelnen Querschnitten bei Beginn des Ausknickens verdreht (Abb. 4).

Überschreitet die im Stab unter der kritischen Belastung auftretende größte Vergleichsspannung $\max\sigma_V$ die Proportionalitätsgrenze σ_{Prop} des Werkstoffes, so müssen die Werte P_{Ki} bzw. $(\mathfrak{M}_x)_{Ki}$ — da sie unter Voraussetzung des Hookeschen Formänderungsgesetzes gewonnen worden sind — einer Abminderung unterzogen werden. Es gelten hier ähnliche Überlegungen, wie sie von Hartmann[1] im Fall der allgemeinen Biegeknickung angestellt worden sind. In erster Annäherung kann diese Abminderung unter Verwendung des Engesser-

____

[1] Hartmann, F.: Knickung—Kippung—Beulung S. 24. Leipzig u. Wien 1937.

schen Knickspannungsdiagrammes für mittig gedrückte, gelenkig gelagerte Vollstäbe durchgeführt und $\max \sigma_V$ durch die größte im kritischen Gleichgewichtszustand vorhandene Normalspannung

$$(23) \qquad \max \sigma = \frac{P_{Ki}}{F}\left(1 + \frac{b}{k_z}\right) \quad \text{bzw.} \quad \max \sigma = \frac{P_{Ki}}{F} + \frac{\mathfrak{M}_x}{F\,k_z} \quad \text{oder} \quad \max \sigma = \frac{P}{F} + \frac{(\mathfrak{M}_x)_{Kt}}{F\,k_z}$$

ersetzt werden; k_z stellt hierbei die auf der Biegezugseite gemessene Querschnittskern-
weite vor und ist sinngemäß durch k_d zu ersetzen, wenn wir eine kritische Zugkraft abmin-
dern. Mit Hilfe von $\max \sigma$ ist der ideelle Schlankheitsgrad

$$(24) \qquad \lambda_{id} = \pi \sqrt{\frac{E}{\max \sigma}}$$

zu berechnen, aus dem **Engesser**schen Knickspannungsdiagramm der zugehörige Knick-
spannungswert $\sigma_{Eng.}$ zu entnehmen und für den abgeminderten kritischen Lastwert die Formel

$$(25) \qquad P'_{Ki} = P_{Ki}\frac{\sigma_{Eng.}}{\max \sigma} \quad \text{bzw.} \quad (\mathfrak{M}_x)'_{Ki} = (\mathfrak{M}_x)_{Ki}\frac{\sigma_{Eng.}}{\max \sigma}$$

anzuschreiben. Bei Stäben mit verhältnismäßig kleiner Knicksteifigkeit wird aus (23)
$\max \sigma \leqq \sigma_{Prop}$ und daher für den Abminderungsfaktor $\frac{\sigma_{Eng.}}{\max \sigma} = 1$ erhalten; bei Stäben
großer Knicksteifigkeit kann (25) nicht größer als jene Laststufe werden, unter der das
örtliche Fließen einsetzt. Da der Größtwert $\max \sigma$ nach Gleichung (23) bloß in einem
Punkt oder längs einer Linie auftritt und überdies sein Wirkungsort manchmal in Quer-
schnittsteilen liegt, die für das Biegedrillknicken von untergeordneter Bedeutung sind,
liefert (25) unter Umständen viel zu starke Abminderungen des kritischen Lastwertes. Es
dürfte sich daher empfehlen, den Biegespannungsanteil [also den zweiten Summanden in
Gleichung (23)] mit einem Faktor zu versehen, der zwischen 0 und 1 gelegen ist und dessen
Größe von der Querschnittsform und der Inhomogenität des Spannungsfeldes (Grenzfälle
$\mathfrak{M}_x = 0$ bzw. $P = 0$!) abhängt. Eine genauere Festlegung dieses Faktors ist allerdings
erst nach Durchführung systematischer Versuche möglich.

4. Die Lösung für den Fall elastischer Einspannung.

Wir nehmen an, daß die seitliche Verschiebung ξ_s der Stabachse und die Verdrehung ϑ
der Querschnittsfigur an beiden Enden des Stabes — den Randbedingungsgleichungen

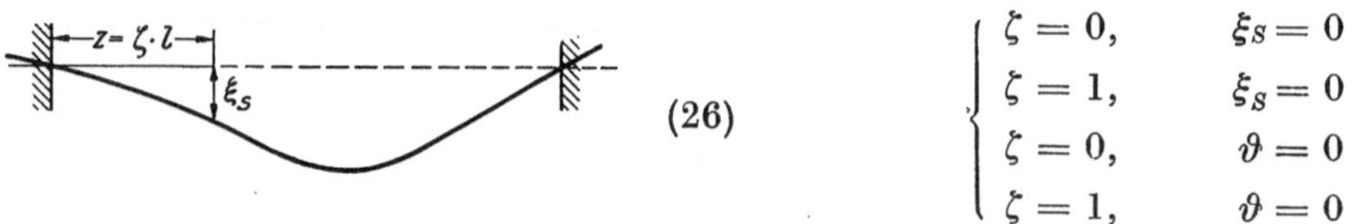

$$(26) \qquad \begin{cases} \zeta = 0, & \xi_s = 0 \\ \zeta = 1, & \xi_s = 0 \\ \zeta = 0, & \vartheta = 0 \\ \zeta = 1, & \vartheta = 0 \end{cases}$$

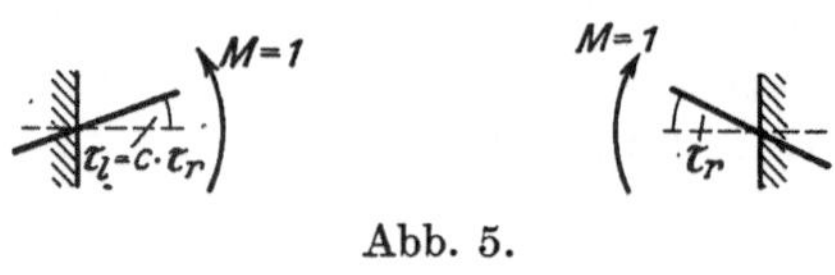

Abb. 5.

entsprechend — vollkommen verhindert werden und daß
der Stab an seinen Enden mit elastischen Nachbarkon-
struktionen so verbunden ist, daß er bei einer Ausbiegung
in der Richtung rechtwinkelig zur Symmetrieebene eine
„elastische" Einspannung erfährt, bei der das Einspann-
moment dem auftretenden Endverdrehungswinkel verhältnistreu ist. Um den Grad dieser
Einspannung festzulegen, denken wir uns am rechten und linken Ende je ein kurzes, starres
Stabstück mit der Nachbarkonstruktion verbunden und mit einem Kräftepaar vom Moment $M = 1$ belastet (Abb. 5). Die Kehrwerte der hierbei entstehenden Verdrehungswinkel τ_r
und $\tau_l = c\,\tau_r$ dienen als Maß für den Einspanngrad; sie werden im Grenzfall gelenkiger
Lagerung gleich Null, im Grenzfall vollkommen starrer Einspannung hingegen unendlich
groß. Die Randbedingungen, die dieser elastischen Einspannung entsprechen, lauten

$$(27) \qquad \begin{cases} \zeta = 0, & \dfrac{d\xi_s}{d\zeta} - a\,c\,\dfrac{d^2\xi_s}{d\zeta^2} = 0 \\[2mm] \zeta = 1, & \dfrac{d\xi_s}{d\zeta} + a\,\dfrac{d^2\xi_s}{d\zeta^2} = 0, \end{cases}$$

wobei

$$(28) \qquad a = \frac{EJ_v}{l}\,\tau_r, \qquad a\,c = \frac{EJ_v}{l}\,\tau_l$$

ist. Die beiden noch fehlenden, der Verwölbung der Endquerschnittsebenen zugeordneten Randbedingungen schreiben wir in der ähnlichen Form

$$(29) \qquad \begin{cases} \zeta = 0, & \dfrac{d\vartheta}{d\zeta} - a\,c\,\dfrac{d^2\vartheta}{d\zeta^2} = 0 \\[2mm] \zeta = 1, & \dfrac{d\vartheta}{d\zeta} + \; a\,\dfrac{d^2\vartheta}{d\zeta^2} = 0 \end{cases}$$

und bringen damit zum Ausdruck, daß die Verwölbung der Endquerschnittsebenen um so mehr behindert wird, je stärker der Stab eingespannt ist; bei gelenkiger Lagerung ist sie ungehindert möglich $\left(\dfrac{d^2\vartheta}{d\zeta^2} = 0\right)$ und bei vollkommen starrer Einspannung wird sie restlos verhindert $\left(\dfrac{d\vartheta}{d\zeta} = 0\right)$.

Führen wir die allgemeinen Lösungen (17) und (19) in die acht Randbedingungsgleichungen (26), (27), (29) ein und setzen wir die Koeffizientendeterminante $\varDelta_K$ des so erhaltenen Systems von acht linearen, homogenen Gleichungen gemäß (21) gleich Null, so gelangen wir zu der transzendenten Bedingungsgleichung

$$(30) \qquad a^2 c\,k\,\sqrt{k}\,\sin\sqrt{k} - a\,(1+c)\,\sqrt{k}\,(\sqrt{k}\,\cos\sqrt{k} - \sin\sqrt{k}) + 2\,(1 - \cos\sqrt{k}) - \sqrt{k}\,\sin\sqrt{k} = 0,$$

in der k die Wurzel k_1 oder die Wurzel k_2 der charakteristischen Gleichung (20) vertritt. Wir brauchen daher für den gegebenen, durch die Kennzahlen a und c festgelegten Lagerungsfall bloß die kleinste positive Lösung von (30) aufzusuchen und in (20) einzusetzen; die Auflösung nach P bzw. $(\mathfrak{M}_x)$ liefert dann schon den gesuchten kritischen Lastwert. Diese Auflösung der charakteristischen Gleichung (20) wird zweckmäßig in allgemeiner Form unter Verwendung der von k abhängigen Hilfsgrößen

$$(31) \qquad P_E = \frac{k\,EJ_v}{l^2}, \qquad A = \frac{k\,EC_s}{l^2} + GJ_D = P_E\left(\frac{C_s}{J_v} + \frac{GJ_D}{P_E}\right)$$

durchgeführt; wir erhalten so für (20)

$$(32) \qquad P^2\,(i_p^2 + b\,\psi - b^2) - P\,(A + P_E\,b\,\psi + P_E\,i_p^2 - 2P_E\,b\,y_M) + P_E\,(A - P_E\,y_M^2) = 0$$

und gewinnen daraus für die ideale kritische Last

$$(33) \qquad P \equiv P_{Ki} = \frac{A + P_E\,(i_p^2 + b\,\psi) - 2P_E\,b\,y_M}{2\,(i_p^2 + b\,\psi - b^2)} \pm \sqrt{\left(\frac{A + P_E\,(i_p^2 + b\,\psi) - 2P_E\,b\,y_M}{2\,(i_p^2 + b\,\psi - b^2)}\right)^2 - \frac{P_E\,(A - P_E\,y_M^2)}{i_p^2 + b\,\psi - b^2}}.$$

Im Sonderfall $b = y_M$ (Kraftangriff im Schubmittelpunkt M des Querschnittes!) gehen diese beiden Lösungen (33) in

$$(34) \qquad P_{Ki}^* = P_E \quad \text{und} \quad P_{Ki}^{**} = \frac{A - P_E\,y_M^2}{i_p^2 + y_M\,\psi - y_M^2}$$

über; im Ausdruck für P_{Ki}^{**} kann nach Berücksichtigung von (31), (12) und (5) statt $(A - P_E\,y_M^2)$ auch $P_E\left(\dfrac{C_M}{J_v} + \dfrac{GJ_D}{P_E}\right)$ geschrieben werden, wobei — wie wir schon erwähnt haben — für die wölbfreien Querschnitte (hier also für die ∟-, ⊤- und ✝-Querschnitte) unmittelbar $C_M = 0$ zu setzen ist. Beim Ausknicken unter der Druckkraft P_{Ki}^* liegt der augenblickliche Drehpol 0 im Unendlichen, so daß der Stabquerschnitt keine Verdrehung erfährt. Wir sprechen hier von „reiner Biegeknickung" („Euler-Knickung"), und vermerken, daß der Wert P_{Ki}^* immer einer **Extremstelle** der Kurve $P_{Ki} = f(b)$ zugehört. Beim Ausknicken unter der Last P_{Ki}^{**} wird der Stabquerschnitt um seinen Schubmittelpunkt verdreht; der augenblickliche Drehpol 0 fällt — ähnlich wie bei der Drillung mit behinderter Querschnittsverwölbung — mit dem Schubmittelpunkt zusammen. Wir sprechen hier von „reiner Drillknickung".

Außer dem Sonderfall $b = y_M$ gibt es noch einen zweiten Sonderfall. Er liegt vor, wenn der Angriffshebel b einen der beiden Werte $b_{1,\,2} = \dfrac{\psi}{2} \pm \sqrt{\dfrac{\psi^2}{4} + i_p^2}$ annimmt, da dann eine Entartung der quadratischen Gleichung (32) in eine lineare Gleichung eintritt und die eine der beiden Lösungen unendlich groß wird. Innerhalb des Bereiches $b_2 \leqq b \leqq b_1$ gibt es keine kritischen Zugkräfte (also keine **negativen** Werte P_{Ki}), sondern ausschließlich kritische Druckkräfte.

Wird der Stab durch eine mittige Druckkraft P und durch Endmomente $\mathfrak{M}_x$ belastet, so haben wir in (32) die Größe Pb durch $\mathfrak{M}_x$ zu ersetzen und (32) — je nachdem, ob P oder M_x als unveränderliche Größe vorgegeben ist — nach $\mathfrak{M}_x$ bzw. P aufzulösen; wir erhalten so

$$(35) \qquad \mathfrak{M}_x \equiv (\mathfrak{M}_x)_{Ki} = (P_E\, y_M - \tfrac{1}{2}\, P_E\, \psi + \tfrac{1}{2}\, P\, \psi) \pm$$

$$\pm \sqrt{(P_E\, y_M - \tfrac{1}{2}\, P_E\, \psi + \tfrac{1}{2}\, P\, \psi)^2 - (P\, A - P^2\, i_p^2 + P_E^2\, y_M^2 + P_E\, P\, i_p^2 - P_E\, A)},$$

beziehungsweise

$$(36) \qquad P \equiv P_{Ki} = \frac{1}{2\, i_p^2}\, (A + P_E\, i_p^2 - \mathfrak{M}_x\, \psi) \pm$$

$$\pm \sqrt{\left[\frac{1}{2\, i_p^2}\, (A + P_E\, i_p^2 - \mathfrak{M}_x\, \psi)\right]^2 - \frac{1}{i_p^2}\, (P_E\, A - P_E\, \mathfrak{M}_x\, \psi - \mathfrak{M}_x^2 + 2\, \mathfrak{M}_x\, P_E\, y_M - P_E^2\, y_M^2)}.$$

Wenn wir in (35) $P = 0$ setzen, gelangen wir zum kritischen Wert des Biegemomentes bei reiner Biegebeanspruchung des Stabes. Abschließend sei noch erwähnt, daß die hier geschilderte, für Stäbe mit natürlicher (d. h. sich selbst einstellender) Drehachse geltende Theorie auch für Stäbe mit künstlicher (durch eine Art „Scharnierlagerung" erzwungener) Drehachse entwickelt werden kann. Die beiden Koordinaten des augenblicklichen Drehpols sind in solchen Fällen — die z. B. bei der Biegedrillknickung der Längssteifen von Stegblechen oder bei der Kippung von Trägern mit seitlich festgehaltenem Gurt vorkommen — unveränderlich vorgegeben und an ihrer Stelle gehen die beiden stetig verteilten Scharnierreaktionen q_x, q_y als Unbekannte in die Rechnung ein.

Über die zahlenmäßige Auswertung der Theorie für Stäbe mit den im Stahlbau vorkommenden Querschnittsformen und Lagerbedingungen wird an anderer Stelle berichtet werden. Hier sei bloß erwähnt, daß die kleinsten Lösungen der transzendenten Gleichung (30) zwischen dem Wert $k = \pi^2$ (Gabellagerung des Stabes) und dem Wert $k = 4\,\pi^2$ (starre Einspannung beider Stabenden) gelegen sind und daß die ideale Biegedrillknicklast P_{Ki} immer kleiner als die Eulersche Biegeknicklast P_E des Stabes ist; einzig im Sonderfall $b = y_M$ vermag sie nach Gleichung (34) den vollen Wert P_E zu erreichen. Bei den aus dünnen, abgekanteten Blechen gebildeten Stäben des Flugzeugbaues kann das Absinken der Biegedrillknicklast unter den Wert P_E recht ausgeprägt sein; der augenblickliche Drehpol O der Querschnittsfigur liegt dann schon in unmittelbarer Nähe des Schwerpunktes S, so daß die der Verbiegung überlagerte Verdrillung das Verformungsbild des ausknickenden Stabes vollkommen beherrscht. Bei dickwandigen offenen Profilen, bei geschlossenen Hohlquerschnitten (angenähert auch bei Kastengurten mit Rahmen- oder Gitterverband) und bei allen Vollquerschnitten wird $G\, J_D$ schon verhältnismäßig groß, so daß der Einfluß der Verdrillung zurücktritt und P_{Ki} nahe an den Wert der Biegeknicklast P_E heranreicht. Bei den im Stahlbau verwendeten Stäben mit offenem Querschnitt ist zu beachten, daß der Einfluß der Verdrillung bei Druckstäben von kleiner ideeller Schlankheit (24) durch die Abminderung (25) wesentlich gemildert wird. Der Biegedrillknickung kommt daher bei den gedrungenen Stäben des Stahlbaues durchaus nicht jene Bedeutung zu, die man ihr bei Betrachtung der für den Hookeschen Formänderungsbereich gewonnenen Lösungsergebnisse zuzusprechen geneigt sein könnte.

5. Stäbe mit doppelt-symmetrischem I-Querschnitt; der Kraftangriffspunkt liegt auf der lotrechten Symmetrieachse (Stegachse).

Ist der Stabquerschnitt ein doppelt-symmetrischer I-Querschnitt, dessen Stegachse mit der y-Achse zusammenfällt und den Kraftangriffspunkt enthält, so ist nicht nur $J_{xy} = x_M = \varphi = 0$, sondern zusätzlich auch noch

$$(37) \qquad\qquad\qquad\qquad y_M = \psi = 0.$$

Der Wölbwiderstand eines derartigen Querschnittes beträgt

$$(38) \qquad\qquad\qquad\qquad C_S = \frac{h^2}{4}\, J_{Fl},$$

wobei h — wie die Abb. 6 zeigt — die gegenseitige Entfernung der beiden Flanschachsen und J_{Fl} das auf die y-Achse bezogene Trägheitsmoment des Flanschenpaares bedeuten. Die Auflösung der charakteristischen Gleichung (20), die hier nach Beachtung von (37), (38) und Einführung der Hilfsgröße

$$(39) \qquad \beta = \frac{E\,C_S}{G\,J_D\,l^2} = \frac{E\,J_{Fl}}{G\,J_D}\left(\frac{h}{2\,l}\right)^2$$

einfach

$$(40) \qquad \beta\,k^2 + \left(1 - \beta\,\frac{P\,l^2}{E\,J_y} - \frac{P\,i_p^2}{G\,J_D}\right)k - \frac{l^2}{E\,J_y}\left(P + \frac{P^2\,b^2}{G\,J_D} - \frac{P^2\,i_p^2}{G\,J_D}\right) = 0$$

lautet, liefert die aus (33) hervorgehende Beziehung

$$(41) \qquad P \equiv P_{Ki} = \frac{A + P_E\,i_p^2}{2\,(i_p^2 - b^2)} \pm \sqrt{\left(\frac{A + P_E\,i_p^2}{2\,(i_p^2 - b^2)}\right)^2 - \frac{P_E\,A}{i_p^2 - b^2}}$$

mit der für $b = y_M = 0$ (mittiger Kraftangriff!) gültigen Sonderform

$$(42) \qquad P_{Ki}^* = P_E \quad\text{und}\quad P_{Ki}^{**} = \frac{1}{i_p^2}\,A.$$

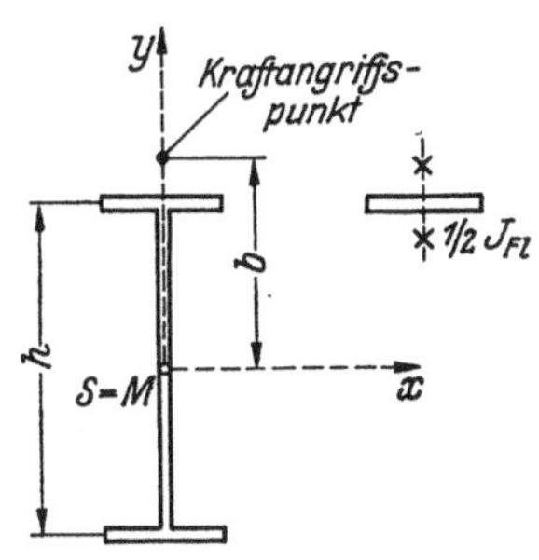

Abb. 6.

Im Fall der Belastung durch eine mittige Druckkraft P und zusätzliche Endmomente $\mathfrak{M}_x$ haben wir in (40) die Größe $P\,b$ durch $\mathfrak{M}_x$ zu ersetzen und (40) — je nachdem, ob P oder $\mathfrak{M}_x$ als unveränderliche Größe vorgegeben ist — nach $\mathfrak{M}_x$ bzw. P aufzulösen; wir gelangen so zu den beiden, den Gleichungen (35) und (36) entsprechenden Beziehungen

$$(43) \qquad \mathfrak{M}_x \equiv (\mathfrak{M}_x)_{Ki} = \pm\sqrt{(P_E - P)(A - P\,i_p^2)}$$

und

$$(44) \qquad P \equiv P_{Ki} = \frac{A + P_E\,i_p^2}{2\,i_p^2} \pm \sqrt{\left(\frac{A + P_E\,i_p^2}{2\,i_p^2}\right)^2 - \frac{1}{i_p^2}\,(P_E\,A - \mathfrak{M}_x^2)}.$$

Die Hilfswerte P_E und A sind durch (31) bestimmt; k stellt nach wie vor die kleinste positive Lösung der transzendenten Gleichung (30) vor, die wir für den gegebenen, durch die Zahlen a und c gekennzeichneten Lagerungsfall anschreiben können. Vernachlässigen wir die vom polaren Trägheitshalbmesser i_p abhängigen Glieder, so gehen die Gleichungen (40), (41), (43) und (44) der Reihe nach in die Gleichungen (C 6), (C 35), (C 33) und (C 34) einer früheren Veröffentlichung[1] über.

<hr>

[1] Chwalla, E.: Die Kippstabilität gerader Träger mit doppelt-symmetrischem I-Querschnitt, Forschungsheft Nr. 2 aus dem Gebiete des Stahlbaues, Berlin 1939. In dieser Arbeit fehlt auf der linken Seite der zweiten Gleichgewichtsbedingung (A 5) — und damit auch auf der linken Seite der zweiten Gleichgewichtsbedingung (A 15), in den beiden Klammerausdrücken von (A 17) und im ersten Klammerausdruck von (A 24) — ein Zusatzglied von der Form $+\,S\cdot\dfrac{d}{dx}\left(i_p^2\cdot\dfrac{d\vartheta}{dx}\right)$, dessen Berücksichtigung eine notwendige Ergänzung der klassischen Kippuntersuchungen von Timoshenko darstellt (vgl. dazu auch die Fußnote 1 auf Seite 1 jenes Forschungsheftes!). Demgemäß fehlt in den beiden Klammerausdrücken von (A 27) und (C 1) der Term $-\dfrac{S}{C}\,(i_p^2\cdot\vartheta')'$ und daher im ersten und zweiten Klammerausdruck von (C 3) das Glied $-\dfrac{D}{C}\cdot i_p^2$ bzw. $-\dfrac{D^2\,l^2}{B\,C}\cdot i_p^2$. Die Gleichungen (C 6), (C 33) bis (C 40) und (C 45) bis (C 47) werden durch die oben angeführten, aus der allgemeinen Theorie abgeleiteten Gleichungen berichtigt. Ohne Zusammenhang mit dieser Berichtigung sei unter Bezugnahme auf das Forschungsheft Nr. 2 noch erwähnt, daß die auf Seite 24 des Heftes in Seitenmitte stehenden Gleichungsnummern (C 36), (C 37) und (C 38) entfernt werden müssen, ferner daß auf Seite 42 statt Abb. 23 richtig Abb. 24 stehen und auf Seite 45/46 in den Überschriften g) und k) an Stelle „gelagert" besser „geführt" geschrieben werden soll. Schließlich daß auf Seite 59 bei (F 12) richtig $n = 1, 3, 5 \ldots$ geschrieben und anschließend vermerkt werden soll, daß es noch zwei weitere Möglichkeiten für das Verhalten des Vektors $\mathfrak{M}$ während des Auskippens gibt; auf eine von diesen Möglichkeiten bezieht sich die auf Seite 59 befindliche Fußnote 2.

Herr Kappus, Berlin, machte mich freundlicherweise auch darauf aufmerksam, daß in der Gl. (B 1) an Stelle von $\dfrac{d\vartheta}{dx}$ der in (B 4) angeschriebene Ausdruck für τ einzuführen ist, was den Fortfall des Faktors 2 in der Gl. (B 11) bedingt.

(Eingegangen am 18. 1. 1942.)

Beitrag zur Berechnung der Tragwerke mittels der Formänderungsmethode.

Von F. Dischinger, Berlin.

Mit 9 Abbildungen.

Vorwort.

Bei den hochgradig statisch unbestimmten Tragwerken besitzt die Formänderungsmethode gegenüber den Kraftmethoden in vielen Fällen den Vorteil, daß die Anzahl der erforderlichen Gleichungen geringer ist.

Bei der Kraftmethode ist die Anzahl der erforderlichen Gleichungen durch die Zahl der statisch unbestimmten Schnittkräfte, bei der Formänderungsmethode dagegen durch die Zahl der unbekannten Knotendrehwinkel (n) und die Zahl der Bewegungsmöglichkeiten (p) der nach Beseitigung der Knotensteifigkeiten erzeugten Gelenkkette gegeben. Die Zahl (p) ergibt sich aus der Zahl der Stützenstäbe, die notwendig sind, um an der Gelenkkette alle Bewegungsmöglichkeiten zu beseitigen.

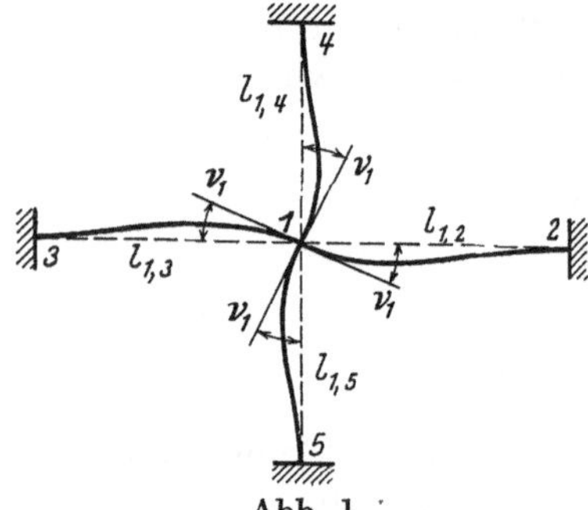

Abb. 1.

So hat z. B. das Tragwerk der Abb. 1 neun statisch unbestimmte Schnittkräfte, und wir benötigen demnach bei der Kraftmethode 9 Gleichungen. Bei der Formänderungsmethode dagegen ist nur der Drehwinkel v_1 des Knotens 1 unbekannt, weil wir keine Verschiebungsgleichungen benötigen, denn auch bei gelenkigem Anschluß sämtlicher Stäbe besitzt die damit entstehende Gelenkkette keine Bewegungsmöglichkeiten. Sobald jedoch an Stelle der festen eine elastische Einspannung der Stäbe tritt, benötigen wir 5 Knotengleichungen, weil nunmehr auch die Verdrehungen der Widerlager unbekannt sind.

Bei dem Tragwerk der Abb. 2, das 12-fach statisch unbestimmt ist, d. h. 12 überzählige Schnittkräfte besitzt, benötigen wir bei starrer Einspannung der Stützen 5 Knotengleichungen und eine Verschiebungsgleichung, denn bei gelenkigem Anschluß sämtlicher Stäbe können wir die bei der Gelenkkette eingetretene Verschiebungsmöglichkeit durch einen Stützenstab, d. h. durch einen Schrägstab, beseitigen. Sobald nun wiederum an die Stelle der starren eine elastische Einspannung tritt, erhöht sich die Zahl der benötigten Gleichungen von

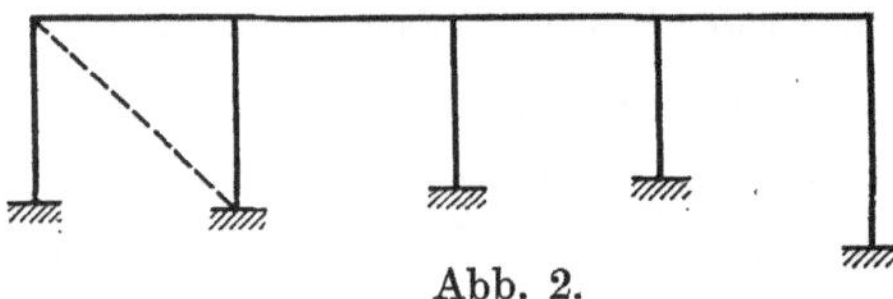

Abb. 2.

$$(n + p) = 5 + 1 = 6 \text{ auf } (n + p) = 10 + 1 = 11.$$

Nachstehend soll nun der Weg zur Beseitigung dieser zusätzlichen Gleichungen infolge einer elastischen Einspannung der Stäbe in den Widerlagern gezeigt werden. Zugleich wollen wir den Grundgleichungen durch den Zusammenhang zwischen den Randmomenten M_{ik} und M_{ki} und den Knotendrehwinkeln v_i und v_k eine solche Form geben, daß vorhandene Zahlentafeln der Auflagerdrehwinkel des statisch bestimmt gelagerten Balkens bei veränderlichem Trägheitsmoment benutzt werden können. Hierdurch wird erreicht, daß die Berechnung der Tragwerke bei veränderlichem Trägheitsmoment der Stäbe nicht mehr Arbeit bereitet als bei konstantem Trägheitsmoment. Derartige Zahlentafeln der Auflagerdrehwinkel für jeden in Frage kommenden Verlauf der Trägheitsmomente für ruhende und für bewegliche Einzellasten finden sich in dem von dem Verfasser bearbeiteten Kapitel Massivbau des Taschenbuches für Bauingenieure, das demnächst von F. Schleicher im Verlag von Springer herausgegeben wird.

1. Die Festlegung der Bezeichnungen für den statisch bestimmt gelagerten Balken $l_{r,\,r+1} = l$.

Hierbei werden die von Mann[1] in seinem grundlegenden Buch[1] festgelegten Regeln über die positiven und negativen Vorzeichen der Randmomente der Auflager- und Knotendrehwinkel beibehalten. Dagegen werden gemäß der Abb. 3 die Stäbe und die Auflagerdrehwinkel durch Doppelindizes gekennzeichnet. Hierbei bezeichnen beide Indizes den Balken, der erste dagegen den Knoten, an dem der Winkel auftritt. Hierdurch wird erreicht, daß nur die Knoten des Stabwerkes bezeichnet werden müssen.

Nach Abb. 3 bezeichnen wir die Auflagerdrehwinkel des frei drehbar gelagerten Stabes infolge der äußeren Belastung mit α_{ki}^0 und α_{ik}^0, infolge eines Randmomentes $M_{ki} = 1$ mit α_{ki} und β_{ik} und infolge eines Randmomentes $M_{ik} = 1$ mit α_{ik} und β_{ki}, wobei nach dem Maxwellschen Satz $\beta_{ki} = \beta_{ik} = \beta$; den Stabdrehwinkel dagegen bezeichnen wir mit $\vartheta_{ik} = \vartheta_{ki} = \vartheta$.

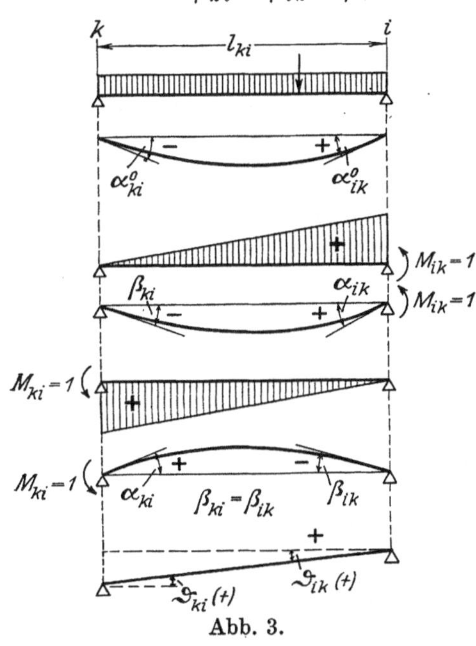

Abb. 3.

Die Vorzeichenregel ist durch die Abb. 3a festgelegt. Hiernach werden die Randmomente, die Auflagerdrehwinkel (Sehnen-Tangenten-Winkel) α und β und die Stabdrehwinkel ϑ positiv bei einer Drehung entgegen dem Uhrzeigersinn, die Knotendrehwinkel v dagegen in dem Sinne des Uhrzeigers positiv bezeichnet.

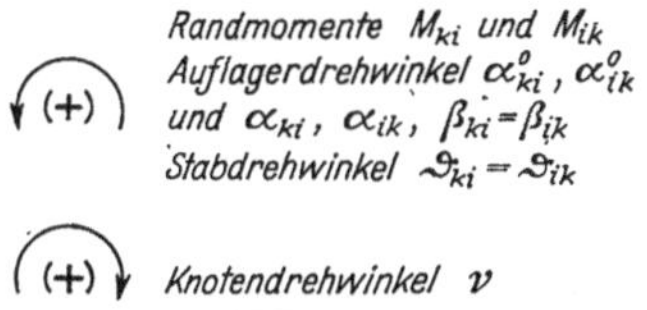

Abb. 3a.

In der Abb. 3b sind für den belasteten Balken mit beiderseitigen Randmomenten die Knotendrehwinkel v_k und v_i, die Stabdrehwinkel ϑ und die Auflagerdrehwinkel

$$(\alpha_{ki}^0 + M_{ki}\,\alpha_{ki} - M_{ik}\beta)$$

bzw.

$$(\alpha_{ik}^0 + M_{ik}\,\alpha_{ik} - M_{ki}\beta)$$

angegeben. (Der einzige Unterschied zwischen

Abb. 3b.

diesen Bezeichnungen und denen von Mann besteht darin, daß Mann die Summenwinkel dieser runden Klammern mit α_i bzw. α_k bezeichnet. Da jedoch in den Endgleichungen diese Summenwinkel nicht auftreten, ist dies bedeutungslos.)

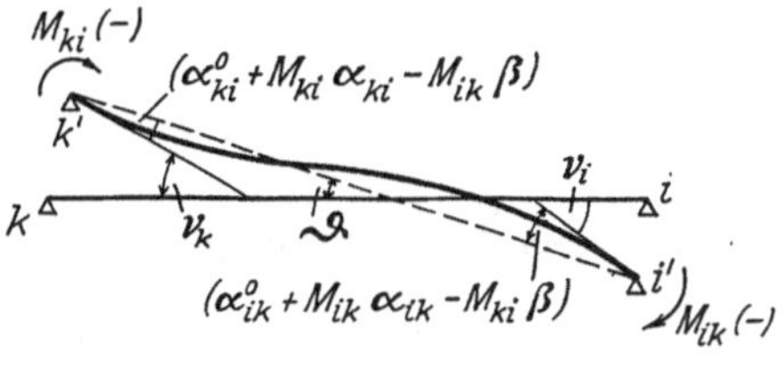

Zur Ausschaltung der zusätzlichen Gleichungen bei elastischer Einspannung der Stäbe in den Widerlagern benötigen wir nun noch die Drehwinkel des elastisch eingespannten Stabes.

2. Die Drehwinkel des elastisch eingespannten Stabes.

a) Die Auflagerdrehwinkel des an dem einen Ende elastisch und an dem anderen Ende frei drehbar gelagerten Stabes.

Nach Abb. 4 bzw. 4a ergeben sich die Drehwinkel τ_{ik} bzw. τ_{ki} der elastisch eingespannten Stäbe für ein an dem frei drehbaren Ende angreifendes Moment $M = 1$ aus den nachstehenden Gleichungen:

$$\tau_{ik} = \alpha_{ik} - \beta\varrho_{ki} = \alpha_{ik} - \beta\,\frac{a_{ki}}{1 - a_{ki}} \quad \text{für den bei } k \text{ elastisch eingespannten Stab der Abb. 4,}$$

$$\tau_{ki} = \alpha_{ki} - \beta\varrho_{ik} = \alpha_{ki} - \beta\,\frac{a_{ik}}{1 - a_{ik}} \quad \text{für den bei } i \text{ elastisch eingespannten Stab der Abb. 4a.}$$

---

[1] Mann, L.: Theorie der Rahmentragwerke auf neuer Grundlage. Berlin: Springer 1927.

Hierbei sind a_{ik} und a_{ki} die Festpunktabstände und ϱ_{ik} und ϱ_{ki} die diesen Festpunktabständen entsprechenden Abklingungszahlen, die stets positives Vorzeichen haben, weil wir beide Randmomente für denselben Drehsinn positiv bezeichnen. Die τ-Winkel werden ebenso wie die α- und ϑ-Winkel entgegen dem Uhrzeigersinn positiv gezählt. Die elastischen Drehwinkel der Widerlager infolge der Momente $M = 1$ bezeichnen wir mit ε_{ki} bzw. mit ε_{ik}. Aus der Bedingung, daß an den Einspannstellen die Summe aller Verdrehungen einschließlich der elastischen gleich Null ist, erhalten wir für den bei k elastisch eingespannten Stab der Abb. 4 die Gleichung:

$$M_{ki}(\alpha_{ki} + \varepsilon_{ki}) - M_{ik}\beta = 0.$$

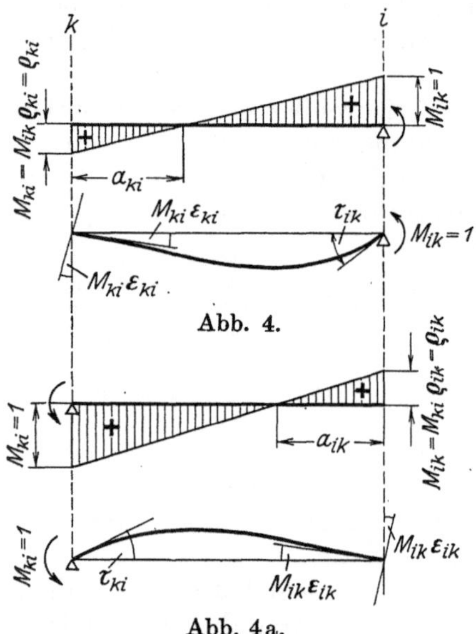

Bei Beachtung, daß $M_{ki} = \varrho_{ki}\,M_{ik}$, können wir hieraus die Abklingungszahl ϱ_{ki} berechnen, und in gleicher Weise ergibt sich auch ϱ_{ik}.

$$\varrho_{ki} = \frac{\beta}{\alpha_{ki} + \varepsilon_{ki}}$$

für eine Abklingung des Momentes von (i) nach (k),

$$\varrho_{ik} = \frac{\beta}{\alpha_{ik} + \varepsilon_{ik}}$$

für eine Abklingung des Momentes von (k) nach (i).

Die noch unbekannten Verdrehungen ε der Widerlager lassen sich z. B. für Fundamente mittels der Bettungsziffer C aus der Gleichung

$$\varepsilon = \frac{1}{JC}$$

berechnen. Hierbei ist J das Trägheitsmoment der Fundamentsohle.

Bei elastischer Einspannung ist demnach $\varrho_{ki}^{e} = \dfrac{\beta}{\alpha_{ki} + \varepsilon_{ki}}$ und $\tau_{ik}^{e} = \alpha_{ik} - \dfrac{\beta^2}{\alpha_{ki} + \varepsilon_{ki}}$.

Bei starrer Einspannung ist für $\varepsilon_{ki} = 0$: $\varrho_{ki}^{s} = \dfrac{\beta}{\alpha_{ki}}$ und $\tau_{ik}^{s} = \alpha_{ik} - \dfrac{\beta^2}{\alpha_{ki}} = \dfrac{\alpha_{ik}\alpha_{ki} - \beta^2}{\alpha_{ki}}$.

Bei gelenkiger Lagerung ist für $\varepsilon_{ki} = \infty$: $\varrho_{ki}^{g} = 0$ und $\tau_{ik}^{g} = \alpha_{ik}$.

Die verschiedenen Werte der τ-Winkel bei elastischer bzw. bei starrer Einspannung und bei gelenkiger Lagerung kennzeichnen wir durch die beigefügten oberen Indizes e (elastisch), s (starr) und g (gelenkig).

Damit lauten die Gleichungen der τ-Winkel

$$(1)\quad \begin{aligned} &\tau_{ik}^{e} = \alpha_{ik} - \beta\varrho_{ki}^{e} = \alpha_{ik} - \frac{\beta^2}{\alpha_{ki} + \varepsilon_{ki}}, \quad \varrho_{ki}^{e} = \frac{\beta}{\alpha_{ki} + \varepsilon_{ki}}, \quad \varepsilon_{ki} = \frac{1}{CJ} \\ &\tau_{ki}^{e} = \alpha_{ki} - \beta\varrho_{ik}^{e} = \alpha_{ki} - \frac{\beta^2}{\alpha_{ik} + \varepsilon_{ik}}, \quad \varrho_{ik}^{e} = \frac{\beta}{\alpha_{ik} + \varepsilon_{ik}}, \quad \varepsilon_{ik} = \frac{1}{CJ} \end{aligned} \left.\right\}\ \text{bei elastischer Einspannung,}$$

$$(1\,\text{a})\quad \begin{aligned} &\tau_{ik}^{s} = \alpha_{ik} - \beta\varrho_{ki}^{s} = \alpha_{ik} - \frac{\beta^2}{\alpha_{ki}}, \quad \varrho_{ki}^{s} = \frac{\beta}{\alpha_{ki}} \\ &\tau_{ki}^{s} = \alpha_{ki} - \beta\varrho_{ik}^{s} = \alpha_{ki} - \frac{\beta^2}{\alpha_{ik}}, \quad \varrho_{ik}^{s} = \frac{\beta}{\alpha_{ik}} \end{aligned} \left.\right\}\ \text{bei starrer Einspannung,}$$

$$(1\,\text{b})\quad \begin{aligned} &\tau_{ik}^{g} = \alpha_{ik}, \quad\quad\quad\quad\quad \varrho_{ki}^{g} = 0 \\ &\tau_{ki}^{g} = \alpha_{ki}, \quad\quad\quad\quad\quad \varrho_{ik}^{g} = 0 \end{aligned} \left.\right\}\ \text{bei gelenkiger Lagerung.}$$

b) Die Drehwinkel und die Einspannungsmomente des elastisch eingespannten Stabes, dessen frei drehbares Lager sich hebt.

Hierbei ergibt sich ein Stabdrehwinkel ϑ, dem an dem frei drehbaren Lager i ein Drehwinkel γ_{ik} entspricht. Nach Abb. 5 ergibt sich dieser aus der Proportion

$$\frac{\gamma_{ik}}{\vartheta} = \frac{M_{ki}(\alpha_{ki} + \beta + \varepsilon_{ki})}{M_{ki}(\alpha_{ki} + \varepsilon_{ki})}.$$

Nun ist nach Gleichung (1)

$$1 + \varrho_{ki}^{e} = 1 + \frac{\beta}{\alpha_{ki} + \varepsilon_{ki}} = \frac{\alpha_{ki} + \beta + \varepsilon_{ki}}{\alpha_{ki} + \varepsilon_{ki}}.$$

Damit ergibt sich für γ_{ik} die einfache Gleichung

(2) $$\gamma_{ik} = \vartheta(1 + \varrho_{ki}^{e}).$$

Ersetzt man die Abklingungszahl durch den Festpunktabstand $\varrho_{ki} = \dfrac{a_{ki}}{l - a_{ki}}$, so ist

$1 + \varrho_{ki}^{e} = \dfrac{l}{l - a_{ki}}$ und setzt man $\vartheta = \dfrac{v}{l}$, so folgt hieraus die aus dem Festpunktverfahren

bekannte Gleichung $\gamma_{ik} = \dfrac{v}{l - a_{ki}}$, die uns zeigt, daß die Tangente der Biegelinie an dem

Balkenende i durch den Festpunkt a_{ki} hindurchgeht (s. Abb. 5).

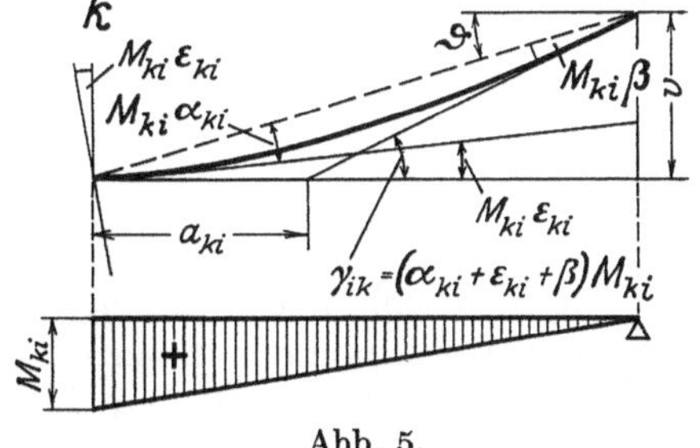

Abb. 5.

Wir benötigen nun noch die Größe des an der Einspannstelle k vorhandenen Einspannmomentes M_{ki}, das sich aus der Bedingung ergibt, daß an der Einspannstelle die Summe aller Drehwinkel einschließlich des elastischen gleich Null ist. $M_{ki}(\alpha_{ki} + \varepsilon_{ki}) + \vartheta = 0$. Hieraus folgt bei Beachtung der Gleichung (1)

(2a) $$M_{ki} = -\frac{\vartheta}{\alpha_{ki} + \varepsilon_{ki}} = -\vartheta\,\frac{\varrho_{ki}^{e}}{\beta}.$$

3. Die Beziehungen zwischen den Randmomenten und den Knotendrehwinkeln.

a) Der Balken mit beiderseitigen Randmomenten.

Nach Abb. 3 und 3a ergeben sich zwischen den Knotendrehwinkeln und den Randmomenten bei Beachtung, daß die Knotendrehwinkel v im Uhrzeigersinn positiv zählen, die Beziehungen

$$v_k + (\alpha_{ki}^{0} + M_{ki}\alpha_{ki} - M_{ik}\beta + \vartheta) = 0,$$
$$v_i + (\alpha_{ik}^{0} + M_{ik}\alpha_{ik} - M_{ki}\beta + \vartheta) = 0.$$

Diese beiden Gleichungen lösen wir nun nach M_{ki} und M_{ik} auf und erhalten

$$M_{ki} = -\frac{1}{\alpha_{ki}\alpha_{ik} - \beta^{2}}\left[\alpha_{ik}(v_k + \alpha_{ki}^{0} + \vartheta) + \beta(v_i + \alpha_{ik}^{0} + \vartheta)\right],$$
$$M_{ik} = -\frac{1}{\alpha_{ki}\alpha_{ik} - \beta^{2}}\left[\alpha_{ki}(v_i + \alpha_{ik}^{0} + \vartheta) + \beta(v_k + \alpha_{ki}^{0} + \vartheta)\right].$$

Nun ist aber nach Gleichung (1a)

$$\frac{\alpha_{ik}}{\alpha_{ki}\alpha_{ik} - \beta^{2}} = \frac{1}{\tau_{ki}^{s}} \quad \text{und} \quad \frac{\beta}{\alpha_{ik}} = \varrho_{ik}^{s} \quad \text{bzw.} \quad \frac{\alpha_{ki}}{\alpha_{ki}\alpha_{ik} - \beta^{2}} = \frac{1}{\tau_{ik}^{s}} \quad \text{und} \quad \frac{\beta}{\alpha_{ki}} = \varrho_{ki}^{s}.$$

Damit können wir die Gleichungen der Randmomente in die Form bringen

$$M_{ki} = -\frac{1}{\tau_{ki}^{s}}\left[v_k + v_i\varrho_{ik}^{s} + \vartheta(1 + \varrho_{ik}^{s}) + \alpha_{ki}^{0} + \alpha_{ik}^{0}\varrho_{ik}^{s}\right],$$

(3)

$$M_{ik} = -\frac{1}{\tau_{ik}^{s}}\left[v_i + v_k\varrho_{ki}^{s} + \vartheta(1 + \varrho_{ki}^{s}) + \alpha_{ik}^{0} + \alpha_{ki}^{0}\varrho_{ki}^{s}\right].$$

Für den Sonderfall konstanten Trägheitsmomentes ist

$$\alpha_{ki} = \alpha_{ik} = \frac{l}{3EJ} = \frac{l'}{3}, \quad \beta = \frac{l'}{6}, \quad \varrho_{k}^{s} = \varrho_{i}^{s} = \frac{\beta}{\alpha} = \frac{1}{2} \quad \text{und} \quad \tau_{ki}^{s} = \tau_{ik}^{s} = \alpha - \beta\varrho^{s} = \frac{l'}{3} - \frac{l'}{6}\frac{1}{2} = \frac{l'}{4}$$

bzw.

$$\frac{1}{\tau_{ki}^{s}} = \frac{1}{\tau_{ik}^{s}} = \frac{4}{l'} \quad \text{und} \quad \frac{\varrho_{ik}^{s}}{\tau_{ki}^{s}} = \frac{\varrho_{ki}^{s}}{\tau_{ik}^{s}} = \frac{2}{l'}.$$

Damit ergeben sich die bekannten Beziehungen für konstantes Trägheitsmoment

$$(3\,a)\qquad \begin{aligned} l'\,M_{ki} &= -\,(4\,v_k + 2\,v_i + 6\,\vartheta + 4\,\alpha_{ki}^0 + 2\,\alpha_{ik}^0),\\ l'\,M_{ik} &= -\,(4\,v_i + 2\,v_k + 6\,\vartheta + 4\,\alpha_{ik}^0 + 2\,\alpha_{ki}^0). \end{aligned}$$

b) Der Balken mit nur einem Randmoment.

Bei Wegfall des einen Randmomentes kann das verbleibende Randmoment aus je einer Gleichung bestimmt werden. Diese lauten:

$$v_k + (\alpha_{ki}^0 + M_{ki}\,\alpha_{ki} + \vartheta) = 0 \qquad \text{für ein Randmoment bei } k,$$
$$v_i + (\alpha_{ik}^0 + M_{ik}\,\alpha_{ik} + \vartheta) = 0 \qquad \text{für ein Randmoment bei } i.$$

Da aber nach Gleichung (1 b) $\alpha_{ki} = \tau_{ki}^g$, $\alpha_{ik} = \tau_{ik}^g$, können die Gleichungen für M_{ki} und M_{ik} in einer Form angeschrieben werden, die in Übereinstimmung mit den obigen Gleichungen (3) steht.

$$(4)\qquad \begin{aligned} M_{ki} &= -\,\frac{1}{\tau_{ki}^g}\,(v_k + \vartheta + \alpha_{ki}^0) \qquad \text{für ein Randmoment bei } k,\\[2ex] M_{ik} &= -\,\frac{1}{\tau_{ik}^g}\,(v_i + \vartheta + \alpha_{ik}^0) \qquad \text{für ein Randmoment bei } i. \end{aligned}$$

Diese Gleichungen hätten wir auch direkt aus denen der Gleichung (3) mit beiderseitigem Randmoment ableiten können, da bei Anordnung von Gelenken die τ^s-Winkel in die τ^g-Winkel übergehen und die Abklingungszahlen $\varrho_{ki} = \varrho_{ik}$ zu Null werden.

Für konstantes Trägheitsmoment wird $\tau^g = \alpha = \dfrac{l}{3\,EJ} = \dfrac{l'}{3}$. Damit erhalten wir die bekannten Gleichungen für die Randmomente

$$(4\,a)\qquad \begin{aligned} l'\,M_{ki} &= -\,3\,(v_k + \vartheta + \alpha_{ki}^0),\\ l'\,M_{ik} &= -\,3\,(v_i + \vartheta + \alpha_{ik}^0). \end{aligned}$$

Abb. 6.

Abb. 6a.

Abb. 6b.

Abb. 6c.

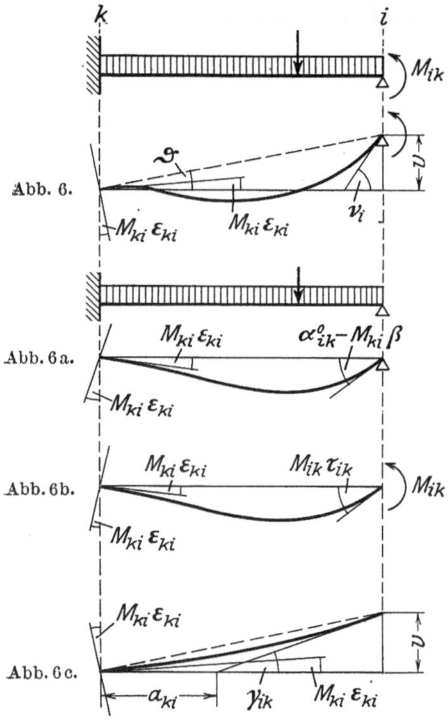

Abb. 6a—c.

c) Der einseitig bei k in einem Fundament elastisch eingespannte Stab mit einem Randmoment bei i.

Das Ziel dieser Arbeit besteht darin, die zusätzlichen Gleichungen, die sich aus der elastischen Einspannung der Stäbe in Widerlagern ergeben, auszuschalten. Infolgedessen müssen wir die beiderseitigen Randmomente nur durch den zugehörigen Knotendrehwinkel v ausdrücken.

Um dies zu erreichen, zerlegen wir den Belastungsfall der Abb. 6, bei dem der im Punkte k elastisch in einem Widerlager eingespannte Stab an dem Ende i durch ein Randmoment M_{ik} beansprucht wird, in drei Teilbelastungen.

α) Bei dem Belastungsfall der Abb. 6a ist der beliebig belastete Balken links elastisch eingespannt und rechts frei drehbar gelagert. Das Einspannungsmoment folgt aus der Gleichung $M_{ki}(\alpha_{ki} + \varepsilon_{ki}) + \alpha_{ki}^0 = 0$; $M_{ki} = -\dfrac{\alpha_{ki}^0}{\alpha_{ki} + \varepsilon_{ki}} = -\,\alpha_{ki}^0\,\dfrac{\varrho_{ki}^e}{\beta}$, da nach Gleichung (1) $\dfrac{1}{\alpha_{ki} + \varepsilon_{ki}} = \dfrac{\varrho_{ki}^e}{\beta}$. Damit ergibt sich der Drehwinkel an dem Rande i zu:

$$\alpha_{ik}^0 - M_{ki}\,\beta = \alpha_{ik}^0 + \alpha_{ki}^0\,\varrho_{ki}^e.$$

β) Bei dem Belastungsfall der Abb. 6b wirkt bei dem links elastisch eingespannten Stab an dem rechten Ende das Randmoment M_{ik}. Hiermit ergibt sich an dem linken Rande ein Einspannmoment von $M_{ki} = \varrho_{ki}^e\,M_{ik}$ und an dem rechten Rande ein Drehwinkel von $\tau_{ik}^e\,M_{ik}$.

γ) Bei dem dritten Belastungsfall nach Abb. 6c wird durch die Senkung des linken Auflagers ein Stabdrehwinkel ϑ erzeugt. Der zugehörige Drehwinkel γ_{ik} folgt aus der Gleichung (2): $\gamma_{ik} = \vartheta\,(1 + \varrho_{ki}^e)$ und das zugehörige Einspannmoment aus Gleichung (2a): $M_{ki} = -\,\vartheta\,\dfrac{\varrho_{ki}^e}{\beta}$.

Nunmehr addieren wir für die drei Belastungsfälle die Biegemomente und die Drehwinkel an dem Rande i, aus deren negativer Summe sich der Knotendrehwinkel v_i ergibt.

$$v_i = - [\alpha_{ik}^0 + \alpha_{ki}^0 \varrho_{ki}^e + \tau_{ik}^e M_{ik} + \vartheta (1 + \varrho_{ki}^e)].$$

Hieraus ergibt sich M_{ik}, während M_{ki} sich aus den Teilmomenten der drei Belastungsfälle zusammensetzt.

$$(5) \qquad M_{ik} = - \frac{1}{\tau_{ik}^e} [v_i + \vartheta (1 + \varrho_{ki}^e) + \alpha_{ik}^0 + \alpha_{ki}^0 \varrho_{ki}^e],$$

$$(5a) \qquad M_{ki} = - \frac{\varrho_{ki}^e}{\beta} (\alpha_{ki}^0 + \vartheta - M_{ik} \beta).$$

Damit ist es nun gelungen, die Randmomente M_{ik} und M_{ki} nur durch den Knotendrehwinkel v_i auszudrücken, so daß wir den unbekannten Drehwinkel an der Einspannstelle der Fundamente nicht benötigen.

Es erübrigt sich, die Gleichungen für den aus dem Spiegelbild der Abb. 6 folgenden Belastungsfall anzuschreiben, wenn wir dem Knoten an dem Fundament jeweils den Index i geben. In diesen ganz allgemeinen Gleichungen (5) sind selbstverständlich die früher entwickelten Gleichungen (3) und (4) mit enthalten. Die Überleitung in die Gleichung (4) ist sehr einfach. Wenn an die Stelle der elastischen Einspannung an dem Fundament ein Gelenk angeordnet wird, dann wird $\varrho_{ki}^e = 0$, $\tau_{ik}^e = \tau_{ik}^g$ und $M_{ki} = 0$, womit der Übergang gezeigt ist.

Etwas schwieriger ist die Überleitung in die Gleichung (3). Hierzu setzen wir zunächst voraus, daß der Stab sich an dem Knoten k nicht drehen kann. Damit wird $\tau_{ik}^e = \tau_{ik}^s$ und $\varrho_{ki}^e = \varrho_{ki}^s$, und wir erhalten die Gleichung

$$M_{ik} = - \frac{1}{\tau_{ik}^s} [v_i + \vartheta (1 + \varrho_{ki}^s) + \alpha_{ik}^0 + \alpha_{ki}^0 \varrho_{ki}^s].$$

Tatsächlich verdreht sich aber der Knoten k um den Winkel v_k. Wir verdrehen deshalb bei dem statisch bestimmt gelagerten Balken das Auflager nach Abb. 3a um den Winkel v_k, damit ergibt sich für das Auflager i ein Drehwinkel $v_i = - v_k \frac{\beta_{ik}}{\alpha_{ki}} = - v_k \varrho_{ki}^s$ (vgl. Abb. 3a). Den neu erzeugten Drehwinkel v_k halten wir nun durch eine starre Einspannung des Endes k fest, rechts dagegen müssen wir durch ein zusätzliches unbekanntes Moment ΔM_{ik} so lange drehen, bis der neu entstandene Drehwinkel $v_i = - v_k \varrho_{ki}^s$ beseitigt ist. Die Elastizitätsgleichung hierfür lautet:

$$\Delta M_{ik} \tau_{ik}^s - v_k \varrho_{ki}^s = 0, \qquad \Delta M_{ik} = + v_k \frac{\varrho_{ki}^s}{\tau_{ik}^s}.$$

Dieses zusätzliche Moment ist M_{ik} zuzuzählen. Damit erhalten wir aber die frühere Gleichung (3)

$$M_{ik} = - \frac{1}{\tau_{ik}^s} [v_i + \varrho_{ki}^s v_k + \vartheta (1 + \varrho_{ki}^s) + \alpha_{ik}^0 + \alpha_{ki}^0 \varrho_{ki}^s].$$

Wir haben damit gezeigt, daß in der neu abgeleiteten Gleichung (5) die früheren Gleichungen (3) und (4) mit enthalten sind.

4. Die Aufstellung der Knoten- und Verschiebungsgleichungen.

Die Knotengleichungen folgen bekanntlich aus der Bedingung, daß für einen Rundschnitt um einen beliebigen Knoten i die Summe der Einspannungsmomente gleich Null ist. Wenn jedoch auf den Knoten infolge eines belasteten Kragarmes ein äußeres Moment M_{i0} nach Abb. 7 einwirkt, dann lautet die Gleichgewichtsbedingung

$$(6) \qquad \sum_{k}^{k=n} M_{ik} + M_{i0} = 0.$$

Entsprechend unserer Vorzeichenregel nach Abb. 7 zählen die Einspannmomente, die auf die angeschlossenen Stäbe einwirken, positiv, wenn sie entgegen dem Uhrzeigersinn wirken. Die Einwirkungen auf den Knoten sind dementsprechend entgegengesetzt im Sinne des Uhrzeigers. (Siehe Abb. 7.) Die Momente M_{ik} sind den abgeleiteten Gleichungen (5), (4) und (3) zu entnehmen. Für Stäbe, die in Fundamenten elastisch eingespannt sind, ist die Gleichung (5) maßgebend.

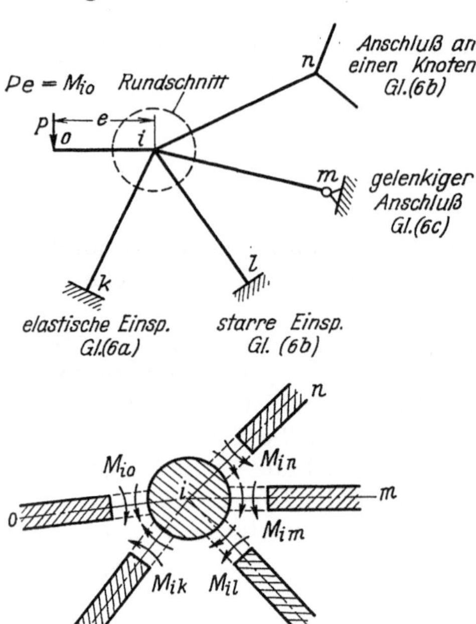

Abb. 7 und 7a.

$$(6a) \quad M_{ik} = -\frac{1}{\tau_{ik}^e}\left[\nu_i + \vartheta\left(1 + \varrho_{ki}^e\right) + \alpha_{ik}^0 + \alpha_{ki}^0 \varrho_{ki}^e\right].$$

Für Stäbe, die starr eingespannt oder an anderen Knoten fest angeschlossen sind, dagegen die Gleichung (3).

$$(6b) \quad M_{ik} = -\frac{1}{\tau_{ik}^s}\left[\nu_i + \nu_k \varrho_{ki}^s + \vartheta\left(1 + \varrho_{ki}^s\right) + \alpha_{ik}^0 + \alpha_{ki}^0 \varrho_{ki}^s\right].$$

Diese Gleichung gilt auch für Stäbe, an deren anderem Ende k ein Gelenk angeordnet ist, nur wird dann $\varrho_{ki}^s = 0$, und an die Stelle von τ_{ik}^s tritt τ_{ik}^g.

$$(6c) \quad M_{ik} = -\frac{1}{\tau_{ik}^g}\left(\nu_i + \vartheta + \alpha_{ik}^0\right).$$

Die Knotengleichungen (6) können wir ebensooft anschreiben, wie unbekannte Knotendrehwinkel vorhanden sind, wobei entsprechend den früheren Darlegungen die Einspannstellen, auch wenn sie sich elastisch verdrehen, nicht mitzählen. Wenn die Gelenkkette, die sich nach Beseitigung der Knotensteifigkeiten ergibt, keine Bewegungsmöglichkeit besitzt (siehe z. B. die Abb. 1, bei der die Gelenkkette keine Verschiebungsmöglichkeit besitzt, womit die Winkel ϑ zu Null werden), so ergeben sich aus diesen Knotengleichungen nach Auflösung des Gleichungssystems alle unbekannten Knotendrehwinkel, und wir sind damit in der Lage, mittels der Gleichungen (6a), (6b) und (6c) die zugehörigen Einspannmomente zu berechnen.

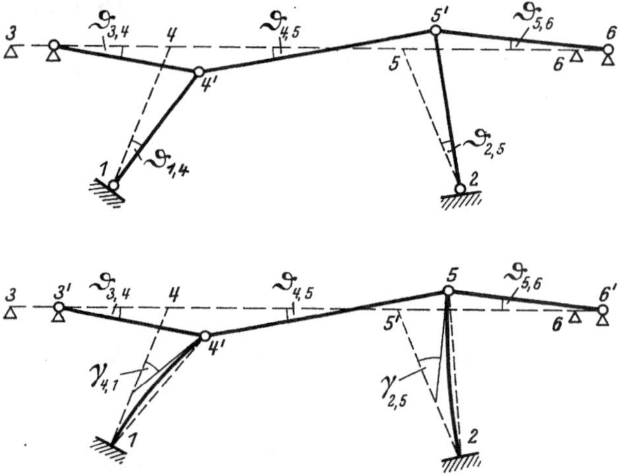

Abb. 8 und 8a.

Wenn dagegen das Tragwerk eine oder mehrere Verschiebungsmöglichkeiten besitzt, so müssen wir, wie z. B. bei dem Tragwerk der Abb. 8, die Knotengleichungen durch eine Verschiebungsgleichung ergänzen, da zu den unbekannten Knotendrehwinkeln als neue Unbekannte der Stabdrehwinkel $\vartheta_{1,4} = \mu$ getreten ist. $\vartheta_{1,4} = \mu$ ist die Verdrehung eines bestimmten Stabes, aus dem sich die übrigen Winkel mit Hilfe eines Williot- oder eines Geschwindigkeitsplanes ergeben.

Die Verschiebungsgleichungen erhalten wir bekanntlich aus den Arbeitsgleichungen. Für eine virtuelle Bewegung des Tragwerkes muß die Arbeit aller Kräfte zu Null werden. Zwecks Aufstellung der Arbeitsgleichung beseitigen wir die Knotensteifigkeiten und ersetzen die an diesen Stellen wirkenden inneren Momente durch äußere Momente, womit das Gleichgewicht wiederhergestellt ist. Für eine virtuelle Verschiebung, welcher die Stabdrehwinkel ϑ_{ik} der Abb. 8 entsprechen, lautet demnach die Arbeitsgleichung

$$(7) \quad \sum\left(M_{ik} + M_{ki}\right)\vartheta_{ik} + \sum P\eta = 0.$$

Hierbei sind die Einspannmomente M_{ik} und M_{ki} durch die Gleichungen (3) bzw. (4) auszudrücken, wodurch sich eine weitere Gleichung zwischen den Knotendrehwinkeln ν und dem ebenfalls unbekannten Stabdrehwinkel $\vartheta_{1,4} = \mu$ ergibt.

Wenn die Tragsäulen $l_{1,4}$ und $l_{2,5}$ der Abb. 8 elastisch eingespannt sind, dann müssen die Werte M_{ik} und M_{ki} den Gleichungen (5) und (5a) entnommen werden. Sobald jedoch, wie es ja meistens der Fall ist, diese Tragsäulen durch keine äußeren Kräfte P belastet sind, dann verwendet man einfacher für den Ansatz der Arbeitsgleichung die Gelenkkette der Abb. 8a, bei welcher die Säulenfüße elastisch eingespannt bleiben. In diesem Falle lautet die Arbeitsgleichung

$$(7a) \qquad \sum (M_{ik} + M_{ki})\,\vartheta_{ik} + \sum M_{ik}\gamma_{ik} + \sum P\,\eta = 0.$$

Hierbei ist bei der Arbeit $\sum M_{ik}\gamma_{ik}$ der beiden Tragsäulen das Fußmoment M_{ki} herausgefallen, und an die Stelle der Stabdrehwinkel $\vartheta_{4,1}$ und $\vartheta_{5,2}$ dieser Stäbe treten die Drehwinkel $\gamma_{4,1}$ und $\gamma_{5,2}$ der Säulenköpfe.

Dieses Resultat läßt sich aus der Gleichung (5) und (5a) ableiten. Wenn keine Kräfte P auf diese Tragsäulen einwirken, dann sind die Belastungsglieder $\alpha_{ki}^0 = \alpha_{ik}^0 = 0$. In dem unverschobenen Zustand, für den wir das Prinzip der virtuellen Verschiebungen ansetzen, ist außerdem $\vartheta = 0$. Demnach lauten die Gleichungen (5) und (5a):

$$M_{ik} = -\frac{1}{\tau_{ik}^e}\,\nu_i, \qquad M_{ki} = \varrho_{ki}^e\,M_{ik}.$$

Damit ergibt sich die Arbeit bei einer virtuellen Verschiebung zu

$$(M_{ik} + M_{ki})\,\vartheta = M_{ik}(1 + \varrho_{ki}^e)\,\vartheta = M_{ik}\gamma_{ik}, \quad \text{da nach Gleichung (2)} \quad \gamma_{ik} = \vartheta\,(1 + \varrho_{ki}^e).$$

Die Arbeitsgleichung in Form der Gleichung (7a) erfordert bei Vorliegen von elastischen Einspannungen weniger Rechenarbeit als die Gleichung (7).

5. Zahlenbeispiel.

Mittels der neu aufgestellten Gleichung (5) berechnen wir nun das Tragwerk der Abb. 9, bei welcher die einzelnen Stäbe parabolische, sich auf die ganze Stablänge erstreckende Verstärkungen besitzen und in den Widerlagern elastisch eingespannt sind.

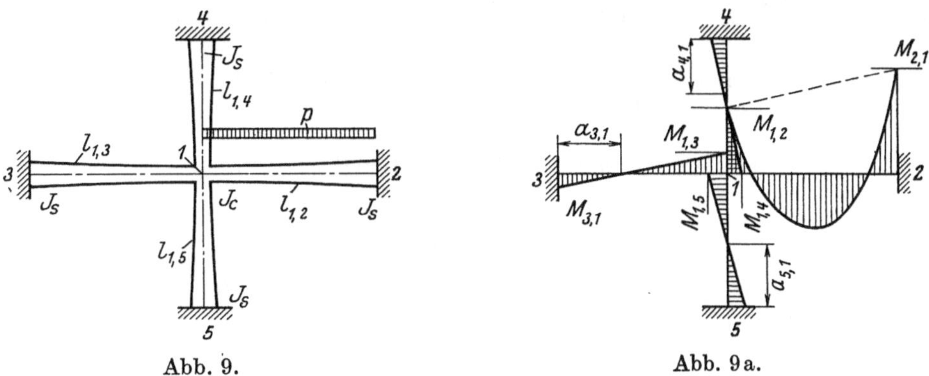

Abb. 9.   Abb. 9a.

Das Trägheitsmoment an den Einspannstellen sei $J_s = 5\,J_c$. Die Stablängen betragen $l_{1,2} = l_{1,3} = l$, $l_{1,4} = l_{1,5} = 0{,}8\,l$ und der Stab $l_{1,2}$ sei durchgehend mit der Streckenlast p belastet.

Die Auflagerdrehwinkel entnehmen wir den erwähnten Zahlentafeln von Dischinger. Im Gegensatz zu der Bezeichnungsweise von Mann erhalten wir:

$$EJ_c\,\alpha_{2,1} = EJ_c\,\alpha_{3,1} = 0{,}1288\,l, \qquad EJ_c\,\alpha_{4,1} = EJ_c\,\alpha_{5,1} = 0{,}8 \cdot 0{,}1288\,l = 0{,}1030\,l,$$

$$EJ_c\,\alpha_{1,2} = EJ_c\,\alpha_{1,3} = 0{,}2819\,l, \qquad EJ_c\,\alpha_{1,4} = EJ_c\,\alpha_{1,5} = 0{,}8 \cdot 0{,}2819\,l = 0{,}2255\,l,$$

$$EJ_c\,\beta_{1,2} = EJ_c\,\beta_{1,3} = 0{,}1029\,l, \qquad EJ_c\,\beta_{1,4} = EJ_c\,\beta_{1,5} = 0{,}8 \cdot 0{,}1029\,l = 0{,}0823\,l,$$

$$EJ_c\,\alpha_{1,2}^0 = -p\,l^3\,0{,}0298, \qquad EJ_c\,\alpha_{2,1}^0 = +p\,l^3\,0{,}0217.$$

Die elastischen Drehwinkel, die sich aus der Gleichung $\varepsilon = \dfrac{1}{CJ}$ ergeben, drücken wir durch die zugehörigen Stablängen aus. Sie sollen gegeben sein durch

$$EJ_c\,\varepsilon_{2,1} = EJ_c\,\varepsilon_{3,1} = 0,04\,l, \qquad EJ_c\,\varepsilon_{4,1} = EJ_c\,\varepsilon_{5,1} = 0,05\,l.$$

Die Abklingungszahlen ergeben sich aus der Gleichung (1):

$$\varrho^e_{2,1} = \varrho^e_{3,1} = \frac{0,1029}{0,1288 + 0,04} = 0,61, \qquad \varrho^e_{4,1} = \varrho^e_{5,1} = \frac{0,0823}{0,1030 + 0,05} = 0,54.$$

Hieraus erhalten wir die τ-Winkel ebenfalls nach Gleichung (1).

$$EJ_c\,\tau^e_{1,2} = EJ_c\,\tau^e_{1,3} = (0,2819 - 0,61 \cdot 0,1029)\,l = 0,2192\,l,$$

$$EJ_c\,\tau^e_{1,4} = EJ_c\,\tau^e_{1,5} = (0,2255 - 0,54 \cdot 0,0823)\,l = 0,1810\,l.$$

Aus der Bedingung, daß an dem Knoten 1 die Summe aller Einspannmomente gleich Null ist (Gleichung 6), folgt in Verbindung mit der Gleichung (6a)

$$-\frac{1}{0,2192\,l}\,[2\nu_1\,EJ_c - p\,l^3(0,0298 - 0,0217 \cdot 0,61)] - \frac{2\nu_1\,EJ_c}{0,1810}.$$

Hieraus folgt

$$EJ_c\,\nu_1 = +\,0,00374\,p\,l^3.$$

Die Einspannmomente folgen nun aus der Gleichung (5) und (5a).

$$M_{1,2} = -\frac{1}{0,2192}\,(0,00374 - 0,0298 + 0,0217 \cdot 0,61)\,p\,l^2 = +\,0,059\,p\,l^2,$$

$$M_{1,3} = -\frac{0,00374}{0,2192}\,p\,l^2 = -\,0,017\,p\,l^2,$$

$$M_{2,1} = -\frac{0,61}{0,1029}\,(-\,0,059 \cdot 0,1029 + 0,0217)\,p\,l^2 = -\,0,0925\,p\,l^2,$$

$$M_{3,1} = -\,0,017\,p\,l^2 \cdot 0,61 = -\,0,0104\,p\,l^2,$$

$$M_{1,4} = M_{1,5} = -\frac{0,00374}{0,1810}\,p\,l^2 = -\,0,0207\,p\,l^2, \qquad M_{4,1} = M_{5,1} = -\,0,0207\,p\,l^2 \cdot 0,54 = -\,0,0112\,p\,l^2.$$

Bei der Formänderungsmethode erfolgt die Nachprüfung mittels der Gleichgewichtsbedingungen. Für den Knoten 1 ergibt diese

$$(+\,0,059 - 0,017 - 2 \cdot 0,0207)\,p\,l^2 \approx 0.$$

6. Schlußwort.

In den obigen Entwicklungen sind die Beziehungen zwischen den Knotendrehwinkeln und den an den Stabenden angreifenden Randmomenten in eine solche Form gebracht worden, daß die vorhandenen Zahlentafeln der Auflagerdrehwinkel von Stäben mit veränderlichem Trägheitsmoment ohne weitere Umrechnung benutzt werden können. Hierdurch wird erreicht, daß die Berechnung der Tragwerke mit veränderlichem Trägheitsmoment kaum mehr Arbeit erfordert als bei konstantem Trägheitsmoment.

Zugleich gestattet aber die neue Form der Gleichungen auch die Berechnung der Tragwerke, bei denen einzelne Stäbe elastisch in die Widerlager eingespannt sind, ohne daß dadurch eine Vermehrung der Gleichungen zur Ermittlung der Knotendrehwinkel eintritt.

(Eingegangen am 1. 12. 1941.)

Zur Theorie der Spannungsverteilung in Flankenschweißnähten.

Von **O. Domke**, Aachen.

Mit 3 Abbildungen.

Bei der Ermittlung der Anstrengungen in elastisch nachgiebigen Flankennähten nimmt man bekanntlich an, daß die Gleitung in der Schweißnaht verhältnisgleich ihrer Schubbeanspruchung ist. Der Gedanke geht auf Untersuchungen von J. Arnovļevič[1] zurück, der ihn bei der Berechnung von Nietreihen unter Berücksichtigung der elastischen Nachgiebigkeit der Niete als begründet nachwies und als stetige Bedingung bei der Ermittlung der Haftspannungen in Verbundkonstruktionen benutzte. Nachdem P. Fillunger[2] dieselbe Annahme bei der Untersuchung von Leim- und Lötfugen zugrunde gelegt hatte, wurde sie sinngemäß auf die Berechnung der Flankenschweißnähte übertragen. In der Tat konnte H. Petermann[3] durch Grenzübergang zeigen, wie aus der Kraftverteilung in Nietreihen die Spannungsverteilung in durchgehenden Flankennähten gefunden werden kann.

Die hiernach berechneten Verschiebungen verschweißter Bleche stimmen mit den Messungen im wesentlichen überein, und die Theorie könnte daher befriedigen, wenn sie nicht zu einem bedenklichen Widerspruch führte, auf den zuerst A. Hertwig[4] öffentlich hingewiesen hat. An den Nahtenden ergeben Rechnung und Beobachtung die stärksten Verschiebungen, und daher müßten dort auch die größten, also maßgebenden Schubspannungen auftreten. Das ist aber unmöglich, weil nach dem Satz von der Gleichheit der Schubspannungen, die dieselbe Kante schneiden, diese Spannungen an den Enden verschwinden müssen. Fillunger hat diesen Widerspruch gelegentlich auf die Behandlung der Aufgabe als einachsiges Problem zurückzuführen versucht und gemeint, daß eine räumliche Untersuchung ihn beseitigen würde. In diesem Sinne hat K. Jäger (Jezek)[5] versucht, durch Ermittlung des Spannungszustandes in den Laschen mit Hilfe der Ansätze für das ebene Problem die Frage zu klären; wenn auch hierbei manche wertvollen Ergebnisse über die Spannungsverteilung in den Laschen erzielt wurden, so konnte die gewünschte Verteilung der Schubspannung in den Nähten hierbei nur durch einigermaßen willkürliche zusätzliche Annahmen erreicht werden. In der Tat ist nicht zu erkennen, wie unter Aufrechterhaltung der Grundannahmen der Elastizitätslehre eine immerhin beträchtliche Gleitung, also Winkeländerung, an den Enden der Schweißnähte mit einer verschwindenden Schubspannung in Einklang gebracht werden kann, und schon aus diesem Grunde scheinen alle Versuche, mit Hilfe der Annahmen der Elastizitätslehre eine befriedigende Lösung zu finden, ziemlich hoffnungslos. Selbst die Theorie endlicher Formänderungen läßt in dieser Hinsicht aus mehreren Gründen kein Ergebnis erwarten. Jedenfalls sind Ort und Größe der größten Schubspannung tatsächlich unbekannt. Denn daß die Risse an den Nahtenden beginnen, läßt sich dadurch erklären, daß die Formänderungen für den Bruch maßgebend sind.

Wenn also eine erfolgversprechende Lösung versucht wird, so muß für die Schweißnähte die Grundannahme von der Verhältnisgleichheit der Gleitung und der Schubspannung aufgegeben und durch eine andere ersetzt werden, die aber keine wesentlichen Änderungen an den bisher vorliegenden und durch Messung ausreichend bewährten Ergebnissen herbeiführen darf; an den Gleichgewichtsbedingungen der Aufgabe läßt sich natürlich nichts ändern. Die Differentialgleichung der Aufgabe muß dabei mindestens auf die 4. Ordnung gebracht werden, damit ihre Lösung 4 Konstanten erhält, mit deren Hilfe die 4 Randbedingungen, nämlich stetige Übergänge der Laschenspannungen und Verschwinden der Schubspannungen

---

[1] Arnovļevič, J.: Z. Arch. u. Ing.-Wesen (Hannover) 1909 S. 89 u. 415.

[2] Fillunger, P.: Öst. Wochenschr. f. d. öff. Baudienst 1913 S. 3.

[3] Petermann, H.: Stahlbau 1932 S. 92.

[4] Hertwig, A.: Stahlbau 1933 S. 161.

[5] Jäger (Jezek), K.: Bauingenieur 1938 S. 228; Elektroschweißg. 1939 S. 171.

an beiden Nahtenden, erfüllt werden können. Die folgenden Darlegungen stellen einen Versuch dar, mit diesem Ziele die Frage zu klären.

Wir machen an Stelle der bisherigen die neue Annahme, daß die örtliche Gleitung in der Schweißnaht, also die gegenseitige Verschiebung der verschweißten Bleche, nicht nur von der örtlichen Schubspannung, sondern auch noch von den Schubspannungen in der Nachbarschaft abhängt, wenn auch natürlich die örtliche Spannung den Haupteinfluß hat. In dem vorliegenden Falle kann diese Auffassung damit begründet werden, daß die Schweißnaht eine endliche Stärke hat, bei der ja Verhältnisgleichheit nicht mehr zu bestehen braucht. Im übrigen lassen gewisse befremdliche Ergebnisse der strengen Elastizitätslehre, wie die unendlich großen Spannungen in einspringenden Ecken auch bei geringen Belastungen und ähnliche Fälle, die Vermutung als gerechtfertigt erscheinen, daß nicht Einzelspannungen

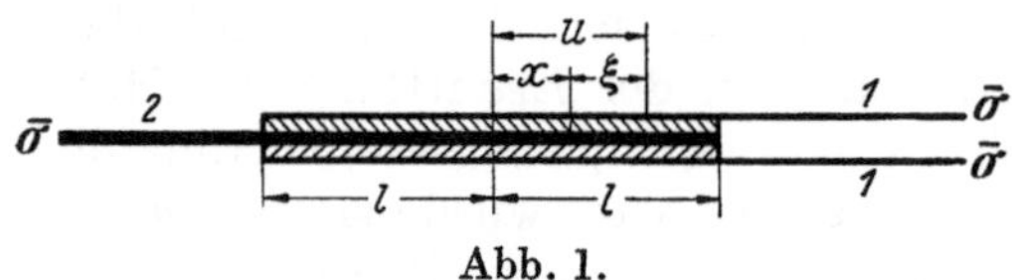

Abb. 1.

für den Bruch maßgebend sind, sondern der gesamte Spannungszustand in der Nähe, und daß dieser wiederum die örtliche Formänderung bedingt.

Bezeichnen wir also (Abb. 1) die Abstände zweier Stellen einer Schweißnaht von der Länge $2\,l$ von Nahtmitte aus gerechnet mit x und u, so soll die gegenseitige Verschiebung $v(x)$ der aneinandergeschweißten Bleche an der Stelle x abhängen von sämtlichen Schubspannungen $\tau(u)$ an den Stellen u, und zwar in Verbindung mit einer „Kernfunktion" oder „Einflußfunktion" $K(x, u)$. In Form einer Integralgleichung können wir dann schreiben:

$$(1) \qquad v(x) = \int\limits_{-l}^{+l} K(x, u)\, \tau(u)\, d\,u .$$

Der Kern K ist hier dasselbe wie die Ordinate η einer Einflußlinie. Um weiterzukommen, nehmen wir den Kern wie bei Einflußordinaten symmetrisch in x und u an, und zwar in der Form:

$$K(|u - x|).$$

Die Einflußfunktion soll also symmetrisch gegen den Punkt x verlaufen, für den $v(x)$ gesucht wird, und für alle x dieselbe sein. Mit Rücksicht auf möglichst geringe Abweichung von der bisherigen Annahme setzen wir voraus, daß K an der Stelle x einen beträchtlichen Größtwert hat und nach beiden Seiten wellenartig sehr stark abnimmt, so daß es schon in geringen Abständen $|x - u|$ gegen 0 geht (Abb. 2). Der Grund für die Notwendigkeit negativer Ordinaten in K wird aus dem Folgenden hervorgehen. Außer diesen allgemeinen Angaben braucht man über die Kernfunktionsgleichung nichts Genaueres zu wissen.

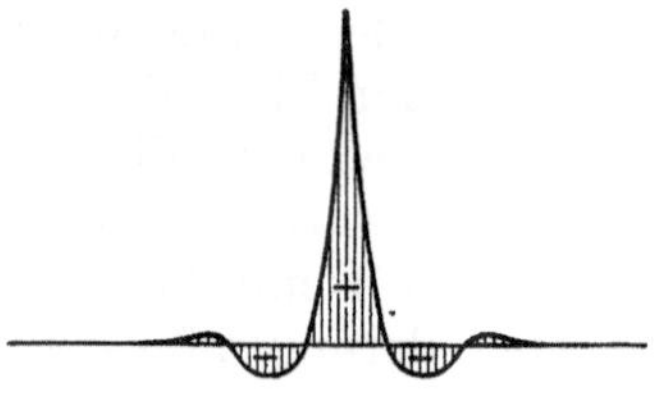

Unter diesen Voraussetzungen kann man zunächst die Grenzen $\pm\, l$ durch $\pm\, \infty$ und gleichzeitig $x - u$ durch ξ ersetzen:

$$(2) \qquad v(x) = \int\limits_{-\infty}^{+\infty} K(|\xi|)\, \tau(x + \xi)\, d\xi .$$

Abb. 2.

Von der Funktion $\tau(x + \xi)$ können wir ohne weiteres Stetigkeit annehmen, so daß an der Stelle x nach der Taylorschen Reihe entwickelt werden kann:

$$\tau(x + \xi) = \tau(x) + \xi \frac{d\tau(x)}{dx} + \frac{\xi^2}{2} \frac{d^2\tau(x)}{dx^2} + \cdots .$$

In die vorige Gleichung eingesetzt ergibt dies:

$$v(x) = \tau(x) \int\limits_{-\infty}^{+\infty} K(|\xi|)\, d\xi + \frac{d\tau(x)}{dx} \int\limits_{-\infty}^{+\infty} K(|\xi|)\, \xi\, d\xi + \frac{d^2\tau(x)}{dx^2} \frac{1}{2} \int\limits_{-\infty}^{+\infty} K(|\xi|)\, \xi^2\, d\xi + \cdots .$$

Für die Fläche der Einflußfunktion setzen wir nun, da die positiven Anteile bei weitem überwiegen:

$$\int\limits_{-\infty}^{+\infty} K(|\xi|)\, d\xi = k .$$

Das Glied

$$\int\limits_{-\infty}^{+\infty} K(|\xi|)\,\xi^2\,d\xi = -m^2\,k$$

kann als Trägheitsmoment der Einflußfläche gedeutet werden; da die Welle mit negativen Ordinaten größeren Abstand ξ hat, wird es sich negativ ergeben müssen. Dagegen verschwindet der Ausdruck

$$\int\limits_{-\infty}^{+\infty} K(|\xi|)\,\xi\,d\xi$$

als ungerade Funktion von ξ. Dasselbe gilt für alle Integrale, die ungerade Potenzen von ξ enthalten, wogegen die Integrale mit geraden Potenzen von ξ abwechselnde Vorzeichen haben werden, da die äußeren Wellen der Einflußlinie wegen ihrer großen Abstände ξ der Reihe nach das Übergewicht erhalten. Dieser Vorzeichenwechsel ist notwendig, damit die Differentialgleichung der Aufgabe nur reelle Wurzeln hat, da sonst alle Spannungen schwingungsartig verlaufen würden. Beschränken wir uns auf die Glieder bis zur zweiten Ordnung, so entsteht, wenn der Zeiger x als überflüssig weggelassen wird:

$$(3) \qquad v = k\left(\tau - \frac{m^2}{2}\frac{d^2\tau}{dx^2}\right).$$

Dieser Ausdruck stellt also die erweiterte Form der bisherigen Annahme dar; er geht in sie über, wenn m gegen 0 geht. Er erinnert an die genauere Form der Differentialgleichung der Biegelinie unter Berücksichtigung der Schubkräfte:

$$\frac{d^2y}{dx^2} = -\frac{1}{EJ}\left(M - \frac{EJ}{GF_s}\frac{d^2M}{dx^2}\right).$$

In unmittelbarer Nähe der Nahtenden treffen die vorstehenden Ausführungen nicht ganz zu. Wird der Verlauf der Kernfunktion wie im Innern angenommen, so sind die Integrale am linken Nahtende von 0 bis ∞ zu erstrecken, und die erste Ableitung hat einen Beiwert $n \neq 0$, so daß statt (3) anzusetzen wäre:

$$(3\,\mathrm{a}) \qquad v = \frac{k}{2}\left(\tau - n\frac{d\tau}{dx} - \frac{m^2}{2}\frac{d^2\tau}{dx^2}\right).$$

Der Faktor $\frac{1}{2}$ deutet aber darauf hin, daß der Kern an den Nahtenden anders verlaufen muß, als (3a) angibt. Tatsächlich wird er sich wenig von der Form (3) unterscheiden können, und daher soll der Ausdruck (3) der Untersuchung allgemein zugrunde gelegt werden.

Bei der weiteren Rechnung beschränken wir uns auf den einfachsten Fall, wo Bleche mit vollkommen gleichen Gesamtquerschnitten F durch v Flankennähte verbunden werden. Wir haben dann in den Blechen links und rechts außerhalb der Schweißnähte die Grundspannung $\overline{\sigma}$, im Abstande x von der Schweißnahtmitte in den nach rechts laufenden Blechen die Spannung $\sigma_1 = \sigma$, in den nach links laufenden σ_2. Mit den üblichen Bezeichnungen (a Kehlnahtdicke) ergeben sich dann in bekannter Weise die Gleichungen:

$$(4) \qquad \left\{ \begin{array}{ll} \sigma_1 + \sigma_2 = \overline{\sigma}, & v\,\tau\,a\,dx = F\,d\sigma, \\[2mm] \displaystyle\int_0^x \varepsilon_1\,dx - \int_0^x \varepsilon_2\,dx = v, & v = \dfrac{a}{G}\left(\tau - \dfrac{m^2}{2}\dfrac{d^2\tau}{dx^2}\right), \end{array} \right.$$

von denen die beiden ersten Gleichgewichtsbedingungen, die beiden letzten Formänderungsbedingungen sind. Der Gleitmodul G braucht nicht unbedingt mit dem sonst so genannten Wert übereinzustimmen; er ist wie die kleine Strecke m ein festzustellender Erfahrungswert.

Die Ausschaltung von σ_2, τ und v aus den Gleichungen (4) ergibt nun nach einfacher Rechnung die Differentialgleichung;

$$-\frac{m^2}{2}\frac{d^4\sigma}{dx^4} + \frac{d^2\sigma}{dx^2} = \frac{2vG}{EF}\left(\sigma - \frac{\overline{\sigma}}{2}\right),$$

die mit $m = 0$ in die bekannte Form übergeht. Setzt man noch

$$(5) \qquad \frac{2vG}{EF} = \varkappa^2,$$

wo $\varkappa$ der Kehrwert einer Länge ist, so lautet die Gleichung

$$(6) \qquad \frac{d^4\sigma}{dx^4} - \frac{2}{m^2}\frac{d^2\sigma}{dx^2} + \frac{2\varkappa^2}{m^2}\left(\sigma - \frac{\bar{\sigma}}{2}\right) = 0.$$

Der Ansatz

$$\sigma - \frac{\bar{\sigma}}{2} = e^{\lambda x}$$

gibt

$$(7) \qquad \lambda^4 - \frac{2}{m^2}\lambda^2 + \frac{2\varkappa^2}{m^2} = 0$$

und die vier Lösungen

$$\lambda = \pm\frac{1}{m}\sqrt{1\pm\sqrt{1-2\varkappa^2 m^2}},$$

woraus $m < \dfrac{1}{\varkappa\sqrt{2}}$ folgt.

Wir setzen

$$(8) \qquad \begin{aligned} \alpha &= \frac{1}{m}\sqrt{1-\sqrt{1-2\varkappa^2 m^2}} \\ \beta &= \frac{1}{m}\sqrt{1+\sqrt{1-2\varkappa^2 m^2}}. \end{aligned}$$

Die vier Wurzeln sind dann $+\alpha$, $-\alpha$, $+\beta$, $-\beta$.

Beachtet man, daß wegen der Kleinheit von m nahezu

$$\sqrt{1-2\varkappa^2 m^2} \approx 1 - \varkappa^2 m^2,$$

so sieht man, daß

$$(8\,\mathrm{a}) \qquad \alpha \approx \varkappa, \qquad \beta \approx \frac{\sqrt{2}}{m}.$$

β ist also weitaus größer als α. Die Näherungswerte (8a) folgen wegen der Kleinheit von m schon aus dem Zerfall der Gleichung (7) in die beiden Gleichungen:

$$\lambda^2 - \frac{2}{m^2} = 0, \qquad \lambda^2 - \varkappa^2 = 0.$$

Da die Lösung der Differentialgleichung in τ symmetrisch, in $\sigma - \dfrac{\bar{\sigma}}{2}$ also antimetrisch sein muß, so erhält man für σ und τ:

$$\sigma = \frac{\bar{\sigma}}{2} + A\,\mathfrak{Sin}\,\alpha x + B\,\mathfrak{Sin}\,\beta x,$$

$$\tau = \frac{F}{va}(A\,\alpha\,\mathfrak{Cof}\,\alpha x + B\,\beta\,\mathfrak{Cof}\,\beta x).$$

Die Randbedingungen sind

$$\sigma_{-l} = 0, \qquad \sigma_{+l} = \bar{\sigma}, \qquad \tau_{-l} = 0, \qquad \tau_{+l} = 0.$$

Damit werden nach einfacher Rechnung:

$$(9) \qquad \begin{aligned} \sigma &= \frac{\bar{\sigma}}{2}\left(1 + \frac{\beta\,\mathfrak{Cof}\,\beta l\,\mathfrak{Sin}\,\alpha x - \alpha\,\mathfrak{Cof}\,\alpha l\,\mathfrak{Sin}\,\beta x}{\beta\,\mathfrak{Cof}\,\beta l\,\mathfrak{Sin}\,\alpha l - \alpha\,\mathfrak{Cof}\,\alpha l\,\mathfrak{Sin}\,\beta l}\right), \\ \tau &= \frac{F}{va}\frac{\bar{\sigma}}{2}\alpha\beta\frac{\mathfrak{Cof}\,\beta l\,\mathfrak{Cof}\,\alpha x - \mathfrak{Cof}\,\alpha l\,\mathfrak{Cof}\,\beta x}{\beta\,\mathfrak{Cof}\,\beta l\,\mathfrak{Sin}\,\alpha l - \alpha\,\mathfrak{Cof}\,\alpha l\,\mathfrak{Sin}\,\beta l}. \end{aligned}$$

Die Verschiebung v erhält man nach der zweiten oder vierten Formel (4), wenn man beachtet, daß nach Gleichung (7)

$$1 - \frac{m^2\alpha^2}{2} = \frac{\varkappa^2}{\alpha^2}, \qquad 1 - \frac{m^2\beta^2}{2} = \frac{\varkappa^2}{\beta^2}, \qquad \varkappa^2 = \frac{2vG}{EF},$$

zu:

$$(10) \qquad v = \frac{\bar{\sigma}}{E}\frac{\dfrac{\beta}{\alpha}\,\mathfrak{Cof}\,\beta l\,\mathfrak{Cof}\,\alpha x - \dfrac{\alpha}{\beta}\,\mathfrak{Cof}\,\alpha l\,\mathfrak{Cof}\,\beta x}{\beta\,\mathfrak{Cof}\,\beta l\,\mathfrak{Sin}\,\alpha l - \alpha\,\mathfrak{Cof}\,\alpha l\,\mathfrak{Sin}\,\beta l}.$$

Mit $\beta \to \infty$, also $m \to 0$, gehen alle Formeln in die gebräuchlichen über.

Da β groß gegen α ist, so ändern sich σ und v nur unwesentlich im Vergleich mit den Ergebnissen der üblichen Rechnung. Namentlich wird die der Messung allein zugängliche Verschiebung im ganzen nach einer $\mathfrak{Cof}$-Kurve verlaufen. Dagegen ist diese Übereinstimmung bei den Schubspannungen nur in den inneren Abschnitten der Naht vorhanden; an den Nahtenden geht τ ziemlich plötzlich auf Null herunter.

Um eine Vorstellung zu gewinnen, wie sich diese Ergebnisse zahlenmäßig auswirken, wird der Fall

$$\alpha l = 2$$

zugrunde gelegt, was einer nachgiebigen Naht entspricht. Es sei daran erinnert, daß l die halbe Nahtlänge bezeichnet. Die Strecke m wird in der Größenordnung der Nahtdicke a abgeschätzt, wobei bekanntlich $a \geqq \dfrac{l}{20}$ anzunehmen ist. Wir untersuchen die Fälle $m \approx \dfrac{l}{7} \approx 3a$, $m \approx \dfrac{l}{14} \approx 1{,}5a$ und $m = 0$. Ihnen entsprechen nach Gleichung (8a) genügend genau die Werte:

$$\beta l = 10, \qquad \beta l = 20, \qquad \beta l = \infty.$$

Wir beschränken uns auf die Ermittlung des Schubspannungsverlaufs in diesen drei Fällen, da hier die wichtigsten Abweichungen auftreten. Die zweite Gleichung (9) schreiben wir:

$$(9\,\text{a}) \qquad \tau = \frac{F}{v\,a l}\;\frac{\bar{\sigma}}{2}\left(\alpha l\;\frac{\mathfrak{Cof}\,\alpha x - \dfrac{\mathfrak{Cof}\,\alpha l}{\mathfrak{Cof}\,\beta l}\,\mathfrak{Cof}\,\beta x}{\mathfrak{Sin}\,\alpha l - \dfrac{\alpha}{\beta}\,\mathfrak{Cof}\,\alpha l\;\mathfrak{Tg}\,\beta l}\right)$$

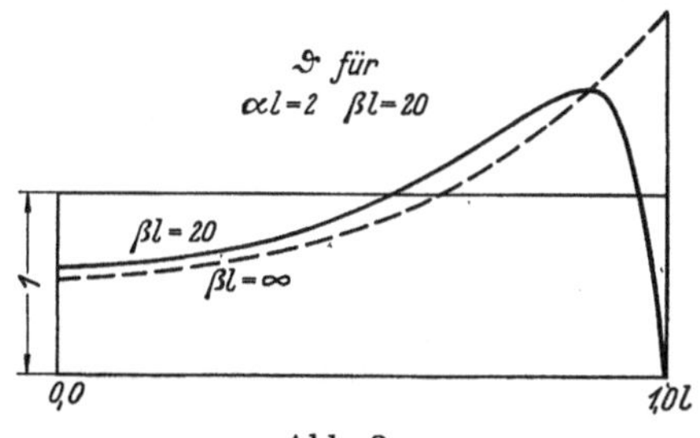

Abb. 3a.

und bezeichnen die runde Klammer zur Abkürzung mit ϑ, so daß

$$(9\,\text{b}) \qquad \tau = \frac{F}{v\,a l}\;\frac{\bar{\sigma}}{2}\,\vartheta.$$

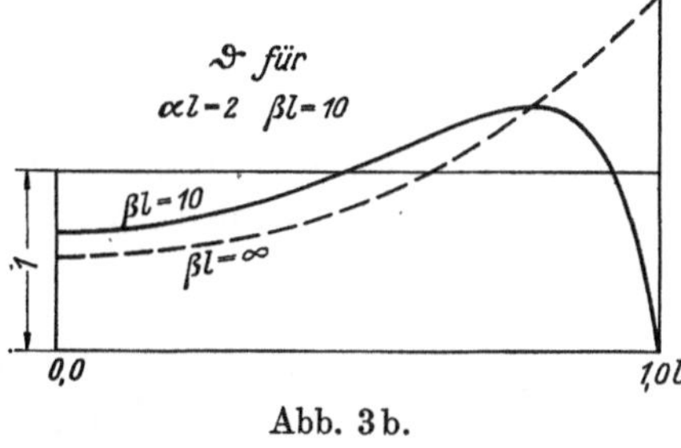

Abb. 3b.

In Abb. 3a und 3b sind die Ergebnisse der Rechnung für $\beta l = 10$ und $\beta l = 20$ aufgetragen; in beiden ist zum Vergleich die ϑ-Linie für $\beta l = \infty$ dargestellt, außerdem ist die Gerade $\vartheta = 1$, die sich bei Annahme durchweg gleicher Schubspannung ergibt, eingezeichnet. Im mittleren Teil von $-0{,}5\,l$ bis $+0{,}5\,l$ unterscheidet sich die τ-Linie kaum von einer Kettenlinie ($\mathfrak{Cof}$-Kurve). Im ganzen verteilt sich hiernach die Schubspannung gleichmäßiger über die Nahtlänge als nach der üblichen Rechnung, und zwar um so mehr, je größer m, also der Kernbereich, ist. Da die Schubspannungslinie die Differentialkurve der Längsspannungslinie ist, so sieht man, daß σ an den Nahtenden ohne Knick in 0 und $\bar{\sigma}$ übergeht.

Wirklich meßbar sind nur die Verschiebungen v. Aus Gleichung (10) in der Form:

$$(10\,\text{a}) \qquad v = \frac{\bar{\sigma}\,l}{2}\;\frac{1}{\alpha l}\;\frac{\mathfrak{Cof}\,\alpha x - \dfrac{\alpha^2}{\beta^2}\,\dfrac{\mathfrak{Cof}\,\alpha l}{\mathfrak{Cof}\,\beta l}\,\mathfrak{Cof}\,\beta x}{\mathfrak{Sin}\,\alpha l - \dfrac{\alpha}{\beta}\,\mathfrak{Cof}\,\alpha l\;\mathfrak{Tg}\,\beta l}$$

ersieht man sofort, daß sich v wegen des sehr kleinen Bruchs $\dfrac{\alpha^2}{\beta^2}$ fast genau nach einer $\mathfrak{Cof}$-Linie ändert. Die Verschiebung v_l an den Nahtenden ergibt sich mit den zum Vergleich hinreichend genauen Näherungen $\mathfrak{Tg}\,\alpha l = \mathfrak{Tg}\,\beta l = 1$ zu

$$(10\,\text{b}) \qquad v_l = \frac{\bar{\sigma}\,l}{2}\;\frac{1 + \dfrac{\alpha}{\beta}}{\alpha l}.$$

Daraus folgt für $\alpha l = 2$ und

$$\beta l = 10, \qquad v = 0{,}60\,\frac{\bar{\sigma}\,l}{E},$$

$$\beta l = 20, \qquad v = 0{,}55\,\frac{\bar{\sigma}\,l}{E},$$

$$\beta l = \infty, \qquad v = 0{,}50\,\frac{\bar{\sigma}\,l}{E}.$$

Den letzten Wert erhält man allgemein auch in dem Fall, daß die Schubspannung längs der Naht unveränderlich ist.

Weil die Schubspannungen den Verschiebungen nicht mehr verhältnisgleich sind, ist auch der Schluß von der gemessenen Verschiebung auf die Spannung nicht mehr angängig, und da die Zerstörungen an den Nahtenden beginnen, wird man sogar folgern müssen, daß die Größe der Schubspannung für den Bruch weniger entscheidend ist als die Größe der Verschiebung. Es ist bemerkenswert, daß sich die Verschiebungen an den Nahtenden um so größer ergeben, je ausgedehnter das Kerngebiet ist. Auch die von A. Hertwig zuerst hervorgehobenen und durch Modelle sichtbar gemachten Ungleichmäßigkeiten der Längsspannungen in den Blechen zwischen den Flankennähten, die in den vorstehenden Betrachtungen nicht berücksichtigt werden konnten, machen die Sachlage noch verwickelter. Der Versuchsweg scheint daher in Anbetracht der unvermeidlichen Eigenspannungen noch am zweckmäßigsten zu sein. Für die theoretische Durchforschung ist in den vorstehenden Untersuchungen ein Weg angedeutet, der einen groben Widerspruch der Theorie zu beseitigen imstande ist.

(Eingegangen am 9. 2. 1942.)

Über die Lösung technischer Eigenwertprobleme.

Von R. Grammel, Stuttgart.

1. Einleitung.

Schon verhältnismäßig einfache technische Eigenwertprobleme (z. B. Schwingungs- oder Knickprobleme) enthalten oft veränderliche Daten, die nur durch eine Zeichnung vorgeschrieben sind, also durch Kurven, die zudem Knicke und Sprungstellen aufweisen können, etwa das Profil einer Scheibe oder die Querschnitte eines Luftschraubenflügels oder einer Dampfturbinenschaufel und die daraus abzuleitenden Funktionen für die Biege- und Torsionssteifigkeit derartiger Gebilde. Weil man nun aber von nur graphisch gegebenen Funktionen ein- oder gar mehrmalige Ableitungen im allgemeinen nicht genau genug bilden kann, so scheiden bei solchen Problemen alle Rechenverfahren aus, die die Ableitungen jener Funktionen als bekannt voraussetzen müssen, wie z. B. die Galerkinsche Eigenwertmethode. Bei umständlicheren Aufgaben ist es oft zweckmäßig oder sogar unausweichlich, ganz graphisch vorzugehen, und dann können auch schon bei der Rayleighschen oder Ritzschen Methode Unzuträglichkeiten entstehen, die sich nur mühsam überwinden lassen[1].

Schwierigkeiten dieser Art treten nicht auf, wenn man von der quellenmäßigen Darstellung des Eigenwertproblems ausgeht. Die hierauf beruhende Methode[2] soll im folgenden für technische Probleme weiterentwickelt und insbesondere auf sog. „mehrläufige" Systeme übertragen werden, womit sie erst allgemein zugänglich wird.

2. Die quellenmäßige Methode.

Man kann die Eigenwertprobleme der Technik entweder differentiell (also durch Differentialgleichungen, Differenzengleichungen, Variationsgleichungen) oder aber quellenmäßig ansetzen, also bei kontinuierlichen Systemen mit einer unabhängigen Variabeln x und einer abhängigen Variabeln y — und auf solche wollen wir uns hier der Einfachheit halber beschränken — durch eine Integralgleichung, die bei Schwingungen die Gestalt

$$(1\,\mathrm{a}) \qquad I(y, \varrho, \lambda) \equiv y(x) - \lambda \int_a^b G(x, \xi)\, \varrho(\xi)\, y(\xi)\, d\xi = 0,$$

bei Knickungen usw. die Gestalt

$$(1\,\mathrm{b}) \qquad I(y, \varrho, \lambda) \equiv y'(x) - \lambda \int_a^b G(x, \xi)\, \varrho(\xi)\, y'(\xi)\, d\xi = 0$$

---

[1] Ein Beispiel hierfür findet man bei Biezeno-Grammel: Technische Dynamik, S. 704. Berlin 1939.

[2] Grammel, R.: Ein neues Verfahren zur Lösung technischer Eigenwertprobleme. Ing.-Arch. Bd. 10 (1939) S. 35.

hat. Dabei bedeutet λ den gesuchten Eigenwert (Frequenzquadrat, Knicklast), $G(x, \xi)$ die positiv definite Greensche Funktion (Maxwellsche Einflußfunktion), $\varrho(x)$ die im ganzen Bereich $[a\,b]$ positive Belegungsfunktion (Masse oder Massenträgheitsmoment je Längeneinheit von x); die Striche in (1 b) bedeuten Ableitungen nach x bzw. ξ.

Bei den Aufgaben der technischen Praxis ist es nur selten möglich, die Integralgleichung (1) aufzulösen. Man kommt dann dadurch ans Ziel, daß man die Determinantengleichung

$$(2) \qquad \begin{vmatrix} a_{11} \ldots a_{1\,n} \\ \vdots \qquad \vdots \\ a_{n1} \ldots a_{n\,n} \end{vmatrix} = 0$$

mit

$$(3) \qquad a_{i\,k} = \int_a^b I(\mathfrak{y}_i, \varrho, \lambda^*)\, \varrho\, \mathfrak{y}_k\, dx$$

bildet und nach λ^* auflöst. In ihr sind $\mathfrak{y}_1(x) \ldots \mathfrak{y}_n(x)$ frei wählbare Koordinatenfunktionen, die linear voneinander unabhängig sein und mindestens die geometrischen Randbedingungen (Auflager-, Einspannbedingungen usw.) des Systems erfüllen müssen, wenn die n Wurzeln $\lambda_1^* \ldots \lambda_n^*$ von (2) brauchbare Näherungen der n niedrigsten Eigenwerte $\lambda_1 \ldots \lambda_n$ des Problems sein sollen. Man kann beweisen, daß $\lambda_j^* \geqq \lambda_j$ ist (wenn man die λ_j^* und λ_j nach der Größe ordnet), und daß die λ_j^* bessere Näherungen (und zwar im allgemeinen viel bessere) sind als die mit den gleichen Koordinatenfunktionen nach der Ritzschen Methode gewonnenen λ.

Die explizite Aufstellung der Determinantenglieder (3), nämlich ausführlich

$$(4) \qquad a_{i\,k} = \int_a^b \varrho\, \mathfrak{y}_i\, \mathfrak{y}_k\, dx - \lambda^* A_{i\,k},$$

scheint zunächst dadurch erschwert, daß in den Ausdrücken

$$(5) \qquad A_{i\,k} = \int_a^b \Big[\int_a^b G(x,\,\xi)\, \varrho(\xi)\, \mathfrak{y}_i(\xi)\, d\xi \Big] \varrho(x)\, \mathfrak{y}_k(x)\, dx$$

die Greensche Funktion $G(x, \xi)$ vorkommt, deren Bestimmung häufig eine praktisch unausführbare Aufgabe ist, die ja gerade umgangen werden soll. Für eine besondere Klasse von Eigenwertproblemen — es sind die im folgenden „einläufig" genannten — habe ich schon früher gezeigt, daß man die $A_{i\,k}$ explizit bilden kann, ohne die Greensche Funktion zu kennen. Jetzt soll dies auch für „mehrläufige" Systeme gezeigt werden.

3. Ein- und mehrläufige Systeme.

Wenn wir der Einfachheit halber die Ausdrucksweise der Eigenwertprobleme des elastischen Kontinuums benützen, so können wir sagen: weil $\eta(\varrho \mathfrak{y}_i) \equiv \int G(x, \xi)\, \varrho(\xi)\, \mathfrak{y}_i(\xi)\, d\xi$ die Auslenkung infolge der Last $q_i \equiv \varrho \mathfrak{y}_i$ ist, so ist $A_{i\,k} = \int \eta(\varrho \mathfrak{y}_i)\, \varrho\, \mathfrak{y}_k\, dx$ nach dem Clapeyronschen Satze die doppelte Arbeit, die die Last $q_k \equiv \varrho \mathfrak{y}_k$ bei der Auslenkung $\eta(\varrho \mathfrak{y}_i)$ (die zur Last q_i gehört) leisten würde. Es handelt sich darum, diese Arbeit direkt aus $\mathfrak{y}_i(x)$ und $\mathfrak{y}_k(x)$ ohne Kenntnis von $G(x, \xi)$ zu berechnen. Hierzu brauchen wir vier Tatsachen aus der Mechanik des elastischen Kontinuums, die wir für Probleme mit einer unabhängigen Variabeln x und einer abhängigen Variabeln y aussprechen können, wie folgt:

1. Irgend eine Last $q(x)$ erzeugt „Schnittkräfte" $S^{(\nu)}(x)$ (Normal- und Schubspannungen oder allgemeiner Normal- und Schubkräfte oder auch Torsions- oder Biegemomente usw.) sowie ihnen zugeordnete „Verformungen" $s^{(\nu)}(x)$ (Dehnungen, Schiebungen, Torsions- oder Biegewinkel usw.), welche man so normieren kann, daß

$$(6) \qquad A = \int_a^b \sum_{\nu=1}^p S^{(\nu)} s^{(\nu)}\, dx$$

nach dem Energiesatz gleich der zugehörigen doppelten Arbeit $A = \int \eta\, q\, dx$ der Last $q(x)$ bei der von ihr erzeugten Auslenkung $\eta(x)$ ist.

Im einfachsten Falle besteht die Summe in (6) nur aus einem Summanden ($p = 1$); solche Systeme sollen **einläufig** heißen (Beispiele: Zug, Torsion, Biegung von Stäben, Torsion von Scheiben, Querbelastung von Seilen unter Längszug). Unter den Systemen mit **einer** abhängigen Variabeln $y(x)$ gibt es aber auch solche, bei denen $p > 1$ ist; sie heißen **mehrläufig**, insbesondere für $p = 2$ **zweiläufig** (Beispiele: drehsymmetrische Radialdehnung von Scheiben, drehsymmetrische oder allgemeiner zyklisch symmetrische Biegung von Scheiben), für $p = 3$ **dreiläufig** (Beispiel: die drehsymmetrische Scheibenbiegung mit Berücksichtigung der Querkraft).

2. Zwischen den Schnittkräften $S^{(\nu)}$ und der Last q gilt die „Gleichgewichtsbedingung", und zwar — wie aus der allgemeinen Gestalt[1] beim dreidimensionalen, sechsläufigen Kontinuum durch Spezialisieren folgt — für einläufige Systeme in der Form

$$(7^{\mathrm{I}}) \qquad [\alpha(x)\, S^{(1)}(x)]' + \beta(x)\, q(x) = 0,$$

für zweiläufige (bei geeigneter Numerierung der beiden $S^{(\nu)}$) in der Form

$$(7^{\mathrm{II}}) \qquad [\alpha_1(x)\, S^{(1)}(x)]' + \alpha_2(x)\, S^{(2)}(x) + \beta(x)\, q(x) = 0,$$

wobei Striche wieder Ableitungen nach x bedeuten. Da bei mehr als zweiläufigen Systemen keine wesentlich neuen Überlegungen hinzutreten, begnügen wir uns hier und weiterhin mit den ein- und zweiläufigen.

3. Zwischen den Verformungen $s^{(\nu)}$ und der Auslenkung $y(x)$ gelten die „Verzerrungsgleichungen"; sie lauten — wie wieder aus ihrer allgemeinen Gestalt[2] durch Spezialisieren folgt — für einläufige Systeme

$$(8^{\mathrm{I}}) \qquad s^{(1)}(x) = \tau_1(x)\, y(x) + \tau_2(x)\, y'(x),$$

für zweiläufige

$$(8^{\mathrm{II}}) \qquad \begin{cases} s^{(1)}(x) = \tau_{11}(x)\, y(x) + \tau_{12}(x)\, y'(x), \\ s^{(2)}(x) = \tau_{21}(x)\, y(x) + \tau_{22}(x)\, y'(x) \end{cases}$$

oder auch aufgelöst (es ist stets $\| \tau_{ik} \| \neq 0$)

$$(8^{\mathrm{II}'}) \qquad \begin{cases} y = t_{11}\, s^{(1)} + t_{12}\, s^{(2)}, \\ y' = t_{21}\, s^{(1)} + t_{22}\, s^{(2)} \end{cases}$$

4. Endlich gilt zwischen den Verformungen $s^{(\nu)}$ und den Schnittkräften $S^{(\nu)}$ das spezielle „Elastizitätsgesetz"; es hat im linearen Falle [der allein zu linearen Eigenwertproblemen (1) führt] für einläufige Systeme die Form

$$(9^{\mathrm{I}}) \qquad s^{(1)}(x) = \varkappa(x)\, S^{(1)}(x),$$

für zweiläufige die Form

$$(9^{\mathrm{II}}) \qquad \begin{cases} s^{(1)}(x) = \varkappa_{11}(x)\, S^{(1)}(x) + \varkappa_{12}(x)\, S^{(2)}(x), \\ s^{(2)}(x) = \varkappa_{21}(x)\, S^{(1)}(x) + \varkappa_{22}(x)\, S^{(2)}(x). \end{cases}$$

4. Darstellung der A_{ik} durch die $S^{(\nu)}$.

Nunmehr gelingt es vollends leicht, die Glieder A_{ik} (5) in der lösenden Determinantengleichung (2) ohne Kenntnis der Greenschen Funktion zu berechnen.

1. Bei einläufigen Systemen hat man nach (6) und (9^{I}) zunächst für $i = k$

$$(10) \qquad A_{ii} = \int_a^b S_i^{(1)}\, s_i^{(1)}\, dx = \int_a^b \varkappa\, S_i^{(1)2}\, dx,$$

und dabei ist nach (7^{I}) mit $q \equiv \varrho\, \mathfrak{y}_i$

$$(11)\ \ S_i^{(1)}(x) = \frac{1}{\alpha(x)}\Big[\alpha(a)\, S_i^{(1)}(a) - \int_a^x \beta\, \varrho\, \mathfrak{y}_i\, dx\Big] = \frac{1}{\alpha(x)}\Big[\alpha(b)\, S_i^{(1)}(b) + \int_x^b \beta\, \varrho\, \mathfrak{y}_i\, dx\Big] \equiv S^{(1)}(\varrho\, \mathfrak{y}_i).$$

---

[1] Vgl. Biezeno-Grammel: a.a.O. S. 46.
[2] Vgl. Biezeno-Grammel: a.a.O. S. 42f.

Man beweist aus (10) in bekannter Weise, daß allgemein gilt

$$(12) \qquad A_{ik} = \int_a^b \varkappa\, S_i^{(1)}\, S_k^{(1)}\, dx \quad \text{mit} \quad S_j^{(1)} = S^{(1)}(\varrho\, \mathfrak{y}_j), \qquad\qquad (j = i,\, k)$$

womit die Aufgabe gelöst ist. Die quellenmäßige Eigenwertmethode ist nun durch die Formeln (2), (4) und (12) mit (11) endgültig dargestellt. Ihre explizite Durchführung erfordert nur Quadraturen.

2. Bei zweiläufigen Systemen hat man nach (6) und (9^{II}) zunächst für $i = k$

$$(13) \qquad A_{ii} = \int_a^b (S_i^{(1)}\, s_i^{(1)} + S_i^{(2)}\, s_i^{(2)})\, dx = \int_a^b [\varkappa_{11}\, S_i^{(1)2} + (\varkappa_{12} + \varkappa_{21})\, S_i^{(1)}\, S_i^{(2)} + \varkappa_{22}\, S_i^{(2)2}]\, dx,$$

und dabei ist nach (7^{II}) mit $q \equiv \varrho\, \mathfrak{y}_i$

$$(14) \qquad F(S_i^{(1)},\, S_i^{(2)},\, \mathfrak{y}_i) \equiv (\alpha_1\, S_i^{(1)})' + \alpha_2\, S_i^{(2)} + \beta\, \varrho\, \mathfrak{y}_i = 0$$

mit der aus ($8^{\text{II}'}$) und (9^{II}) folgenden „Verträglichkeitsbedingung“

$$(15) \qquad \begin{cases} H(S_i^{(1)},\, S_i^{(2)}) \equiv [t_{11}(\varkappa_{11}\, S_i^{(1)} + \varkappa_{12}\, S_i^{(2)}) + t_{12}(\varkappa_{21}\, S_i^{(1)} + \varkappa_{22}\, S_i^{(2)})]' - \\ \qquad - [t_{21}(\varkappa_{11}\, S_i^{(1)} + \varkappa_{12}\, S_i^{(2)}) + t_{22}(\varkappa_{21}\, S_i^{(1)} + \varkappa_{22}\, S_i^{(2)})] = 0. \end{cases}$$

Bildet man für die Last $q \equiv \varrho\, (\mathfrak{y}_i + \mathfrak{y}_k)$

$$A_{i+k,\, i+k} = A_{ii} + 2\, A_{ik} + A_{kk},$$

so findet man nach kurzer Rechnung

$$(16) \qquad \begin{cases} A_{ik} = \int_a^b [\varkappa_{11}\, S_i^{(1)}\, S_k^{(1)} + \tfrac{1}{2}(\varkappa_{12} + \varkappa_{21})(S_i^{(1)}\, S_k^{(2)} + S_k^{(1)}\, S_i^{(2)}) + \varkappa_{22}\, S_i^{(2)}\, S_k^{(2)}]\, dx \\ \text{mit} \\ \qquad F(S_j^{(1)},\, S_j^{(2)},\, \mathfrak{y}_j) = 0, \quad H(S_j^{(1)},\, S_j^{(2)}) = 0. \qquad\qquad (j = i,\, k) \end{cases}$$

Für zweiläufige Systeme ist die quellenmäßige Eigenwertmethode durch die Formeln (2), (4) und (16) mit (14) und (15) endgültig dargestellt.

Gegenüber den einläufigen Systemen besteht hier der wesentliche Unterschied, daß aus den Koordinatenfunktionen $\mathfrak{y}_j$ die in (16) auftretenden Schnittkräfte $S_j^{(1)}$ und $S_j^{(2)}$ gemäß (14) und (15) im allgemeinen nicht durch Quadraturen folgen, also im allgemeinen nicht ohne weiteres explizit angegeben werden könnten. Man behebt diese Schwierigkeit dadurch, daß man nicht von Koordinatenfunktionen $\mathfrak{y}_j$ für die Auslenkung y, sondern von geeigneten, linear voneinander unabhängigen Koordinatenfunktionen $S_j^{(1)}$ für die erste Schnittkraft $S^{(1)}$ ausgeht. Aus den $S_j^{(1)}$ folgen dann die $S_j^{(2)}$ und die $\mathfrak{y}_j$ gemäß (15) und (14) durch je eine Quadratur und eine Differentiation.

5. Beispiele.

Zwei typische Beispiele sollen die Methode und ihre Genauigkeit erläutern.

Das erste Beispiel betrifft die Berechnung der tiefsten Eigenfrequenzen der Torsionsschwingungen einer drehsymmetrischen Scheibe beliebigen Profils mit festem Innenrand vom Halbmesser R_0 und freiem Außenrand vom Halbmesser R_1. Ihre Massendichte sei μ, der Schubmodul G, und das vom Radius x abhängige Profil sei $z(x)$. Als „Auslenkung“ y wählen wir den Torsionswinkel (d. h. die Winkeldrehung des Ringes x), als „Schnittkraft“ $S^{(1)}$ dieses offenbar einläufigen Systems die Schubspannung τ. Die Schiebung ist $\psi = x\, y'$. Weil bei reinem Schub $A = \int \tau\, \psi\, dV = \int \tau\, x\, y' \cdot 2\, \pi\, x\, z\, dx$ wird, so hat man als „Verformung“

$$(8\,\text{a}) \qquad s^{(1)} = 2\, \pi\, x^2\, z\, y'.$$

Die Belegungsfunktion ist $\varrho \equiv 2\, \pi\, \mu\, x^3\, z$ (Trägheitsmoment eines Ringes von der radialen Breite eins); die Gleichgewichtsbedingung für eine ringförmige Momentbelastung q lautet

$$(7\,\text{a}) \qquad (2\, \pi\, x^2\, z\, \tau)' + q = 0,$$

und das Elastizitätsgesetz ist $\tau = G\,\psi$ oder

$$(9\,\mathrm{a}) \qquad s^{(1)} = \frac{2\,\pi}{G}\,xz\,\tau, \quad \text{also} \quad \varkappa \equiv \frac{2\,\pi}{G}\,xz.$$

Da am freien Außenrand $\tau = 0$ ist, so folgt für eine Last $q \equiv \varrho\,\mathfrak{y}_j$ aus (7 a)

$$(11\,\mathrm{a}) \qquad \tau_j = \frac{\mu}{x^2\,z} \int\limits_{R_1}^{x} x^3\,z\,\mathfrak{y}_j\,dx.$$

Somit lautet das Lösungssystem für die oberen Schranken λ^* der Frequenzquadrate λ

$$(2\,\mathrm{a}) \qquad \left\| \int\limits_{R_0}^{R_1} x^3 z\,\mathfrak{y}_i\,\mathfrak{y}_k\,dx - \lambda^* A_{ik} \right\| = 0$$

mit

$$(12\,\mathrm{a}) \qquad A_{ik} = \frac{\mu}{G} \int\limits_{R_0}^{R_1} \left(\int\limits_{R_1}^{x} x^3 z\,\mathfrak{y}_i\,dx \cdot \int\limits_{R_1}^{x} x^3 z\,\mathfrak{y}_k\,dx \right) \frac{dx}{x^3 z}.$$

Die Aufgabe ist so für jedes Profil als gelöst anzusehen.

Man prüft die Genauigkeit an einer Vollscheibe mit dem hyperbolischen Profil $x^3 z = \mathrm{konst}$ nach. Für sie ist genau[1] $\lambda_j = \frac{\pi^2}{4} j^2 \vartheta^2$ mit $\vartheta^2 = \frac{G}{\mu R_1^2}$; also sind die beiden tiefsten Frequenzen $\sqrt{\lambda_1} = 1{,}571\,\vartheta$ und $\sqrt{\lambda_2} = 4{,}712\,\vartheta$. Aus (2 a) und (12 a) findet man für $n = 1$ mit der einfachsten Koordinatenfunktion $\mathfrak{y}_1 \equiv x$ nach kurzer Rechnung $\sqrt{\lambda_1^*} = \sqrt{\tfrac{5}{2}}\,\vartheta = 1{,}581\,\vartheta$, also nur um rund 0,6 % zu hoch. Für $n = 2$ kommt mit $\mathfrak{y}_1 \equiv x$, $\mathfrak{y}_2 \equiv x^2$ ebenso $\sqrt{\lambda_1^*} = 1{,}571\,\vartheta$ und $\sqrt{\lambda_2^*} = 4{,}854\,\vartheta$; die tiefste Frequenz ist damit bis zur dritten Dezimalstelle genau ermittelt, die nächsthöhere bis auf einen Fehler von nur rund 3 %. [Die Ritzsche Methode würde, wie man leicht nachrechnet, mit den gleichen Koordinatenfunktionen für $n = 1$ den Wert $\sqrt{\lambda_1^*} = 1{,}732\,\vartheta$ (Fehler rund 10 %), für $n = 2$ die Werte $\sqrt{\lambda_1^*} = 1{,}577\,\vartheta$ (Fehler rund 0,4 %) und $\sqrt{\lambda_2^*} = 5{,}673\,\vartheta$ (Fehler rund 20 %) liefern. Für die Galerkinsche Methode wären die Ansätze $\mathfrak{y}_1 \equiv x$ und $\mathfrak{y}_2 \equiv x^2$ überhaupt noch nicht brauchbar, da sie die Bedingung $y' = 0$ am Außenrand (entsprechend $\tau = 0$) nicht erfüllen.]

Als zweites Beispiel behandeln wir die drehsymmetrischen Radialschwingungen der Vollscheibe vom Profil $z(x)$ und Halbmesser R_1. Ihr Elastizitätsmodul sei E, ihre Querdehnungszahl ν. Als „Auslenkung" y wählen wir die radiale Verschiebung, als „Schnittkräfte" $S^{(1)}$ und $S^{(2)}$ dieses nun offensichtlich zweiläufigen Systems die Radialspannung σ_r und die Ringspannung σ_φ. Die Radialdehnung ist $\varepsilon_r = y'$, die Ringdehnung $\varepsilon_\varphi = y/x$. Wegen

$$A = \int (\sigma_r \varepsilon_r + \sigma_\varphi \varepsilon_\varphi)\,dV = \int \left(\sigma_r y' + \sigma_\varphi \frac{y}{x} \right) \cdot 2\,\pi\,xz\,dx$$

hat man die „Verformungen"

$$(8\,\mathrm{b}) \qquad s^{(1)} = 2\,\pi\,xz\,y', \qquad s^{(2)} = 2\,\pi\,z\,y.$$

Die Belegungsfunktion ist $\varrho \equiv 2\,\pi\,\mu\,x\,z$ (Masse eines Ringes von der radialen Breite eins). Die Gleichgewichtsbedingung für eine radiale Belastung q an einem Ring von der radialen Breite eins lautet, wie man leicht an einem Element $d\varphi$ dieses Ringes feststellt,

$$(7\,\mathrm{b}) \qquad 2\,\pi\,[(xz\sigma_r)' - z\sigma_\varphi] + q = 0.$$

Das Elastizitätsgesetz heißt hier $E\,\varepsilon_r = \sigma_r - \nu\sigma_\varphi$, $E\,\varepsilon_\varphi = \sigma_\varphi - \nu\sigma_r$ oder

$$(9\,\mathrm{b}) \qquad \left\{ \begin{aligned} & s^{(1)} = \frac{2\,\pi}{E}\,xz\,(\sigma_r - \nu\sigma_\varphi), \qquad s^{(2)} = \frac{2\,\pi}{E}\,xz\,(\sigma_\varphi - \nu\sigma_r), \\[4pt] & \text{also} \\[4pt] & \varkappa_{11} = \varkappa_{22} = -\frac{\varkappa_{12}}{\nu} = -\frac{\varkappa_{21}}{\nu} = \frac{2\,\pi}{E}\,xz. \end{aligned} \right.$$

---

[1] Vgl. Biezeno-Grammel: a.a.O. S. 655.

Als Lösungssystem für λ^* kommt sonach

$$(2\,\mathrm{b}) \qquad \left\| \int_0^{R_1} x z \,\mathfrak{y}_i\,\mathfrak{y}_k\,dx - \lambda^* A_{ik} \right\| = 0$$

mit

$$(16\,\mathrm{b}) \qquad A_{ik} = \frac{1}{\mu E} \int_0^{R_1} \left[\sigma_{ri}\sigma_{rk} + \sigma_{\varphi i}\sigma_{\varphi k} - \nu\,(\sigma_{ri}\sigma_{\varphi k} + \sigma_{rk}\sigma_{\varphi i}) \right] x z\,dx,$$

und die Gleichungen (14) und (15) werden in diesem Fall

$$(14\,\mathrm{b}) \qquad (x z \sigma_{rj})' - z \sigma_{\varphi j} + \mu x z \,\mathfrak{y}_j = 0,$$

$$(15\,\mathrm{b}) \qquad [x\,(\sigma_{\varphi j} - \nu \sigma_{rj})]' = \sigma_{rj} - \nu \sigma_{\varphi j}.$$

Man findet leicht gut brauchbare Koordinatenfunktionen für σ_r und σ_φ, die den hier vorgeschriebenen Randbedingungen

$$(17) \qquad \sigma_r = \sigma_\varphi \ \ \text{für}\ \ x = 0, \qquad \sigma_r = 0 \ \ \text{für}\ \ x = R_1$$

genügen, z. B.

$$(18) \qquad \sigma_{rj} = R_1^{m_j} - x^{m_j}, \qquad \sigma_{\varphi j} = R_1^{m_j} - a_j\,x^{m_j}.$$

Dabei sind m_j reelle Zahlen, und die zugehörige Konstante a_j bestimmt sich aus (15 b) sofort zu

$$(19) \qquad a_j = \frac{1 + \nu\,(m_j + 1)}{m_j + 1 + \nu}.$$

Aus (14 b) folgt dann vollends

$$(20) \qquad \mu\,\mathfrak{y}_j = \frac{m_j\,(m_j + 2)}{m_j + 1 + \nu}\,x^{m_j - 1} - \frac{z'}{z}\,(R_1^{m_j} - x^{m_j}).$$

Weil für $x = 0$ die Auslenkung $\mathfrak{y}_j = 0$ sein muß, so hat man bei dort endlich vorausgesetzter Scheibendicke dort auch $z' = 0$ vorauszusetzen und somit zu verlangen, daß in den Ansätzen (18) $m_j > 1$ ist. Die Formeln (2 b) und (16 b) mit den Werten (18), (19) und (20) stellen dann das explizite Lösungssystem für beliebig profilierte Scheiben dar.

Wir prüfen die Genauigkeit wenigstens für die tiefste Eigenfrequenz der Scheibe gleicher Dicke ($z = $ konst) nach, für welche die genaue Lösung bekannt ist[1], nämlich $\sqrt{\lambda_j} = \xi_j\,\vartheta$ mit $\vartheta^2 = \dfrac{E}{\mu(1 - \nu^2)\,R_1^2}$, wo ξ_j die positiven Nullstellen der Zylinderfunktion $\xi J_0(\xi) - (1 - \nu)J_1(\xi)$ sind; für $\nu = 0{,}3$ ist ihre kleinste $\xi_1 = 2{,}049$. Demgegenüber liefern die Koordinatenfunktionen (18) und (20) mit dem nächstliegenden Wert $m_1 = 2$, zu dem der einfachste lineare Ansatz $\mathfrak{y}_1 \equiv C x$ gehört, nach kurzer Rechnung $\sqrt{\lambda_1^*} = \sqrt{24\,(1 + \nu)/(7 + \nu)}\,\vartheta$ oder mit $\nu = 0{,}3$ den um weniger als 1% zu hohen Näherungswert $\sqrt{\lambda_1^*} = 2{,}067\,\vartheta$. [Die Ritzsche Methode würde mit $\mathfrak{y}_1 = C x$ den um rund 11% zu hohen Wert $\sqrt{\lambda_1^*} = 2{,}280\,\vartheta$ liefern; für die Galerkinsche Methode wäre dieser Ansatz wieder unbrauchbar, da er die Außenrandbedingung $x y' + \nu y = 0$ (entsprechend $\sigma_r = 0$) nicht erfüllt.]

6. Probleme höherer Ordnung.

Neben den Eigenwertproblemen, die durch Grundgleichungen von der Form (7) und (8) mit Ableitungen von nur erster Ordnung gekennzeichnet sind, gibt es — z. B. bei Biegeschwingungen von Stäben und Scheiben im Rahmen der sog. „technischen" Biegetheorie, die die strenge Kontinuumsmechanik durch die Bernoullische Annahme umgeht — auch Eigenwertprobleme, in deren Grundgleichungen Ableitungen zweiter Ordnung vorkommen. Bei einläufigen Systemen haben dann (7) und (8) in der Regel die Gestalt

$$(7_*^{\mathrm{I}}) \qquad (\alpha\,S^{(1)})'' + \beta q = 0,$$

$$(8_*^{\mathrm{I}}) \qquad s^{(1)} = \tau_1 y' + \tau_2 y'',$$

---

[1] Vgl. Biezeno-Grammel: a. a. O. S. 663.

bei zweiläufigen

$$(7^{II}_*) \qquad (\alpha_1 S^{(1)})'' + (\alpha_2 S^{(2)})' + \beta q = 0,$$

$$(8^{II}_*) \qquad \begin{cases} y' = t_{11} s^{(1)} + t_{12} s^{(2)}, \\ y'' = t_{21} s^{(1)} + t_{22} s^{(2)}. \end{cases}$$

Für solche Probleme zweiter Ordnung hat man statt (11) und (14)

$$(11_*) \begin{cases} S_j^{(1)}(x) = \dfrac{1}{\alpha(x)} \Big\{ [\alpha(a) + (x-a)\,\alpha'(a)]\, S_j^{(1)}(a) + (x-a)\,\alpha(a)\, S_j^{(1)'}(a) - \int\limits_a^x (x-\xi)\,\beta(\xi)\,\varrho(\xi)\,\mathfrak{y}_j(\xi)\,d\xi \Big\} \\ = \dfrac{1}{\alpha(x)} \Big\{ [\alpha(b) + (x-b)\,\alpha'(b)]\, S_j^{(1)}(b) + (x-b)\,\alpha(b)\, S_j^{(1)'}(b) + \int\limits_x^b (x-\xi)\,\beta(\xi)\,\varrho(\xi)\,\mathfrak{y}_j(\xi)\,d\xi \equiv S^{(1)}(\varrho\,\mathfrak{y}_j) \Big\} \end{cases}$$

und

$$(14_*) \qquad F(S_j^{(1)}, S_j^{(2)}, \mathfrak{y}_j) \equiv (\alpha_1 S_j^{(1)})'' + (\alpha_2 S_j^{(2)})' + \beta\,\varrho\,\mathfrak{y}_j = 0.$$

Im übrigen ändert sich jedoch nichts Wesentliches an der Lösungsmethode.

(Eingegangen am 1. 3. 1942.)

Eine Erweiterung der gewöhnlichen Balkentheorie für hohe und dünnstegige I-Träger.

Von **H. Hencky** und **W. Moheit**, Mainz-Gustavsburg.

Mit 5 Abbildungen.

In der technischen Mechanik des Balkens macht sich mehr und mehr eine Lücke zwischen der elementaren technischen Theorie und der Behandlung desselben Problems in der mathematischen Elastizitätstheorie bemerkbar. Die vorliegende Arbeit soll dazu beitragen, diese Lücke auszufüllen, und zwar durch eine Methode, die ebenso anpassungsfähig wie mathematisch exakt ist.

Es handelt sich dabei um einen Ausbau der Methode von Ritz, die wir mit einem Verfahren kombinieren, welches ein elastisches Analogon zu der Methode von Lagrange in der Dynamik darstellt. Wenn wir auch im folgenden ein ganz konkretes Beispiel durchrechnen, so möchten wir doch auf die Allgemeinheit des verwendeten Verfahrens noch besonders hinweisen.

Als Beispiel nehmen wir einen Balkenquerschnitt mit sehr dünnem Steg und steifem Flansch und fragen nach der Wechselwirkung zwischen Steg und Flansch. Dabei nehmen wir an, daß die übliche Balkentheorie für den Flansch ihre Gültigkeit hat, wenn man an den vom Stegblech losgetrennten Flanschen die entsprechenden Normal- und Schubspannungen angebracht denkt, welche vom Stegblech her übertragen werden.

1. Ein einfacher Näherungsweg zur Abschätzung der Wechselwirkung zwischen Stegblech und Flansch.

Wir nehmen an, daß das I-Profil durch zwei in einer zur Balkenachse senkrechten Linie liegende Druckkräfte gequetscht wird (Abb. 1).

Das einfachste mechanische Bild, mit dessen Hilfe man zu einer vorläufigen Berechnung der Spannungen zwischen Steg und Flansch gelangen kann, ist der elastisch gestützte Balken. Bezeichnet man nämlich mit w die Einsenkung des Flansches, mit J_g sein Trägheitsmoment, mit t die Stegblechdicke, mit h die Stegblechhöhe und mit $E' = E\,\dfrac{m^2}{m^2-1} \simeq \dfrac{9}{8}\,E$ den Elastizitätsmodul des ebenen Spannungszustandes im Stegblech, so wird die Differentialgleichung des Flansches

$$E J_g \frac{d^4 w_0}{d x^4} + \frac{2\,t\,E'}{h}\,w_0 = 0$$

und mit
$$dx = h\,d\eta$$
$$w_0^{IV} + \frac{9}{4}\,\frac{h^3 t}{J_g}\,w_0 = 0\,,$$
$$w_0^{IV} + \alpha^4 w_0 = 0\,, \quad \text{wobei} \quad \alpha = \pm\,7{,}4238\,(1 \pm i)\,.$$

Da wir den Balken als unbegrenzt lang annehmen, können wir die Lösung in folgender Form ansetzen:
$$w_0 = B_0\,\varrho_1 + B_2\,\varrho_2\,,$$
$$\varrho_1 = e^{-7,4238\,\eta}\cos 7{,}4238\,\eta\,,$$
$$\varrho_2 = e^{-7,4238\,\eta}\sin 7{,}4238\,\eta\,.$$

Als Randbedingungen haben wir für $\eta = 0$ $w' = 0$
$$P = -\frac{2EJ_g}{h^3}\,w_0'''\,,$$

wobei die symbolisch angegebenen Differentiationen immer nach η genommen werden.

Die Lösung nimmt mit diesen Bedingungen die Form an:
$$w_0 = -\,1{,}6498\,\frac{P}{E\,t}\,(\varrho_1 + \varrho_2)\,,$$

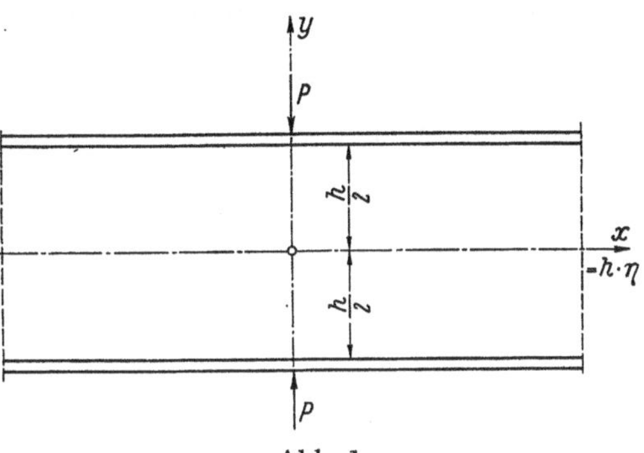

Abb. 1.

und die Normalspannung σ_y im Stegblech wird
$$\sigma_y = -\,3{,}7121\,(\varrho_1 + \varrho_2)\,\frac{P}{t\,h}\,.$$

Das Biegemoment des Flansches wird
$$M = -\frac{E J_g}{h^2}\,w_0''\,,$$
$$w_0'' = -\,1{,}6498\,\frac{P}{E\,t}\,(\varrho_1'' + \varrho_2'')\,,$$
$$\varrho_1'' = +\,110{,}2256\,\varrho_2\,,$$
$$\varrho_2'' = -\,110{,}2256\,\varrho_1\,,$$
$$M = -\,0{,}03368\,P\,h\,(\varrho_1 - \varrho_2)\,.$$

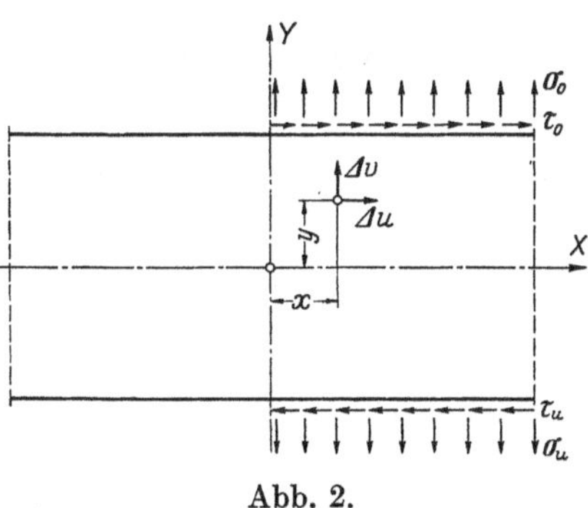

Abb. 2.

Wir geben eine graphische Darstellung der Werte von σ_y und dem Biegungsmoment M am Ende dieser Arbeit und kommen dann auf die Bedeutung der Resultate noch zurück.

Es entsteht nun die Frage, wieweit dürfen wir diesen numerischen Resultaten Bedeutung beimessen. Die Annahmen waren sehr roh, denn von den Scherkräften wurde ja dabei völlig abgesehen. Infolge der Scherkräfte ist es aber nicht möglich, die einzelnen Fasern des Stegbleches (in der Y-Richtung) unabhängig voneinander zusammenzudrücken.

Wir müssen also einen Ansatz benutzen, der den Bedingungen der Aufgabe besser entspricht und vor allem mit einer größeren Anzahl unbekannter Funktionen arbeitet.

2. Die genauere Theorie.

a) Behandlung des Stegblechs.

Wir nehmen die Verformungen des Stegblechs in folgender Form an (Abb. 2):

$$(1) \qquad \begin{cases} \Delta u = \displaystyle\sum_0^n \psi_n \left(\frac{y}{h}\right)^n, \\[2ex] \Delta v = \displaystyle\sum_0^n \varphi_n \left(\frac{y}{h}\right)^n. \end{cases}$$

Die Funktionen ψ_n und φ_n sind nur von der Abszisse x oder $\eta\,h$ abhängig. Natürlich muß man die Reihen bald abbrechen können, da andernfalls die rechnerische Arbeit nicht mehr bewältigt werden kann.

Der Hauptvorteil dieses Ansatzes besteht darin, daß die unbekannten Funktionen nur mehr von einer Variablen abhängen, also durch gewöhnliche Differentialgleichungen bestimmt werden können. Wir bedienen uns der Methode von Ritz, wenden aber zur Bestimmung der Funktionen die Methode von Lagrange an, wobei die Abszisse x die Rolle der Zeitkoordinate übernimmt. Die Arbeit ermitteln wir zweckmäßig durch Anschreiben des Prinzips der virtuellen Verschiebungen.

Gelten für das Element des Stegbleches die Gleichgewichtsbedingungen

$$(2) \qquad L_I \equiv \frac{\partial \sigma_x}{\partial x} + \frac{\partial \tau}{\partial y}, \qquad L_{II} \equiv \frac{\partial \tau}{\partial x} + \frac{\partial \sigma_y}{\partial y}$$

und sind $\delta \varDelta u$ und $\delta \varDelta v$ die virtuellen Verschiebungen eines Punktes, so wird die virtuelle Arbeit der Kräfte L_I, L_{II}

$$(3) \qquad \iint (L_I\, \delta \varDelta u + L_{II}\, \delta \varDelta v)\, dx\, dy + \int \Big[\tau_o\, \delta \varDelta u_{\left(y = +\frac{h}{2}\right)} + \sigma_o\, \delta \varDelta v_{\left(y = +\frac{h}{2}\right)} \Big]\, dx -$$

$$- \int \Big[\tau_u\, \delta \varDelta u_{\left(y = -\frac{h}{2}\right)} + \sigma_u\, \delta \varDelta u_{\left(y = -\frac{h}{2}\right)} \Big]\, dx = \delta A .$$

Die Arbeit δA bedeutet die Änderung der elastischen Energie bei einer virtuellen Verformung, wie man nachweisen kann. Man kann aber ebensogut direkt vom Prinzip der virtuellen Verschiebungen ausgehen. Das Integral (3) und seine Variation sind aber noch einer Einschränkung unterworfen, denn die Randspannungen des Stegblechs sind als gegeben zu betrachten.

Wir müssen diese Randspannungen zunächst als Funktionen der $\varDelta u$ und $\varDelta v$ formulieren. Bekanntlich ergeben sich die Spannungen des ebenen Problems zu

$$(4) \qquad \begin{cases} \sigma_x = E' \left(\dfrac{\partial \varDelta u}{\partial x} + \mu\, \dfrac{\partial \varDelta v}{\partial y} \right), \\[2mm] \sigma_y = E' \left(\dfrac{\partial \varDelta v}{\partial y} + \mu\, \dfrac{\partial \varDelta u}{\partial x} \right), \\[2mm] \tau = E'\, \dfrac{1 - \mu}{2} \left(\dfrac{\partial \varDelta u}{\partial y} + \dfrac{\partial \varDelta v}{\partial x} \right), \end{cases}$$

wobei $\mu = \dfrac{1}{m}$ ($m = $ **Querkontraktionszahl**)

$$E' = E\, \frac{m^2}{m^2 - 1} = \frac{E}{1 - \mu^2} .$$

Bezeichnen wir mit Akzent die Differentiation nach x, so wird

$$\frac{\partial \varDelta u}{\partial x} = \sum_0^n \psi_n' \left(\frac{y}{h} \right)^n ,$$

$$\frac{\partial \varDelta u}{\partial y} = \sum_1^n \frac{n}{h}\, \psi_n \left(\frac{y}{h} \right)^{n-1} ,$$

$$\frac{\partial \varDelta v}{\partial x} = \sum_0^n \varphi_n' \left(\frac{y}{h} \right)^n ,$$

$$\frac{\partial \varDelta v}{\partial y} = \sum_1^n \frac{n}{h}\, \varphi_n \left(\frac{y}{h} \right)^{n-1} .$$

Hieraus ergeben sich die Spannungen

$$(5) \qquad \begin{cases} \sigma_x = E' \left[\displaystyle\sum_0^n \psi_n' \left(\frac{y}{h} \right)^n + \mu \sum_1^n \frac{n}{h}\, \varphi_n \left(\frac{y}{h} \right)^{n-1} \right], \\[4mm] \sigma_y = E' \left[\displaystyle\sum_1^n \frac{n}{h}\, \varphi_n \left(\frac{y}{h} \right)^{n-1} + \mu \sum_0^n \psi_n' \left(\frac{y}{h} \right)^n \right], \\[4mm] \tau = E'\, \dfrac{1 - \mu}{2} \left[\displaystyle\sum_1^n \frac{n}{h}\, \psi_n \left(\frac{y}{h} \right)^{n-1} + \sum_0^n \varphi_n' \left(\frac{y}{h} \right)^n \right]. \end{cases}$$

Um die Randspannungen zu erhalten, hat man nur $y = \pm\, \dfrac{h}{2}$ zu setzen.

Es erweist sich dabei als zweckmäßig, die Randspannungen in den Formen

$$\sigma_o + \sigma_u, \qquad \tau_o + \tau_u,$$
$$\sigma_o - \sigma_u, \qquad \tau_o - \tau_u$$

zu verwenden.

Unter Benutzung von (5) wird

$$(6\,\mathrm{a}) \qquad \Sigma_{1,2} = \sigma_o \pm \sigma_u = E' \left\{ \sum_1^n \frac{n}{h} \varphi_n \frac{1}{2^{n-1}} \left[1 \pm (-1)^{n-1}\right] + \mu \sum_0^n \psi_n' \frac{1}{2^n} \left[1 \pm (-1)^n\right] \right\},$$

$$(6\,\mathrm{b}) \qquad \Sigma_{3,4} = \tau_o \pm \tau_u = E' \frac{1-\mu}{2} \left\{ \sum_1^n \frac{n}{h} \psi_n \frac{1}{2^{n-1}} \left[1 \pm (-1)^{n-1}\right] + \sum_0^n \varphi_n' \frac{1}{2^n} \left[1 \pm (-1)^n\right] \right\}.$$

Dies ergibt also 4 Bedingungsgleichungen, denen die unbekannten Funktionen φ_n, ψ_n genügen müssen.

Damit wird

$$(7\,\mathrm{a}) \qquad \Sigma_1 = 2 E' \left[\frac{1}{h}\,\varphi_1 + \frac{3}{4h}\,\varphi_3 + \frac{5}{16h}\,\varphi_5 + \cdots + \mu \left(\psi_0' + \frac{1}{4}\,\psi_2' + \frac{1}{16}\,\psi_4' + \cdots\right)\right],$$

$$(7\,\mathrm{b}) \qquad \Sigma_2 = 2 E' \left[\frac{1}{h}\,\varphi_2 + \frac{2}{4h}\,\varphi_4 + \frac{3}{16h}\,\varphi_6 + \cdots + \mu \left(\frac{1}{2}\,\psi_1' + \frac{1}{8}\,\psi_3' + \frac{1}{32}\,\psi_5' + \cdots\right)\right],$$

$$(7\,\mathrm{c}) \qquad \Sigma_3 = E' (1-\mu) \left(\frac{1}{h}\,\psi_1 + \frac{3}{4h}\,\psi_3 + \frac{5}{16h}\,\psi_5 + \cdots + \varphi_0' + \frac{1}{4}\,\varphi_2' + \frac{1}{16}\,\varphi_4' + \cdots\right),$$

$$(7\,\mathrm{d}) \qquad \Sigma_4 = E' (1-\mu) \left(\frac{1}{h}\,\psi_2 + \frac{2}{4h}\,\psi_4 + \frac{3}{16h}\,\psi_6 + \cdots + \frac{1}{2}\,\varphi_1' + \frac{1}{8}\,\varphi_3' + \frac{1}{32}\,\varphi_5' + \cdots\right).$$

Da $\Sigma_1 \ldots \Sigma_4$ als gegeben zu betrachten sind, wird $\delta \Sigma_1 = \delta \Sigma_2 = \delta \Sigma_3 = \delta \Sigma_4 = 0$. Führen wir die Multiplikatoren λ_I, λ_{II}, λ_{III}, λ_{IV} ein, so haben wir an Stelle der Gleichung (3) die folgende Bedingung für das Arbeitsminimum:

$$(8) \qquad \iint (L_I \delta \Delta u + L_{II} \delta \Delta v + \lambda_I \delta \Sigma_1 + \lambda_{II} \delta \Sigma_2 + \lambda_{III} \delta \Sigma_3 + \lambda_{IV} \delta \Sigma_4)\, dx\, dy +$$
$$\int \left[\left(\tau_o \delta \Delta u_{\left(y = +\frac{h}{2}\right)} - \tau_u \delta \Delta u_{\left(y = -\frac{h}{2}\right)}\right) + \left(\sigma_o \delta \Delta u_{\left(y = +\frac{h}{2}\right)} - \sigma_u \delta \Delta v_{\left(y = -\frac{h}{2}\right)}\right)\right] dx = 0.$$

Die Einführung dieser 4 Multiplikatoren macht es möglich, die Variationen der unbekannten Funktionen wie unabhängige Variationen zu behandeln, obwohl sie es nicht sind. Das Verfahren ist ja aus der Theorie der Maxima und Minima bekannt.

Um größere Übersichtlichkeit der Rechnungen zu erreichen, wollen wir uns (unter Hinweis auf das Beispiel nach Abb. 1) auf 4 unbekannte Funktionen beschränken und setzen, da Symmetrie zur X-Achse vorliegt,

$$(9) \qquad \begin{cases} \Delta u = \psi_0 + \psi_2 \left(\dfrac{y}{h}\right)^2, \\[2mm] \Delta v = \varphi_1 \dfrac{y}{h} + \varphi_3 \left(\dfrac{y}{h}\right)^3. \end{cases}$$

Nach dem Elastizitätsgesetz sind mit dieser Verschiebung die Spannungen verknüpft:

$$(10\,\mathrm{a}) \qquad \sigma_x = E' \left\{\psi_0' + \psi_2' \left(\frac{y}{h}\right)^2 + \mu \left[\varphi_1 \frac{1}{h} + \varphi_3 \frac{3}{h} \left(\frac{y}{h}\right)^2\right]\right\},$$

$$(10\,\mathrm{b}) \qquad \sigma_y = E' \left\{\varphi_1 \frac{1}{h} + \varphi_3 \frac{3}{h} \left(\frac{y}{h}\right)^2 + \mu \left[\psi_0' + \psi_2' \left(\frac{y}{h}\right)^2\right]\right\},$$

$$(10\,\mathrm{c}) \qquad \tau = E' \frac{m-1}{2m} \left[\left(\varphi_1' + \frac{2}{h}\,\psi_2\right) \frac{y}{h} + \varphi_3' \left(\frac{y}{h}\right)^3\right].$$

Man darf nun freilich nicht annehmen, durch diesen einfachen Ansatz (9) schon eine befriedigende Darstellung des Spannungszustandes im Stegblech zu bekommen.

Was wir wollen, ist zunächst lediglich eine bessere Darstellung der Wechselwirkung zwischen Stegblech und Flansch, und hier können wir wirklich auf eine Verbesserung rechnen, da wir ja mit 4 Funktionen diese Wechselwirkung jedenfalls viel besser beschreiben können als mit einer allein.

Wir bestimmen nun aus den Gleichungen (10) die Randspannungen, die wir als gegeben betrachten, so daß ihre Variationen verschwinden müssen. Dadurch zwingen wir die unbekannten Funktionen, der gewünschten Wechselwirkung soviel als möglich gerecht zu werden.

Für die Ränder $y = \pm \frac{h}{2}$ erhält man aus (10)

$$(11)\quad \begin{cases} \sigma_o + \sigma_u = E'\left[\frac{2}{h}\varphi_1 + \frac{3}{2h}\varphi_3 + 2\mu\left(\psi_0' + \frac{1}{4}\psi_2'\right)\right] = \Sigma_1\,, \\[2mm] \sigma_o - \sigma_u = \quad 0 \quad = \Sigma_2\,, \\[2mm] \tau_o + \tau_u = \quad 0 \quad = \Sigma_3\,, \\[2mm] \tau_o - \tau_u = E'\,\frac{1-\mu}{2}\left(\frac{2}{h}\psi_2 + \varphi_1' + \frac{1}{4}\varphi_3'\right) = \Sigma_4\,. \end{cases}$$

Man kann dann bis auf einen beliebigen Faktor setzen

$$\delta\Sigma_1 = \frac{2}{h}\delta\varphi_1 + \frac{3}{2h}\delta\varphi_3 + 2\mu\left(\frac{\partial\delta\psi_0}{\partial x} + \frac{1}{4}\frac{\partial\delta\psi_2}{\partial x}\right) = 0\,,$$

$$\delta\Sigma_4 = \frac{\partial\delta\varphi_1}{\partial x} + \frac{1}{4}\frac{\partial\delta\varphi_3}{\partial x} + \frac{2}{h}\delta\psi_2 = 0\,.$$

Die Variationen $\delta\varphi_1$, $\delta\varphi_3$, $\delta\psi_0$, $\delta\psi_2$ sind, wie schon bemerkt, nicht unabhängig, sondern müssen den Gleichungen $\delta\Sigma_1 = 0$, $\delta\Sigma_4 = 0$ genügen. Die Behandlung ist die gleiche wie bei den Gleichungen von Lagrange in der Dynamik, zu der unsere Methode ein Gegenstück darstellt.

Wir schreiben nach Gleichung (8)

$$(12)\quad \iint\left\{ L_I\,\delta\Delta u + L_{II}\,\delta\Delta v + \frac{1}{h}\left[\tau_o\left(2\delta\psi_0 + \frac{1}{2}\delta\psi_2\right) + \sigma_o\left(\delta\varphi_1 + \frac{\delta\varphi_3}{4}\right)\right] + \right.$$
$$\left. + \lambda_I\left[\frac{2}{h}\delta\varphi_1 + \frac{3}{2h}\delta\varphi_3 + 2\mu\left(\frac{\partial\delta\psi_0}{\partial x} + \frac{1}{4}\frac{\partial\delta\psi_2}{\partial x}\right)\right] + \right.$$
$$\left. + \lambda_{II}\left(\frac{\partial\delta\varphi_1}{\partial x} + \frac{1}{4}\frac{\partial\delta\varphi_3}{\partial x} + \frac{2}{h}\delta\psi_2\right)\right\}dx\,dy = 0$$

und setzen nach (9)

$$\delta\Delta u = \delta\psi_0 + \delta\psi_2\left(\frac{y}{h}\right)^2,$$

$$\delta\Delta v = \delta\varphi_1\,\frac{y}{h} + \delta\varphi_3\left(\frac{y}{h}\right)^3.$$

Integrieren wir in (12) partiell und fassen die Faktoren der Variationen zusammen, so erhalten wir

$$(13)\quad \iint\left\{\delta\psi_0\left(L_I + \frac{2\tau_o}{h} - 2\mu\frac{\partial\lambda_I}{\partial x}\right) + \delta\psi_2\left[L_I\left(\frac{y}{h}\right)^2 + \frac{\tau_o}{2h} - \frac{\mu}{2}\frac{\partial\lambda_I}{\partial x} + \frac{2}{h}\lambda_{II}\right] + \right.$$
$$\left. + \delta\varphi_1\left(L_{II}\frac{y}{h} + \frac{\sigma_o}{h} - \frac{\partial\lambda_{II}}{\partial x} + \frac{2\lambda_I}{h}\right) + \delta\varphi_3\left[L_{II}\left(\frac{y}{h}\right)^3 + \frac{\sigma_o}{4h} - \frac{1}{4}\frac{\partial\lambda_{II}}{\partial x} + \frac{3}{2h}\lambda_I\right]\right\}dx\,dy + $$
$$+ \left\{\int\left[\lambda_I\,2\mu\,\delta\left(\psi_0 + \tfrac{1}{4}\psi_2\right) + \lambda_{II}\,\delta\left(\varphi_1 + \tfrac{1}{4}\varphi_3\right)\right]dy\right\}_{x=\mathrm{Anfang}}^{x=\mathrm{Ende}} = 0\,.$$

Da die Variationen $\delta\psi_0$, $\delta\psi_2$, $\delta\varphi_1$, $\delta\varphi_3$ infolge der Einführung der Multiplikatoren λ_I bzw. λ_{II} als unabhängig behandelt werden können, haben wir die Differentialgleichungen [folgend aus dem Verschwinden des Doppelintegrals in (13)]

$$(14)\quad \begin{cases} (\mathrm{I})\ \ \int L_I\,dy \quad\quad -2\mu h\frac{\partial\lambda_I}{\partial x} + 2\tau_o \quad\quad = 0\,, \\[3mm] (\mathrm{II})\ \ \int L_I\left(\frac{y}{h}\right)^2 dy - \frac{\mu h}{2}\frac{\partial\lambda_I}{\partial x} + 2\lambda_{II} + \frac{\tau_o}{2} = 0\,, \\[3mm] (\mathrm{III})\ \ \int L_{II}\frac{y}{h}\,dy \quad -h\frac{\partial\lambda_{II}}{\partial x} \quad + 2\lambda_I + \sigma_o = 0\,, \\[3mm] (\mathrm{IV})\ \ \int L_{II}\left(\frac{y}{h}\right)^3 dy - \frac{h}{4}\frac{\partial\lambda_{II}}{\partial x} + \frac{3}{2}\lambda_I + \frac{\sigma_o}{4} = 0\,. \end{cases}$$

Außerdem muß als Folge des unabhängigen Verschwindens des einfachen Integrales an den Balkenenden entweder

$$(14\,\mathrm{a}) \qquad \begin{cases} \lambda_I = 0 & \text{oder} \quad \psi_0 + \tfrac{1}{4}\,\psi_2 = 0\,, \\ \lambda_{II} = 0 & \text{oder} \quad \varphi_1 + \tfrac{1}{4}\,\varphi_3 = 0 \end{cases}$$

sein. Falls über die Größen rechts keine Aussage gemacht werden kann, muß also sowohl λ_I wie λ_{II} verschwinden, und zwar an beiden Rändern.

Aus den Gleichungen (14) (I) bis (IV) kann man die Werte für λ_I und λ_{II} ermitteln.

$$(15\,\mathrm{a}) \qquad \lambda_I = \frac{h}{4}\int \frac{\partial L_I}{\partial x}\left[\frac{1}{4} - \left(\frac{y}{h}\right)^2\right] dy - \frac{1}{2}\int L_{II}\,\frac{y}{h}\,dy - \frac{\sigma_0}{2}\,,$$

$$(15\,\mathrm{b}) \qquad \lambda_{II} = \frac{1}{2}\int L_I\left[\frac{1}{4} - \left(\frac{y}{h}\right)^2\right] dy\,.$$

Setzt man diese Werte in die Gleichungen (I) und (IV) ein, so erhält man

$$(16) \quad \begin{cases} \text{(I)} \quad \displaystyle\int L_I\,dy - \frac{\mu\,h^2}{2}\int \frac{\partial^2 L_I}{\partial x^2}\left[\frac{1}{4} - \left(\frac{y}{h}\right)^2\right] dy + \mu\,h\int \frac{\partial L_{II}}{\partial x}\,\frac{y}{h}\,dy + \mu h\,\frac{\partial \sigma_0}{\partial x} + 2\tau_0 = 0\,, \\[4mm] \text{(II)} \quad \displaystyle\int L_{II}\left(\frac{y}{h}\right)^3 dy + \frac{h}{4}\int \frac{\partial L_I}{\partial x}\left[\frac{1}{4} - \left(\frac{y}{h}\right)^2\right] dy \quad - \frac{3}{4}\int L_{II}\,\frac{y}{h}\,dy - \frac{1}{2}\,\sigma_0 \quad = 0\,. \end{cases}$$

Diese beiden Gleichungen gelten für das Stegblech.

b) Die Verformung der Gurtungen.

Wie bereits erwähnt, betrachten wir die Gurte als gewöhnliche Balken. Die Belastung dieser Balken besteht einerseits aus der Nutzlast, andererseits aus den in Stegblechbreite t angreifenden Schub- und Normalspannungen des Stegblechs. Wir leiten die Gleichungen zunächst für den allgemeinen Fall her und spezialisieren dann auf den Ansatz Gleichung (9).

Es bezeichne:

p_o die Belastung des Obergurtes,

p_u ,,   ,,   ,, Untergurtes,

s Abstand des Gurtschwerpunktes vom Steg,

w_o die vertikale Verschiebung des Obergurtes,

w_u ,,   ,,   ,,   ,, Untergurtes,

u_o und u_u die analogen horizontalen Verschiebungen.

Dann wird unter Zugrundelegung der Gleichungen (1)

$$(17\,\mathrm{a}) \qquad \begin{cases} w_o = \varphi_0 + \tfrac{1}{2}\,\varphi_1 + \tfrac{1}{4}\,\varphi_2 + \tfrac{1}{8}\,\varphi_3 + \cdots\,, \\ w_u = \varphi_0 - \tfrac{1}{2}\,\varphi_1 + \tfrac{1}{4}\,\varphi_2 - \tfrac{1}{8}\,\varphi_3 + \cdots\,, \end{cases}$$

$$u_o = \psi_0 + \tfrac{1}{2}\,\psi_1 + \tfrac{1}{4}\,\psi_2 + \tfrac{1}{8}\,\psi_3 + \cdots - \frac{d w_0}{d x}\,s\,,$$

$$u_u = \psi_0 - \tfrac{1}{2}\,\psi_1 + \tfrac{1}{4}\,\psi_2 - \tfrac{1}{8}\,\psi_3 + \cdots + \frac{d w_0}{d x}\,s\,,$$

$$(17\,\mathrm{b}) \qquad \begin{cases} u_o = \psi_0 + \tfrac{1}{2}\,\psi_1 + \tfrac{1}{4}\,\psi_2 + \tfrac{1}{8}\,\psi_3 \cdots - s\,(\varphi_0' + \tfrac{1}{2}\,\varphi_1' + \tfrac{1}{4}\,\varphi_2' + \tfrac{1}{8}\,\varphi_3' + \cdots)\,, \\ u_u = \psi_0 - \tfrac{1}{2}\,\psi_1 + \tfrac{1}{4}\,\psi_2 - \tfrac{1}{8}\,\psi_3 \cdots + s\,(\varphi_0' - \tfrac{1}{2}\,\varphi_1' + \tfrac{1}{4}\,\varphi_2' - \tfrac{1}{8}\,\varphi_3' + \cdots)\,. \end{cases}$$

Wie sich zeigen wird, sind es hauptsächlich die Summen und Differenzen dieser Größen, die in die späteren Formeln eingehen.

$$(18\,\mathrm{a}) \qquad \begin{cases} w_o + w_u = 2\varphi_0 + \tfrac{1}{2}\,\varphi_2 + \tfrac{1}{8}\,\varphi_4 + \cdots\,, \\ w_o - w_u = \varphi_1 + \tfrac{1}{4}\,\varphi_3 + \tfrac{1}{16}\,\varphi_5 + \cdots\,, \end{cases}$$

$$(18\,\mathrm{b}) \qquad \begin{cases} u_o + u_u = 2\psi_0 + \tfrac{1}{2}\,\psi_2 + \cdots - s\,(\varphi_1' + \tfrac{1}{4}\,\varphi_3' + \tfrac{1}{16}\,\varphi_5' + \cdots)\,, \\ u_o - u_u = \psi_1 + \tfrac{1}{4}\,\psi_3 + \tfrac{1}{16}\,\psi_5 \cdots - s\,(2\varphi_0' + \tfrac{1}{2}\,\varphi_2' + \tfrac{1}{8}\,\varphi_4' + \cdots)\,. \end{cases}$$

Führen wir noch mit J_g das Trägheitsmoment des Gurtes und mit F die Querschnittsfläche des Gurtes ein, so erhalten wir die Gleichgewichtsbedingungen gegen vertikales und horizontales Verschieben der Gurte (Abb. 3).

Für den Obergurt können wir die übliche Differentialgleichung des Balkens anschreiben, dürfen aber nicht vergessen, daß auf die Einheit der Balkenlänge ein Momentenzuwachs von $- t\, s\, \tau_0$ wirkt, der einer Scherkraft gleichwertig ist. Der Zuwachs dieser Querkraft $- t\, s\, \dfrac{\partial \tau_0}{\partial x}$ auf die Längeneinheit ergibt eine Korrektur.

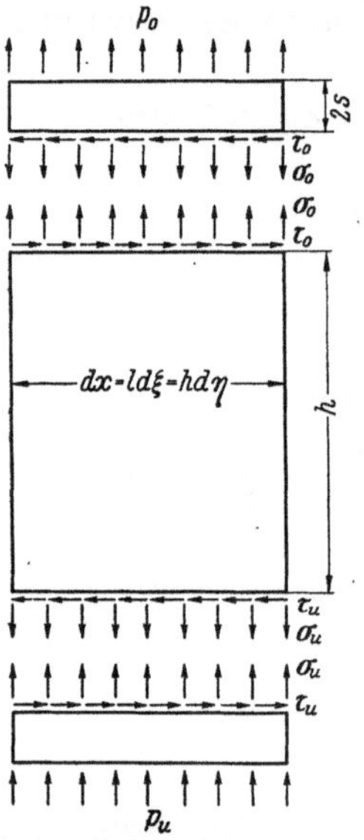

$$E J_g\, w_o^{IV} - t\, s\, \frac{\partial \tau_o}{\partial x} + \sigma_o\, t = p_o\,,$$

$$E F\, u_o'' - \tau_o\, t = 0\,.$$

Für den Untergurt

$$E J_g\, w_u^{IV} - t\, s\, \frac{\partial \tau_u}{\partial x} - \sigma_u\, t = p_u\,,$$

$$E F\, u_u'' + \tau_u\, t = 0\,.$$

Addieren und subtrahieren wir diese Gleichungen, so nehmen sie die Form an

$$(19)\quad\begin{cases} \text{(I)}\quad E F\,(u_o'' + u_u'') - t\,(\tau_o - \tau_u) = 0\,,\\[2mm] \text{(II)}\quad E F\,(u_o'' - u_u'') - t\,(\tau_o + \tau_u) = 0\,,\\[2mm] \text{(III)}\quad E J_g\,(w_o^{IV} + w_u^{IV}) - t\,s\,\dfrac{\partial}{\partial x}(\tau_o + \tau_u) + (\sigma_o - \sigma_u)\,t = p_o + p_u\,,\\[2mm] \text{(IV)}\quad E J_g\,(w_o^{IV} - w_u^{IV}) - t\,s\,\dfrac{\partial}{\partial x}(\tau_o - \tau_u) + (\sigma_o + \sigma_u)\,t = p_o - p_u\,. \end{cases}$$

Abb. 3.   Zu diesen Gleichungen treten die auf dem Variationswege für das Stegblech gefundenen dazu.

Wir gehen jetzt aber zur Vereinfachung zu der Aufgabe nach Ansatz Gleichung (9) über, behalten also nur ψ_0 und ψ_2, φ_1 und φ_3 bei.

Damit wird

$$(20)\quad\begin{cases} w_o + w_u = 0\,,\\[2mm] w_o - w_u = \varphi_1 + \tfrac{1}{4}\,\varphi_3\,,\\[2mm] u_o + u_u = 2\,\psi_0 + \tfrac{1}{2}\,\psi_2 - s\,(\varphi_1' + \tfrac{1}{4}\,\varphi_3')\,,\\[2mm] u_o - u_u = 0\,. \end{cases}$$

Damit fallen die Gleichungen (19) (II) und (III) aus, und wir erhalten die beiden Gleichungen

$$E F\,[2\,\psi_0'' + \tfrac{1}{2}\,\psi_2'' - s\,(\varphi_1''' + \tfrac{1}{4}\,\varphi_3''')] - t\,(\tau_o - \tau_u) = 0\,,$$

$$E J_g\,(\varphi_1^{IV} + \tfrac{1}{4}\,\varphi_3^{IV}) - t\,s\,\frac{\partial}{\partial x}(\tau_o - \tau_u) + t\,(\sigma_o + \sigma_u) = 0$$

und nach Einsetzen der Spannungen

$$(21)\quad\begin{cases} \text{(I)}\quad E F\,[2\,\psi_0'' + \tfrac{1}{2}\,\psi_2'' - s\,(\varphi_1''' + \tfrac{1}{4}\,\varphi_3''')] - t\,E'\,\dfrac{1-\mu}{2}\left(\dfrac{2}{h}\,\psi_2 + \varphi_1' + \tfrac{1}{4}\,\varphi_3'\right) = 0\,,\\[4mm] \text{(II)}\quad E J_g\,(\varphi_1^{IV} + \tfrac{1}{4}\,\varphi_3^{IV}) - t\,s\,E'\,\dfrac{1-\mu}{2}\left(\dfrac{2}{h}\,\psi_2' + \varphi_1'' + \tfrac{1}{4}\,\varphi_3''\right) +\\[4mm] \qquad\qquad + t\,E'\left[\dfrac{2}{h}\,\varphi_1 + \dfrac{3}{2\,h}\,\varphi_3 + 2\,\mu\,(\psi_0' + \tfrac{1}{4}\,\psi_2')\right] = 0\,. \end{cases}$$

Diese Gleichungen zusammen mit den Gleichungen (16) (I) und (II) genügen zur Bestimmung der 4 unbekannten Funktionen.

Um zu numerischen Ergebnissen zu gelangen, müssen wir nur noch die Formverhältnisse des Trägers einführen.

Wir wählen

$$m = 3\,,\qquad \mu = \tfrac{1}{3}\,,\qquad h = 60\,s = 600\ \text{cm}\,,\qquad J_g : h^3 t = 1 : 5400\,,\qquad F : h\,t = 2\,,\qquad t = 2\,\text{cm}\,.$$

Außerdem führen wir $x = \eta h$ ein und lassen dann im folgenden die Akzente Differentiationen nach η bedeuten.

c) Die Aufstellung der Gleichungen.

Mit den angegebenen Formverhältnissen erhalten wir aus den Gleichungen (21) (I) und (II) (mit Differentiation nach η)

$$(22)\quad\begin{cases}\text{(I)}\quad +1920\,\psi_0'' - 360\,\psi_2 + 480\,\psi_2'' - 180\,\varphi_1' - 16\,\varphi_1''' - 45\,\varphi_3' - 4\,\varphi_3''' = 0,\\[4pt]\text{(II)}\quad 64\,800\,\psi_0' + 15\,120\,\psi_2' + 194\,400\,\varphi_1 - 540\,\varphi_1'' +\\[2pt]\qquad\qquad + 16\,\varphi_1^{IV} + 145\,800\,\varphi_3 - 135\,\varphi_3'' + 4\,\varphi_3^{IV} = 0.\end{cases}$$

Hierzu treten nun noch die beiden Stegblechgleichungen (16) (I) und (II).

Wir bestimmen zunächst die folgenden Integrale:

$$(23\,\text{a})\quad\begin{cases}\displaystyle\int L_I^{\text{r}}\,dy &= E'\left[h\,\psi_0'' + \frac{h}{12}\,\psi_2'' + \mu\,(\varphi_1' + \tfrac{1}{4}\,\varphi_3')\right] + E'\frac{1-\mu}{2}\left(\frac{2}{h}\,\psi_2 + \varphi_1' + \frac{1}{4}\,\varphi_3'\right),\\[10pt]\displaystyle\int L_I\left(\frac{y}{h}\right)^2 dy &= E'\left[\frac{h}{12}\,\psi_0'' + \frac{h}{80}\,\psi_2'' + \mu\,(\tfrac{1}{12}\,\varphi_1' + \tfrac{3}{80}\,\varphi_3')\right] + E'\frac{1-\mu}{2}\left(\frac{1}{6h}\,\psi_2 + \frac{1}{12}\,\varphi_1' + \frac{3}{80}\,\varphi_3'\right),\\[10pt]\displaystyle\int L_{II}\left(\frac{y}{h}\right)dy &= E'\left(\mu\,\frac{1}{6}\,\psi_2' + \frac{1}{2h}\,\varphi_3\right) + E'\frac{1-\mu}{2}\left(\frac{1}{6}\,\psi_2' + \frac{h}{12}\,\varphi_1'' + \frac{h}{80}\,\varphi_3''\right),\\[10pt]\displaystyle\int L_{II}\left(\frac{y}{h}\right)^3 dy &= E'\left(\mu\,\frac{1}{40}\,\psi_2' + \frac{3}{40h}\,\varphi_3\right) + E'\frac{1-\mu}{2}\left(\frac{1}{40}\,\psi_2' + \frac{h}{80}\,\varphi_1'' + \frac{h}{448}\,\varphi_3''\right).\end{cases}$$

Hier sind die Differentiationen noch nach x vorgenommen.

Beim Übergang nach η erhalten wir mit $\mu = \tfrac{1}{3}$

$$(23\,\text{b})\quad\begin{cases}\displaystyle\int L_I\,dy &= \frac{E'}{h}\left(\psi_0'' + \frac{2}{3}\,\psi_2 + \frac{1}{12}\,\psi_2'' + \frac{2}{3}\,\varphi_1' + \frac{1}{6}\,\varphi_3'\right),\\[10pt]\displaystyle\int L_I\left(\frac{y}{h}\right)^2 dy &= \frac{E'}{h}\left(\frac{1}{12}\,\psi_0'' + \frac{1}{18}\,\psi_2 + \frac{1}{80}\,\psi_2'' + \frac{1}{18}\,\varphi_1' + \frac{1}{40}\,\varphi_3'\right),\\[10pt]\displaystyle\int L_{II}\,\frac{y}{h}\,dy &= \frac{E'}{h}\left(\frac{1}{9}\,\psi_2' + \frac{1}{36}\,\varphi_1'' + \frac{1}{2}\,\varphi_3 + \frac{1}{240}\,\varphi_3''\right),\\[10pt]\displaystyle\int L_{II}\left(\frac{y}{h}\right)^3 dy &= \frac{E'}{h}\left(\frac{1}{60}\,\psi_2' + \frac{1}{240}\,\varphi_1'' + \frac{3}{40}\,\varphi_3 + \frac{1}{1344}\,\varphi_3''\right).\end{cases}$$

$$(23\,\text{c})\qquad \int L_I\left(\frac{1}{4} - \frac{y^2}{h^2}\right)dy = \frac{E'}{h}\left(+\frac{1}{6}\,\psi_0'' + \frac{1}{9}\,\psi_2 + \frac{1}{120}\,\psi_2'' + \frac{1}{9}\,\varphi_1' + \frac{1}{60}\,\varphi_3'\right).$$

Damit wird die erste der Gleichungen (16)

$$\psi_0'' - \frac{1}{36}\,\psi_0^{IV} + \frac{2}{3}\,\psi_2 + \frac{22}{216}\,\psi_2'' - \frac{1}{720}\,\psi_2^{IV} + \frac{2}{3}\,\varphi_1' - \frac{1}{108}\,\varphi_1''' + \frac{1}{3}\,\varphi_3' - \frac{1}{720}\,\varphi_3''' = 0,$$

und nach Multiplikation mit $3 \cdot 720$

$$(24)\ \ \text{(I)}\quad +2160\,\psi_0'' - 60\,\psi_0^{IV} + 1440\,\psi_2 + 220\,\psi_2'' - 3\,\psi_2^{IV} + 1440\,\varphi_1' - 20\,\varphi_1''' + 720\,\varphi_3' - 3\,\varphi_{3_i}''' = 0.$$

Die zweite der Gleichungen (16) wird

$$+\frac{1}{24}\,\psi_0''' - \frac{7}{180}\,\psi_2' + \frac{1}{480}\,\psi_2''' + \frac{1}{90}\,\varphi_1'' - \frac{3}{10}\,\varphi_3 + \frac{1}{560}\,\varphi_3'' = 0,$$

oder nach Multiplikation mit dem gemeinsamen Faktor $21 \cdot 480$

$$(24)\ \ \text{(II)}\qquad +420\,\psi_0''' - 392\,\psi_2' + 21\,\psi_2''' + 112\,\varphi_1'' - 3024\,\varphi_3 + 18\,\varphi_3'' = 0.$$

Wir setzen nunmehr

$$\psi_0 = A_0\,e^{\alpha\eta}, \qquad \varphi_1 = B_1\,e^{\alpha\eta},$$
$$\psi_2 = A_2\,e^{\alpha\eta}, \qquad \varphi_3 = B_3\,e^{\alpha\eta}$$

in die 4 Gleichungen ein und erhalten:

$$(25) \begin{cases} \text{(I)} \quad +1920\,\alpha^2 A_0 + (-360 + 480\,\alpha^2)\,A_2 - (180\,\alpha + 16\,\alpha^3)\,B_1 - (45\,\alpha + 4\,\alpha^3)\,B_3 = 0, \\[4pt] \text{(II)} \quad +64800\,\alpha\,A_0 + 15120\,\alpha\,A_2 + (194400 - 540\,\alpha^2 + 16\,\alpha^4)\,B_1 + \\ \qquad\qquad\qquad + (145800 - 135\,\alpha^2 + 4\,\alpha^4)\,B_3 = 0, \\[4pt] \text{(III)} \quad (2160\,\alpha^2 - 60\,\alpha^4)\,A_0 + (1440 + 220\,\alpha^2 - 3\,\alpha^4)\,A_2 + \\ \qquad\qquad\qquad + (1440\,\alpha - 20\,\alpha^3)\,B_1 + (720\,\alpha - 3\,\alpha^3)\,B_3 = 0, \\[4pt] \text{(IV)} \quad 420\,\alpha^3 A_0 + (-392\,\alpha + 21\,\alpha^3)\,A_2 + 112\,\alpha^2 B_1 + (-3024 + 18\,\alpha^2)\,B_3 = 0. \end{cases}$$

Die Werte α müssen so gewählt werden, daß die Determinante dieser 4 homogenen Gleichungen verschwindet.

Um die Zahlenrechnung bequemer zu gestalten, führen wir $\alpha = 10\,\beta$ ein.

Wir haben dann die Determinante aufzulösen:

A_0	A_2	B_1	B_3
$+192\,\beta^2$	$-0{,}360 + 48\,\beta^2$	$-1{,}8\,\beta - 16\,\beta^3$	$-0{,}45\,\beta - 4\,\beta^3$
$+64{,}8\,\beta$	$+15{,}12\,\beta$	$19{,}44 - 5{,}4\,\beta^2 + 16\,\beta^4$	$14{,}58 - 1{,}35\,\beta^2 + 4\,\beta^4$
$+21{,}6\,\beta^2 - 60\,\beta^4$	$0{,}144 + 2{,}2\,\beta^2 - 3\,\beta^4$	$+1{,}44\,\beta - 2\,\beta^3$	$+0{,}72\,\beta - 0{,}3\,\beta^3$
$+420\,\beta^3$	$-3{,}92\,\beta + 21\,\beta^3$	$+11{,}2\,\beta^2$	$-3{,}024 + 1{,}8\,\beta^2$

Die Auflösung ergibt

$$14745{,}6\,\beta^2 - 6893{,}568\,\beta^{10} + 78372{,}571\,\beta^8 - 182330{,}16\,\beta^6 + 26454{,}625\,\beta^4 - 2031{,}664\,\beta^2 = 0$$

und hieraus nach Division mit dem Faktor von β^{12}

$$(26) \qquad \beta^{12} - 0{,}4675\,\beta^{10} + 5{,}31498\,\beta^8 - 12{,}365055\,\beta^6 + 1{,}794069\,\beta^4 - 0{,}137781\,\beta^2 = 0.$$

Nach Abspaltung der doppelten Nullwurzel schreiben wir $\beta^2 = \gamma$ und erhalten die Gleichung 5-ten Grades

$$\gamma^5 - 0{,}4675\,\gamma^4 + 5{,}314980\,\gamma^3 - 12{,}365055\,\gamma^2 + 1{,}794069\,\gamma - 0{,}137781 = 0.$$

Diese Wurzeln werden

$$\begin{aligned} \gamma_1 &= -0{,}636165 + 2{,}621856\,i \\ \gamma_2 &= -0{,}636165 - 2{,}621856\,i, \\ \gamma_3 &= +0{,}074795 + 0{,}079424\,i, \\ \gamma_4 &= +0{,}074795 - 0{,}079424\,i, \\ \gamma_5 &= +1{,}590241. \end{aligned}$$

Hieraus ergeben sich die zugehörigen Wurzeln α

$$\begin{aligned} \alpha_1 &= -10{,}15324 + 12{,}91142\,i & \alpha_6 &= +10{,}15324 + 12{,}91142\,i \\ \alpha_2 &= -10{,}15324 - 12{,}91142\,i & \alpha_7 &= +10{,}15324 - 12{,}91142\,i \\ \alpha_3 &= -3{,}03226 + 1{,}30962\,i & \alpha_8 &= +3{,}03226 + 1{,}30962\,i \\ \alpha_4 &= -3{,}03226 - 1{,}30962\,i & \alpha_9 &= +3{,}03226 - 1{,}30962\,i \\ \alpha_5 &= -12{,}61048 & \alpha_{10} &= +12{,}61048. \end{aligned}$$

Da die Wirkung der Last im Unendlichen nicht mehr bemerkbar ist, so kommen als Lösung nur die negativen reellen Exponenten in Frage (für positive x).

Wir wollen die Lösungen in folgender Form schreiben:

Grundlösungen:

$$(27\,a) \begin{cases} \varrho_1 = e^{-\delta_1 \eta}\cos\delta_2\,\eta, \\[3pt] \varrho_2 = e^{-\delta_1 \eta}\sin\delta_2\,\eta, \\[3pt] \bar\varrho_1 = e^{-\delta_3 \eta}\cos\delta_4\,\eta, \\[3pt] \bar\varrho_2 = e^{-\delta_3 \eta}\sin\delta_4\,\eta. \end{cases}$$

Dazu tritt noch die Exponentiallösung $e^{-\delta_5\,\eta}$.

Die δ werden dann

$$(27\,\mathrm{b}) \quad \begin{cases} \delta_1 = 10{,}15\,324\,, \qquad \delta_2 = 12{,}91\,142\,, \\ \delta_3 = 3{,}03\,226\,, \qquad \delta_4 = 1{,}30\,962\,, \\ \qquad\qquad \delta_5 = 12{,}61\,048 \end{cases}$$

und die Funktionen

$$(28) \quad \begin{cases} \text{(I)} \quad \psi_0 = A_{01}\varrho_1 + A_{02}\varrho_2 + A_{03}\bar{\varrho}_1 + A_{04}\bar{\varrho}_2 + A_{05}\,e^{-\delta_5\eta}\,, \\ \text{(II)} \quad \psi_2 = A_{21}\varrho_1 + A_{22}\varrho_2 + A_{23}\bar{\varrho}_1 + A_{24}\bar{\varrho}_2 + A_{25}\,e^{-\delta_5\eta}\,, \\ \text{(III)} \quad \varphi_1 = B_{11}\varrho_1 + B_{12}\varrho_2 + B_{13}\bar{\varrho}_1 + B_{14}\bar{\varrho}_2 + B_{15}\,e^{-\delta_5\eta}\,, \\ \text{(IV)} \quad \varphi_3 = B_{31}\varrho_1 + B_{32}\varrho_2 + B_{33}\bar{\varrho}_1 + B_{34}\bar{\varrho}_2 + B_{35}\,e^{-\delta_5\eta}\,. \end{cases}$$

Wie wir sehen, hat die Lösung 5 unbestimmte Konstanten, welche durch die Randbedingungen gegeben sind. Die restlichen 15 Konstanten, welche in unserer Lösung erscheinen, hängen mit den eben erwähnten 5 Konstanten durch Beziehungen zusammen, die aus den Differentialgleichungen hervorgehen. Wir nehmen im folgenden die 5 Konstanten $A_{01}\ldots A_{05}$ als bekannt an, da wir später zeigen, wie dieselben aus den Randbedingungen des Problems ermittelt werden.

Am einfachsten ist die Ermittlung der A_{25}, B_{15}, B_{35}; denn wir haben hier ein Gleichungssystem mit 3 Unbekannten. Die Gruppen

$$A_{21}, \ B_{11}, \ B_{31} \quad \text{und} \quad A_{22}, \ B_{12}, \ B_{32}$$

sowie

$$A_{23}, \ B_{13}, \ B_{33} \quad \text{und} \quad A_{24}, \ B_{14}, \ B_{34}$$

bilden Gleichungssysteme mit je 6 Unbekannten, weil die ϱ_1 und ϱ_2 beim Differenzieren ineinander übergehen.

Die Auswahl der Gleichungssysteme aus den 4 gegebenen Gleichungen ist dabei ganz beliebig, wenn die Exponenten $\delta_1 \ldots \delta_4$ in der dargelegten Weise aus der Nullbedingung für die Determinante bestimmt wurden.

Wir erhalten die folgenden Beziehungen:

$$A_{25} = -9{,}004\,108\,A_{05}\,,$$
$$B_{15} = +27{,}886\,510\,A_{05}\,,$$
$$B_{35} = -67{,}451\,046\,A_{05}\,.$$

Durch Einsetzen der Funktionen ψ_0, ψ_2, φ_1, φ_3 kann man sich davon überzeugen, daß die Gleichungen (25) (I) bis (IV) befriedigt sind.

Die beiden Funktionen

$$\varrho_1 \ \text{und} \ \varrho_2 \quad \text{bzw.} \quad \bar{\varrho}_1 \ \text{und} \ \bar{\varrho}_2$$

können nicht gesondert eingesetzt werden.

Für die Konstantenverhältnisse erhält man folgende Werte, die man wieder durch Einsetzen der Funktionen in die Differentialgleichungen prüfen kann.

Man erhält für die erste Gruppe: und für die zweite Gruppe:

	A_{01}	A_{02}
$A_{21} =$	$-\ 16{,}1866$	$-\ 0{,}9407$
$A_{22} =$	$+\ 0{,}9407$	$-\ 16{,}1866$
$B_{11} =$	$-\ 40{,}7883$	$-\ 1{,}9654$
$B_{12} =$	$+\ 1{,}9654$	$-\ 40{,}7883$
$B_{31} =$	$+\ 216{,}5639$	$+\ 80{,}5275$
$B_{32} =$	$-\ 80{,}5275$	$+\ 216{,}5639$

	A_{03}	A_{04}
$A_{23} =$	$-\ 4{,}54184$	$+\ 0{,}12082$
$A_{24} =$	$-\ 0{,}12083$	$-\ 4{,}54184$
$B_{13} =$	$+\ 2{,}35189$	$-\ 2{,}51725$
$B_{14} =$	$+\ 2{,}51725$	$+\ 2{,}35189$
$B_{33} =$	$-\ 3{,}18330$	$+\ 3{,}35575$
$B_{34} =$	$-\ 3{,}35575$	$-\ 3{,}18330$

52　　　　　　　　　　　H. Hencky und W. Moheit:

Zur Kontrolle der anschließenden numerischen Rechnung geben wir hier eine Tafel für die Differentiationen der Funktionen ϱ_1, ϱ_2, $\bar{\varrho}_1$, $\bar{\varrho}_2$, wobei wir mit (n) den n-ten Differentialquotienten bezeichnen

$$(29) \qquad \begin{cases} \varrho_1^{(n)} = \mu_1^{(n)} \varrho_1 + \mu_2^{(n)} \varrho_2, \\ \varrho_2^{(n)} = \nu_1^{(n)} \varrho_1 + \nu_2^{(n)} \varrho_2. \end{cases}$$

n	ϱ_1		ϱ_2	
	$\mu_1^{(n)}$	$\mu_2^{(n)}$	$\nu_1^{(n)}$	$\nu_2^{(n)}$
$'$	$-\,10{,}153240$	$-\,12{,}911420$	$+\,12{,}911420$	$-\,10{,}153240$
$''$	$-\,63{,}615884$	$+\,262{,}185492$	$-\,262{,}185492$	$-\,63{,}615884$
$'''$	$+\,4031{,}093$	$-\,1840{,}677$	$+\,1840{,}677$	$+\,4031{,}093$
IV	$-\,64\,694{,}651$	$-\,33\,358{,}320$	$+\,33\,358{,}320$	$-\,64\,694{,}651$

n	$\bar{\varrho}_1$		$\bar{\varrho}_2$	
	$\mu_1^{(n)}$	$\mu_2^{(n)}$	$\nu_1^{(n)}$	$\nu_2^{(n)}$
$'$	$-\,3{,}032260$	$-\,1{,}309620$	$+\,1{,}309620$	$-\,3{,}032260$
$''$	$+\,7{,}479496$	$+\,7{,}942216$	$-\,7{,}942216$	$+\,7{,}479496$
$'''$	$-\,12{,}278489$	$-\,33{,}878164$	$+\,33{,}878164$	$-\,12{,}278489$
IV	$-\,7{,}135968$	$+\,118{,}807568$	$-\,118{,}807568$	$-\,7{,}135968$

d) Die Randbedingungen.

Die Randbedingungen (beachte Abb. 1) werden bei der von uns gestellten Aufgabe besonders einfach, da am Ende $x = \infty$ alle Funktionen verschwinden. Wir fanden bereits in Gleichung (14a) zwei Randbedingungen. Es muß danach entweder λ_{II} oder $\varphi_1 + \frac{1}{4}\varphi_3$ verschwinden. Nun ist aber, wie man aus Gleichung (17a) findet,

$$w_0 = \tfrac{1}{2}\left(\varphi_1 + \tfrac{1}{4}\varphi_3\right)$$

die Eindrückung unter der Last, welche natürlich nicht verschwinden kann.

Es muß also $\lambda_{II} = 0$ oder nach Gleichung (23c)

$$(30) \quad (\mathrm{I}) \qquad \int L_I \left[\frac{1}{4} - \left(\frac{y}{h}\right)^2\right] dy = \frac{E'}{h}\left(\tfrac{1}{6}\psi_0'' + \tfrac{1}{9}\psi_2 + \tfrac{1}{120}\psi_2'' + \tfrac{1}{9}\varphi_1' + \tfrac{1}{60}\varphi_3'\right) = 0 \qquad \text{sein.}$$

Die mechanische Bedeutung dieser Randbedingung ist leicht ersichtlich, denn $\int L_I\, dy$ ist die Summe aller Gleichgewichtsbedingungen im horizontalen Sinn. Die obige Randbedingung sagt nun aus, daß diese Gleichgewichtsbedingungen nach Maßgabe ihres Abstandes von der Mittellinie ein verschiedenes Gewicht bekommen, welches einer parabolischen Verteilung unterworfen ist.

Die zweite unmittelbar aus Gleichung (14a) folgende Bedingung sagt aus, daß

$$\lambda_I = 0 \quad \text{oder} \quad \psi_0 + \tfrac{1}{4}\psi_2 = 0$$

ist. Letzteres ist aber für $x = 0$ mit u_0 identisch, welches aus Symmetriegründen verschwinden muß.

Die zweite Randbedingung wird also

$$(30) \quad (\mathrm{II}) \qquad\qquad \psi_0 + \tfrac{1}{4}\psi_2 = 0.$$

Die dritte Bedingung lautet

$$w_0' = \tfrac{1}{2}\left(\varphi_1' + \tfrac{1}{4}\varphi_3'\right) = 0,$$

$$(30) \quad (\mathrm{III}) \qquad\qquad \varphi_1' + \tfrac{1}{4}\varphi_3' = 0.$$

Die vierte Bedingung besteht in der Angabe der Querkraft

$$(30) \quad (\mathrm{IV}) \qquad s\,t\,\tau_0 - E J_g w_0''' = \frac{P}{2} \quad \text{oder} \quad 4\,\varphi_1''' + \varphi_3''' = -\,\frac{4\,P\,h^3}{E\,J_g},$$

da $\tau_0 = 0$ für $\eta = 0$.

Als letzte Bedingung können wir annehmen, daß auch $\varDelta u$ für die Stegmitte verschwinden muß,

$$(30) \quad (\mathrm{V}) \qquad\qquad\qquad \psi_0 = 0.$$

Diese 5 Bedingungen kann man etwas einfacher in folgender Weise zusammenfassen:

$$(31) \quad \begin{cases} \text{(I)} \quad 60\,\psi_0'' + 3\,\psi_2'' + 16\,\varphi_1' = 0, \\ \text{(II)} \quad \psi_2 = 0, \\ \text{(III)} \quad 4\,\varphi_1' + \varphi_3' = 0, \\ \text{(IV)} \quad 4\,\varphi_1''' + \varphi_3''' = -\dfrac{4\,P\,h^3}{E\,J_g} = -21\,600\,\dfrac{P}{E\,t}, \\ \text{(V)} \quad \psi_0 = 0. \end{cases}$$

Die 4 Funktionen lauten jetzt:

$$(32\,\text{a}) \qquad \psi_0 = A_{01}\varrho_1 + A_{02}\varrho_2 + A_{03}\bar\varrho_1 + A_{04}\bar\varrho_2 + A_{05}\,e^{-12{,}61048\,\eta}.$$

$$(32\,\text{b}) \qquad \psi_2 = \begin{Bmatrix} -16{,}1866\,A_{01} \\ -\;0{,}9407\,A_{02} \end{Bmatrix}\varrho_1 + \begin{Bmatrix} 0{,}9407\,A_{01} \\ -16{,}1866\,A_{02} \end{Bmatrix}\varrho_2 + \begin{Bmatrix} -4{,}54184\,A_{03} \\ +0{,}12082\,A_{04} \end{Bmatrix}\bar\varrho_1 +$$

$$+ \begin{Bmatrix} -0{,}12082\,A_{03} \\ -4{,}54184\,A_{04} \end{Bmatrix}\bar\varrho_2 - 9{,}004108\,A_{05}\,e^{-12{,}61048\,\eta}.$$

$$(32\,\text{c}) \qquad \varphi_1 = \begin{Bmatrix} -40{,}7883\,A_{01} \\ -\;1{,}9654\,A_{02} \end{Bmatrix}\varrho_1 + \begin{Bmatrix} +\;1{,}9654\,A_{01} \\ -40{,}7883\,A_{02} \end{Bmatrix}\varrho_2 + \begin{Bmatrix} +2{,}35189\,A_{03} \\ -2{,}51725\,A_{04} \end{Bmatrix}\bar\varrho_1 +$$

$$+ \begin{Bmatrix} +2{,}51725\,A_{03} \\ +2{,}35189\,A_{04} \end{Bmatrix}\bar\varrho_2 + 27{,}886510\,A_{05}\,e^{-12{,}61048\,\eta}.$$

$$(32\,\text{d}) \qquad \varphi_3 = \begin{Bmatrix} +216{,}5639\,A_{01} \\ +\;80{,}5275\,A_{02} \end{Bmatrix}\varrho_1 + \begin{Bmatrix} -\;80{,}5275\,A_{01} \\ +216{,}5639\,A_{02} \end{Bmatrix}\varrho_2 + \begin{Bmatrix} -3{,}18330\,A_{03} \\ +3{,}35575\,A_{04} \end{Bmatrix}\bar\varrho_1 +$$

$$+ \begin{Bmatrix} -3{,}35575\,A_{03} \\ -3{,}18330\,A_{04} \end{Bmatrix}\bar\varrho_2 - 67{,}451046\,A_{05}\,e^{-12{,}61048\,\eta}.$$

$$(33) \quad \begin{cases} \varrho_1 = e^{-10{,}15324\,\eta}\cos 12{,}91142\,\eta, \\ \varrho_2 = e^{-10{,}15324\,\eta}\sin 12{,}91142\,\eta, \\ \bar\varrho_1 = e^{-\,3{,}03226\,\eta}\cos\;1{,}30962\,\eta, \\ \bar\varrho_2 = e^{-\,3{,}03226\,\eta}\sin\;1{,}30962\,\mu. \end{cases}$$

Für die Randbedingungen Gleichung (31) (I) bis (V) erhält man nach Einsetzen und Zusammenfassung gleichnamiger Glieder

$$\text{(I)} \qquad +5{,}564460\,A_{01} - 10{,}926800\,A_{02} + 0{,}288379\,A_{03} - 0{,}194196\,A_{04} - 0{,}380757\,A_{05} = 0,$$

$$\text{(II)} \qquad -16{,}1866\,A_{01} - 0{,}9407\,A_{02} - 4{,}54184\,A_{03} + 0{,}12082\,A_{04} - 9{,}004108\,A_{05} \qquad = 0,$$

$$\text{(III)} \qquad -1{,}480512\,A_{01} - 0{,}048186\,A_{02} - 0{,}010082\,A_{03} + 0{,}028508\,A_{04} - 0{,}556059\,A_{05} = 0,$$

$$\text{(IV)} \qquad +81{,}549048\,A_{01} + 391{,}234848\,A_{02} + 0{,}151008\,A_{03} + 0{,}293295\,A_{04} - 88{,}426865\,A_{05}$$

$$= -21{,}6\,\frac{P}{E\,t},$$

$$\text{(V)} \qquad A_{01} + A_{03} + A_{05} = 0.$$

Die Lösung ist

$$A_{01} = -0{,}037390\,\frac{P}{E\,t},$$

$$A_{02} = -0{,}024223\,\frac{P}{E\,t},$$

$$A_{03} = -0{,}065118\,\frac{P}{E\,t},$$

$$A_{04} = -0{,}006317\,\frac{P}{E\,t}$$

$$A_{05} = +0{,}10251\,\frac{P}{E\,t}$$

Damit ist unsere Aufgabe gelöst. Wir können nun die Spannungen zwischen Gurt und Steg sowie die Gurtmomente berechnen.

Die Resultate sind in Abb. 4 und 5 zusammengestellt.

Wenn wir diese Ergebnisse mit denen des elastisch gestützten Balkens vergleichen, so sehen wir, daß die Beanspruchung des Stegblechs in Wirklichkeit viel größer wird, während andererseits das Biegungsmoment des Gurtes erheblich kleiner wird nach der genaueren Berechnung.

Bei der Anordnung des numerischen Beispiels hatten wir die Absicht, die Randspannungen durch ein Iterationsverfahren kennenzulernen. Das Ergebnis zeigt, daß dieses Ziel besser erreicht werden kann, wenn man die Randspannungen σ_0 und τ_0 in Gleichung (16) durch die Gleichung (11) als Funktionen von $\varphi_1 \varphi_2$, $\psi_1 \psi_2$ ausdrückt.

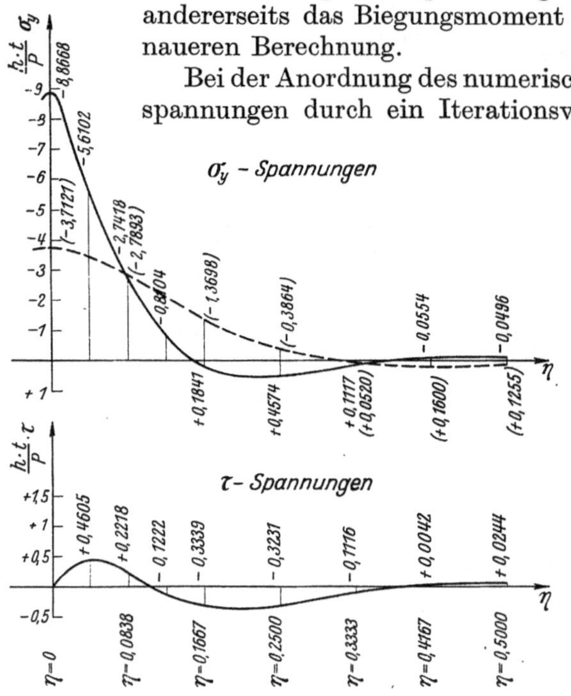

Abb. 4.

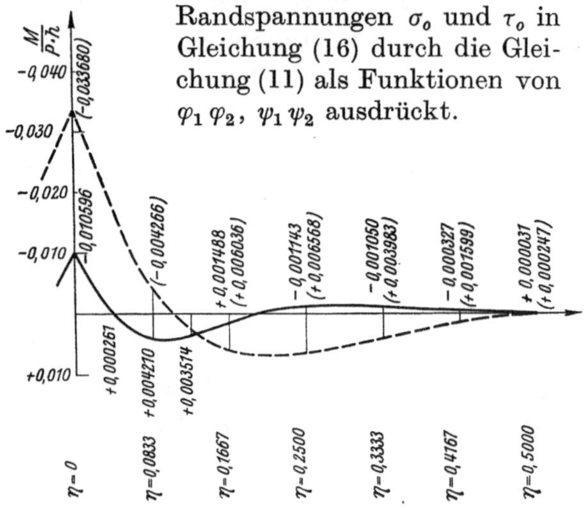

Abb. 5.

Zusammenfassung.

Es werden mit Hilfe eines auf der Methode von Ritz-Galerkin beruhenden Verfahrens die Spannungen berechnet, welche zwischen Gurt und Stegblech eines I-Trägers auftreten. Das neue Verfahren ist von so allgemeinem Charakter, daß man es dem Verfahren von Lagrange in der Dynamik gleichstellen kann. Die Analogie geht sehr weit. Die elastische Energie entspricht der Differenz der kinetischen und potentiellen Energie, die Zeit der Raumkoordinate, in Richtung welcher die Funktionen unbestimmt bleiben. Die Nebenbedingungen spielen bei beiden Methoden die gleiche Rolle.

Der Vorteil des Verfahrens besteht darin, daß man die überaus anpassungsfähigen Funktionen

$$\varrho_1, \varrho_2 \quad \text{oder} \quad \mathfrak{Cof}\,\alpha\xi \sin\beta\xi, \quad \mathfrak{Cof}\,\alpha\xi \cos\beta\xi, \quad \mathfrak{Sin}\,\alpha\xi \sin\beta\xi, \quad \mathfrak{Sin}\,\alpha\xi \cos\beta\xi$$

verwenden kann, was bei der Methode von Ritz in der in der Technik bisher üblichen Form nicht möglich ist wegen der Schwierigkeit, die Exponenten der Exponentialfunktionen zu bestimmen.

(Eingegangen am 23. 2. 1942.)

Der Rammschlag.

Von **R. Hoffmann**, Berlin.

Mit 5 Abbildungen.

Jeder Ingenieur hat das Bestreben, seine Entwürfe und Konstruktionen möglichst genau berechnen zu können. Häufig sind seine Berechnungen allerdings nur eine Selbsttäuschung zur eigenen Gewissensberuhigung. Stellt sich später heraus, daß die Vorausberechnung nicht richtig war, wenngleich sie keinen Zahlenfehler enthielt, so wird die Schuld in der Regel dem Gegensatz von Theorie und Praxis zugeschoben. Eine auf physikalischen Tatsachen in mathematischer Form entwickelte Theorie kann aber nicht falsch sein, da die Mathematik auf reiner Logik aufgebaut ist. Die Schuld liegt vielmehr darin, daß die der Theorie zugrunde liegenden Vereinfachungen und die ihr damit gesetzten Grenzen nicht immer klar genug übersehen und daher zu weitgehende Verallgemeinerungen vorgenommen werden. Vielfach liegt ein Mangel auch darin, daß die Anwendung der vorhandenen Theorien zu umfangreiche Rechenarbeiten erfordert. Der Ingenieur sieht sich dann gezwungen, empirische, d. h. nicht auf den Elementen der Physik und Mechanik aufgebaute Formeln zu verwenden. Der Anwendungsbereich solcher empirischen Formeln ist natürlich nur auf die zufälligen Umstände beschränkt, die bei den zugrunde liegenden Meßergebnissen vorhanden waren, er ist der Formel später nicht mehr anzusehen. Diese Undurchsichtigkeit wird noch erhöht, wenn sich die empirisch entwickelte Formel in unvollkommener Weise an ein Gesetz der Physik oder Mechanik anlehnt.

Ein klassisches Beispiel für derartige Rechnungsverfahren bilden die insbesondere seit dem Entstehen der Bodenmechanik stark umstrittenen sogenannten „Rammformeln". Der äußere Vorgang des Rammschlages kann, wie wenige andere, ziffernmäßig genau festgelegt werden. Es gibt daher sicher nur wenige Bauingenieure, die nicht durch die scheinbare Vollständigkeit der bei der Rammung meßbaren Zahlenwerte dazu angeregt wurden, sie in irgend ein System zu bringen. So verlockend aber das Zahlenmaterial ist, so schwierig ist es, daraus irgendwelche formelmäßigen Zusammenhänge allgemeiner Anwendbarkeit zu finden. Auf Grund der bodenmechanischen Erkenntnisse weiß man heute, daß mit Rammformeln bei bindigem Boden wenig anzufangen ist. Man kann sie hier vielleicht bei hinreichender Vorsicht zur vergleichsweisen Beurteilung von Rammwiderständen benutzen, aber daraus auf die Tragfähigkeit des Pfahles zu schließen, ist äußerst gewagt. Bei Sandboden glaubt man, den Formeln schon mehr vertrauen zu können, wenngleich die Grundlagen, auf denen sie aufgebaut sind, bei näherem Hinsehen auch nicht gerade sehr vertrauenerweckend sind. Aus diesem Grunde wurde bei der Festlegung des Normenblattes DIN 1054 auf die Verwendung von Rammformeln ganz verzichtet. Es wurden darin nur für „Feld-, Wald- und Wiesenzwecke" einige grob geschätzte Mindestforderungen über die Einsenkung des Pfahles bei der letzten Hitze aufgenommen.

Die Ursache für die Unstimmigkeit der Rammformeln liegt darin, daß selbst die auf anscheinend theoretischer Grundlage aufgebauten Formeln den Verlauf des Rammschlages nur in recht unvollkommener Weise erfassen. Auf die rein empirisch aufgebauten Formeln, deren Zuverlässigkeit allein vom Zufall abhängt, soll hier erst gar nicht näher eingegangen werden.

Bei der Ableitung der Redtenbacherschen Formel[1] wird von der Annahme ausgegangen, daß, sobald die Pressung zwischen dem Pfahl (vom Gewicht Q_2) und dem aufschlagenden Bär (vom Gewicht Q_1) die Größe des Erdwiderstandes (W) erreicht hat, beide Massen sich mit einer gemeinsamen Geschwindigkeit u weiter bewegen. Nach dem Impulssatz ist dann:

$$(1) \qquad Q_1 \sqrt{2\,g\,h} = (Q_1 + Q_2)\,u; \qquad u = \sqrt{2\,g\,h}\,\frac{Q_1}{Q_1 + Q_2},$$

---

[1] Siehe Schocklitsch: Grundbau S. 70ff.

worin g die Erdbeschleunigung und h die Fallhöhe des Bären ist. Die beiden Massen nach dem Stoß zukommende Energie beträgt dann

$$(2) \qquad \frac{m_1 + m_2}{2}\, u^2 = \frac{h\, Q_1^2}{Q_1 + Q_2}.$$

Sie wird der Arbeit gleichgesetzt, die vom Erdwiderstand (W) während der Verschiebung des Pfahles um das Maß der Einsenkung (s) und infolge der elastischen Zusammendrückung des Pfahles (die des Bären wird vernachlässigt) geleistet wird:

$$\frac{h\, Q_1^2}{Q_1 + Q_2} = W^2 \frac{l}{2\, EF} + s\, W,$$

und daraus:

$$(3) \qquad W = \frac{FE}{l} \left(-s + \sqrt{s^2 + \frac{2\, h\, l\, Q_1^2}{(Q_1 + Q_2)\, FE}}\,\right).$$

Terzaghi führt in seiner Erdbaumechanik (S. 267) den Nachweis, daß in der Formel von Redtenbacher vom sogenannten „vollkommen unelastischen" Stoß ausgegangen wird, und schlägt vor, mit einem „unvollkommen elastischen" Stoß zu rechnen. Der Energieverlust (E_v) beim Stoß wird dabei in der Weise errechnet, daß von der unmittelbar vor dem Stoß vorhandenen Energie $Q_1 \cdot h$ der Wert aus Gleichung (2) abgezogen und der sich dann ergebende Betrag mit einem Faktor $\eta = 1 - n^2$ multipliziert wird. η bzw. n sollen dabei einen zwischen 0 und 1 liegenden Materialbeiwert darstellen, der davon abhängt, inwieweit das Bär-, Pfahl- und Rammhaubenmaterial sich unter der Schlagwirkung wie ein elastischer Körper verhält:

$$(4) \qquad E_v = \left(Q_1 h - \frac{h\, Q_1^2}{Q_1 + Q_2} \right) \eta = \frac{Q_1 Q_2}{Q_1 + Q_2}\, h\, (1 - n^2).$$

Die durch den Ansatz (4) verbesserte Formel für W erweckt den Anschein, als sei sie theoretisch einwandfrei, sofern die Materialkonstante η bzw. n richtig bestimmt wird. Ihren Ausgangspunkt bildet also die Gleichung (1), die tatsächlich bei der mechanischen Theorie des Stoßes Verwendung findet. Sie kann auch ohne Anwendung des Impulssatzes so abgeleitet werden, daß sie zugleich einen Einblick in die Vorgänge beim Stoß gestattet.

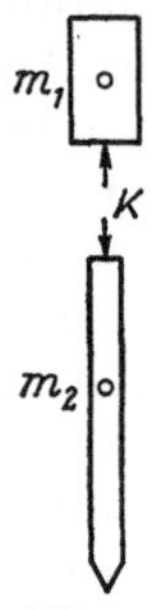

Beim Auftreffen der beiden Massen m_1 und m_2 (siehe Abb. 1) üben diese einen gegenseitigen Druck (K) aus, der während des Stoßes zunächst (in der ersten Stoßperiode) von 0 bis zu einem Höchstwert $K_{\max}$ anwächst und danach (in der zweiten Stoßperiode) wieder auf 0 zurückgeht. Wird die Geschwindigkeit der Masse m_1 mit v, die der Masse m_2 mit c bezeichnet, so ist:

$$(5) \qquad m_1 \frac{dv}{dt} = -K \qquad \text{und} \qquad m_2 \frac{dc}{dt} = +K.$$

Durch Addition beider Gleichungen und Integration der Summe wird

$$m_1 (v - v_0) + m_2 (c - c_0) = 0,$$

Abb. 1.

worin der Index 0 die Werte zu Beginn der ersten Stoßperiode anzeigt, d. h. $c_0 = 0$. Zu Beginn der zweiten Stoßperiode haben beide Massen das Bestreben, sich wieder voneinander zu lösen, sofern nicht die von der Kraft K hervorgerufenen Verformungen vollständig plastischer Natur sind, wie es etwa der Fall sein würde, wenn beide Massen aus Knetgummi bestünden. Im letzteren Falle wäre nur eine erste Stoßperiode vorhanden und beide Massen würden sich danach mit der gemeinsamen Geschwindigkeit $v = c = u$

$$(6) \qquad u = \frac{m_1 v_0}{m_1 + m_2}$$

weiterbewegen. Nach Einsetzen von $v_0 = \sqrt{2\, g h}$ und $m = \frac{Q}{g}$ ergibt sich der gleiche Wert für u wie in Gleichung (1) sowie der gleiche Energieverlust wie nach Formel (4).

Dieser bei plastischen Körpern totale Energieverlust am Ende der ersten Stoßperiode verursacht an den Massen m_1 und m_2 eine Verformung, die auf die Gesamtbewegung ihres gemeinsamen Schwerpunktes ohne Einfluß ist und sich daher nur auf die gegenseitige Bewegung von m_1 und m_2 störend auswirkt. Bei teilweiser elastischer Verformung, die in der Praxis stets vorhanden ist, kann nur ein Teil der Verformungsarbeit verlorengehen, so daß

die Darstellung in Gleichung (4) durchaus berechtigt wäre, wenn sich der Rammschlag in der in Abb. 1 dargestellten Weise abspielen würde.

Der durch die Gleichungen (5) zum Ausdruck gebrachte Ansatz gilt nur für eine waagerechte Bewegung der Massen m_1 und m_2. Bei dem in lotrechter Richtung vor sich gehenden Rammschlag können im Gegensatz hierzu auch die Kräfte Q_1, Q_2 und insbesondere der Erdwiderstand W einen wesentlichen Beitrag zur Energieumsetzung leisten.

Die sich beim Rammschlag in Wirklichkeit abspielenden Vorgänge sind in Abb. 2 dargestellt. Hiernach wächst die Kraft K nach dem Aufschlag der Masse m_1 auf m_2 zunächst bis auf den um Q_2 verminderten Erdwiderstand W an, bevor überhaupt eine Bewegung von m_2 eintritt. Dem weiteren Wachsen von K entspricht eine beschleunigte Bewegung des Pfahles. Zum Zeitpunkt $K = K_{\max}$ werden die Tangenten an die Weg-Zeitkurven von m_1 und m_2 einander parallel, d. h. die Ge-

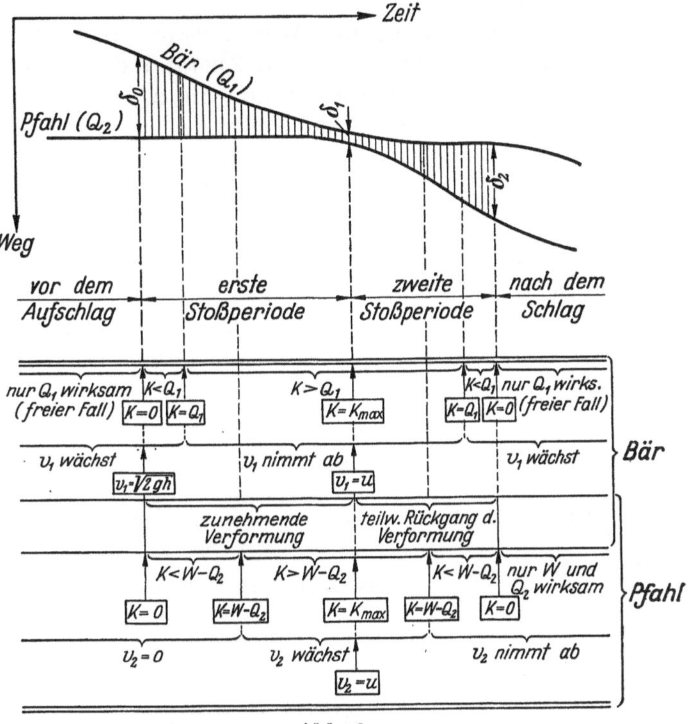

Abb. 2.

schwindigkeiten beider Massen werden vorübergehend einander gleich. Im Augenblick $K = W - Q_2$ der zweiten Stoßperiode hört die Beschleunigung des Pfahles auf. Am Ende

des Stoßes lösen sich m_1 und m_2 wieder voneinander ab. m_2 steht dann nur noch unter dem Einfluß von Q_2 und W, während m_1 zu einer neuen Schlagbewegung ansetzt. Da der von K hervorgerufene Energieverlust praktisch nicht vollkommen ist, muß also nach dem Schlage eine Entfernung beider Massen voneinander eintreten, die um so weitgehender sein muß, je größer $K_{\max}$ wird. Daß eine solche Trennung auch wirklich vor sich geht, zeigen die vom Verfasser bei Modellversuchen aufgenommenen Weg-Zeitkurven der Abb. 3[1].

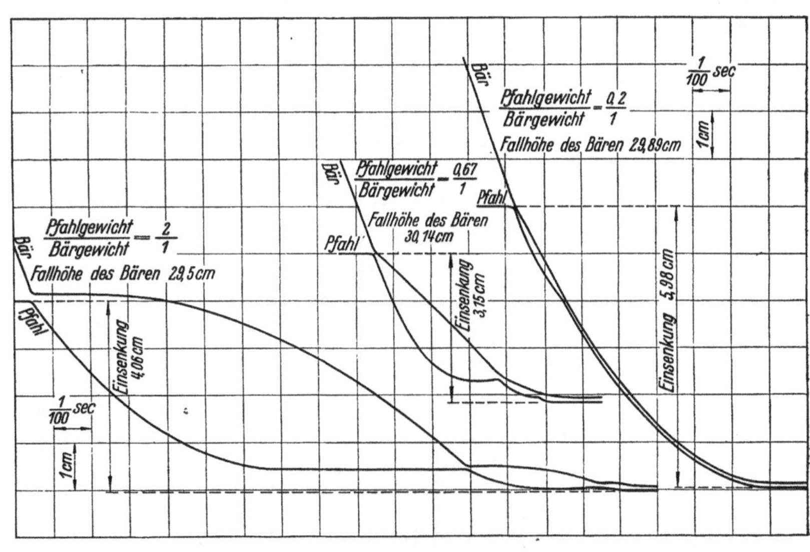

Abb. 3.

Ist die Federung zwischen den beiden Massen m_1 und m_2, die experimentell gemessen werden kann, bekannt, so läßt sich für beliebige Annahmen von W der Stoßverlauf im ein-

[1] Die Kurven wurden durch Aufzeichnen der Bär- und Pfahlbewegung an einer sich mit großer Geschwindigkeit drehenden Trommel aufgenommen. Die vollständige Auswertung dieser Versuche steht vor ihrem Abschluß und wird demnächst ebenfalls veröffentlicht werden.

zelnen mathematisch genau verfolgen. Um die Vorgänge an sich zu studieren, genügt es, Linearität zwischen der Kraft K und der gegenseitigen Zusammendrückung beider Massen anzunehmen.

Die Berechnung der Weg-Zeitkurven setzt sich aus zwei Teilberechnungen zusammen, von denen die erste für den Zustand der Pfahlruhe, d. h. bis zum Anwachsen von K auf $W-Q_2$, durchzuführen ist und die zweite die weitere Bewegung beider Massen einschließt.

Für die erste Teilbewegung ist nach dem d'Alembertschen Prinzip (s. auch Abb. 4):

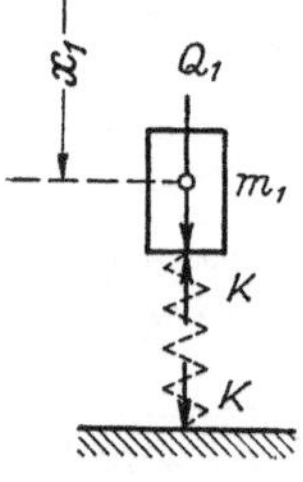

$$(7) \qquad m_1 \ddot{x}_1 = Q_1 - K,$$

worin nach obiger Voraussetzung

$$(8) \qquad K = \alpha\, x_1,$$

wenn der Nullpunkt von x_1 mit $K = 0$ zusammenfällt. Durch Einsetzen von Gleichung (8) in Gleichung (7) erhält man:

Abb. 4.

$$(9) \qquad \ddot{x}_1 + \frac{\alpha}{m_1}\, x_1 = \frac{Q_1}{m_1},$$

d. h. die Differentialgleichung der freien harmonischen Schwingung. Ihre Lösung lautet:

$$(10) \qquad x_1 = \frac{\dot{x}_{1_0}}{p} \sin p\,t + \frac{Q_1}{\alpha}\,(1 - \cos p\,t),$$

worin $\dot{x}_{1_0}$ die Geschwindigkeit von m_1 unmittelbar vor dem Berühren von m_2 und $p = \sqrt{\dfrac{\alpha}{m_1}}$ ist $\left(\text{Frequenz der Schwingung } f = \dfrac{1}{2\,\pi}\sqrt{\dfrac{\alpha}{m_1}}\right)$.

Nachdem K den Wert $W - Q_2$ überschritten hat, ist für jede der beiden Massen eine d'Alembertsche Gleichung anzusetzen:

$$(11) \qquad \begin{cases} m_1 \ddot{x}_1 = Q_1 - K, \\ m_2 \ddot{x}_2 = Q_2 + K - W. \end{cases}$$

Die in diese Gleichungen einzusetzende Kraft K hat einen Anfangswert von K_0 und nimmt um $\alpha\,(x_1 - x_2)$ zu, wenn die zu Beginn der zweiten Teilbewegung vorhandenen Werte x_1 und x_2 zur Vereinfachung der Rechnung gleich 0 gesetzt werden, also:

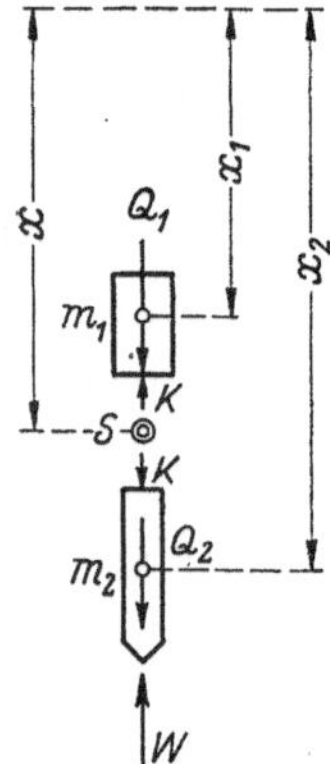

$$(12) \qquad K = K_0 + \alpha\,(x_1 - x_2).$$

W kann, wie aus den bereits erwähnten Modellversuchen zu schließen ist, mit hinreichender Genauigkeit als konstant angesehen werden. Durch Einführen von (12) in (11) erhält man ein System von zwei miteinander gekoppelten Differentialgleichungen wie bei einer gekoppelten Schwingung mit zwei Freiheitsgraden. Eine Zerlegung in zwei Einzelgleichungen ist leicht durchführbar, wenn die Beziehungen von x_1 und x_2 zur Schwerpunktsbewegung beider Massen angeschrieben werden. Bezeichnet x den Weg des gemeinsamen Schwerpunktes S (siehe Abb. 5), so ist:

$$x\,(m_1 + m_2) = x_1\, m_1 + x_2\, m_2$$

oder

Abb. 5.

$$(13) \qquad x_1 = x\,\frac{m_1 + m_2}{m_1} - x_2\,\frac{m_2}{m_1} \quad \text{bzw.} \quad x_2 = x\,\frac{m_1 + m_2}{m_2} - x_1\,\frac{m_1}{m_2}.$$

Der Weg x muß der d'Alembertschen Gleichung für die Schwerpunktsbewegung:

$$(m_1 + m_2)\,\ddot{x} = Q_1 + Q_2 - W$$

genügen und beträgt daher

$$(14) \qquad x = \frac{1}{2}\left(g - \frac{W}{m_1 + m_2}\right)t^2 + \dot{x}_0\,t,$$

worin g Erdbeschleunigung und t die variable Zeit bedeutet. Durch Einsetzen von (13) und

(14) in die Gleichungen (11) erhält man die getrennten Bewegungsgleichungen für x_1 und x_2:

$$(15) \quad \begin{cases} \ddot{x}_1 = g - \dfrac{K_0}{m_1} + \alpha \dfrac{m_1 + m_2}{m_1 m_2}(x - x_1)\,, \\[2mm] \ddot{x}_2 = g + \dfrac{K_0 - W}{m_2} + \alpha \dfrac{m_1 + m_2}{m_1 m_2}(x - x_2)\,. \end{cases}$$

Um die Lösung von (15) anschreiben zu können, ist es zweckmäßig, x für den in Betracht kommenden Zeitraum in eine Fourier-Reihe zu entwickeln. Für einen speziellen Fall kann die Lösung aber auch leicht unter Zuhilfenahme graphisch-rechnerischer Methoden oder durch schrittweise Ausrechnung erhalten werden.

Für die Beurteilung des Energieumsatzes, auf den es hier besonders ankommt, interessiert lediglich die Größe des Wertes K, für die eine Lösung in geschlossener Form leicht möglich ist. Aus (12) folgt:

$$(16) \quad \ddot{K} = \alpha\,(\ddot{x}_1 - \ddot{x}_2)\,,$$

und durch Einsetzen von (11) oder (15) in (16)

$$(17) \quad \ddot{K} + \alpha \frac{m_1 + m_2}{m_1 m_2}\, K = \alpha \frac{W}{m_2}\,,$$

d. h. wieder die einfache Differentialgleichung einer freien harmonischen Schwingung mit der Lösung:

$$(18) \quad K = \left(W \frac{m_2}{m_1 + m_2} - Q_2\right)\cos \overline{p}\, t + \frac{\dot{K}_0}{\overline{p}} \sin \overline{p}\, t + \frac{m_1}{m_1 + m_2}\, W\,,$$

worin für den Frequenzbeiwert $\overline{p}$ der Wert:

$$\overline{p} = \sqrt{\alpha \frac{m_1 + m_2}{m_1 m_2}}$$

einzusetzen ist. $\dot{K}_0$ stellt die zeitliche Änderung von K zu Beginn des zweiten Rechnungsabschnittes dar und ist als Endwert des ersten Rechnungsabschnittes mit Hilfe von (8) und (10) unter der Annahme von $K = W - Q_2$ zu berechnen.

Die weiteren, in der zweiten Stoßperiode vor sich gehenden Bewegungen lassen sich, wenn weiterhin Proportionalität zwischen K und $x_1 - x_2$ bestehen soll, in ähnlicher Weise berechnen, nur ist Gleichung (12) durch

$$(19) \quad K = \alpha\,\delta_1 - \beta\,[(x_1 - x_2) - \delta_1]$$

zu ersetzen, wenn δ_1 gemäß Abb. 2 die Differenz $x_1 - x_2$ an der Stelle $K_{\max}$ darstellt und β den Anteil an plastischer Verformung, der den endgültigen Energieverlust bestimmt, zum Ausdruck bringt. Die Ableitungen der Bewegungsgleichung für x_1 und x_2 sowie der Formel K sind im übrigen in gleicher Weise ausführbar wie für Gleichung (15) und (17).

Für den Zeitpunkt, in dem K am Ende der zweiten Stoßperiode den Wert 0 erreicht, hört die Stoßbewegung auf. Der Bär ist dann bis zum nächsten Auftreffen wieder dem Fallgesetz unterworfen, während der Pfahl gleichzeitig eine unter dem Einfluß von W verzögerte Bewegung ausführt. Wie Abb. 3 zeigt, ist es möglich, daß der Pfahl vor dem zweiten Aufschlag vollkommen zur Ruhe kommt, daß er aber auch bei der zweiten Berührung mit dem Bär noch eine solche Geschwindigkeit besitzen kann, die nicht wesentlich von der des Bären abweicht.

Mit Hilfe der vorstehenden Formeln können für beliebige Werte von Q_1, Q_2, h, W und α die größten, am Ende der ersten Stoßperiode auftretenden Stoßdrücke $K_{\max}$ und damit die durch K geleistete Formänderungsarbeit berechnet werden. Unter der gewählten vereinfachenden Annahme der Proportionalität zwischen der Kraft K und der von ihr verursachten Zusammendrückung ($K = \alpha\delta$) beträgt die Formänderungsarbeit zur Zeit $K = K_{\max}$:

$$E_v = \frac{1}{2}\, K_{\max}\,\delta = \frac{K_{\max}^2}{2\alpha}\,,$$

oder in Prozent der unmittelbar vor dem Aufschlag vorhandenen Fallenergie des Bären, wenn der sehr kleine Anteil $Q_1 \cdot \delta$ vernachlässigt wird.

$$(20) \qquad E_v = \frac{K_{max}^2}{2\alpha\,Q_1\,h}\,100\,.$$

Demgegenüber ergibt sich mit Hilfe von Formel (4) als entsprechende Prozentzahl, d. h. ohne den Beiwert η:

$$(21) \qquad E_v = \frac{Q_2}{Q_1 + Q_2}\,100\,.$$

Ist der Erdwiderstand so groß, daß es zu keiner Pfahlbewegung kommt, so folgt für $\dot{K} = 0$ aus Gleichung (8) und (10) für den Fall, daß auch hier der geringe Einfluß von Q_1 während des Schlages vernachlässigt wird:

$$(22) \qquad K_{max} = \alpha\,\frac{\dot{x}_{1_0}}{p} = \sqrt{2\,\alpha\,h\,Q_1}$$

und nach Einsetzen in Gleichung (20) $E_v = 100\,\%$, d. h. in diesem Falle ist die ganze Schlagenergie in Formänderungsenergie umgewandelt, was ja auch ohne jede Rechnung rein überlegungsmäßig der Fall sein muß. Es kommt dann nur noch zu einer Bewegung, die durch Gleichung (10) allein bestimmt wird. Gleichung (22) stellt somit auch den oberen Grenzwert für Gleichung (18) dar. Wird durch Einsetzen entsprechender Werte für W ein höherer Betrag für K erhalten, so hat dieser für das vorliegende Problem keine praktische Bedeutung.

Beim Aufstellen der oben genannten Rammformeln ist der obere Grenzwert der Verformungsarbeit bei sehr großem W unbeachtet geblieben. Nach dem in Gleichung (4) angeschriebenen, von Terzaghi verbesserten Ansatz zur Redtenbacherschen Formel ergibt sich nur eine größte Verformungsarbeit, die für $Q_1 = Q_2$ stets 50 % (statt im Maximum 100 %) von $Q_1 \cdot h$ beträgt. Die auf Grund der vorstehend entwickelten Gleichungen ermittelten Formänderungsarbeiten sind stets nicht unwesentlich größer als nach Gleichung (21), wie das in nachstehender Tafel durchgerechnete Beispiel zeigt.

Berechnung der Verformungsarbeit am Ende der ersten Stoßperiode unter der Annahme $\alpha = 0,5 \cdot 10^4$ t/m, $Q_1 = Q_2 = 1$ t und $h = 1$ m:

Erdwiderstand W in t	Verformungsarbeit E_v in % von $Q_1 h$	
	nach Gl. (20)	nach Gl. (21)
0	50	
30	69	
60	89	50
101*	100	

Nur für den praktisch unmöglichen Fall $W = 0$ ist eine Übereinstimmung vorhanden. Durch die Beifügung des Koeffizienten η in Gleichung (4) kann keine ausreichende Korrektur vorgenommen werden, da er keine Materialkonstante darstellt, sondern vielmehr einen höchst variablen, auch von den Bedingungen des Systems abhängigen Beiwert darstellt. Die für η angegebenen Grenzen können daher weit überschritten werden. Für $Q_1 = Q_2$ muß sich η bei großen Widerständen W dem Grenzwert 2 nähern, während der entsprechende Grenzwert für $Q_1 = 2\,Q_2$ bei 3 liegen müßte.

Die vorstehend angestellten Betrachtungen über die Verformungsarbeit stellen nur einen Teil der gesamten Bewegungsvorgänge unter einem Rammschlage dar. Sofern mit einem Freifallbär gearbeitet wird, müssen nach den Erläuterungen zu Abb. 2 noch weitere Aufschläge erfolgen, bis der Pfahl endgültig zur Ruhe kommt. Da sich der ganze Rammschlag in einem Bruchteil einer Sek. abspielt, ist das mehrfache Aufschlagen oft durch Gehör kaum feststellbar. Bei jedem weiteren Aufschlag treten auch weitere Verformungsverluste auf, so daß der Beiwert η auch noch die Energieverluste der weiteren Aufschläge enthalten müßte. Diese zusätzlichen Verluste sind gerade dann am größten, wenn der Verlust schon beim ersten Aufschlag recht groß war. Der große Energieverlust beim ersten Aufschlag wirkt sich in einer besonders großen Kraft K_{max} und einer entsprechend starken Rückfederung am Ende der zweiten Stoßperiode aus. Er führt dazu, daß das Maß der ersten Teileinsenkung des Pfahles

---

* $W = 101$ t erhält man für $K = K_{max}$.

(s_1) zwischen dem ersten und dem zweiten Aufschlag sich dem Wert der Gesamteinsenkung (s) bis zum endgültigen Eintritt der Ruhe nähert. Abb. 3 bestätigt somit z. B., daß mit größer werdendem Verhältnis $Q_1 : Q_2$ die Energieverluste beim Stoß abnehmen. Eine entsprechende Bestätigung des Anwachsens der Energieverluste wurde auch bei gleichmäßigem Einrammen eines Pfahles, d. h. bei zunehmendem Widerstand W unter sonst gleichen Bedingungen gemessen. Dabei wuchsen die Verhältniswerte $s_1 : s$ von 0,20 bis auf 0,94 an.

Die vorstehenden Erörterungen zeigen, daß es auf Grund mathematisch-physikalischer Überlegungen durchaus möglich ist, auch in die etwas schwierig erscheinende Frage des technischen Rammproblems Einblick zu gewinnen. Sie bringen den Nachweis, daß die bisher vorhandenen, sich an das Stoßgesetz der Mechanik anlehnenden Formeln die tatsächlich beim Rammschlag auftretenden Bewegungen und Kräfte nur in unzureichender Weise erfassen. Die am weitesten entwickelte dieser Formeln, die von Terzaghi verbesserte Redtenbachersche Formel, enthält als Materialkonstante einen Beiwert, der auch von anderen Umständen, insbesondere vom Rammwiderstand wesentlich beeinflußt wird. Wenn die vorstehend gegebenen Entwicklungen nur unter der Voraussetzung der Proportionalität zwischen der Stoßkraft und der von ihr hervorgerufenen Verformung aufgestellt wurden, so geschah es nur im Interesse einer besseren Übersichtlichkeit der Rechnungen. Es ist natürlich auch möglich, beliebige Verformungsgesetze, gegebenenfalls durch entsprechende Näherungsrechnungen, zu berücksichtigen. Jedoch hat dies nur einen Sinn, wenn das Vorformungsgesetz durch entsprechende Versuche sorgfältig ermittelt wurde.

(Eingegangen am 25. 2. 1942.)

Beitrag zur Bestimmung von Eigenspannungen in geschweißten Stahlteilen.

Von K. Klöppel, Darmstadt.

Mit 12 Abbildungen.

Eigenspannungen haben im Stahlbau erst seit Einführung der Schweißtechnik größere Beachtung gefunden, obwohl sie von allgemeinerer Bedeutung für das Verhalten unserer stählernen Tragwerke sind; denn jede Belastung, die einen Teil eines Querschnittes über die Fließgrenze hinaus beansprucht, hinterläßt bei der Entlastung einen Eigenspannungszustand. Also ergeben auch alle Kerbspannungen Eigenspannungszustände, sofern die unter der Nutzlast erzeugten Spannungsspitzen über der Fließgrenze liegen. Dies ist beim genieteten Tragwerk der Fall, weil die Spannungsspitzen an den Nietlochrändern fast den dreifachen Wert der Nennspannung erreichen. Auf Grund dieser Erkenntnis, daß unsere genieteten Stahlbauten unter ihren Nutzlasten Eigenspannungszustände aufweisen, lassen sich sowohl unsere günstigen Erfahrungen mit genieteten, vorwiegend ruhend belasteten Brücken als auch die Dauerversuchsergebnisse, wonach bei gekerbten Prüfstäben der Abfall von der Ursprungszugfestigkeit zur Wechselfestigkeit kleiner ist als bei ungekerbten, besser erklären, als es bisher üblich war. Schließlich wäre noch daran zu erinnern, daß der Eigenspannungszustand in der Plastizitätstheorie für Biegestäbe von grundlegender Bedeutung ist. Diese Hinweise lassen erkennen, daß die Vertiefung unserer Kenntnisse von den Eigenspannungen zur Klärung mancher Forschungsfrage des Stahlbaues beitragen kann.

Um über die Größe und den Verlauf der Eigenspannungen in geschweißten Stahlteilen Klarheit zu erlangen, wurde von jeher das Zerlegungsverfahren mit Rückfederungsmessungen angewandt. Ein Sonderverfahren, das Biegepfeilmeßverfahren, zeigte Stäblein[1] bei der Ermittlung der Eigenspannungen in einseitig durch Wasser abgekühlten Knüppeln rechteckigen Querschnitts, die also konstante Querschnittsbreite aufwiesen. Dieses Verfahren, das in mancherlei Hinsicht zweckmäßig ist, wurde auch auf Stäbe mit einseitig aufgelegter Schweißraupe angewandt. Ergänzend soll nun gezeigt werden, wie man bei

---

[1] Stäblein: Krupp Mh. Bd. 12 (1931) S. 93.

prismatischen Stäben mit veränderlicher Querschnittsbreite — wie z. B. beim $\underline{\text{I}}$-Träger mit auf der Außenfläche eines Flansches mittig aufgelegter Längsraupe — zum Ziele kommt. Zu diesem Zweck wird von dem Stab mit rechteckigem Querschnitt ausgegangen.

Abb. 1 stellt den Querschnitt eines Trägers mit mittig aufgeschweißter Längsraupe dar. Dieser Schweißvorgang hat als partielle Erwärmung Eigenspannungen (Schrumpfspannungen) zur Folge, wegen deren Entstehung auf das Schrifttum[2] verwiesen sei. Vereinfachenderweise wird der dreiachsige Spannungszustand als einachsiger betrachtet, so daß die Eigenspannungen jeweils über die Stabbreite konstant sind. Weiter werden der Berechnung das Hookesche Gesetz und die Bernoullische Hypothese zugrunde gelegt, was aber bei Eigenspannungen nicht zum Navierschen Geradliniengesetz der Spannungen führt.

Die Eigenspannungen kann man sich im vorliegenden Fall aus zwei Teilen $\sigma_n(h_0, x)$ und $\sigma_b(h_0, x)$ zusammengesetzt denken. Die Spannung $\sigma_n(h_0, x)$ tritt auf, wenn man den durch die Schweißraupe nach deren Seite konkav gekrümmten Stab durch ein entgegengesetzt gerichtetes Biegemoment M wieder gerade richtet. Diese Normalspannung ist aber — im Gegensatz zum axial beanspruchten Stab — nicht über die Querschnittshöhe gleichmäßig verteilt. Zwangsläufig ist nun unter $\sigma_b(h_0, x)$ die Biegungsspannung infolge des Momentes M zu verstehen.

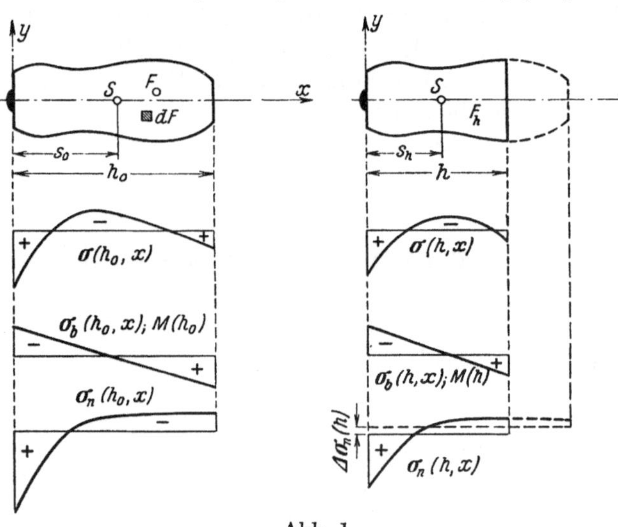

Abb. 1.

Von den beiden Teilspannungen läßt sich $\sigma_b(h_0, x)$ leicht aus der gemessenen Durchbiegung des Stabes (Biegepfeilmessung) berechnen. Es bleibt also nur übrig, den zweiten Teil der Spannung $\sigma_n(h_0, x)$ zu ermitteln. Zu diesem Zweck wird der Stab schichtweise auf seine ganze Länge von h_0 jeweils auf h abgearbeitet (Abb. 1, rechts) und der neue Biegepfeil gemessen. Aus den verschiedenen Stabhöhen h entsprechenden Biegepfeilmessungen f wird dann $\sigma_n(h_0, x)$ für den ursprünglichen Stab mit der Höhe h_0 berechnet. Hierzu verfügt man für jeden Abarbeitungszustand, also für jede Stabhöhe h, über zwei Gleichgewichtsbedingungen:

$$(\text{I}) \quad \Sigma H = 0, \qquad (\text{II}) \quad \Sigma M = 0.$$

Die Verknüpfung von $\sigma_n(h, x)$ und $\sigma_n(h_0, x)$ ergibt sich aus der Überlegung, daß alle Längsfasern des geradegerichteten Stabes von der jeweiligen Höhe h um das gleiche Maß länger oder kürzer sind als diejenigen des geradegerichteten Stabes von der ursprünglichen Höhe h_0, d. h. der Unterschied

$$(\text{III}) \qquad \Delta \sigma_n(h) = \sigma_n(h, x) - \sigma_n(h_0, x)$$

ist über den ganzen Querschnitt des Stabes von der jeweiligen Höhe h konstant.

Es werden zunächst die Grundgleichungen für solche prismatische Stäbe abgeleitet, deren Querschnittsflächen zur x-Achse symmetrisch sind (Abb. 1). Wie bereits erläutert, sind die Eigenspannungen im ursprünglichen Zustand

$$(1) \qquad \sigma(h_0, x) = \sigma_n(h_0, x) + \sigma_b(h_0, x)$$

und nach der Abarbeitung von h_0 auf h

$$(1\,\text{a}) \qquad \sigma(h, x) = \sigma_n(h_0, x) + \Delta \sigma_n(h, x) + \sigma_b(h, x).$$

Mit Gleichung (1) liefert $\Sigma H = 0$:

$$\int \sigma(h_0, x)\, dF = \int \sigma_n(h_0, x)\, dF + \int \sigma_b(h_0, x)\, dF = 0.$$

---

[1] Vgl. etwa Stahlbau-Kalender 1940 S. 384.

Da

$$\int \sigma\,(h_0,\, x)\, dF = 0$$

sein muß, ist auch

$$(2) \qquad \int \sigma_n(h_0,\, x)\, dF = 0\,.$$

Mit Gleichung (1) erhält man aus $\Sigma M = 0$ in bezug auf die y-Achse:

$$\int \sigma_n(h_0,\, x)\, x\, dF + \int \sigma_b(h_0,\, x)\, x\, dF = 0\,.$$

Diese Gleichung geht mit

$$(3\,\mathrm{a}) \qquad \int \sigma_b(h_0,\, x)\, x\, dF = M(h_0)$$

über in

$$(3) \qquad \int \sigma_n(h_0,\, x)\, x\, dF + M(h_0) = 0\,.$$

Mit Gleichung (1 a) ergibt $\Sigma H = 0$, wenn F_h die Querschnittsfläche bei der Querschnittshöhe h ist:

$$\int\limits_{F_h} \sigma(h,\, x)\, dF = \int\limits_{F_h} \sigma_n(h_0,\, x)\, dF + \Delta\sigma_n(h) \int\limits_{F_h} dF + \int\limits_{F_h} \sigma_b(h,\, x)\, dF = 0\,.$$

Da das letzte Glied Null ist, folgt hieraus

$$(4) \qquad \sigma_n(h) = -\frac{1}{F_h} \int\limits_{F_h} \sigma_n(h_0,\, x)\, dF\,.$$

Mit Gleichung (1 a) schreibt sich schließlich $\Sigma M = 0$:

$$\int\limits_{F_h} \sigma(h,\, x)\, x\, dF = \int\limits_{F_h} \sigma_n(h_0,\, x)\, x\, dF + \Delta\sigma_n(h) \int\limits_{F_h} x\, dF + \int \sigma_b(h,\, x)\, x\, dF = 0\,.$$

Ersetzt man in dieser Gleichung $\Delta\sigma_n(h)$ durch die rechte Seite der Gleichung (4) und wird

$$(5\,\mathrm{a}) \qquad \int\limits_{F_h} \sigma_b(h,\, x)\, x\, dF = M(h)\,,$$

ferner der jeweilige Schwerpunktsabstand

$$s_h = \frac{1}{F_h} \int\limits_{F_h} x\, dF$$

gesetzt, so erhält man

$$(5) \qquad \int\limits_{F_h} \sigma_n(h_0,\, x)\, x\, dF - s_h \int\limits_{F_h} \sigma_n(h_0,\, x)\, dF + M(h) = 0\,.$$

Die Gleichungen (2) und (5) sind die beiden Grundgleichungen zur Ermittlung von $\sigma_n(h_0,\, x)$. Die Momente $M(h_0)$ und $M(h)$ gemäß Gleichungen (3 a) und (5 a) berechnen sich nach

$$(6) \qquad M(h_0) = E J_0 \frac{1}{\varrho_0} \quad \text{und} \quad M(h) = E J_h \frac{1}{\varrho_h}\,,$$

worin ϱ_0 und ϱ_h die Krümmungsradien des Stabes im ursprünglichen und im jeweiligen Abarbeitungszustand bedeuten.

Stäbe mit konstanter Querschnittsbreite b (Abb. 2).

In diesem Falle ist die Schwerpunktsbahn bei der Abarbeitung die durch den Nullpunkt gehende Gerade $s_h = \frac{h}{2}$. Damit gehen die Grundgleichungen (2) und (5) über in

$$(7) \qquad \int\limits_{0}^{h_0} \sigma_n(h_0,\, x)\, dx = 0\,.$$

$$(8) \qquad \int\limits_{0}^{h} x\, \sigma_n(h_0,\, x)\, dx - \frac{h}{2} \int\limits_{0}^{h} \sigma_n(h_0,\, x)\, dx + \overline{M}(h) = 0\,.$$

Hierin ist

(6a)
$$\overline{M}(h) = \frac{M(h)}{b} = \frac{E\,h^3}{12}\,\frac{1}{\varrho_h}\,.$$

Differenziert man Gleichung (8) nach h, so ergibt sich

$$h\,\sigma_n(h_0, h) - \frac{h}{2}\,\sigma_n(h_0, h) - \frac{1}{2}\int\limits_0^h \sigma_n(h_0, x)\,dx + \frac{d\overline{M}}{dh}\,h = 0\,,$$

oder

(9)
$$\int\limits_0^h \sigma_n(h_0, x)\,dx = h\,\sigma_n(h_0, h) + 2\,\overline{M}'(h)\,.$$

Mit dieser Gleichung schreibt sich Gleichung (8):

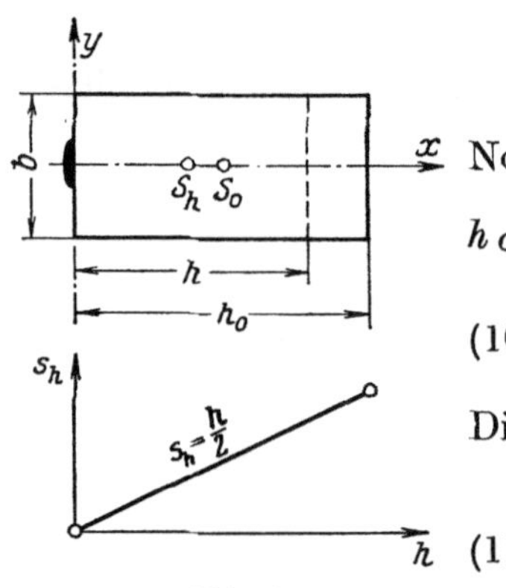

Abb. 2.

$$\int\limits_0^h x\,\sigma_n(h_0, x)\,dx - \frac{h^2}{2}\,\sigma_n(h_0, h) - h\,\overline{M}'(h) + \overline{M}(h) = 0\,.$$

Nochmalige Differentiation dieser Gleichung liefert:

$$h\,\sigma_n(h_0, h) - h\,\sigma_n(h_0, h) - \frac{h^2}{2}\,\frac{d\sigma_n(h_0, h)}{dh} - \overline{M}'(h) - h\,\overline{M}''(h) + \overline{M}'\,h = 0\,,$$

(10)
$$\frac{d\sigma_n(h_0, h)}{dh} + \frac{2\,\overline{M}''(h)}{h} = 0\,.$$

Die allgemeine Lösung dieser Differentialgleichung lautet

(11)
$$\sigma_n(h_0, h) = -2\int\limits_0^h \frac{\overline{M}''(h)}{h}\,dh + C = -2\,\frac{\overline{M}'(h)}{h} - 2\int\limits_0^h \frac{\overline{M}'(h)}{h^2}\,dh + C\,.$$

Zur Bestimmung der Integrationskonstanten C steht uns die Gleichung (7) zur Verfügung. Danach muß Gleichung (9) für $h = h_0$ zu Null werden. Hieraus ergibt sich

(12)
$$\sigma_n(h_0, h_0) = -\frac{2\,M'(h_0)}{h_0}\,.$$

Durch Gleichsetzen dieser Gleichung mit Gleichung (11) für $h = h_0$ erhält man

(13)
$$C = 2\int\limits_0^{h_0} \frac{M'(h)}{h^2}\,dh\,.$$

Damit schreibt sich Gleichung (11)

(14)
$$\sigma_n(h_0, h) = -\frac{2\,\overline{M}'\,h}{h} + 2\int\limits_h^{h_0} \frac{M'(h)}{h^2}\,dh\,.$$

Den Wert $\overline{M}'(h)$ erhält man durch Differentiation von Gleichung (6a) zu

$$M'(h) = \frac{h^2}{4}\,\frac{E}{\varrho_h} + \frac{h^3}{12}\,\frac{d}{dh}\left(\frac{E}{\varrho_h}\right).$$

Mit den Bezeichnungen

(15)
$$\frac{E}{\varrho_h} = \varphi(h) \quad \text{und} \quad \frac{d}{dh}\left(\frac{E}{\varrho_h}\right) = \varphi'(h)$$

wird

(16)
$$M'(h) = \frac{h^2}{4}\,\varphi(h) + \frac{h^3}{12}\,\varphi'(h)\,.$$

Geht man mit diesem Ausdruck in Gleichung (14), so ergibt sich

$$\sigma_n(h_0, h) = -\frac{h}{2}\,\varphi(h) - \frac{h^2}{6}\,\varphi'(h) + \frac{1}{2}\int\limits_h^{h_0} \varphi(h)\,dh + \frac{1}{6}\int\limits_h^{h_0} h\,\varphi'(h)\,dh\,.$$

Hieraus erhält man nach Vertauschung von h mit x und nach partieller Integration

$$(17) \qquad \sigma_n(h_0, x) = \frac{1}{6} h_0 \varphi(h_0) - \frac{2}{3} x \varphi(x) - \frac{x^2}{6} \varphi'(x) + \frac{1}{3} \int\limits_h^{h_0} \varphi(x)\, dx.$$

Damit ist σ_n ermittelt. Die die Eigenspannung ergänzende Biegungsspannung σ_b ergibt sich aus Gleichung (5a) für den allgemeinen Fall zu:

$$(18) \qquad \sigma_b(h_0, x) = - \frac{M(h_0)}{J_0}\left(\frac{h_0}{2} - x\right).$$

Bei rechteckigem Querschnitt gilt:

$$(18\,a) \qquad \sigma_b(h_0, x) = - \varphi(h_0)\left(\frac{h_0}{2} - x\right).$$

Somit erhalten wir schließlich nach Gleichung (1) durch Addition der Gleichungen (17) und (18a) die gesuchte Eigenspannung im ursprünglichen Zustand h_0 zu

$$(19) \qquad \sigma(h_0, x) = \frac{1}{3} \int\limits_x^{h_0} \varphi(x)\, dx - \frac{x^2}{6} \frac{d\varphi(x)}{dx} - \frac{2}{3} x\left[\varphi(x) - \varphi(h_0)\right] - \frac{h_0 - x}{3} \varphi(h_0).$$

Bemerkenswert ist, daß sich für $x = h_0$

$$\sigma(h_0, h_0) = - \frac{h_0^2}{6} \frac{d\varphi(h_0)}{dx}.$$

ergibt, wonach sich die Randspannung auf der der Schweißnaht gegenüberliegenden Seite allein durch den Differentialquotient der experimentell festzustellenden $\varphi(x)$-Kurve an der Stelle $x = h_0$ ermitteln läßt. Für jeden anderen Punkt $\sigma < x < h_0$ bestimmt dagegen der Verlauf der $\varphi(x)$-Kurve zwischen h_0 und x die Spannung $\sigma(h_0, x)$. Auf Wiedergabe der zahlenmäßigen Auswertung eines Versuches muß aus Platzmangel zugunsten eines entsprechenden Beispiels für einen Stab mit veränderlicher Querschnittsbreite verzichtet werden. Es sei nur noch erwähnt, daß auch mit der Abarbeitung von der Schweißnahtseite aus begonnen werden kann, ohne daß das Verfahren im Grundsatz zu ändern ist. Dieser Weg führt schneller zum Ziele, weil die Abarbeitung nur bis zum Ende des plastizierten Stabteiles durchgeführt zu werden braucht, der größere Teil des Stabes also unzerstört bleiben kann. Ferner ist dann die graphische Auswertung der $E\,1/\varrho$-Kurven, die jetzt kürzer werden als im anderen Abarbeitungsfalle, weniger umfangreich. Auch wird zugleich die Ausdehnung des plastizierten Bereiches klar und schnell bestimmt. Der Nachteil dieses Weges besteht darin, daß die Auswertung an der Nahtseite, also gerade dort, wo mit der Differentiation begonnen werden muß,

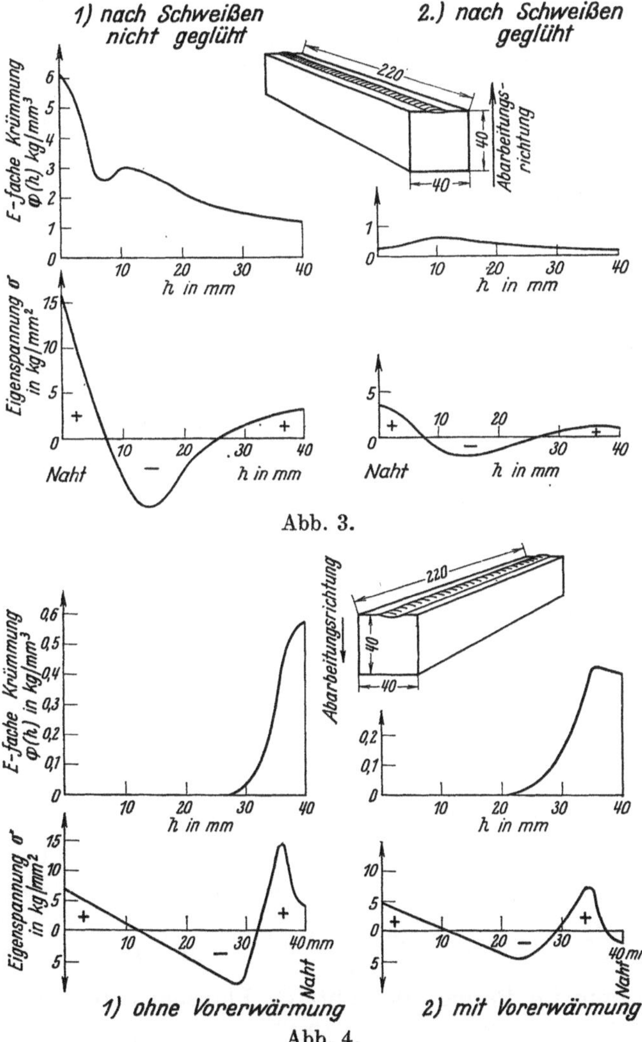

Abb. 3.

Abb. 4.

weniger genau ist als im anderen Falle. In Abb. 3 und 4 sind die experimentell ermittelten Kurven der E-fachen Krümmung und deren Auswertung zu den Eigenspannungen für beide

Abarbeitungsrichtungen dargestellt. Außerdem lassen diese Abbildungen den Einfluß des Ausglühens (625^0 C) des geschweißten Stabes und auch seiner Erwärmung vor dem Schweißen (300^0 C) auf die Eigenspannungen erkennen.

Stäbe mit veränderlicher Querschnittsbreite (I-Träger).

In diesem Falle ist die Querschnittsbreite stufenweise veränderlich, und die Schwerpunktsbahn $s = f(h)$ verläuft im Bereich des oberen Flansches, dessen Außenseite die Schweißraupe trägt, und des Steges nicht mehr geradlinig, sondern hyperbelförmig, wenn mit der Abarbeitung am unteren Flansch begonnen wird.

Geht man wie beim Stab mit rechteckigem Querschnitt vor und berücksichtigt man, daß die Schwerpunktsbahn $s = f(h)$ eine Kurve ist, so ergibt sich an Stelle der Gleichung (10) folgende verwickelte Differentialgleichung

$$(20) \qquad \frac{d\sigma_n(h_0 h)}{dh} - \sigma_n(h_0 h)\left(\frac{2s'-1}{h-1} + \frac{s's''}{s'}\right) + \frac{M''(h)}{b(h-s)} - \frac{s's''M'(h)}{b(h-s)} = 0.$$

Die Lösung ist praktisch kaum möglich, weil s, s' und s'' keine einfachen Funktionen und für Flansch und Steg auch noch verschieden sind. Es wurde nun versucht, für I 20 eine näherungsweise für die ganze Trägerhöhe gültige Funktion

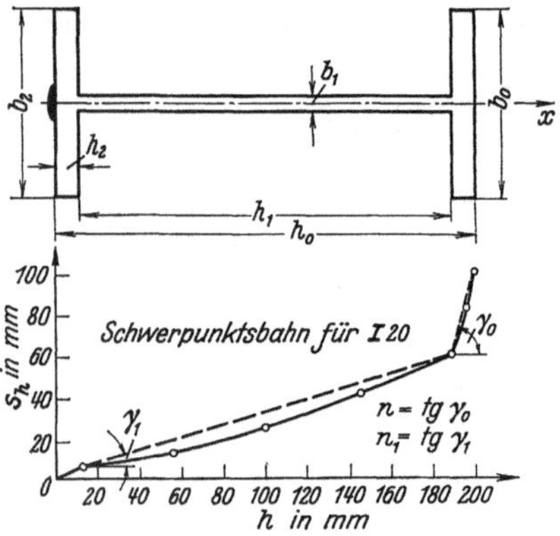

$$s = \frac{x}{2} - 0{,}24\, x\sqrt[4]{\sin \frac{x}{h_0} \pi}$$

anzuwenden. Aber auch diese Funktion ist für eine Lösung der Gleichung (20) noch zu kompliziert. Wird nun die Schwerpunktsbahn durch einen Polygonzug gemäß Abb. 5 ersetzt, so erhält man die einfachere Differentialgleichung

$$(20\,\text{a}) \qquad \frac{d\sigma_n(h)}{dh} + \frac{1-2n}{h-s}\sigma_n(h) + \frac{M''}{b(h-s)} + 0,$$

deren Lösung lautet:

$$(21) \qquad \sigma_n(h_0, h) = \frac{C}{(h-s)^{\mu}} - \frac{M'(h)}{b(h-s)} - \frac{n\int \frac{M'(h)}{b}(h-s)^{\frac{1}{\beta}}dh}{(h-s)^{\mu}}.$$

Darin sind $\beta = n-1$ und $\mu = \frac{2n-1}{n-1}$.

Abb. 5.

Die Integrationskonstante C wird in ähnlicher Weise wie beim Stab mit rechteckigem Querschnitt ermittelt. Damit und unter Beachtung der Gleichung (1) erhält man im Bereich des oberen Flansches ($h_1 < h < h_0$)

$$(22) \qquad \sigma(h_0, x) = \frac{n_0 \int_x^{h_0} \frac{M'(x)}{b_0}(x-s)^{\frac{1}{\beta_0}}dx}{(x-s)^{\mu_0}} - \frac{M'(x)}{b_0(x-s)} - \frac{M(h_0)}{J_0}\left(\frac{h_0}{2} - x\right).$$

Für den Bereich des Steges und des unteren Flansches läßt sich $\sigma(h_0, x)$ ebenfalls aus Gleichung (21) ermitteln, indem die Integrationskonstante jeweils aus der Bedingung bestimmt wird, daß die Spannungen im Flansch und Steg an der Übergangsstelle gleich groß sein müssen. Die Ergebnisse lauten im Bereich des Steges ($h_2 < h < h_1$).

$$(22\,\text{a}) \qquad \sigma(h_0, x) = \frac{A_0 + n_1 \int_x^{h_1} \frac{M'(x)}{b_1}(x-s)^{\frac{1}{\beta_1}}dx}{(x-s)^{\mu_1}} - \frac{M'(x)}{b_1(x-s)} - \frac{M(h_0)}{J_0}\left(\frac{h_0}{2} - x\right),$$

und im Bereich des unteren Flansches ($0 < h < h_1$)

$$(22\,\text{b}) \qquad \sigma(h_0, x) = -\frac{A_1}{\left(\frac{h}{2}\right)^{\mu_1}} + 2\int_x^{h_2} \frac{M'(x)}{b_2 x^2}dx - \frac{2M'(x)}{b_2 x} - \frac{M(h_0)}{J_0}\left(\frac{h_0}{2} - x\right).$$

Darin sind

$$A_1 = A_0 + n_1 K_1,$$

$$A_0 = k\, n_0\, K_0 + \frac{\dfrac{M'(h_1)}{b_1} - \dfrac{M'(h_1)}{b_0}}{(h_1 - s_{h_1})^{1-\mu_1}},$$

$$k = (h_1 - s_{h_1})^{\mu_1 - \mu_0},$$

$$K_0 = \int\limits_{h_1}^{h_0} \frac{M'(x)}{b_0}\,(x - s)^{\frac{1}{\beta_0}}\,dx$$

und

$$k_1 = \int\limits_{h_2}^{h_1} \frac{M'(x)}{b_1}\,(x - s)^{\frac{1}{\beta_1}}\,dx.$$

Wenn auch die Wahl eines Polygonzuges an Stelle der krummlinigen Schwerpunktsbahn Näherungsfunktionen für die Eigenspannungen in geschlossenen Formeln [Gleichungen (22), (22a) und (22b)] liefert, so hat sich doch bei ihrer praktischen Anwendung herausgestellt, daß gerade diese vereinfachende Annahme die abgeleiteten Formeln unbrauchbar macht. Mit anderen Worten: Es darf nicht $s'' = 0$ gesetzt werden. Deshalb mußte ein anderer Weg eingeschlagen werden.

Um $\sigma_n(h_0, x)$ zu ermitteln, ersetzen wir Gleichung (5) durch nachstehende Gleichung, wobei zur Vereinfachung statt $\sigma_n(h_0, x)$ nur σ geschrieben wird:

$$\sum \sigma\, \Delta F\, x - s_i \sum \sigma\, \Delta F + M_{x_i} = 0.$$

Erfaßt man $\sigma\, \Delta F$ als kleine Kräfte (Abb. 6), so geht diese Gleichung über in

$$(23) \qquad \sum_1^i P_k\, r_k - s_i \sum_1^i P_k + M_{x_i} = 0.$$

Dieser Ausdruck läßt sich mit Hilfe des Gedankenmodelles eines von der Einspannstelle bis zum Punkt x_i durch die Last $p = b \cdot \sigma$ belasteten

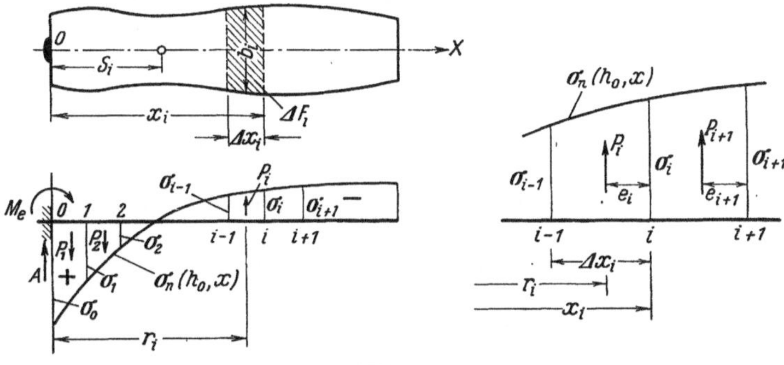

Abb. 6.

Kragträgers[1] so deuten, daß die erste Summe dessen Einspannungsmoment M_e und die zweite dessen Auflagerkraft A darstellt. Somit können wir auch schreiben:

$$(23a) \qquad A_i s_i - M_{e_i} = M_{x_i}.$$

Die Aufgabenstellung kann nun wie folgt ausgedrückt werden: Gegeben ist der jeweilige Unterschied M_{x_i} zwischen den Momenten $A_i s_i$ und M_{e_i} eines Kragträgers, der jeweils von der Einspannstelle bis x_i belastet ist. Gesucht ist die Belastung p.

Zu diesem Zweck schreiben wir zunächst die Gleichungen für x_{i-1} und x_i an:

$$x_{i-1}: \qquad A_{i-1} s_{i-1} - M_{e(i-1)} = M_{x_{i-1}},$$

$$x_i: \quad (A_{i-1} + P_i) s_i - (M_{e(i-1)} + P_i r_i) = M_{x_i}.$$

Subtrahiert man die erste Gleichung von der zweiten, so ergibt sich

$$(24) \qquad A_{i-1}\, \Delta s_i + P_i s_i - P_i r_i = \Delta M_i.$$

Darin sind:

$$(24a) \qquad A_{i-1} = \sum_1^{i-1} P_k,$$

$$(24b) \qquad \Delta s_i = s_i - s_{i-1},$$

$$(24c) \qquad r_i = x_i - e_i,$$

$$(24d) \qquad \Delta M_i = M_{x_i} - M_{x_{i-1}}.$$

---

[1] Der gedachte Kragträger braucht nicht gerade an der Stelle, wo die Schweißnaht liegt, eingespannt zu sein, d. h. man kann den Anfangspunkt der x-Achse beliebig wählen.

Mit der Annahme, daß innerhalb der einzelnen Abschnitte die Spannung σ geradlinig verläuft und die Breite des Querschnitts konstant bleibt, erhält man:

$$(25\,\mathrm{a}) \qquad P_i = \frac{\sigma_{i-1} + \sigma_i}{2} b_i \, \varDelta x_i = \frac{\sigma_{i-1} + \sigma_i}{2} \varDelta F_i \,,$$

$$(25\,\mathrm{b}) \qquad e_i = \frac{\varDelta x_i}{3} \frac{2\sigma_{i-1} + \sigma_i}{\sigma_{i-1} + \sigma_i} \,.$$

Die Einführung der Gleichungen (24a), (24c), (25a) und (25b) in Gleichung (24) liefert:

$$\frac{\varDelta \sigma_i}{2} \sum_1^{i-1} (\sigma_{k-1} + \sigma_k) . \varDelta F_k - \frac{\sigma_{i-1} + \sigma_i}{2} \varDelta F_i \left(x_i - s_i - \frac{\varDelta x_i}{3} \frac{2\sigma_{i-1} + \sigma_i}{\sigma_{i-1} + \sigma_i} \right) = \varDelta M_i \,.$$

Mit den Bezeichnungen

$$(25\,\mathrm{c}) \qquad \begin{cases} \alpha_i = \varDelta F_i \left(x_i - s_i - \dfrac{\varDelta x_i}{3} \right), \\[2mm] \alpha_i' = \varDelta F_i \left(x_i - s_i - \dfrac{2 \varDelta x_i}{3} \right) \end{cases}$$

ergibt sich

$$(26) \qquad \varDelta s_i \sum_1^{i-1} (\sigma_{k-1} + \sigma_k) \varDelta F_k - \alpha_i' \sigma_{i-1} - \alpha_i \sigma_i = 2 \varDelta M_i \,.$$

Stellt man diese Gleichung für die Abschnitte $i-1$ und i auf

$$i-1: \quad \sum_1^{i-2} (\sigma_{k-1} + \sigma_k) \varDelta F_k - \frac{\alpha_{i-1}'}{\varDelta s_{i-1}} \sigma_{i-2} - \frac{\alpha_{i-1}}{\varDelta s_{i-1}} \sigma_{i-1} = \frac{2\varDelta M_{i-1}}{\varDelta s_{i-1}} \,,$$

$$i: \quad \sum_1^{i-2} (\sigma_{k-1} + \sigma_k) \varDelta F_k + (\sigma_{i-2} + \sigma_{i-1}) \varDelta F_{i-1} - \frac{\alpha_i'}{\varDelta s_i} \sigma_{i-1} - \frac{\alpha_i}{\varDelta s_i} \sigma_i = \frac{2\varDelta M_i}{s_i} \,,$$

so erhält man für die Differenz beider Gleichungen:

$$(27\,\mathrm{a}) \qquad \sigma_{i-2} \left(\varDelta F_{i-1} + \frac{\alpha_{i-1}'}{\varDelta s_{i-1}} \right) + \sigma_{i-1} \left(\varDelta F_{i-1} + \frac{\alpha_{i-1}}{\varDelta s_{i-1}} - \frac{\alpha_i'}{\varDelta s_i} \right) - \frac{\alpha_i}{\varDelta s_i} \sigma_i = 2 \left(\frac{\varDelta M_i}{\varDelta s_i} - \frac{\varDelta M_{i-1}}{\varDelta s_{i-1}} \right).$$

Mit den Abkürzungen

$$(27\,\mathrm{b}) \qquad \begin{cases} a_i = \varDelta F_{i-1} + \dfrac{\alpha_{i-1}'}{\varDelta s_{i-1}} \,, \\[2mm] b_i = \varDelta F_{i-1} + \dfrac{\alpha_{i-1}}{\varDelta s_{i-1}} - \dfrac{\alpha_i'}{s_i} \,, \\[2mm] c_i = - \dfrac{\alpha_i}{\varDelta s_i} \end{cases}$$

geht Gleichung (27a) über in:

$$(27\,\mathrm{c}) \qquad a_i \sigma_{i-2} + b_i \sigma_{i-1} + c_i \sigma_i = 2 \left(\frac{\varDelta M_i}{\varDelta s_i} - \frac{\varDelta M_{i-1}}{\varDelta s_{i-1}} \right).$$

Aus dieser allgemeinen Gleichung läßt sich die Spannung σ — das war vereinbarungsgemäß $\sigma_n (h_0, x)$ — ermitteln. Es können n solche Gleichungen für n Abschnitte aufgestellt werden. Zu berechnen sind σ_0 bis σ_n, so daß die Zahl der Unbekannten $n + 1$ ist. Die $(n + 1)$-te Gleichung liefert Gleichung (2), die nunmehr lautet:

$$(28) \qquad \sum_1^n P_k = \tfrac{1}{2} \sum_1^n (\sigma_{k-1} + \sigma_k) \varDelta F_k = 0 \,.$$

Setzt man Gleichung (28) in Gleichung (26) ein, so erhält man die $(n + 1)$-te Gleichung als die letzte Gleichung:

$$(27\,\mathrm{d}) \qquad \sigma_{n-1} \left(\varDelta F_n + \frac{\alpha_n'}{s_n} \right) + \sigma_n \left(\varDelta F_n + \frac{\alpha_n}{\varDelta s_n} \right) = - \frac{2\varDelta M_n}{\varDelta s_n} \,.$$

Die Gleichungen (27) kann man auch abgekürzt schreiben

$$a_i X_{i-2} + b_i X_{i-1} + c_i X_i = Z_i \,,$$

wenn die gesuchten Spannungen σ mit X und der feste Wert auf der rechten Seite — das „Belastungsglied" — mit Z bezeichnet werden. Dieses dreigliedrige Gleichungssystem mit nur 2 Unbekannten in der ersten und letzten Gleichung unterscheidet sich von den dreigliedrigen Elastizitätsgleichungen dadurch, daß $c_i \neq a_{i+1}$ ist, weil der Maxwellsche Satz nicht zugrunde liegt. Die numerische Lösung wird dadurch erschwert, daß die Beiwerte b grundsätzlich kleiner als a und c sind.

Damit ist die Ermittlung von $\sigma_n (h_0, x)$ auf die Auflösung eines linearen dreigliedrigen Gleichungssystems zurückgeführt. Mit $\sigma_n (h_0, x)$ ist nach Gleichung (1) auch die gesamte Eigenspannung $\sigma (h_0, x)$ bekannt.

Es kann erwünscht sein, die Randspannung $\sigma (h_0, h_0)$ auf der Gegenseite der Schweißnaht schnell — d. h. ohne Auflösung des Gleichungssystems — näherungsweise zu ermitteln. Eine solche Näherungsgleichung kann leicht aus Gleichung (27 d) abgeleitet werden.

Wir nehmen an, die erste Abarbeitungsschicht Δx_n sei klein, so daß in Gleichung (27 d) ohne nennenswerten Fehler $\sigma_{n-1} = \sigma_n$ gesetzt werden kann. Dann geht Gleichung (25 c) über in

$$\alpha_n = \alpha_n' = \Delta F_n \left(x_n - s_n - \frac{\Delta x_n}{2} \right).$$

Das ist gleichbedeutend damit, daß man σ_n über die ganze Fläche ΔF_n gleichmäßig verteilt annimmt und die Kraft $P_n = \sigma_n \cdot \Delta F_n$ im Schwerpunkt der Fläche ΔF angreifen läßt. Es ergibt sich aus Gleichung (27 d):

$$(29) \qquad \sigma_n = \sigma_n (h_0, h_0) = - \frac{\Delta M_n}{\Delta F_n r_n}.$$

Darin ist

$$(29 \text{a}) \qquad \left\{ \begin{aligned} r_n &= h_0 + 2 \Delta s_n - \Delta x_n \\ \text{oder} \quad &= x_{n-1} - s_{n-1} + \frac{\Delta x_n}{2}. \end{aligned} \right.$$

Hieraus folgt gemäß Gleichung (1) die Randspannung

$$(30) \qquad \sigma (h_0, h_0) = - \frac{\Delta M_n}{\Delta F_n r_n} + \frac{M (h_0)}{J_0} \frac{h_0}{2}.$$

Das mitgeteilte Verfahren und die damit gewonnenen Gleichungen (27), (27 a), (29) und (30) gelten nicht nur für I-Querschnitte, sondern ganz allgemein für einfach symmetrische Querschnitte, wenn die Eigenspannungsquellen in der Symmetrieebene oder zu dieser symmetrisch liegen und die Querschnittsbreite b innerhalb des jeweiligen Differenzenbereiches Δx konstant ist oder als konstant angesehen werden kann. Auf diesem Wege sind auch Walzspannungen in I-Trägern bestimmt worden. Die Genauigkeit des Verfahrens ist natürlich von der Größe der Abarbeitungsschritte Δx abhängig.

Im Anschluß an die theoretischen Betrachtungen sei noch kurz die Ermittlung der Stabkrümmung erläutert. In Gleichung (6) wurde angegeben

$$M_{(h)} = E J_h \frac{1}{\varrho_h}.$$

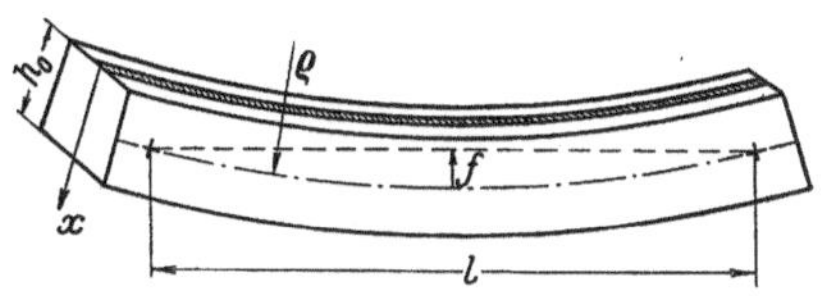

Abb. 7.

Die ϱ-Werte, die die Grundlage des Verfahrens bilden, werden nicht unmittelbar beim Versuch gemessen, vielmehr in mittelbarer Weise wie folgt bestimmt. Die Versuchsmessungen umfassen den Biegepfeil f in Stabmitte und die Sehnenlänge l (Abb. 7). Unter der zulässigen Voraussetzung, daß der Stab in einem Kreisbogen gekrümmt ist, ergibt sich die Krümmung zu

$$(31) \qquad \frac{1}{\varrho} = \frac{f}{\frac{l^2}{8} + \frac{f^2}{2}}.$$

Feinmessungen zeigten, daß sich die Sehnenlänge l durch die Abarbeitung sehr wenig ändert. Es ist daher berechtigt, in Gleichung (31) eine konstante mittlere Länge l einzusetzen. Weiterhin ist f gegenüber l sehr klein, so daß die Vernachlässigung von f^2 im Nenner der Gleichung (31) zulässig ist. Damit vereinfacht sich Gleichung (31) zu

$$(31\,\mathrm{a}) \qquad \frac{1}{\varrho} = \frac{8f}{l^2},$$

und die Gleichungen (6) und (15) lauten

$$(32) \qquad M_{(x)} = \frac{8E}{l^2} J_x f_x,$$

$$(33) \qquad \varphi_{(x)} = \frac{8E}{l^2} f_x.$$

Versuch.

Mitgeteilt wird die Durchführung und Auswertung eines Versuches mit einem 700 mm langen, ausgeglühten I-Träger, auf dessen Außenseite eines Flansches eine Längsraupe mit einer 4 mm dicken, umhüllten Elektrode mittig gelegt wurde. Links und rechts von der

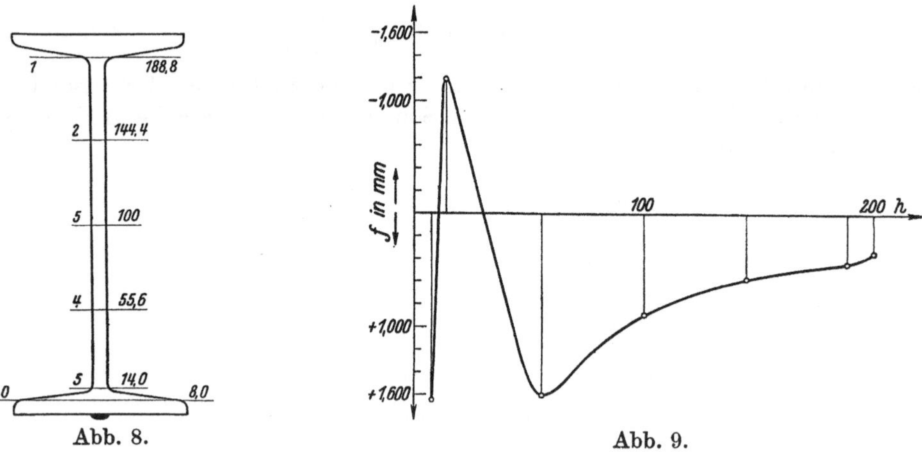

Abb. 8.   Abb. 9.

Schweißnaht befinden sich die Meßdollen, deren Entfernung 650 mm beträgt. Die Abarbeitungsschichten sind in Abb. 8 erkenntlich. Die Durchbiegungspfeile wurden sowohl mit Spezialmikroskopen als auch mit Kienzle-Uhren gemessen. Beide Geräte gestatten die Durchbiegung auf $^1/_{100}$ mm genau abzulesen und auf $^1/_{1000}$ mm zu schätzen.

Die Kurve *1* in Abb. 9 gibt die gemessenen Werte für f wieder. Daraus ergeben sich nach Gleichung (32)

$$M_{(x)} = \frac{8E}{l^2} J_x f_x = \frac{8 \cdot 21\,000}{650^2} J_x f_x,$$

$$M_{(x)} = 0{,}398\, J_x f_x.$$

Die Zahlenrechnung enthält die nachstehende Tafel.

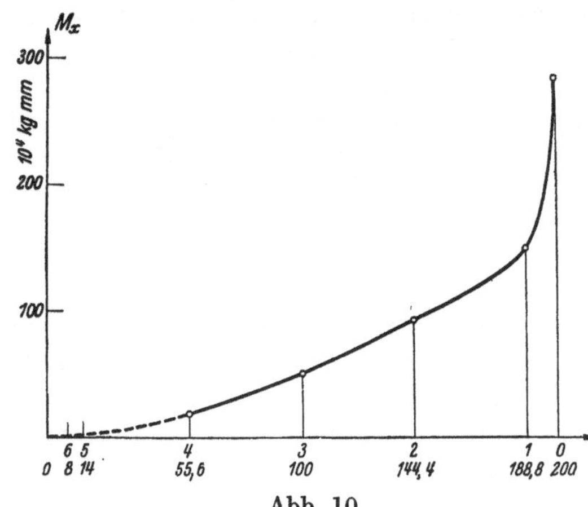

Abb. 10.

Schnitt	Abarbeitung h in mm	J_x 10^4 mm	f mm	$M_{(x)}$ 10^4 kg/mm²
0	200,0	2140,0	$+\,0{,}328$	$+\,278{,}1$
I	188,8	862,0	$+\,0{,}428$	$+\,146{,}9$
II	144,4	409,5	$+\,0{,}563$	$+\,91{,}6$
III	100,0	140,4	$+\,0{,}890$	$+\,49{,}2$
IV	55,6	25,9	$+\,1{,}607$	$+\,16{,}5$
V	14,0	1,0	$-\,1{,}190$	$-\,0{,}474$
VI	8,0	0,38	$+\,1{,}645$	$+\,0{,}249$

Die Auftragung der $M_{(x)}$-Werte liefert Kurve *1* in Abb. 10. Nunmehr wird das Gleichungssystem für die in Abb. 11 erkenntlichen Intervalle aufgestellt, so daß sich 11 Gleichungen ergeben. Die Beiwerte h_i, b_i und c_i berechnen sich nach der folgenden Tafel.

Punkt	x mm	x mm	s mm	s mm	F mm²	$\dfrac{\alpha'_i}{s_i}$	$-c_i = \dfrac{\alpha_i}{s_i}$	b_i	a_i
0	0,0	0,0	0,0	0,0	0,0	0,0	0,0	0,0	0,0
1	11,2	11,2	5,6	5,6	100,8	− 336,0	+ 336,0	+ 336,0	+ 0,0
2	33,4	22,2	8,2	2,6	166,5	+ 666,0	+ 1138,9	+ 678,0	+ 672,0
3	55,6	22,2	12,5	4,3	166,5	+ 1096,7	+ 1380,8	+ 208,7	+ 832,5
4	77,8	22,2	18,4	5,9	166,5	+ 1269,8	+ 1467,4	+ 277,5	+ 1263,2
5	100,0	22,2	25,5	7,1	166,5	+ 1400,8	+ 1574,0	+ 233,1	+ 1436,3
6	122,2	22,2	33,4	7,9	166,5	+ 1560,7	+ 1716,1	+ 179,8	+ 1567,3
7	144,4	22,2	41,5	8,1	166,5	+ 1811,5	+ 1962,5	+ 71,1	+ 1727,2
8	166,6	22,2	50,0	8,5	166,5	+ 1995,8	+ 2142,3	+ 133,2	+ 1978,0
9	188,8	22,2	59,3	9,3	166,5	+ 2051,3	+ 2186,7	+ 257,5	+ 2162,3
10	200,0	11,2	100,0	40,7	100,8	+ 2291,5	+ 2384,5	+ 61,7	+ 2217,8
							0,0	+ 3392,5	+ 3299,5

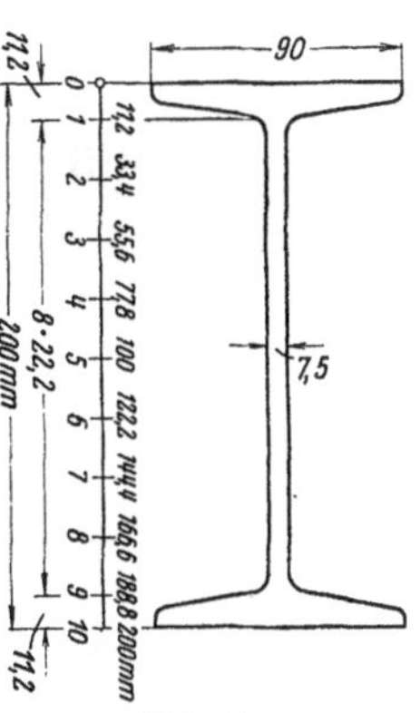

Abb. 11.

Um die „Belastungsglieder" der Gleichungen zu ermitteln, werden die einzelnen M-Werte aus der Kurve *1* in Abb. 10 entnommen. Damit ergeben sich folgende weitere Zahlenrechnungen:

Punkt	$M_{(x)}$ 10^4 kg/mm	M_i 10^4 kg/mm	$2\dfrac{M_i}{s_i}$	$2\dfrac{M_i}{s_i} - 2\dfrac{M_{i-1}}{s_{i-1}}$
0	0	0	0	
1	2,5	2,5	8920	+ 8920
2	7,0	4,5	34600	+ 25680
3	16,5	9,5	44200	+ 9600
4	31,6	15,1	51150	+ 6950
5	49,2	17,6	49600	− 1550
6	69,6	20,4	51700	+ 2100
7	91,6	22,0	54300	+ 2600
8	117,0	25,4	59750	+ 5450
9	146,9	29,9	64300	+ 4550
10	278,1	131,2	64600	+ 300

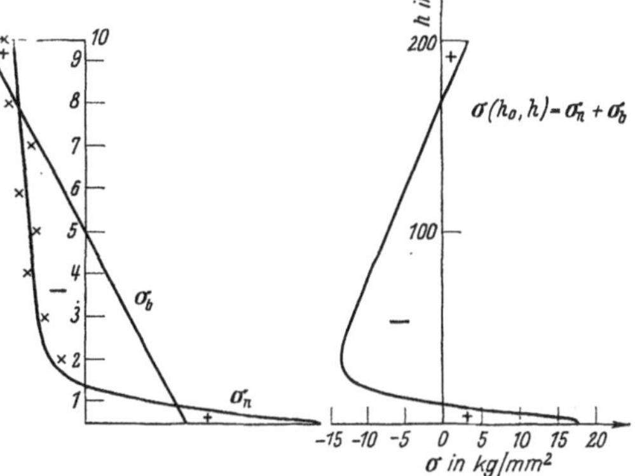

Abb. 12.

Mit den in vorstehenden Tafeln errechneten Werten lautet dann das Gleichungssystem nach Gleichung (27 c) und (27 d)

$$336,0\,\sigma_0 - 336,0\,\sigma_1 = 8\,920$$
$$672,0\,\sigma_0 + 678,0\,\sigma_1 - 1138,9\,\sigma_2 = 25\,680$$
$$832,5\,\sigma_1 + 208,7\,\sigma_2 - 1380,8\,\sigma_3 = 9\,600$$
$$1263,2\,\sigma_2 + 277,5\,\sigma_3 - 1467,4\,\sigma_4 = 6\,950$$
$$1436,3\,\sigma_3 + 233,1\,\sigma_4 - 1574,0\,\sigma_5 = 1\,550$$
$$1567,3\,\sigma_4 + 179,8\,\sigma_5 - 1716,1\,\sigma_6 = 2\,100$$
$$1727,2\,\sigma_5 + 71,1\,\sigma_6 - 1962,5\,\sigma_7 = 2\,600$$
$$1978,0\,\sigma_6 + 133,2\,\sigma_7 - 2142,3\,\sigma_8 = 5\,450$$
$$2162,3\,\sigma_7 + 257,5\,\sigma_8 - 2186,7\,\sigma_9 = 4\,550$$
$$2217,8\,\sigma_8 + 61,7\,\sigma_9 - 2384,9\,\sigma_{10} = 300$$
$$3299,5\,\sigma_9 + 3299,5\,\sigma_{10} = -64\,600$$

Die Auflösung liefert die in Abb. 12 aufgetragene σ_n-Kurve. Die noch hinzukommende Biegespannung $\sigma_b\,(h_0,\,x)$ ergibt sich nach Gleichung (18) für $x = 0$, wo die Schweißnaht liegt, zu

$$\sigma_b\,(h_0,\,0) = -\frac{M(h_0)}{J_0}\left(\frac{h_0}{2}\right) - 0 = -\frac{278,1 \cdot 10^4}{2140 \cdot 10^4} \cdot 100 = -13 \text{ kg/mm}^2.$$

Abb. 12 stellt als Überlagerung beider Spannungen die gesuchten Eigenspannungen dar. Vergleichsweise durchgeführte Versuche mit Rückfederungsmessungen ergeben befriedigende Übereinstimmung bis auf die Verteilung der Eigenspannung in dem Flansch, auf dem die Schweißnaht liegt. Diese Feststellung entspricht der getroffenen Voraussetzung, wonach die ermittelten Eigenspannungen in jeder Höhenschicht über die Querschnittsbreite konstant sind. Infolgedessen kann diese Berechnung nur eine Durchschnittsspannung liefern und nicht die in Wirklichkeit am Flansch mit Schweißnaht vorhandene ungleichmäßige Spannungsverteilung. Die Spitzenspannung ist also größer als die ermittelten Werte. Über diesen Ungleichförmigkeitsgrad der Spannungen sind besondere Betrachtungen anzustellen, ebenso über die Frage des werkstofflichen Widerstandes in den meistbeanspruchten Zonen[1].

[1] Klöppel: Elektroschweißg. 1941 Heft 12 Dezember 1941; Heft 1 Januar 1942 und Heft 2 Februar 1942.

(Eingegangen am 19. 2. 1942.)

Analytische Untersuchungen über die ungünstigste Lage von Gleitflächen.

Von **H. Lorenz**, Berlin-Tempelhof.

Mit 5 Abbildungen.

Die Untersuchung der Gleitsicherheit von Bauwerken in der Nähe von Böschungen sowie von hoch belasteten Einzelfundamenten wie Brückenpfeilern u. dgl. wird bekanntlich in der Weise vorgenommen, daß die Form der Gleitfläche als bekannt vorausgesetzt wird, also entweder ebene Gleitflächen (Klassische Erddrucktheorie) oder kreisförmige Gleitflächen (Fellenius) oder endlich spiralförmige Gleitflächen (Rendulic) zugrunde gelegt werden. Es soll nicht der Zweck der vorliegenden Abhandlung sein, zu untersuchen, welche Gleitflächenform der Natur am nächsten kommt, sondern es soll eine analytische Methode entwickelt werden, welche die Schwierigkeiten, die sich der üblichen Behandlung der Gleitsicherheituntersuchungen entgegenstellen, nach Möglichkeit beseitigt.

Diese Schwierigkeiten sind folgende:

Bei gegebenen Belastungs- und Geländeverhältnissen sowie bei Kenntnis der bodenmechanischen Eigenschaften der Bodenschichten ist die Aufgabe gestellt, diejenige Gleitfläche zu finden, für welche der Sicherheitsgrad, d. h. der Quotient aus den rückhaltenden Momenten dividiert durch die aktiven Momente, möglichst klein wird. Diese Aufgabe wird bekanntlich so gelöst, daß man eine zur wahrscheinlichsten Gleitrichtung gedachte, senkrechte Erdscheibe von der Mächtigkeit 1 untersucht, also das an sich räumliche Problem auf ein ebenes Problem zurückführt. Sodann wird der Erdkörper in Lamellen zerlegt und die einzelnen Lamellengewichte bestimmt, endlich die Momente der Gewichte um den Gleitflächenpol — das ist in diesem Fall der Mittelpunkt des Kreises — gebildet und bei kreisförmigen Gleitflächen die Momente der Reibungskräfte, welche in der Tangierungsebene des Gleitkreises liegen, ermittelt. Dieses Verfahren ist so oft anzuwenden, bis die ungünstigste Lage der Gleitfläche, d. h. also der ungünstigste Kreismittelpunkt und der ungünstigste Radius gefunden ist. Theoretisch sind ∞^3 mögliche Gleitflächen zu untersuchen, von denen natürlich eine ganze Reihe als praktisch unmöglich von vornherein ausschalten. Diese übliche Berechnungsweise hat den unangenehmen Charakter einer reinen Versuchsrechnung, und zwar erschwert dadurch, daß das Aufsuchen des Kreismittelpunktes und des Radius völlig systemlos erfolgen muß; also selbst bei sorgfältigster Anwendung dieses Verfahrens bleibt immer noch die Frage offen, ob es wirklich gelungen ist, die ungünstigste Gleitfläche aufzufinden. Eine weitere Schwierigkeit des bekannten Verfahrens ist diejenige, daß nur bei sehr schmalen Lamellen die Momente aus den Reibungskräften angenähert richtig sind und daß, wie nachher bewiesen werden soll, die Momente aus Reibungskräften von Lamellen mit endlicher Streifenbreite stets größer sind als die Reibungskräfte bzw. Momente, welche sich durch die Integration über die Lamellenbreite ergeben.

Durch diese einfache Betrachtung erkennt man, daß der Sicherheitswert, der sich bei der Ermittlung nach der bekannten Methode ergibt, erheblich über 1 liegen muß, um insbesondere bei der Annahme endlich breiter Lamellenstreifen die Ungenauigkeit der Rechenmethode auszugleichen. Falls dies nicht möglich ist, d. h. wenn die ungünstigste Gleitfläche schon Sicherheitsgrade ergibt, die nicht wesentlich über 1 liegen, dann bleibt zur exakten Bestimmung nur noch der Weg, die Lamellen möglichst schmal zu wählen, was aber wiederum eine bedeutende Arbeitserschwernis mit sich bringt.

Um nun diese oben genannten Schwierigkeiten zu beseitigen, soll der Versuch gemacht werden, den ungünstigsten Sicherheitsgrad analytisch zu bestimmen. Zu diesem Zweck muß die Funktion des Sicherheitsgrades

$$(1) \qquad \eta = \frac{M_r + M_{r_p}}{M_a + M_P}$$

aufgestellt werden, wobei M_r die Summe aller Reibungsmomente, M_{r_p} die Reibungsmomente aus der Bauwerkslast, M_a die Summe aller aktiven Momente und endlich M_P das Moment der Bauwerkslast um den Drehpol bedeutet. Die Werte für M_r, M_{r_p} und M_a können durch Integration über den entsprechenden Teil des über der Gleitfläche anstehenden Erdkörpers gefunden werden. Später werden einige Beispiele für bestimmte Geländeverhältnisse eingehend untersucht. Die Aufgabe ist nun, den Minimalwert der Funktion η zu ermitteln. η ist eine Funktion der Veränderlichen x, y und r, wenn man in dem Kartesischen Koordinatensystem x und y als Koordinaten des Kreismittelpunktes und r als die Länge des Radius einführt. Die Funktion η hätte also bei dieser Darstellung 3 unabhängige Veränderliche. Da aber im allgemeinen ein Punkt der Gleitfläche festliegt, nämlich die rückwärtige Bauwerksbegrenzung, durch die unter allen Umständen die Gleitfläche führen muß, ist eine erhebliche Vereinfachung der Rechnung dadurch zu erzielen, daß man statt des Kartesischen Koordinatensystems Polarkoordinaten einführt. In diesem Fall ist nämlich der Pol der Gleitfläche durch den Radius r und dessen Neigung φ gegen die Horizontale bestimmt, wenn man als Zentrum des Polarkoordinatensystems den erwähnten Eckpunkt des Bauwerkes annimmt. Die Funktion

$$\eta = f(R,\varphi)$$

hat dann nur noch 2 unabhängige Veränderliche. Die Bestimmung der ungünstigsten Lage der Gleitfläche, d. h. des ungünstigsten Momentpoles und Radius ist durch partielle Differentiation und Nullsetzung nunmehr möglich. $\eta_{\min}$ wird also erreicht durch

$$\frac{\partial f}{\partial R} = 0 \quad \text{und} \quad \frac{\partial f}{\partial \varphi} = 0.$$

Die Funktionen für R und φ, die sich auf diese Weise ergeben, sind komplizierter Natur, und die Lösung des Gleichungssystems ist mehrdeutig. Daher liegt der ungünstigste Pol im allgemeinen auf einer Kurve, die den obigen Bedingungen genügt, d. h. man kann denselben ungünstigsten Wert für η durch unendlich viele Gleitflächen finden.

Um nun auf Grund der allgemeinen Betrachtungen zu praktischen Ergebnissen zu kommen, ist es erforderlich, für die Geländeform verschiedene Annahmen zu treffen.

Zuerst sollen kreisförmige Gleitflächen betrachtet werden, und zwar zunächst mit der vereinfachenden Annahme, daß die Oberfläche horizontal ist und der Pol sich beliebig in der Ebene bewegen kann, wobei die eine Einschränkung gemacht wird, daß die Gleitfläche durch die rückwärtige Bauwerkskante verläuft. Für diesen Fall ergibt sich folgender Rechnungsgang:

$$(1) \qquad \eta = \frac{M_r + M_{r_p}}{M_P + M_a}.$$

Die aktiven Momente M_a fallen bei dieser Definition des Sicherheitsgrades aus der Gleichung. Versteht man dagegen unter

$$(2) \qquad \eta = \frac{M_r + M_{r_p} + M_n}{M_a + M_P},$$

wobei jetzt M_n die links vom Pol wirkenden Momente aus dem Erdkörper, M_a die rechts vom Pol wirkenden Momente bedeuten, so sind für die obigen Annahmen die Momente M_a und M_n gleich groß, fallen aber nicht aus der Gleichung, und es ergibt sich aus der zweiten Definition — wie man sich leicht überzeugen kann — ein etwas geringerer Sicherheitsgrad. Die einzelnen Momente können wie folgt angesetzt werden:

$$(3) \qquad M_a = \gamma\,\frac{r^3}{3}\int\limits_{\varphi_1}^{\frac{\pi}{2}}\left(1 - \frac{\sin^3\varphi_1}{\sin^3\varphi}\right)d\varphi,$$

$$(4) \qquad M_n = \gamma\,\frac{r^3}{3}\int\limits_{\frac{\pi}{2}}^{\varphi_2 = 180 - \varphi_1}\left(1 - \frac{\sin^3\varphi_1}{\sin^3\varphi}\right)d\varphi,$$

$$(5) \qquad M_r = \frac{\gamma\, m\, r^3}{3} \int\limits_{\varphi_1}^{\varphi_2 = 180 - \varphi_1} \left(\sin\varphi - \frac{\sin^2\varphi_1}{\sin\varphi}\right) d\varphi = \frac{\gamma\, m\, r^3}{3}\left(2\cos\varphi_1 - \sin^2\varphi_1 \ln \mathrm{ctg}^2\varphi_1\right)$$

$(m = \mathrm{tg}$ des Reibungswinkels $\varrho)$.

Die Reibungsmomente aus Bauwerkslast sind

$$(6) \qquad M_{r_p} = m\, r^2\, p \int\limits_{\varphi_1}^{\varphi_p} \sin\varphi\, d\varphi \,.$$

Hier bedeutet p die Bauwerkslast pro m² Fundamentfläche. Die Bedeutung des Winkels φ_p

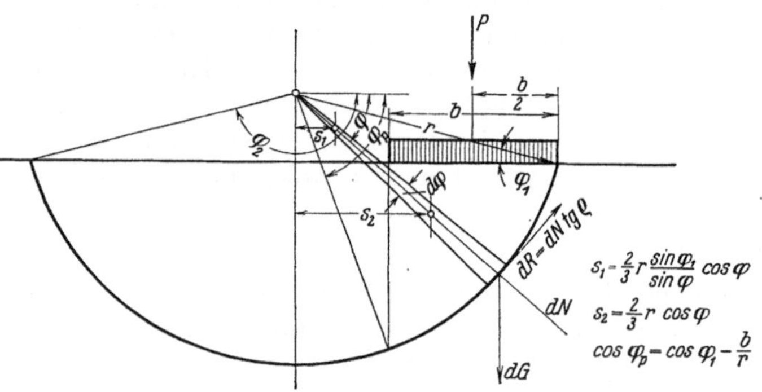

Abb. 1. Gleitsicherheitsuntersuchung mit Kreisen.

ist aus der Abb. 1 ersichtlich. Der Wert φ_p kann unter Benutzung der Beziehung

$$(7) \qquad \cos\varphi_p = \cos\varphi_1 - \frac{b}{r}$$

durch bekannte Größen ausgedrückt werden, und man erhält durch Integration

$$(8) \qquad M_{r_p} = m\, p\, b\, r \,.$$

Die Momente aus Bauwerkslast werden zu

$$(9) \qquad M_p = P\left(r\cos\varphi - \frac{b}{2}\right).$$

Die Funktion η hat, wie man aus den obigen Formeln ersehen kann, die Veränderlichen r und φ. Der Ansatz

$$(10) \qquad \frac{\partial\eta}{\partial r} = 0$$

führt auf die Gleichung:

$$(11) \qquad \gamma\left(2\cos\varphi - \sin^2\varphi \ln\mathrm{ctg}^2\varphi\right)\left(\tfrac{4}{3} r^3 \cos\varphi - b\, r^2\right) - p\, b^2 = 0 \,,$$

also auf eine Gleichung dritten Grades für r.

Der weitere Ansatz

$$(12) \qquad \frac{\partial\eta}{\partial\varphi} = 0$$

führt auf die Gleichung:

$$(13) \qquad 2\gamma\, r^2\left[1 - \left(2\cos^2\varphi + \sin^2\varphi\right)\ln\mathrm{ctg}\,\varphi\right] + \gamma\, r\left[b\left(1 - \frac{1}{\cos\varphi} + \cos\varphi \ln\mathrm{ctg}^2\varphi\right)\right] + 3\, p\, b = 0 \,,$$

also auf eine quadratische Gleichung für r.

Die Lösung dieses Gleichungssystems erfolgt zweckmäßigerweise graphisch und führt auf zusammengehörige Wertepaare für r und φ, wovon jedes Wertepaar einen extremen Drehpol angibt. In dem vorliegenden Fall ergibt sich eine reelles Wertepaar, welches zu dem Drehpol gehört, der der ungünstigsten Gleitfläche zuzuordnen ist.

Die Aufgabe, die ungünstigste kreisförmige Gleitfläche auf analytischem Wege zu suchen, ist somit gelöst, und es ist nun einfach, für die vorkommenden Belastungsfälle ein Nomogramm für $\eta_{\min}$ aufzustellen. Dieses Nomogramm (Abb. 2) hat auf der Ordinatenachse den Wert $\frac{\eta_{\min}}{m}$, auf der Abszissenachse $\frac{P}{\gamma}$ aufgetragen.

Aus dem Nomogramm kann also für jede Bauwerksbreite und jeden Reibungswinkel sowie für alle Belastungsfälle der Wert $\eta_{\min}$ abgelesen werden. Wenn man nun zum Vergleich nach der bisher bekannten Methode für kreisförmige Gleitflächen z. B. unter Annahme folgender Werte:

$$\gamma = 1, \qquad P = 20\,t, \qquad b = 5\,m$$

und unter Benutzung des auf analytischem Wege gefundenen ungünstigsten Drehpols die Gleitsicherheitsuntersuchung anstellt, so erhält man einen Sicherheitsgrad von 2,64. Dagegen ergibt die rein analytische Untersuchung bei derselben Definition des Sicherheitsgrades den Wert von 2,36. Dieser Unterschied erklärt sich aus der bereits vorn festgestellten Tatsache, daß sich die Reibungsmomente bei graphischer Ermittlung durch Lamellenaufteilung stets etwas größer ergeben als auf analytischem Wege. Außerdem dürfte aber auch die Ungenauigkeit bei der Ermittlung der Reibungskräfte nach dem bekannten Verfahren einen nennenswerten Anteil an dem Unterschied in den gewonnenen Sicherheitsgraden verursacht haben. Man sieht also, daß die Bestimmung des η-Wertes auf analytischem Wege erstens schneller, zweitens aber auch wesentlich genauer erfolgen kann.

Während die vorstehenden Untersuchungen und Betrachtungen sich ausschließlich mit kreisförmigen Gleitflächen befaßt haben, soll nunmehr der Versuch gemacht werden, spiralförmige Gleitflächen in die mathematische Betrachtung einzubeziehen, wobei die spiralförmigen Gleitflächen der Gleichung

$$(14) \qquad r = r_0\, e^{m\varphi}$$

genügen sollen, also logarithmische Spiralen sind. Die Anwendung derartiger Spiralen ist bereits von Rendulic vorgeschlagen worden, und zwar aus dem Grunde, weil bei der Benutzung spiralförmiger Gleitflächen die Momente aus den Reibungskräften wegen der Eigenschaft der Spirale, daß die Normale gegen den Polstrahl um den Winkel ϱ abweicht, zu Null werden. Die Anwendung logarithmischer Spiralen zur Untersuchung der Gleitsicherheit bietet erhebliche Vorteile. Leider ist sie zur Zeit noch auf homogene Bodenarten beschränkt, weil nämlich der Reibungswinkel in die Formel für die Spirale als Exponent der Basis des natürlichen Logarithmus e eingeht, man also nicht in der Lage ist, Gleitflächen anzulegen, die verschiedenen Reibungswinkeln entsprechen. Diese Schwierigkeiten können auch auf analytischem Wege beseitigt werden. In der vorliegenden Abhandlung wird aber nur der einfachere Fall, nämlich der des homogenen Bodens bei horizontalem Gelände untersucht und zunächst diejenigen

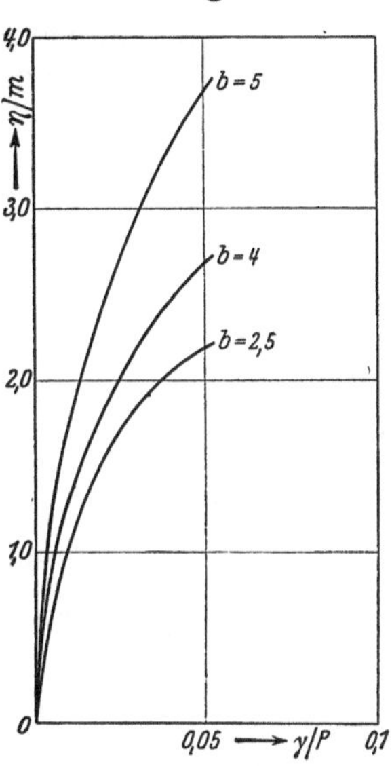

Abb. 2. Nomogramm zur Ermittlung des Sicherheitsgrades bei kreisförmigen Gleitflächen.

spiralförmigen Gleitflächen betrachtet, deren Pol in der Geländeoberfläche liegt, wobei wiederum die Gleitfläche durch die rückwärtige Bauwerksbegrenzung laufen soll. Der Sicherheitsgrad η muß für diesen Fall wie folgt angesetzt werden:

$$(15) \qquad \eta = \frac{\int\limits_0^\pi r_0^3\, e^{3m\varphi} \cos\varphi\, d\varphi}{3P\left(r_0 - \dfrac{b}{2}\right)}.$$

Hierin bedeutet P die Bauwerkslast, r_0 den gesuchten Abstand des Poles von der Hinterkante Bauwerk, b die Breite des Bauwerkes. Das Aufsuchen der ungünstigsten Lage des Drehpols, also der Nullstelle für die Funktion

$$\frac{d\eta}{dr_0},$$

ist unter den obigen Annahmen sehr einfach und führt auf die Beziehung

$$(16) \qquad r_0 = \tfrac{3}{4}\, b.$$

Man erkennt also, daß der ungünstigste Pol im Dreiviertelpunkt der Bauwerksbreite liegt.

Entsprechend der Erddrucktheorie wurde vorgeschlagen, bei Verwendung logarithmischer Spiralen die Gleitfläche so anzulegen, daß sie an einer unter dem Winkel $\dfrac{\pi}{4} + \dfrac{\varrho}{2}$ gegen die Waagerechte geneigten Ebene tangiert. Auch diese Annahme wurde untersucht, wobei sich die aus der Abb. 3 ersichtlichen Beziehungen ergeben. Der Ansatz für die Gleitsicherheit η heißt dann

$$(17) \qquad \eta = \frac{r_0^3 \int\limits_{\varphi_1}^\pi e^{3m\varphi} \cos\varphi\, d\varphi + r_0^3\, e^{3m\varphi_1} \sin\varphi_1 \cos^2\varphi_1}{3P\left(r_0 - \dfrac{b}{2}\right)}.$$

Der Abstand des Drehpols von der rückwärtigen Gebäudekante wird

$$t = 2\,r_0\,e^{m\varphi_1}\cos\varphi_1 .$$

Durch Differenzieren und Nullsetzen erhält man aber auch hier den Wert

$$t = \tfrac{3}{4}\,b ,$$

also dasselbe Ergebnis wie oben.

Dieses Ergebnis steht im Widerspruch zu den in der Abhandlung „Fortschritte der Baugrunduntersuchungen" von A. Ramspeck und R. Müller (Z. VDI Bd. 80 Nr. 37 v. 12. 9. 1936) in Abb. 9 niedergelegten Voraussetzungen für die ungünstigste Spirale und beweist, daß diese angenommenen Spiralen noch zu große Sicherheitsgrade ergeben.

Wenn man nun die Vorschrift, daß sich der Pol in der Geländeoberfläche bewegen muß, fallen läßt, also den weiteren Freiheitsgrad einführt, daß der Pol einen beliebigen Punkt in der Ebene einnehmen kann (Abb. 4), so wird die rechnerische Behandlung etwas komplizierter. Denn es ist jetzt nicht mehr möglich, die Grenzwerte der Integration wie vorher von $0-\pi$ fest anzusetzen, vielmehr hängt jetzt der Integrationsbereich von der Lage der Gleitfläche ab.

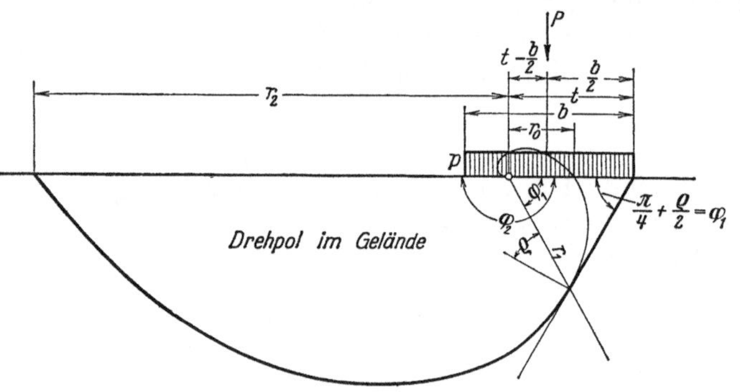

Abb. 3. Gleitsicherheitsuntersuchung mit logarithmischer Spirale $r = r_0 e^{m\varphi}$.

Es müssen also die Grenzwinkel φ_1 und φ_2 sowie die Polstrahlen r_1 und r_2, welche diese Winkel mit der Horizontalen einschließen, als veränderlich eingesetzt werden, jedoch mit der Nebenbedingung, daß stets die Gleichung der Spirale erfüllt bleibt. Eine weitere Nebenbedingung gewinnt man aus der Überlegung, daß die Grenzwinkel φ_1 und φ_2 denjenigen Punkten zuzuordnen sind, wo die Geländeoberfläche die Spirale schneidet. Es ist somit die Spirale zum Schnitt zu bringen mit einer Geraden im Abstand a vom Pol, deren Gleichung in Polarkoordinaten lautet

$$r = \frac{a}{\sin\varphi} .$$

Man erhält so die Gleichung

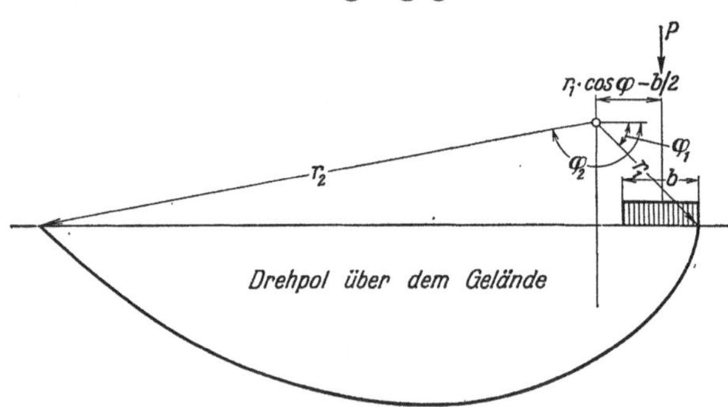

Abb. 4. Gleitsicherheitsuntersuchung mit logarithmischer Spirale.

$$(18) \qquad e^{m\varphi}\sin\varphi = \frac{a}{r_0} .$$

Diese Funktion ist nun leider nicht geschlossen nach φ zu lösen. Der naheliegende Gedanke, die Funktion nach einer Reihe zu entwickeln, mußte fallen gelassen werden, weil das Einsetzen mehrerer Glieder der Reihe in die weitere mathematische Behandlung außerordentlich umständlich wäre. Die Funktion für η ist im obigen Fall:

$$(19) \qquad \eta = \gamma\,\frac{r_0^3\displaystyle\int_{\varphi_1}^{\varphi_2} e^{3m\varphi}\cos\varphi\,d\varphi - \dfrac{r_1\sin\varphi_1}{6}\left(r_2^2\cos^2\varphi_2 - r_1^2\cos^2\varphi_1\right)}{3\,P\left(r_0\,e^{m\varphi_1}\cos\varphi_1 - \dfrac{b}{2}\right)} .$$

Wir haben wegen der oben angeführten Schwierigkeiten der analytischen Behandlung einen kombiniert graphisch-analytischen Weg eingeschlagen. Wir haben den Ausdruck $e^{m\varphi}\sin\varphi$ als Funktion von φ graphisch dargestellt, woraus man die aus der Abb. 5 ersichtliche Kurve erhält. Diese Kurve liefert zum Schnitt gebracht mit einer beliebigen Horizontalen die für den Ordinatenabschnitt dieser Horizontalen $\left(\dfrac{a}{r_0}\right)$ gehörenden Winkel φ_1 und φ_2.

Wenn man also in der obigen Gleichung für η nach Integration des betreffenden Ausdrucks die Beziehungen aus der Spiralengleichung verwendet und r_1 und r_2 durch die zugehörigen Funktionen von φ_1 und φ_2 ausdrückt, wird η eine Funktion der Werte r_0, φ_1 und φ_2 mit den Parametern m und b. Die Größe P scheidet als Koeffizient aus. Es ist also möglich, bei gleichzeitiger Benutzung der Beziehung $e^{m\varphi} \sin \varphi = \dfrac{a}{r_0}$ den Minimalwert für η aus den beiden Gleichungen

$$(20) \qquad \frac{\partial \eta}{\partial r_0} = 0 \qquad \text{und} \qquad (21) \qquad \frac{\partial \eta}{\partial \varphi_1} = 0$$

zu bestimmen. Man erhält aus (20)

$$\frac{2 r_0}{b} = F(\varphi_1, \varphi_2) \qquad \text{und aus (21)} \qquad \frac{2 r_0}{b} = f(\varphi_1, \varphi_2).$$

Mit (18) erhält man also 3 Gleichungen für die Werte r_0, φ_1 und φ_2, welche die Koordinaten des ungünstigsten Drehpols angeben.

Für bestimmte Werte für m ergeben sich die aus der nachstehenden Tafel ersichtlichen Werte für r_0, $\varphi_{1\,\mathrm{min}}$ und ηP

$$\begin{aligned}
\varrho &= 20^0 & 25^0 & \quad 32^0 30' \\
m &= 0{,}364 & 0{,}466 & \quad 0{,}637 \\
r_0 &= 0{,}815\,b & 0{,}87\,b & \quad 0{,}93\,b \\
\varphi_{1\,\mathrm{min}} &= 10^0 & 18^0 50' & \quad 25^0 10' \\
\eta P &= 189 & 460 & \quad 1571 \qquad (P \text{ in } t)
\end{aligned}$$

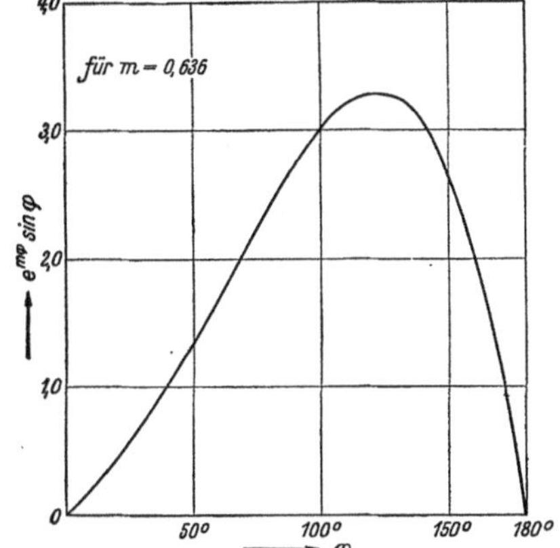

Abb. 5. Darstellung der Funktion $e^{m\varphi} \sin \varphi$.

An diesem Ergebnis ist bemerkenswert, daß die Größe der Bauwerkslast P keinen Einfluß auf die Lage der ungünstigsten Gleitfläche hat, eine Tatsache, die sich schon bei den Untersuchungen kreisförmiger Gleitflächen zeigte. Weiter ist auffallend, daß bei horizontaler Geländeoberfläche der Pol der ungünstigsten Spirale nicht im Gelände liegt, sondern erheblich höher. Weiterhin bietet die vorstehende Tafel eine Vergleichsmöglichkeit zwischen den Ergebnissen von Spiralen und Kreisen und zeigt, daß dieser Sicherheitsgrad unter Anwendung logarithmischer Spiralen stets erheblich größer als derjenige unter Benutzung von kreisförmigen Gleitflächen ausfällt. Es ergibt sich beispielsweise für

$$m = 0{,}364, \qquad P = 20\,\mathrm{t}, \qquad b = 5$$

aus den logarithmischen Spiralen ein Sicherheitswert von 9,45; man erhält dagegen bei Benutzung kreisförmiger Gleitflächen einen Wert von 1,35. Man erkennt, daß bei horizontalem Gelände die Anwendung logarithmischer Spiralen unzulässig ist.

Als Ergebnis der bisherigen Untersuchungen kann folgendes festgestellt werden:

Durch die rein analytische Untersuchung über die ungünstigste Lage des Momentenpols lassen sich sowohl für kreisförmige als auch für spiralförmige Gleitflächen geschlossene Ausdrücke finden, deren totale bzw. partielle Ableitungen gleich Null gesetzt die notwendige Anzahl von Gleichungen zur Bestimmung des geometrischen Ortes des Pols liefern. Die in der vorliegenden Abhandlung untersuchten Fälle beziehen sich ausnahmslos auf horizontales Gelände und nicht geschichteten Boden. Die Berechnungen für die übrigen wichtigen Lastfälle — Bauwerke an Böschungen sowie mehrfach geschichtete Bodenverhältnisse — sind bereits begonnen und werden ebenfalls zur Aufstellung von Nomogrammen für die einzelnen Lastfälle führen. Es ist damit zu rechnen, daß künftig bei fast allen vorkommenden Lastfällen die Gleitsicherheitsuntersuchung auf analytischem Wege möglich sein wird, wodurch das zeitraubende und außerdem ungenaue graphische Verfahren ausgeschaltet werden kann.

(Eingegangen am 6. 3. 1942.)

Biegung kreisförmiger Platten von veränderlicher Dicke.

Von **L. Mann**, Breslau.

Mit 2 Abbildungen.

1. Einleitung.

Die Integration der Biegungsgleichung für Kreis- und Kreisringplatten mit radial veränderlicher Dicke und der Nachweis des Konvergenzgrades an Hand numerischer Auswertung ist bereits für verschiedene Profile durchgeführt worden.

Pichler[1] hat Kreisplatten, deren Profil dem Gesetz $h = h_0\, e^{-\frac{\beta}{6}\left(\frac{r}{a}\right)^2}$ folgt und das sich bei positivem β nach außen hin verjüngt, für gleichmäßige Belastung berechnet. Gran Olsson[2] untersucht Kreisringplatten, deren Dicke nach außen zunimmt, insbesondere bei Biegung durch eine Einzelkraft am freien Innenrand bei eingespanntem Außenrand. Die zugrunde gelegte Profilkurve entspricht Steifigkeiten nach dem Gesetz $N = N_1 r^2$.

In der vorliegenden Arbeit wird die Kreis- oder Kreisringplatte mit einer Steifigkeit $N = N_0 + N_1 r^2$ untersucht, wobei die Konstanten so gewählt werden, daß die Platte sich nach außen verjüngt. Die Belastung wird proportional dem Abstand von einer in der Plattenebene liegenden Achse angenommen. Verschiedene Anwendungen dieses Sonderfalles hat bekanntlich Flügge[3] bei Kreisplatten mit konstanter Dicke durchgeführt.

2. Die Differentialgleichung der gebogenen Platte.

Der innere und äußere Radius der Kreisringplatte seien r_0 und r_1.

Wir setzen $r = \varrho\, r_1$, $r_0 = \varrho_0\, r_1$. Die Belastung pro Flächeneinheit sei K, dann lautet die Gleichung der gebogenen Platte in Polarkoordinaten:

$$(1) \qquad \varDelta\,(N\,\varDelta w) - (1-\mu)\left[\frac{1}{\varrho}\,N'\frac{\partial^2 w}{\partial\varrho^2} + N''\left(\frac{1}{\varrho}\frac{\partial w}{\partial\varrho} + \frac{1}{\varrho^2}\frac{\partial^2 w}{\partial\varphi^2}\right)\right] = K\,r_1^4.$$

Die Gleichung gilt allgemein für eine achsensymmetrische Platte mit beliebigem Profil. Sie folgt sofort aus einer Gleichung von Marcus*, wenn man zu Polarkoordinaten übergeht.

Der Laplacesche Operator lautet hier

$$\varDelta = \frac{\partial^2}{\partial\varrho^2} + \frac{1}{\varrho}\frac{\partial}{\partial\varrho} + \frac{1}{\varrho^2}\frac{\partial^2}{\partial\varphi^2}.$$

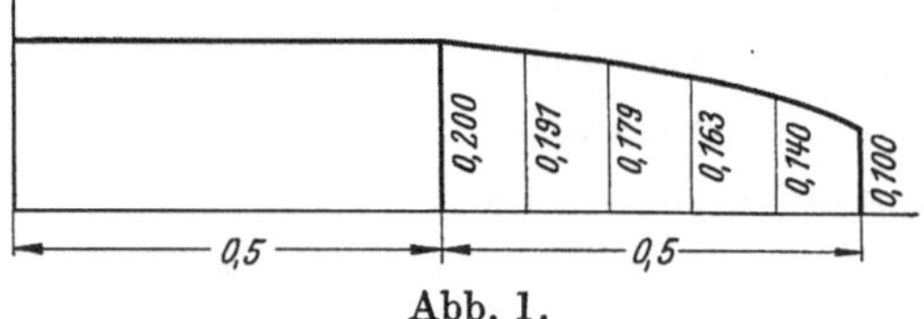

Abb. 1.

Wir führen nun quadratisch veränderliche Steifigkeit durch die Beziehung ein:

$$(2) \qquad N = N_0\,\frac{1 - t\varrho^2}{1 - t\varrho_0^2},$$

wobei t so bestimmt werde, daß am Außenrand ($\varrho = 1$) die Profilhöhe h_1 sei. Es folgt hiermit

$$(3) \qquad t = \frac{1 - \left(\frac{h_1}{h_0}\right)^3}{1 - \varrho_0^2\left(\frac{h_1}{h_0}\right)^3}.$$

N_0 und h_0 sind die Steifigkeit und die Profilhöhe am Innenrand oder bei voller Platte im Mittelpunkt.

Abb. 1 stellt das Profil dar für $\varrho_0 = 0{,}5$, $\frac{h_1}{h_0} = 0{,}5$ und für $\frac{h_0}{r_1} = 0{,}2$. Dabei ist $t = 0{,}903$. $t = 0$ entspricht der Platte bei konstanter Dicke, während $t = 1$ dem praktisch auszuschließenden Fall $h_1 = 0$ entspricht.

[1] Piehler, O.: Die Biegung kreissymmetrischer Platten von veränderlicher Dicke. Berlin 1928.
[2] Olsson, Gran: Ing.-Arch. Bd. 10 (1939) S. 14 u. 259.
[3] Flügge: Bauingenieur Bd. 10 (1929) S. 221.
* Marcus, H.: Theorie elast. Gewebe Bd. 1. S. 94. 2. Aufl. Berlin 1932.

Den Ausdruck für N nach (2) und die daraus folgenden Größen

$$\frac{N'}{\varrho} = N'' = -2\,t\,\frac{N_0}{1 - t\,\varrho_0^2}$$

führen wir in Gleichung (1) ein und erhalten[1]:

$$(4) \qquad \varDelta\left[(1 - t\,\varrho^2)\,\varDelta w\right] + 2\,(1 - \mu)\,t\,\varDelta w = \frac{K\,r_1^4}{N_0}\,(1 - t\,\varrho_0^2)\,.$$

3. Antimetrischer Lastfall.

Bei entsprechender Wahl eines rechtwinkeligen Achsenkreuzes im Kreismittelpunkt läßt sich die Belastung K auf die Form bringen:

$$K = K_0 + K_1\,\frac{x}{r_1} = K_0 + K_1\,\varrho\,\cos\varphi\,.$$

Wir betrachten getrennt den Einfluß von K_0 und $K_1\,\varrho\,\cos\varphi$ und beschäftigen uns zunächst mit dem zweiten Teilbetrag, den wir rechts in Gleichung (4) einführen. Zur Lösung benutzt man den Ansatz

$$(5) \qquad w = v\cos\varphi\,,$$

worin v eine Funktion von ϱ bedeutet.

Dann gilt zunächst

$$\varDelta w = \left(v'' + \frac{1}{\varrho}\,v' - \frac{v}{\varrho^2}\right)\cos\varphi = D(v)\cos\varphi\,.$$

Allgemein sei

$$(6\,\mathrm{a}) \qquad D(U) = U'' + \frac{1}{\varrho}\,U' - \frac{U}{\varrho^2}\,,$$

wofür sich auch schreiben läßt:

$$(6\,\mathrm{b}) \qquad D(U) = \frac{d}{d\varrho}\left(\frac{dU}{d\varrho} + \frac{U}{\varrho}\right)\,.$$

Setzen wir dann

$$(7) \qquad U = (1 - t\,\varrho^2)\,D(v) + 2\,(1 - \mu)\,t\,v\,,$$

so folgt aus Gleichung (4) nach Weghebung des Faktors $\cos\varphi$

$$(8) \qquad D(U) = H\,\varrho \quad \text{mit} \quad H = \frac{K_1\,r_1^4}{N_0}\,(1 - t\,\varrho_0^2)\,.$$

Mit Rücksicht auf (6b) liefert die Integration

$$(9) \qquad \frac{dU}{d\varrho} + \frac{U}{\varrho} = 2\,A + \frac{H\,\varrho^2}{2}\,.$$

Durch nochmalige Integration erhält man:

$$(10) \qquad U = A\,\varrho + \frac{B}{\varrho} + \frac{H\,\varrho^3}{8}\,.$$

A und B sind Integrationskonstanten.

In (10) ist U aus (7) eingesetzt zu denken.

Wir vereinfachen diese Gleichung durch den Ansatz

$$(11) \qquad v = \frac{1}{2\,(1 - \mu)\,t}\left(A\,\varrho + \frac{B}{\varrho}\right) + v_0$$

und erhalten dadurch für v_0 die Gleichung

$$(12) \qquad (1 - t\,\varrho^2)\,D(v_0) + 2\,(1 - \mu)\,t\,v_0 = \frac{H\,\varrho^3}{8}\,,$$

auf welche nunmehr das Problem des antimetrischen Lastfalles zurückgeführt ist.

---

[1] Olsson, Gran: Ing.-Arch. Bd. 9 (1938) S. 205. Die Gleichung (1a) stimmt inhaltlich mit obiger Gleichung (4) überein.

4. Integration der homogenen Gleichung.

Die durch Nullsetzen der linken Seite von Gleichung (12) entstehende homogene Gleichung läßt sich durch Benutzung der Substitutionen

$$(13) \qquad t\varrho^2 = x \quad \text{und} \quad v_0 = y\sqrt{x}, \quad \varepsilon = \frac{1-\mu}{2}$$

auf folgende Form bringen:

$$(14) \qquad (1-x)\left(x\frac{d^2y}{dx^2} + 2\frac{dy}{dx}\right) + \varepsilon\,y = 0.$$

Diese Gleichung gilt für beliebige Abmessungen r_0, h_0, r_1, h_1, da sie als einzige Konstante nur die von der Poissonschen Querziffer abhängige Größe ε enthält.

Je nachdem es sich um Stahlplatten oder Stahlbetonplatten handelt, setzen wir mit den üblichen Werten für $\mu = 0{,}3$ und $\frac{1}{6}$, $\varepsilon = 0{,}35$ bzw. $\varepsilon = \frac{5}{12}$.

In den nachfolgenden Zahlenrechnungen werde im Hinblick auf die Berechnung von Stahlbetonplatten $\varepsilon = \frac{5}{12}$ gewählt.

Gleichung (14) ist eine hypergeometrische Differentialgleichung, die sich durch eine Potenzreihe integrieren läßt. Zu diesem Zweck können wir von der allgemeinen Form ausgehen[1]:

$$(15) \qquad x\,(1-x)\frac{d^2y}{dx^2} + [\gamma - (\alpha + \beta + 1)\,x]\frac{dy}{dx} - \alpha\beta\,y = 0,$$

welche in Gleichung (14) mit

$$\alpha = \tfrac{1}{2}\left(1 + \sqrt{1 + 4\,\varepsilon}\right),$$
$$\beta = \tfrac{1}{2}\left(1 - \sqrt{1 + 4\,\varepsilon}\right),$$
$$\gamma = 2$$

übergeht. Die Lösung ist

$$(16) \quad y_1 = F(\alpha\,\beta\,\gamma\,x) = 1 + \frac{\alpha\beta}{\gamma}x + \frac{\alpha(\alpha+1)\,\beta(\beta+1)}{1\cdot 2\cdot\gamma(\gamma+1)}x^2 + \frac{\alpha(\alpha+1)(\alpha+2)\,\beta(\beta+1)(\beta+2)}{1\cdot 2\cdot 3\,\gamma(\gamma+1)(\gamma+2)}x^3 + \cdots$$

Die Reihe ist für sämtliche Werte von x im Intervall von 0 bis 1 einschließlich $x = 1$ konvergent, weil die Bedingung $\alpha + \beta < \gamma$ erfüllt ist[2].

Zur Umformung benutzen wir die aus den Werten für α und β folgende Beziehung

$$(\alpha + m)\,(\beta + m) = m\,(m + 1) - \varepsilon$$

und erhalten:

$$(17) \qquad y_1 = 1 - \varepsilon\left(\frac{p_1}{1\cdot 2}x + \frac{p_2}{2\cdot 3}x^2 + \frac{p_3}{3\cdot 4}x^3 + \cdots\right).$$

Hierin ist

$$p_1 = 1,$$
$$p_2 = 1 - \frac{\varepsilon}{1\cdot 2},$$
$$p_3 = \left(1 - \frac{\varepsilon}{1\cdot 2}\right)\left(1 - \frac{\varepsilon}{2\cdot 3}\right).$$

Allgemein ist

$$p_m = \left(1 - \frac{\varepsilon}{1\cdot 2}\right)\left(1 - \frac{\varepsilon}{2\cdot 3}\right)\cdots\left(1 - \frac{\varepsilon}{(m-1)\,m}\right)$$

ein Produkt von $(m - 1)$ Faktoren.

Mit wachsendem m strebt p_m einer Grenze zu, deren Bedeutung aus folgender Betrachtung hervorgeht.

Es gilt zunächst:

$$(19) \qquad p_{m-1} - p_m = \frac{\varepsilon\,p_{m-1}}{(m-1)\,m}. \qquad\qquad m = 2,\,3,\ldots$$

[1] Riemann-Weber: Die partiellen Differentialgleichungen. 4. Aufl. Bd. II S. 12. Braunschweig 1901.

[2] Knopp: Theorie und Anwendung der unendlichen Reihen, S. 281. Berlin 1922.

Bildet man diese Differenzen der Reihe nach für $m = 2, 3, \ldots$ und addiert die $m - 2$ ersten Differenzen, so folgt

$$p_m = 1 - \varepsilon \left(\frac{p_1}{1 \cdot 2} + \frac{p_2}{2 \cdot 3} + \cdots \frac{p_{m-1}}{(m-1)\,m} \right).$$

Mit $m \to \infty$ geht somit p_m in einen Grenzwert p über, der, wie der Vergleich mit (17) zeigt, mit dem Wert der Funktion y_1 für $x = 1$ übereinstimmt:

$$(20) \qquad \underset{\to \infty}{p_m} = p = y_1(1).$$

Für den Wert $\varepsilon = \frac{5}{12}$ sind die ersten 12 Werte für p_m auf 6 Dezimalen folgende:

$p_1 = 1$	$p_7 = 0{,}679\,813$
$p_2 = 0{,}791\,667$	$p_8 = 0{,}674\,755$
$p_3 = 0{,}736\,690$	$p_9 = 0{,}670\,850$
$p_4 = 0{,}711\,110$	$p_{10} = 0{,}667\,744$
$p_5 = 0{,}696\,296$	$p_{11} = 0{,}665\,215$
$p_6 = 0{,}686\,625$	$p_{12} = 0{,}663\,115$

5. Die Werte $y_1(1)$ und $y_1(\tfrac{1}{2})$.

Der Wert, den eine für $x = 1$ konvergente hypergeometrische Reihe annimmt, ist bekannt und läßt sich mit Hilfe von Gammafunktionen darstellen[1]:

$$y_1(1) = F(\alpha\,\beta\,\gamma\,1) = \frac{\Gamma(\gamma)\,\Gamma(\gamma - \alpha - \beta)}{\Gamma(\gamma - \alpha)\,\Gamma(\gamma - \beta)}.$$

Im vorliegenden Fall ist $\gamma = 2$, $\alpha + \beta = 1$, $\gamma - \alpha - \beta = 1$, mit $\Gamma(1) = 1$ und $\Gamma(2) = 1$ hat man somit

$$F(1) = \frac{1}{\Gamma(2 - \alpha)\,\Gamma(2 - \beta)} = \frac{1}{\Gamma(1 + \beta)\,\Gamma(1 + \alpha)}.$$

Wir setzen nun $\alpha = 1 + \lambda$, $1 + \beta = 1 - \lambda$ und haben zunächst

$$\Gamma(1 + \alpha) = \alpha\,\Gamma(\alpha) = \alpha\,\lambda\,\Gamma(\lambda)$$

und erhalten hiermit

$$F(1) = \frac{1}{\alpha\,\lambda\,\Gamma(\lambda)\,\Gamma(1 - \lambda)}.$$

Nun ist $\alpha\lambda = -\alpha\beta = \varepsilon$, ferner gilt die Beziehung

$$\Gamma(\lambda)\,\Gamma(1 - \lambda) = \frac{\pi}{\sin(\lambda\,\pi)},$$

somit wird schließlich

$$F(1) = \frac{\sin(\lambda\,\pi)}{\varepsilon\,\pi}.$$

Mit Hilfe von 7-stelligen Logarithmen erhalten wir

$$F(1) = p = y_1(1) = 0{,}640\,475.$$

Auch der Wert $F(\tfrac{1}{2})$ läßt sich geschlossen darstellen.

Allgemein gilt für beliebiges x die Integralformel[1]

$$F(\alpha\,\beta\,\gamma\,x) = \frac{\Gamma(\gamma)}{\Gamma(\alpha)\,\Gamma(\gamma - \alpha)} \int_0^1 \vartheta^{\alpha-1}(1 - \vartheta)^{\gamma-\alpha+1}(1 - x\,\vartheta)^{-\beta}\,d\vartheta.$$

Mit den gegebenen Werten von γ, α und β nimmt das Integral die Form an:

$$\int_0^1 \left(\frac{\vartheta(1 - x\,\vartheta)}{1 - \vartheta} \right)^{\alpha-1} d\vartheta.$$

---

[1] Schlömilch: Compendium der höheren Analysis Bd. II.

Setzen wir $\alpha = 1 + \lambda$ und $x = \frac{1}{2}$, so folgt

$$F\left(\tfrac{1}{2}\right) = \frac{1}{\Gamma(1 + \lambda)\,\Gamma(1 - \lambda)} \int\limits_0^1 \left(\frac{\vartheta\left(1 - \frac{1}{2}\vartheta\right)}{1 - \vartheta}\right)^{\lambda} d\vartheta .$$

Um das Integral auf eine bekannte Form zu bringen, setzen wir $s = (1 - \vartheta)^2$, wodurch dasselbe in

$$\left(\frac{1}{2}\right)^{1+\lambda} \int\limits_0^1 s^{-\frac{1+\lambda}{2}} (1 - s)^{\lambda}\, ds = \left(\frac{1}{2}\right)^{1+\lambda} \frac{\Gamma\left(\frac{1-\lambda}{2}\right)\Gamma(1 - \lambda)}{\Gamma_{\frac{1}{2}}(3 + \lambda)}$$

übergeht.

Nach einigen Umformungen findet man schließlich

$$F\left(\tfrac{1}{2}\right) = \frac{2^{-\lambda}\,\Gamma\left(\dfrac{1-\lambda}{2}\right)}{(1 + \lambda)\,\Gamma\left(\dfrac{1+\lambda}{2}\right)\Gamma(1 - \lambda)} .$$

Die logarithmische Auswertung, auf die hier nicht näher eingegangen sei, liefert

$$F\left(\tfrac{1}{2}\right) = 0{,}877\,486 .$$

Mit Hilfe der Reihenentwicklung (17) wurde gefunden

$$F\left(\tfrac{1}{2}\right) = 0{,}877\,492 ,$$

so daß man bei Abrundung auf 5 Dezimalen Übereinstimmung erhält.

6. Das zweite Integral der homogenen Gleichungen (14)

hat die Form

$$y_2 = a_0\,y_1\,\lg x + \frac{1}{x}\,\Phi ,$$

worin Φ eine nach ganzen positiven Potenzen von x fortschreitende Reihe ist[1].

Durch Einsetzen in die Gleichung (14) erhält man für Φ die Bedingung

$$(21) \qquad x(1 - x)\,\Phi'' + \varepsilon\,\Phi = -a_0(1 - x)(2\,x\,y_1' + y_1).$$

Setzt man zur Abkürzung

$$c_m = \frac{\varepsilon\,p_m}{m(m + 1)}, \qquad\qquad \text{für } m = 1,\,2,\ldots$$

so wird damit die rechte Seite von (21)

$$-a_0 + a_0(3\,c_1 + 1)\,x + a_0 \sum_2 [(2\,m + 1)\,c_m - (2\,m - 1)\,c_{m-1}]\,x^m .$$

Für Φ wählen wir den Ansatz

$$\Phi = 1 - \varepsilon\left(a_1 x + \frac{a_2}{1\cdot 2}\,x^2 + \frac{a_3}{2\cdot 3}\,x^3 + \cdots\right).$$

Hiermit wird die linke Seite von (21)

$$\varepsilon - \varepsilon(a_2 + a_1\,\varepsilon)\,x - \varepsilon \sum_2 (a_{m+1} - a_m\,\eta_m)\,x^m ,$$

worin

$$\eta_m = 1 - \frac{\varepsilon}{(m - 1)\,m} .$$

Der Vergleich liefert $-a_0 = \varepsilon$, ferner die Bestimmungsgleichungen

$$\begin{aligned}
a_2 \ \ + a_1\,\varepsilon \ &= 3\,c_1 + 1, \\
a_3 \ \ - a_2\,\eta_2 \ &= 5\,c_2 - 3\,c_1, \\
a_4 \ \ - a_3\,\eta_3 \ &= 7\,c_3 - 5\,c_2, \\
&\ \ \vdots \\
a_{m+1} - a_m\,\eta_m &= (2\,m + 1)\,c_m - (2\,m - 1)\,e_{m-1} .
\end{aligned}$$

---

[1] Riemann-Weber: a. a. O. S. 29.

a_1 kann willkürlich angenommen werden, wir setzen $a_1 = 0$, dann sind alle übrigen a_m bestimmt.

Wir haben sodann

$$(22) \qquad y_2 = - \varepsilon\, y_1 \lg x + \frac{1}{x}\, \Phi\,, \quad \text{worin}$$

$$\Phi = 1 - \varepsilon \left(\frac{a_2}{1 \cdot 2}\, x^2 + \frac{a_3}{2 \cdot 3}\, x^3 + \cdots \right).$$

Hätte man a_1 beibehalten, so wäre zur Lösung y_2 nur noch ein zu y_1 proportionales Glied hinzugetreten. Die Koeffizienten a_m streben mit wachsendem m einer endlichen Grenze zu, die mit a bezeichnet werde. Addiert man die $m - 1$ ersten Bestimmungsgleichungen für die a_m und führt gleichzeitig den Wert für η_m ein, so folgt

$$a_m = 1 - \varepsilon \left(\frac{a_2}{1 \cdot 2} + \frac{a_3}{2 \cdot 3} + \cdots + \frac{a_{m-1}}{(m-2)(m-1)} \right) + (2\,m - 1)\, c_{m-1}\,.$$

Mit $m \to \infty$ wird $(2\,m - 1)\, c_{m-1} \to 0$, daher erhalten wir

$$(23) \qquad a_{m \atop \to \infty} = a = \Phi(1).$$

Den numerischen Wert für $\Phi(1)$ werden wir an späterer Stelle bestimmen.

Für $\varepsilon = \frac{5}{12}$ sind die ersten 12 Werte für a_m auf 6 Dezimalen folgende:

$$
\begin{aligned}
a_1 &= 0 & \qquad a_7 &= 0{,}634\,234 \\
a_2 &= 1{,}625 & \qquad a_8 &= 0{,}615\,261 \\
a_3 &= 0{,}936\,343 & \qquad a_9 &= 0{,}601\,194 \\
a_4 &= 0{,}775\,491 & \qquad a_{10} &= 0{,}590\,342 \\
a_5 &= 0{,}702\,841 & \qquad a_{11} &= 0{,}581\,715 \\
a_6 &= 0{,}661\,244 & \qquad a_{12} &= 0{,}574\,691
\end{aligned}
$$

7. Integrale, die nach Potenzen von $\xi = 1 - x$ fortschreiten.

Die Lösungen y_1 und y_2 der Gleichung (14) würden für Werte von x nahe bei 1 die Berücksichtigung einer großen Zahl von Gliedern erfordern. Daher ist es für die numerische Rechnung von weitreichender Bedeutung, noch Lösungen zu besitzen, die nach Potenzen von $1 - x$ fortschreiten. Zu diesem Zweck führen wir in Gleichung (14) die Substitutionen ein:

$$x = 1 - \xi \quad \text{und} \quad y = \frac{1-x}{x}\, \eta = \frac{\xi}{1-\xi}\, \eta$$

und erhalten dadurch

$$(24) \qquad (1 - \xi)\left(\xi \frac{d^2\eta}{d\xi^2} + 2 \frac{d\eta}{d\xi} \right) + \varepsilon\, \eta = 0.$$

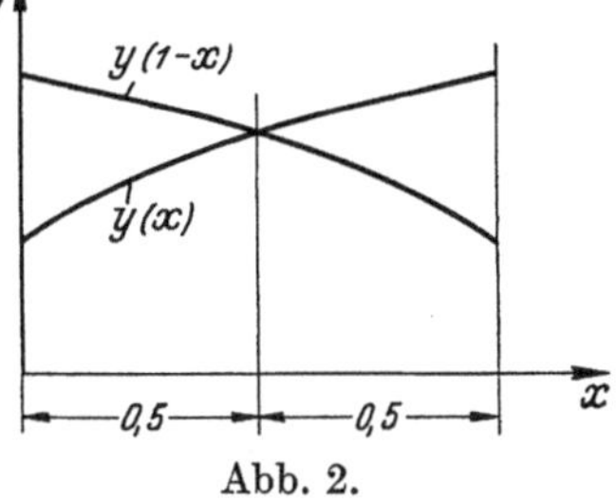

Abb. 2.

Es bestehen daher zwischen ξ und η dieselben Beziehungen wie zwischen x und y.

Bezeichnet man mit $y(1-x)$ diejenige Funktion von x, welche aus y durch Vertauschung von x mit $1-x$ hervorgeht, so haben wir $\eta = y(1-x)$ und kommen zu dem Resultat, daß $\frac{1-x}{x}\, y(1-x)$ ebenfalls eine Lösung von (14) ist. Die Funktion $y(1-x)$ ist offenbar das Spiegelbild von y an einer im Abstand $x = \frac{1}{2}$ zur y-Achse gezogenen Parallelen (Abb. 2).

Hiermit erhalten wir aus (17) und (22) zwei neue Lösungen der Gleichung (14):

$$(25) \qquad y_3 = \frac{1-x}{x}\, y_1(1-x),$$

$$(26) \qquad y_4 = - \varepsilon \frac{1-x}{x} \lg(1-x)\, y_1(1-x) + \frac{1}{x}\, \Phi(1-x).$$

8. Beziehungen zwischen den Lösungspaaren y_1, y_2 und y_3, y_4.

Hat man bei dem Ansatz der Randbedingungen z. B. y_3 und y_4, die im Intervall $\frac{1}{2} \leq x \leq 1$ am schnellsten konvergieren, gewählt, so entsteht aus Konvergenzgründen die Aufgabe, diese Lösungen im Intervall $0 \leq x \leq \frac{1}{2}$ durch das andere Paar y_1 und y_2 auszudrücken. Als dritte

Lösung einer Differentialgleichung 2. Ordnung muß sich z. B. y_3 aus y_1 und y_2 linear zusammensetzen lassen, d. h.

$$y_3 = c_1 y_1 + c_2 y_2$$

oder auch

$$(27) \qquad \frac{1-x}{?\,x} F(1-x) = c_1 F(x) + c_2 \left[-\varepsilon F(x) \lg(x) + \frac{1}{x} \Phi(x) \right].$$

Setzt man einmal $x = 1$ und ein andermal, nachdem man die Gleichung mit x multipliziert hat, $x = 0$, so folgen die beiden Bestimmungsgleichungen für c_1 und c_2

$$0 = c_1 F(1) + c_2 \Phi(1),$$
$$F(1) = c_2 \Phi(0) = c_2.$$

Somit ist $c_1 = -\Phi(1)$ und $c_2 = F(1)$.

In analoger Weise führt man die Betrachtung für y_4 durch und erhält schließlich die beiden Transformationen:

$$(28) \qquad \begin{cases} y_3 = -\Phi(1)\, y_1 + F(1)\, y_2, \\ y_4 = \dfrac{1 - \Phi^2(1)}{F(1)}\, y_1 + \Phi(1)\, y_2. \end{cases}$$

Man bemerkt, daß die Determinante der Koeffizienten den Wert -1 besitzt. Die Auflösung von (27) ist daher

$$(28\,a) \qquad \begin{cases} y_1 = -\Phi(1)\, y_3 + F(1)\, y_4, \\ y_2 = \dfrac{1 - \Phi^2(1)}{F(1)}\, y_3 + \Phi(1)\, y_4. \end{cases}$$

Es fehlt noch der Zahlenwert für $\Phi(1)$. Zu seiner Bestimmung können wir in (27) $x = \tfrac{1}{2}$ setzen und erhalten daraus nach Einführung der oben gefundenen Ausdrücke für c_1 und c_2

$$\Phi(1) = -1 + F(1) \left(2\, \frac{\Phi(\tfrac{1}{2})}{F(\tfrac{1}{2})} + \varepsilon \lg 2 \right).$$

Durch Benutzung der Reihe (22) finden wir

$$\Phi(\tfrac{1}{2}) = 0{,}904\,875.$$

Die Zahlenwerte für $F(1)$ und $F(\tfrac{1}{2})$ wurden bereits oben unter 5. bestimmt. Hierdurch folgt

$$\Phi(1) = 0{,}505\,900.$$

9. Das partikuläre Integral der Gleichung (12).

Durch die Substitution $\sqrt{t}\,\varrho = z$ bringen wir Gleichung (12) auf die Form

$$(29) \qquad (1 - z^2)\left(\frac{d^2 v_0}{dz^2} + \frac{1}{z}\frac{dv_0}{dz} - \frac{v_0}{z^2} \right) + 4\,\varepsilon\, v_0 = \frac{H\,z^3}{8\,t^2 \sqrt{t}}.$$

Zur Lösung dient der Ansatz

$$v_0 = \frac{1}{t^2 \sqrt{t}} \sum_1 K_m z^m,$$

wobei m nur die ungeraden Zahlen 1, 3, 5, ... durchlaufen. Die linke Seite der Gleichung (29) wird dadurch auf die Form gebracht:

$$L(v_0) = \frac{1}{t^2 \sqrt{t}} \sum_1 \left\{ [(m+2)^2 - 1] K_{m+2} - (m^2 - 1 - 4\,\varepsilon) K_m \right\} z^m.$$

Soll dieser Ausdruck die Gleichung (29) erfüllen, so müssen folgende Gleichungen erfüllt sein:

$$(3^2 - 1) K_3 - (0 - 4\,\varepsilon) K_1 = 0$$
$$(5^2 - 1) K_5 - (3^2 - 1 - 4\,\varepsilon) K_3 = \frac{H}{8}$$
$$(7^2 - 1) K_7 - (5^2 - 1 - 4\,\varepsilon) K_5 = 0$$
$$(9^2 - 1) K_9 - (7^2 - 1 - 4\,\varepsilon) K_7 = 0$$
$$\cdot\ \cdot\ \cdot\ \cdot\ \cdot\ \cdot\ \cdot\ \cdot\ \cdot\ \cdot\ \cdot\ \cdot\ \cdot\ \cdot\ \cdot\ \cdot$$

Diesen Bedingungen können wir auf verschiedene Weise Genüge leisten.

Setzt man K_1 und damit $K_3 = 0$, so wird

$$K_5 = \frac{H}{192}.$$

Jeder folgende Koeffizient folgt aus der Rekursionsformel

$$K_{m+2} = \frac{m^2 - 1 - 4\,\varepsilon}{(m+2)^2 - 1}\,K_m.$$

Die Lösung wird, wenn wir wieder $z = \sqrt{t}\,\varrho$ setzen,

$$(30) \qquad v_0 = K_5\,\varrho^5 + t\,K_7\,\varrho^7 + t^2\,K_9\,\varrho^9 + \cdots.$$

Die Gleichung eignet sich für den Übergang zur Platte mit konstanter Dicke, für welche $t = 0$ ist. Wir können noch eine zweite partikulare Lösung finden. Setzt man $K_5 = 0$, so verschwinden alle K_m mit höherem Index. Die beiden ersten Gleichungen liefern K_1 und K_3. Die Lösung ist

$$(30\,\mathrm{a}) \qquad v_0 = \frac{H}{16\,t^2\,(2-\varepsilon)}\left(\frac{\varrho}{\varepsilon} - \frac{\varrho^3}{2}\right).$$

Diese Lösung unterscheidet sich von der vorhergehenden, wie wir ohne Nachweis mitteilen wollen, nur um einen Betrag, der sich durch Multiplikation von $v_1 = \sqrt{x}\,y_1$ mit einem konstanten Faktor ergibt, wobei $v_1 = \sqrt{x}\,y_1$ das früher ermittelte Integral der homogenen Gleichung darstellt (vgl. Abschnitt 4).

10. Die totale Lösung für den antimetrischen Lastfall

ist nunmehr $w = v \cos \varphi$, worin

$$(31) \qquad v = \frac{1}{2(1-\mu)\,t}\left(A\,\varrho + \frac{B}{\varrho}\right) + \sqrt{x}\,(c_1 y_1 + c_2 y_2) + \frac{H}{16\,t\,(2-\varepsilon)}\left(\frac{\varrho}{\varepsilon} - \frac{\varrho^3}{2}\right)$$

mit $x = t\,\varrho^2$.

Das mittlere Glied läßt sich auch durch $\sqrt{x}\,(c_1 y_3 + c_2 y_4)$ ersetzen und an Stelle des dritten Gliedes kann man die rechte Seite von Gleichung (30) setzen.

Die Integrationskonstanten folgen aus den Randbedingungen. Dazu sei folgendes bemerkt: Aus $w = v \cos \varphi$ geht hervor, daß bei der Formänderung konzentrische Kreise eben bleiben. Wir können eine Drehung der Platte so überlagern, daß ein bestimmter Kreis in seiner Lage verharrt, d. h. daß für ihn $v = 0$ gilt. Im Kräftebild der Platte wird dadurch nichts geändert. Die Kreisringplatte sei z. B. am Innenrand an einen starren Block angeschlossen, auf welchen ein äußeres Moment wirkt, das sich mit der Flächenbelastung im Gleichgewicht befindet. Zur Ermittlung der 4 Integrationskonstanten haben wir die 4 Bedingungen:

$$\text{am Innenrand} \quad v = 0, \quad \frac{dv}{d\varrho} = 0;$$

$$\text{am Außenrand} \quad M_\varrho = 0, \quad Q'_\varrho = 0.$$

Eine Platte bestehe aus einer Kreisringplatte mit veränderlicher und einem mittleren Teil mit konstanter Dicke. Die äußere einem Moment äquivalente Last werde längs des Innenkreises vom Radius r_0 übertragen. Man hat hier im ganzen 6 Integrationskonstanten, weil bei der Innenplatte noch zwei hinzutreten. Dafür stehen folgende 6 Bedingungen zur Verfügung: Bei $\varrho = \varrho_0$ ist sowohl für die Innenplatte wie für die Außenplatte $v = 0$ zu setzen, weiter ist daselbst $\frac{dv}{d\varrho}$ gemeinsam, ebenso M_ϱ. Am Außenrand gilt $M_\varrho = 0$ sowie $Q'_\varrho = 0$. Wir verzichten an dieser Stelle auf eine weitere Formulierung, da dieselbe nichts wesentlich Neues bietet, und gehen jetzt zu dem zweiten Teil unserer Aufgabe, zur Berechnung der Platte für konstante Last, über.

11. Die Differentialgleichung für gleichmäßige Belastung.

Da jetzt w nur von ϱ abhängig ist, wird der Operator

$$\Delta = \frac{d^2}{d\varrho^2} + \frac{1}{\varrho}\,\frac{d}{d\varrho}\,.$$

Setzen wir in der allgemeingültigen Gleichung (4)

$$(32) \qquad U = (1 - t\varrho^2)\,\Delta w + 2\,(1 - \mu)\,w \quad \text{und} \quad K = K_0,$$

so nimmt sie die Form an

$$\frac{d^2 U}{d\varrho^2} + \frac{1}{\varrho}\,\frac{dU}{d\varrho} = H_0 \quad \text{mit} \quad H_0 = \frac{K_0\,r_1^4}{N_0}\,(1 - t\varrho_0^2)\,.$$

Die Integration liefert

$$(33) \qquad U = A \lg \varrho + B + \frac{H_0\,\varrho^2}{4}\,.$$

Setzt man für U den Wert aus (32) ein und führt man noch die Variable $z = \sqrt{t}\,\varrho$ ein, so hat man aus (33)

$$(1 - z^2)\left(\frac{d^2 w}{dz^2} + \frac{1}{z}\,\frac{dw}{dz}\right) + 2\,(1 - \mu)\,w = \frac{1}{t}\,(A \lg \varrho + B) + \frac{H_0\,\varrho^2}{4\,t}\,.$$

Zur Vereinfachung werde

$$w = \frac{A \lg \varrho + B}{2\,(1 - \mu)\,t} + w_0$$

gesetzt, womit wir erhalten:

$$(34) \qquad (1 - z^2)\left(\frac{d^2 w_0}{dz^2} + \frac{1}{z}\,\frac{dw_0}{dz}\right) + 2\,(1 - \mu)\,w_0 = \frac{H_0\,z^2}{4\,t^2}\,.$$

12. Integration der homogenen Gleichung.

Durch die Substitution $z = \sqrt{x}$ und $\frac{1 - \mu}{2} = \varepsilon$ geht die homogene Gleichung über in

$$(35) \qquad (1 - x)\left(x\,\frac{d^2 w_0}{dx^2} + \frac{dw_0}{dx}\right) + \varepsilon\,w_0 = 0\,.$$

Dies ist nach (15) eine hypergeometrische Differentialgleichung mit

$$\alpha = \sqrt{\varepsilon}, \qquad \beta = -\sqrt{\varepsilon}, \qquad \gamma = 1;$$

eine Lösung der Gleichung ist

$$(36) \qquad w_1 = F\,(\alpha\,\beta\,\gamma\,x)\,,$$

wobei F die in (16) dargestellte Reihe bedeutet.

Entwickelt man mit Rücksicht auf

$$(\alpha + m)\,(\beta + m) = m^2 - \varepsilon,$$

so erhält man

$$(37) \qquad w_1 = 1 - \varepsilon\left(q_1\,x + \frac{q_2}{2^2}\,x^2 + \frac{q_3}{3^2}\,x^3 + \cdots\right),$$

worin

$$q_1 = 1\,,$$

$$q_2 = \left(1 - \frac{\varepsilon}{1^2}\right),$$

$$q_3 = \left(1 - \frac{\varepsilon}{1^2}\right)\left(1 - \frac{\varepsilon}{2^2}\right),$$

allgemein

$$q_m = \left(1 - \frac{\varepsilon}{1^2}\right)\left(1 - \frac{\varepsilon}{2^2}\right) \cdots \left(1 - \frac{\varepsilon}{(m-1)^2}\right)\,.$$

Mit wachsendem m strebt q_m einer Grenze q zu, die sich leicht bestimmen läßt. Setzt man in dem unendlichen Produkt

$$\frac{\sin \pi x}{\pi x} = \left(1 - \frac{x^2}{1}\right)\left(1 - \frac{x^2}{2^2}\right)\left(1 - \frac{x^2}{3^2}\right)\cdots *$$

$x^2 = \varepsilon$, so entsteht rechts q und man hat

$$(38) \qquad q_{\substack{m \\ \to \infty}} = q = \frac{\sin \pi \sqrt{\varepsilon}}{\pi \sqrt{\varepsilon}}.$$

Bemerkt man nun noch, daß $q_m - q_{m+1} = \dfrac{\varepsilon\, q_m}{m^2}$, so führt die Addition der $m - 1$ ersten Differenzen dieser Art zu

$$q_m = 1 - \varepsilon\left(q_1 + \frac{q_2}{2^2} + \frac{q_3}{3^2} + \cdots + \frac{q_{m-1}}{(m-1)^2}\right).$$

Der Vergleich mit (37) zeigt sodann, daß

$$(39) \qquad w_1(1) = q = \frac{\sin \pi \sqrt{\varepsilon}}{\pi \sqrt{\varepsilon}}$$

der Wert ist, den die Funktion $F(x) = w_1$ für $x = 1$ annimmt.

Für $\varepsilon = \frac{5}{12}$ finden wir

$$q = 0{,}442\,499.$$

Die ersten 12 Werte für q_m sind auf 6 Dezimalen

$q_1 = 1$	$q_7 = 0{,}471\,784$
$q_2 = 0{,}583\,333$	$q_8 = 0{,}467\,772$
$q_3 = 0{,}522\,569$	$q_9 = 0{,}464\,726$
$q_4 = 0{,}498\,376$	$q_{10} = 0{,}462\,336$
$q_5 = 0{,}485\,398$	$q_{11} = 0{,}460\,409$
$q_6 = 0{,}477\,308$	$q_{12} = 0{,}458\,824$

Das zweite Integral der homogenen Gleichung hat die Form:

$$(40) \qquad w_2 = w_1 \lg x + \Phi,$$

worin Φ eine nach ganzen positiven Potenzen von x fortschreitende Reihe ist.

Setzt man den Ausdruck für w_2 in die Gleichung (35) ein, so folgt zur Bestimmung von Φ

$$(41) \qquad (1 - x)(x\,\Phi'' + \Phi') + \varepsilon\,\Phi = -2(1 - x)\,w_1'.$$

Nimmt man den Ansatz

$$\Phi = b_0 + \sum_1 \frac{b_m}{m^2} x^m$$

und setzt man w_1 gemäß (37) ein, so folgt aus (41)

$$b_1 + \varepsilon\,b_0 + \sum_1 \left[b_{m+1} - b_m\left(1 - \frac{\varepsilon}{m^2}\right)\right] x^m = 2\,\varepsilon\,q_1 + 2\,\varepsilon \sum_1 \left(\frac{q_{m+1}}{m+1} - \frac{q_m}{m}\right) x^m.$$

b_0 können wir beliebig annehmen und setzen $b_0 = 0$ und haben

$$(42) \qquad \Phi = b_1 x + \frac{b_2}{2^2} x^2 + \frac{b_3}{3^2} x^3 + \cdots.$$

Für die b_m folgen dann die Bestimmungsgleichungen

$$\begin{aligned}
b_1 &= 2\,\varepsilon\,q_1, \\
b_2 - b_1(1 - \varepsilon) &= 2\,\varepsilon\left(\frac{q_2}{2} - q_1\right), \\
b_3 - b_2\left(1 - \frac{\varepsilon}{2^2}\right) &= 2\,\varepsilon\left(\frac{q_3}{3} - \frac{q_2}{2}\right), \\
\cdots\cdots\cdots\cdots\cdots\cdots & \\
b_m - b_{m-1}\left(1 - \frac{\varepsilon}{(m-1)^2}\right) &= 2\,\varepsilon\left(\frac{q_m}{m} - \frac{q_{m-1}}{m-1}\right).
\end{aligned}$$

---

* Knopp: a. a. O. S. 370.

Durch Addition findet man

$$b_m + \varepsilon \left(b_1 + \frac{b_2}{2^2} + \frac{b_3}{3^2} + \cdots + \frac{b_{m-1}}{(m-1)^2}\right) = \frac{2\varepsilon\, q_m}{m}.$$

Für wachsendes m strebt die rechte Seite der Grenze 0 zu, und man erhält mit Rücksicht auf (42)

$$(43) \qquad\qquad b = \mathop{b_m}\limits_{\to\infty} = -\varepsilon\, \Phi(1).$$

Hätte man b_0 beibehalten, so wäre noch ein mit w_1 proportionales Glied hinzugetreten.

13. Bestimmung von $\Phi(1)$.

Mit Hilfe von

$$\frac{q_m}{q_{m-1}} = 1 - \frac{\varepsilon}{(m-1)^2} \quad \text{und} \quad \frac{q_{m-1}}{q_m} = 1 + \frac{\varepsilon}{(m-1)^2 - \varepsilon}$$

lassen sich die Gleichungen für b_m umformen.

Nach Division mit q_m folgt

$$\frac{b_m}{q_m} - \frac{b_{m-1}}{q_{m-1}} = 2\varepsilon\left[\frac{1}{m} - \frac{1}{m-1}\left(1 + \frac{\varepsilon}{(m-1)^2 - \varepsilon}\right)\right].$$

Wir bilden diese Differenzen für $m = 2, 3, \ldots, m$ und erhalten durch Addition

$$b_m = -\varepsilon^2\, q_m\left(\frac{1}{1-\varepsilon} + \frac{1}{2}\,\frac{1}{2^2-\varepsilon} + \frac{1}{3}\,\frac{1}{3^2-\varepsilon} + \cdots + \frac{1}{m-1}\,\frac{1}{(m-1)^2-\varepsilon}\right) + \frac{2\varepsilon\, q_m}{m}.$$

Bei dem Übergang zu $m \to \infty$ verschwindet $\frac{q_m}{m}$, und man erhält

$$(44) \qquad -b = \varepsilon\, \Phi(1) = \varepsilon^2 q\left(\frac{1}{1-\varepsilon} + \frac{1}{2}\,\frac{1}{2^2-\varepsilon} + \frac{1}{3}\,\frac{1}{3^2-\varepsilon} + \cdots\right).$$

Hiermit ist b bzw. $\Phi(1)$ auf

$$(45) \qquad f(\varepsilon) = \left(\frac{1}{1-\varepsilon} + \frac{1}{2}\,\frac{1}{2^2-\varepsilon} + \frac{1}{3}\,\frac{1}{3^2-\varepsilon} + \cdots\right)$$

zurückgeführt.

Um $f(\varepsilon)$ zur numerischen Berechnung geeignet zu machen, benutzen wir die Summen

$$S_p = 1 + \frac{1}{2^p} + \frac{1}{3^p} + \frac{1}{4^p} + \cdots,$$

für welche umfangreiche Tafeln existieren[1].

Wir subtrahieren von (45) zunächst

$$S_3 = 1 + \frac{1}{2^3} + \frac{1}{3^3} + \frac{1}{4^3} + \cdots$$

und erhalten

$$f(\varepsilon) = S_3 + \varepsilon\left(\frac{1}{1-\varepsilon} + \frac{1}{2^3}\,\frac{1}{2^2-\varepsilon} + \frac{1}{3^3}\,\frac{1}{3^2-\varepsilon} + \cdots\right).$$

Hiervon subtrahieren wir weiter

$$\varepsilon\, S_5 = \varepsilon\left(1 + \frac{1}{2^5} + \frac{1}{3^5} + \frac{1}{4^5} + \cdots\right)$$

mit dem Ergebnis

$$f(\varepsilon) = S_3 + S_5\,\varepsilon + \varepsilon^2\left(\frac{1}{1-\varepsilon} + \frac{1}{2^5}\,\frac{1}{2^2-\varepsilon} + \frac{1}{3^5}\,\frac{1}{3^2-\varepsilon} + \cdots\right).$$

So fortfahrend finden wir

$$f(\varepsilon) = S_3 + S_5\,\varepsilon + S_7\,\varepsilon^2 + \cdots + S_{2m+1}\,\varepsilon^{m-1} + \varepsilon^m\left(\frac{1}{1-\varepsilon} + \frac{1}{2^{2m+1}}\,\frac{1}{2^2-\varepsilon} + \frac{1}{3^{2m+1}}\,\frac{1}{3^2-\varepsilon} + \cdots\right).$$

---

[1] L a s k a: Sammlung von Formeln. Braunschweig 1894. Vgl. auch S c h l ö m i l c h: Comp. II sowie Literaturnachweis bei K n o p p: a. a. O. S. 232.

Schließlich subtrahieren wir noch

$$\frac{1}{1-\varepsilon} = 1 + \varepsilon + \varepsilon^2 + \cdots + \varepsilon^{m-1} + \varepsilon^m \frac{1}{1-\varepsilon}$$

und erhalten

$$(46) \qquad f(\varepsilon) = \frac{1}{1-\varepsilon} + S_3 - 1 + (S_5 - 1)\,\varepsilon + (S_7 - 1)\,\varepsilon^2 + \cdots + (S_{2m+1} - 1)\,\varepsilon^{m-1} + R,$$

worin der Rest

$$R = \varepsilon^m \left(\frac{1}{2^{2m+1}} \frac{1}{2^2 - \varepsilon} + \frac{1}{3^{2m+1}} \frac{1}{3^2 - \varepsilon} + \cdots \right).$$

Einige Werte von $S_p - 1$ sind:

$$
\begin{aligned}
S_3 \;\; - 1 &= 0{,}2020569 \\
S_5 \;\; - 1 &= 0{,}0369278 \\
S_7 \;\; - 1 &= 0{,}0083493 \\
S_9 \;\; - 1 &= 0{,}0020084 \\
S_{11} - 1 &= 0{,}0004942.
\end{aligned}
$$

Nimmt man in (46) etwa $m = 4$, bricht also bei $(S_9 - 1)\,\varepsilon^3$ ab, so beträgt der Rest

$$\varepsilon^4 \left(\frac{1}{2^9} \frac{1}{2^2 - \varepsilon} + \frac{1}{3^9} \frac{1}{3^2 - \varepsilon} + \cdots \right).$$

Auf diese Weise finden wir für $\varepsilon = \frac{5}{12}$

$$f(\varepsilon) = 1{,}9333406$$

und hiermit

$$\Phi(1) = 2 \tfrac{5}{12}\, q\, f(\varepsilon) = 0{,}712918$$

sowie

$$b = -\tfrac{5}{12}\, \Phi(1) = -0{,}297049.$$

Die ersten 12 Werte b_m in (42) sind auf 6 Dezimalen

$$
\begin{array}{ll}
b_1 = \;0{,}833333 & b_7 = -0{,}264484 \\
b_2 = -0{,}104167 & b_8 = -0{,}269673 \\
b_3 = -0{,}197724 & b_9 = -0{,}273614 \\
b_4 = -0{,}229900 & b_{10} = -0{,}276668 \\
b_5 = -0{,}246841 & b_{11} = -0{,}270204 \\
b_6 = -0{,}257334 & b_{12} = -0{,}281260
\end{array}
$$

14. Integrale, die nach Potenzen von $\xi = 1 - x$ fortschreiten.

Aus denselben Gründen, die unter 7. erläutert wurden, sind Lösungen der Gleichung (35) erforderlich, die nach Potenzen von $1 - x$ fortschreiten. Auch hier, im axialsymmetrischen Lastfall, ist die Berechnung neuer Koeffizienten nicht erforderlich.

Die allgemeine hypergeometrische Differentialgleichung (15) wird durch die Transformationen

$$x = 1 - \xi \quad \text{und} \quad y = \xi\,\eta$$

in

$$\xi^2 (1 - \xi)\,\eta'' + \xi \left[(1 - \xi)(\alpha + \beta + 3) - \gamma \right] \eta' + \left[\alpha + \beta + 1 - \gamma - (\alpha + 1)(\beta + 1)\,\xi \right] \eta = 0$$

übergeführt, worin η' und η'' Differentiationen nach ξ bedeuten.

In vorliegendem Fall gilt $\alpha + \beta = 0$, $\gamma = 1$, wodurch wir weiter erhalten

$$(47) \qquad \xi (1 - \xi)\,\eta'' + \left[\gamma + 1 - (\alpha + \beta + 3)\,\xi \right] \eta' - (\alpha + 1)(\beta + 1)\,\eta = 0.$$

Besitzt (15) eine Lösung $Y(\alpha\,\beta\,\gamma\,x)$, so folgt daher für (47) die Lösung $\eta = Y(\alpha + 1, \beta + 1, \gamma + 1, \xi)$.

Allgemein gilt nun

$$Y(\alpha + 1, \beta + 1, \gamma + 1, \xi) = C \frac{d\,Y(\alpha\,\beta\,\gamma\,\xi)}{d\,\xi},$$

wobei es hier auf den Wert der Konstanten nicht ankommt. Aus allem zusammen folgt:

Ist $Y(\alpha\,\beta\,\gamma\,x)$ ein Integral der Gleichung (35), so ist auch $\xi\,\dfrac{d\,Y(\alpha\,\beta\,\gamma\,\xi)}{d\,\xi}$ ein Integral derselben Gleichung.

Hiermit können wir aus w_1 und w_2 zwei neue Integrale herleiten:

$$(48) \qquad w_3 = q_1\xi + \frac{q_2}{2}\,\xi^2 + \frac{q_3}{3}\,\xi^3 + \cdots,$$

$$(49) \qquad w_4 = \varepsilon\,w_3 \lg \xi - w_1(\xi) - \left(b_1\xi + \frac{b_2}{2}\,\xi^2 + \frac{b_3}{3}\,\xi^3 + \cdots\right).$$

Im ersten Fall wurde dabei der Faktor $-\varepsilon$ und im zweiten der Faktor -1 unterdrückt.

15. Beziehungen zwischen den Lösungspaaren $w_1\,w_2$ und $w_3\,w_4$.

Auf bekannte Weise findet man aus Gleichung (35) die Beziehungen

$$(50) \qquad \begin{cases} w_1\,w_2' - w_2\,w_1' = \dfrac{C}{x}, \\[2mm] w_3\,w_4' - w_4\,w_3' = \dfrac{D}{x}, \end{cases}$$

wobei die Striche Differentiationen nach x bedeuten.

Man findet $C = 1$ und $D = -1$, indem man die gefundenen Lösungen für w_1 bis w_4 einsetzt, mit x multipliziert und das konstante Glied aufsucht.

Die Lösungen w_3 und w_4 müssen sich linear aus w_1 und w_2 zusammensetzen lassen:

$$(51) \qquad \begin{cases} w_3 = A_1\,w_1 + A_2\,w_2, \\[1mm] w_4 = B_1\,w_1 + B_2\,w_2. \end{cases}$$

Wir zeigen zunächst, daß die Determinante

$$(52) \qquad A_1\,B_2 - B_1\,A_2 = -1.$$

Zu dem Zweck differentiieren wir die Gleichung (51) nach x

$$(53) \qquad \begin{cases} w_3' = A_1\,w_1' + A_2\,w_2', \\[1mm] w_4' = B_1\,w_1' + B_2\,w_2'. \end{cases}$$

Löst man die beiden ersten Gleichungen (51) und (53) nach A_1 und A_2 auf, so erhält man mit Rücksicht von (50)

$$(54) \qquad \frac{A_1}{x} = \begin{vmatrix} w_3 & w_2 \\ w_3' & w_2' \end{vmatrix}, \qquad \frac{A_2}{x} = \begin{vmatrix} w_1 & w_3 \\ w_1' & w_3' \end{vmatrix},$$

ebenso folgt aus den zweiten Gleichungen (51) und (53)

$$(55) \qquad \frac{B_1}{x} = \begin{vmatrix} w_4 & w_2 \\ w_4' & w_2' \end{vmatrix}, \qquad \frac{B_2}{x} = \begin{vmatrix} w_1 & w_4 \\ w_1' & w_4' \end{vmatrix}.$$

Nach einer einfachen Umrechnung findet man hiermit

$$\frac{1}{x^2}\,(A_1\,B_2 - B_1\,A_2) = (w_1\,w_2' - w_2\,w_1')\,(w_3\,w_4' - w_4\,w_3') = -\frac{1}{x^2}.$$

Hieraus folgt die Gleichung (52).

Zur Ermittlung der Koeffizienten A_1, A_2, B_1, B_2 führt nun die Bemerkung, daß die Gleichungen (54) und (55) identisch erfüllt sein müssen.

Wir finden z. B.

$$\frac{A_1}{x} = (w_3\,w_1' - w_1\,w_3')\lg x + \frac{w_1\,w_3}{x} + w_3\,\Phi' - w_3'\,\Phi.$$

Der Klammerwert auf der rechten Seite ist gleich $-\dfrac{A_2}{x}$.

Für $x = 1$ bzw. $\xi = 0$ verschwinden daher die beiden ersten Summanden. Nach (42) ist ferner

$$\Phi' = b_1 + \frac{b_2}{2}\,x + \frac{b_3}{3}\,x^2 + \cdots.$$

Zum Vergleich benutzen wir die Reihe

$$-\lg(1-x) = x + \frac{x^2}{2} + \frac{x^3}{3} + \cdots.$$

Da die Koeffizienten b_1, $b_2 \ldots$ eine monoton abnehmende Zahlenfolge mit der Grenze b darstellen, folgt, daß

$$-b_1 \lg(1-x) > x\,\Phi' > -b\lg(1-x).$$

Somit ist

$$x\,\Phi' = -\vartheta\lg(1-x),$$

worin ϑ einen zwischen b_1 und b gelegenen Zahlenwert bedeutet.

Für $x = 1$ wird somit Φ' logarithmisch ∞.

Da aber $(1-x)\lg(1-x) \to 0$ für $x \to 1$, folgt weiter, daß auch der dritte Summand $w_3\,\Phi'$ für $x = 1$ verschwindet.

Im 4. Summanden ist gemäß (48)

$$-w_3' = +\frac{dw_3}{d\xi} = q_1 = 1 \quad \text{für} \quad \xi = 0.$$

Wir haben somit das Resultat

$$(56) \qquad\qquad A_1 = \Phi(1).$$

Zur Ermittlung von A_2 dient die zweite Gleichung (54)

$$\frac{A_2}{x} = w_1\,w_3' - w_3\,w_1'.$$

Für $x = 1$ verschwindet der zweite Summand, ferner ist $w_3' = -1$. Wir erhalten somit

$$(57) \qquad\qquad -A_2 = w_1(1) = F(1) = q.$$

Bei Ermittlung von B_2 werde zur Abkürzung

$$\Psi = b_1\xi + \frac{b_2}{2}\xi^2 + \frac{b_3}{3}\xi^3 + \cdots$$

gesetzt.

Dann ist nach (49)

$$w_4 = \varepsilon\,w_3\lg\xi - w_1(\xi) - \Psi.$$

Hierin bedeutet $w_1(\xi)$ das Spiegelbild zu w_1 (vgl. Abschnitt 7).

Die Ableitung nach x ist

$$w_4' = \varepsilon\,w_3'\lg\xi - \frac{\varepsilon\,w_3}{\xi} - w_1'(\xi) - \Psi'.$$

Vermittelst der Gleichungen (55) und (54) findet man jetzt

$$B_2 = \varepsilon\,A_2\,x\lg\xi - \frac{\varepsilon\,w_1}{\xi}\,x\,w_3 - w_1\,x\,w_1'(\xi) + x\,w_1(\xi)\,w_1' - x\,w_1\,\Psi' + w_1'\,x\,\Psi.$$

Setzen wir hierin $x = 0$ bzw. $\xi = 1$, so verschwinden der erste und vierte Summand, desgleichen verschwinden der 2., 3. und 6. Summand, weil w_3, $w_3'(\xi)$ und Ψ logarithmisch unendlich werden.

Es bleibt daher mit $w_1(0) = 1$ und $x = 1 - \xi$

$$B_2 = -(1-\xi)\,\Psi' = (1-\xi)\frac{d\Psi}{d\xi} \quad \text{für} \quad \xi \to 1.$$

Hierin ist

$$(1-\xi)\frac{d\Psi}{d\xi} = b_1 + (b_2 - b_1)\xi + (b_3 - b_2)\xi^2 + \cdots.$$

Für $\xi = 1$ beträgt die Teilsumme der m ersten Glieder: b_m.

Mit Rücksicht auf (43) gelangen wir hiermit zu dem Resultat

$$(58) \qquad\qquad B_2 = \underset{\to\infty}{b_m} = -\varepsilon\,\Phi(1).$$

Schließlich bestimmen wir noch B_1 mit Hilfe der Relation (52)

$$(59) \qquad B_1 = - \frac{1 - \varepsilon\, \Phi^2(1)}{F(1)}.$$

Die Transformationsformeln und ihre Auflösungen lauten hiermit:

$$w_3 = \Phi(1)\, w_1 \qquad\qquad - F(1)\, w_2,$$
$$w_4 = - \frac{1 - \varepsilon\, \Phi^2(1)}{F(1)}\, w_1 - \varepsilon\, \Phi(1)\, w_2$$

und

$$w_1 = \varepsilon\, \Phi(1)\, w_3 \qquad\qquad - F(1)\, w_4,$$
$$w_2 = - \frac{1 - \varepsilon\, \Phi^2(1)}{F(1)}\, w_3 - \Phi(1)\, w_4.$$

16. Die totale Lösung für die Durchbiegung w bei gleichmäßiger Last

wird erhalten, indem man noch das leicht erkennbare partielle Integral der unhomogenen Gleichung (34) hinzufügt:

$$w = \frac{A \lg \varrho + B}{2\,(1 - \mu)\, t} + C_1 w_1 + C_2 w_2 + \frac{H_0}{16\,\varepsilon\,(1 - \varepsilon)\, t^2}\,(1 - \varepsilon\, t\, \varrho^2)$$

mit $x = t\, \varrho^2$.

Die beiden mittleren Glieder lassen sich auch durch $C_1 w_3 + C_2 w_4$ ersetzen.

Von der Bestimmung der Integrationskonstanten gilt mit entsprechenden Änderungen das unter Absatz 10 Gesagte.

(Eingegangen am 18. 2. 1942.)

Elastische Knickung gerader Stäbe, die als Säulen von konstanter Druckspannung ausgebildet sind[1].

Von **R. Gran Olsson**, Trondheim.

Mit 4 Abbildungen.

1. Einleitung.

Die Stabilität des geraden Stabes von veränderlichem Querschnitt und veränderlicher Druckkraft ist wiederholt untersucht worden. Die verschiedenen Arbeiten darüber bis zum Jahre 1936 sind in dem Buch von J. Ratzersdorfer besprochen, weshalb dieser Hinweis auf das Schrifttum hier genügen möge[2]. Den praktisch am häufigsten vorkommenden Fall erhält man bei Belastung des Stabes durch eine Einzellast unter gleichzeitiger Berücksichtigung des Eigengewichts. Von allen möglichen Fällen der Querschnittsveränderlichkeit wollen wir uns im folgenden auf solche beschränken, bei denen die Druckspannung konstant ist. Der Querschnitt solcher Stäbe ändert sich, wie aus der elementaren Festigkeitslehre bekannt, nach einer Exponentialfunktion[3]. Das Trägheitsmoment ändert sich je nach der Querschnittsform nach einer Exponentialfunktion mit demselben oder einem höheren Exponenten, so daß die Lösungen für die Ausbiegung des Stabes je nachdem etwas verschieden ausfallen. Im folgenden sollen diese Lösungen angegeben und die zugehörigen Knickbedingungen aufgestellt und zum größten Teil auch ausgewertet werden.

---

[1] Die Anregung zur vorliegenden Arbeit erhielt ich durch das Studium des Aufsatzes von A. Hertwig: Beitrag zum Hängebrückenproblem. Stahlbau Bd. 13 (1940), S. 105, insbesondere durch eine Bemerkung auf S. 107 über die Knickung von Stäben mit veränderlichem Querschnitt.

[2] Ratzersdorfer, J.: Die Knickfestigkeit von Stäben und Stabwerken S. 91. Wien 1936.

[3] Pöschl, Th.: Elementare Festigkeitslehre S. 62. Berlin 1936.

2. Die Differentialgleichung des Problems bei veränderlicher Druckkraft und veränderlichem Querschnitt.

Der Stab sei unten eingespannt und oben frei verschieblich gelagert. Die Gleichung der elastischen Linie lautet:

$$(1) \qquad E\,I\,\frac{d^2 y}{d x^2} = M,$$

wo E den Elastizitätsmodul, I das Trägheitsmoment und M das Biegungsmoment bezeichnet. Ferner ist y die Ausbiegung und x die Entfernung eines beliebigen Stabelementes von der Einspannstelle (Abb. 1). Die Querkraft Q an einer beliebigen Stelle ist

$$(2) \qquad Q = -\frac{d y}{d x}\int\limits_{x}^{l} p(x)\,d x,$$

wo $p(x)$ das Gewicht des Stabes je Längeneinheit bezeichnet. Durch Differentiation der Gleichung (1) nach x erhält man mit Hilfe der Beziehung $Q = \dfrac{d M}{d x}$ aus Gleichung (2) die Differentialgleichung

$$(3) \qquad E\,I\,\frac{d^3 y}{d x^3} + \frac{d}{d x}(E I)\,\frac{d^2 y}{d x^2} + \int\limits_{x}^{l} p(x)\,d x\,\frac{d y}{d x} = 0.$$

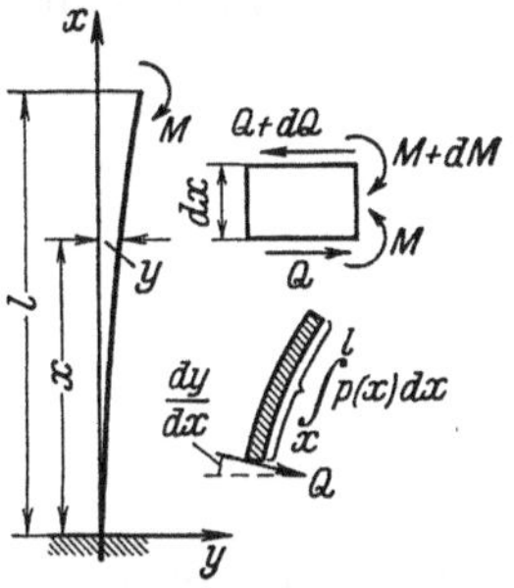

Abb. 1. Erläuterungen zur Aufstellung der Differentialgleichung (3).

Im Ausdruck $\int\limits_{x}^{l} p(x)\,d x$ ist außer dem Eigengewicht auch die Einzellast P am oberen Stabende enthalten. Wird die neue Veränderliche

$$z = \frac{l - x}{l}$$

eingeführt, so ergibt sich zunächst die Gleichung

$$(3\,\mathrm{a}) \qquad \frac{E I}{l^3}\,y''' + \left(\frac{E I}{l^3}\right)' y'' + \int\limits_{0}^{z} p(z)\,d z\,y' = 0,$$

wo Striche Differentiation nach z bedeuten. Nach Multiplikation mit $\dfrac{l^3}{E I}$ und der Substitution $y' = \eta$ ergibt sich aus Gleichung (3a)

$$(3\,\mathrm{b}) \qquad \eta'' + \frac{(E I)'}{E I}\,\eta' + \frac{l^3}{E I}\int\limits_{0}^{z} p(z)\,d z\,\eta = 0.$$

Setzt man weiter

$$I = I_0\,j(z)$$

und wird die neue Veränderliche

$$(4) \qquad v = \eta\,\sqrt{j(z)}$$

eingeführt, so erhält man als Normalform der Differentialgleichung

$$(3\,\mathrm{c}) \qquad v'' + \left[\frac{l^3}{E I_0}\,\frac{1}{j(z)}\int\limits_{0}^{z} p(z)\,d z - \frac{1}{2}\,[\ln j(z)]'' - \frac{1}{4}\left(\frac{d\ln j(z)}{d z}\right)^2\right] v = 0,$$

die wir der Kürze halber

$$v'' + f(z)\,v = 0$$

schreiben wollen.

Es ist also

$$(5) \qquad f(z) = \frac{l^3}{E I_0}\,\frac{1}{j(z)}\int\limits_{0}^{z} p(z)\,d z - \frac{1}{2}\,\frac{d^2\ln j(z)}{d z^2} - \frac{1}{4}\left(\frac{d\ln j(z)}{d z}\right)^2.$$

Diese Gleichung läßt sich nun in einer Reihe von Fällen integrieren, wie aus den bereits veröffentlichten Arbeiten bekannt ist. Insbesondere sind solche Gesetze der Querschnittsveränderlichkeit, die eine Integration mit Hilfe von Zylinderfunktionen gestatten, eingehend untersucht worden.

3. Integration der Differentialgleichung für den Stab von konstanter Festigkeit.

Bezeichnen γ das Eigengewicht des Stabmaterials, σ die als konstant angenommene Druckspannung und F_0 den oberen Endquerschnitt des Stabes, so ist der Stabquerschnitt an einer beliebigen Stelle

$$F = F_0 e^{\frac{\gamma}{\sigma}(l-x)} = F_0 e^{\frac{\gamma l}{\sigma}z}.$$

Damit wird

$$\frac{1}{l}\int_x^l p(x)\,dx = \frac{\gamma F_0}{l}\int_x^l e^{\frac{\gamma}{\sigma}(l-x)}\,dx = \gamma F_0 \int_0^z e^{\frac{\gamma l}{\sigma}z}\,dz = \frac{F_0\sigma}{l}\left(e^{\frac{\gamma l}{\sigma}z}-1\right).$$

Wird der Stab außer durch das Eigengewicht auch noch durch eine Einzellast $P = \sigma F_0$ belastet, so wird

$$\frac{1}{l}\int_x^l p(x)\,dx = \frac{F_0\sigma}{l} e^{\frac{\gamma l}{\sigma}z}.$$

Das Trägheitsmoment kann in der Form

$$I = I_0 e^{\frac{n\gamma}{\sigma}(l-x)} = I_0 e^{\frac{n\gamma l}{\sigma}z}$$

ausgedrückt werden, wo je nach der Querschnittsgestalt $n \geqq 1$ ist. So ist beispielsweise für den quadratischen und kreisförmigen Querschnitt $n = 2$. Damit wird

$$\ln j(z) = \frac{n\gamma l}{\sigma}z, \qquad \frac{d\ln j(z)}{dz} = \frac{n\gamma l}{\sigma}, \qquad \frac{d^2\ln j(z)}{dz^2} = 0,$$

und weiter

$$(5\,\mathrm{a}) \qquad f(z) = \frac{\sigma F_0 l^2}{E I_0} e^{\frac{-(n-1)\gamma l}{\sigma}z} - \frac{n^2}{4}\frac{\gamma^2 l^2}{\sigma^2},$$

womit die Differentialgleichung lautet:

$$(3\,\mathrm{d}) \qquad v'' + \left(\frac{F_0\sigma l^2}{E I_0} e^{-(n-1)\frac{\gamma l}{\sigma}z} - \frac{n^2\gamma^2 l^2}{4\sigma^2}\right)v = 0.$$

Durch die Substitution

$$(6) \qquad \zeta = e^{-(n-1)\frac{\gamma l}{2\sigma}z}$$

ergibt sich aus Gleichung (3 d)

$$(3\,\mathrm{e}) \qquad v'' + \frac{2}{\zeta}v' + \frac{1}{(n-1)^2}\left(\frac{4 F_0\sigma^3}{E I_0\gamma^2} - \frac{n^2}{\zeta^2}\right)v = 0,$$

wo Striche jetzt Differentiation nach ζ bedeuten.

Die Differentialgleichung

$$(3\,\mathrm{f}) \qquad v'' + \frac{1-2\alpha}{\zeta}v' + \left(\beta^2 + \frac{\alpha^2-p^2}{\zeta^2}\right)v = 0$$

hat die Lösung

$$(7) \qquad v = (\zeta^\alpha)\left[c_1 J_p(\beta\zeta) + c_2 N_p(\beta\zeta)\right],$$

wo c_1 und c_2 Integrationskonstanten, J_p und N_p Zylinderfunktionen sind[1]. Der Vergleich

---

[1] Jahnke, E. — Emde, F.: Funktionentafeln, 3. Aufl. S. 146. Leipzig und Berlin 1938.

von Gleichung (3e) und (3f) liefert für die Parameter α, β und p die Werte

$$(8) \qquad \alpha = -\frac{1}{2}, \qquad \beta = \frac{2\sigma}{(n-1)\gamma}\sqrt{\frac{F_0\sigma}{I_0 E}}, \qquad p = \pm\frac{\sqrt{4n^2+(n-1)^2}}{2(n-1)}.$$

Aus (4) und (7) ergibt sich für die Neigung der Biegungslinie

$$(7\,\mathrm{a}) \qquad \eta = \frac{v}{\sqrt{j(z)}} = \zeta^{\frac{n+1}{2(n-1)}}\left[c_1 J_p(\beta\zeta) + c_2 N_p(\beta\zeta)\right],$$

wo die oben angegebenen Werte für die Parameter β und p einzusetzen sind.

4. Untersuchung des Sonderfalls $n=1$.

Wegen des Unendlichwerdens von β und p gemäß (8) für $n=1$, muß dieser Fall besonders untersucht werden. Mit $n=1$ wird

$$(5\,\mathrm{b}) \qquad f(z) = \frac{\sigma F_0 l^2}{E I_0} - \frac{\gamma^2 l^2}{4\sigma^2},$$

womit die Differentialgleichung (3d) in die folgende übergeht

$$(3\,\mathrm{g}) \qquad v'' + \left(\frac{\sigma F_0 l^2}{E I_0} - \frac{\gamma^2 l^2}{4\sigma^2}\right)v = 0,$$

d. h. eine Gleichung mit konstanten Beiwerten. Mit der Abkürzung

$$(9) \qquad \alpha^2 = \frac{\sigma F_0 l^2}{E I_0} - \frac{\gamma^2 l^2}{4\sigma^2}$$

ergibt sich als Lösung von Gleichung (3g)

$$(10) \qquad v = c_1\sin\alpha z + c_2\cos\alpha z.$$

Daraus ergibt sich die Neigung der Biegungslinie

$$(10\,\mathrm{a}) \qquad \eta = \frac{v}{\sqrt{j(z)}} = e^{-\frac{\gamma l}{2\sigma}z}\,(c_1\sin\alpha z + c_2\cos\alpha z),$$

und weiter durch eine elementare Integration die Ausbiegung des Stabes

$$y = l\,\frac{e^{-\frac{\gamma l}{2\sigma}z}}{\alpha^2 + \frac{\gamma^2 l^2}{4\sigma^2}}\left[\left(\frac{\gamma l}{2\sigma}c_1 - \alpha c_2\right)\sin\alpha z + \left(\alpha c_1 + \frac{\gamma l}{2\sigma}c_2\right)\cos\alpha z\right],$$

worauf es jedoch im folgenden nicht ankommt.

5. Die Knickbedingung für beliebige Werte n.

Die Neigung der Biegungslinie für beliebige Werte $n(n \neq 1)$ ist gemäß Ziff. 3 durch den Ausdruck gegeben

$$(7\,\mathrm{a}) \qquad \eta = \zeta^{\frac{1}{2}\frac{n+1}{n-1}}\left[c_1 J_p(\beta\zeta) + c_2 N_p(\beta\zeta)\right].$$

Die Randbedingungen mögen wie folgt gewählt werden: es soll für $z=1$, $\eta=0$ und für $z=0$, $\eta'=0$ sein. Dabei ist

$$(7\,\mathrm{b}) \qquad \eta' = \frac{d\eta}{dz} = \frac{d\eta}{d\zeta}\frac{d\zeta}{dz} = -(n-1)\frac{\gamma l}{2\sigma}\zeta^{\frac{3n-1}{2(n-1)}}\left\{c_1\left[\left(\frac{n+1}{2(n-1)}-p\right)\zeta^{-1}J_p(\beta\zeta) + \beta J_{(p-1)}(\beta\zeta)\right] + \right.$$
$$\left. + c_2\left[\left(\frac{n+1}{2(n-1)}-p\right)\zeta^{-1}N_p(\beta\zeta) + \beta N_{(p-1)}(\beta\zeta)\right]\right\}.$$

Damit ergeben sich folgende Gleichungen

$$(11) \quad \begin{cases} c_1 J_p(\beta\zeta_1) + c_2 N_p(\beta\zeta_1) = 0, \\[2mm] c_1\left[\left(\dfrac{n+1}{2(n-1)}-p\right)J_p(\beta) + \beta J_{(p-1)}(\beta)\right] + c_2\left[\left(\dfrac{n+1}{2(n-1)}-p\right)N_p(\beta) + \beta N_{(p-1)}(\beta)\right] = 0. \end{cases}$$

Mit der Knickbedingung

$$(11\,\mathrm{a}) \qquad \frac{J_p(\beta\,\zeta_1)}{N_p(\beta\,\zeta_1)} = \frac{\left(\dfrac{n+1}{2\,(n-1)} - p\right) J_p(\beta) + \beta\,J_{(p-1)}(\beta)}{\left(\dfrac{n+1}{2\,(n-1)} - p\right) N_p(\beta) + \beta\,N_{(p-1)}(\beta)},$$

wo $\zeta_1 = \zeta$ für $z = 1$ bedeutet. Der Parameter p ist durch die Beziehung (8) gegeben. Praktisch kommen nur die Werte $n = 2$ und $n = 3$ in Betracht, indem $n = 2$ einem Kreis oder Quadratquerschnitt und $n = 3$ einem Rechteckquerschnitt entspricht. Für $n = 2$ wird $p = 2{,}06$ und für $n = 3$ $p = 1{,}58$, für welche Werte p keine Tafeln vorliegen, aber man wird mit guter Annäherung die Tafeln für $p = 2{,}0$ bzw. $p = 1{,}5$ heranziehen können.

Beispiel a: Es sei $n = 3$, also $p = 1{,}58$. Mit $J_p \approx J_{3/2}$ und $J_{(p-1)} \approx J_{1/2}$ wird die Knickbedingung

$$(11\,\mathrm{b}) \qquad \frac{J_{3/2}(\beta\,\zeta_1)}{J_{-3/2}(\beta\,\zeta_1)} = \frac{0{,}58\,J_{3/2}(\beta) - \beta\,J_{1/2}(\beta)}{0{,}58\,J_{-3/2}(\beta) + \beta\,J_{-1/2}(\beta)},$$

wobei $J_{-3/2}(\beta)$ und $J_{-1/2}(\beta)$ statt $N_{3/2}(\beta)$ und $N_{1/2}(\beta)$ eingeführt wurden. Trägt man die linke und rechte Seite von Gleichung (11 b) als Funktionen von $(\beta\zeta_1)$ bzw. β auf, so ergeben sich die in Abb. 2 dargestellten Kurven[1]. Daraus ergibt sich der kleinste Wert von $\beta = 2{,}93$ entsprechend $\beta\zeta_1 = 0$. Aus zwei einander entsprechenden Werten β und $\beta\zeta_1$ ergibt sich ζ_1 und daraus $\dfrac{\gamma l}{2\sigma}$ gemäß der Substitution (6), wobei $z = 1$ zu setzen ist. Bei bekannten Werten β und $\dfrac{\gamma l}{2\sigma}$ läßt sich die Knicklast ausrechnen, denn es ist

$$\frac{\gamma l}{\sigma}\,\beta = \frac{\gamma l}{\sigma}\,\frac{2\sigma}{(n-1)\gamma}\sqrt{\frac{F_0\,\sigma}{E\,I_0}} = l\sqrt{\frac{\sigma\,F_0}{E\,I_0}}$$

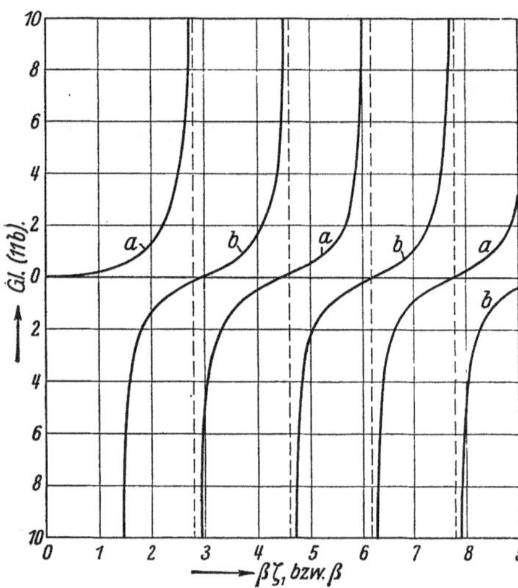

Abb. 2. Zur Auswertung der Knickbedingung (11b). Die Kurven a und b stellen die linke bzw. rechte Seite der Knickbedingung dar.

für $n = 3$. Auf diese Weise kann die Knickspannung als Funktion von $\dfrac{2\sigma}{\gamma l}$ dargestellt werden. Das Ergebnis dieser Rechnung ist in Tafel 1 zusammengestellt, das graphische Bild in Abb. 3 dargestellt.

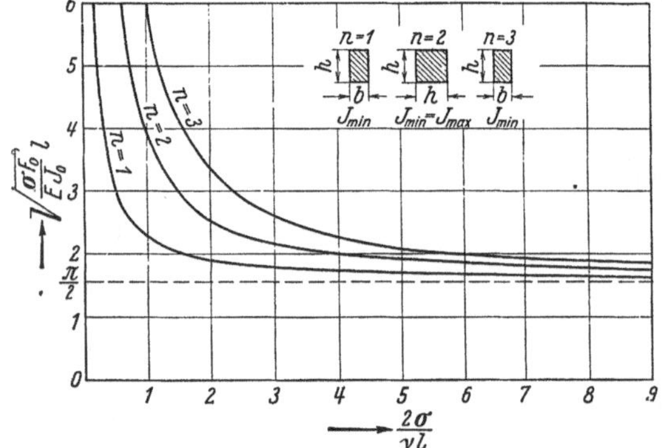

Abb. 3. Die in dimensionsloser Form dargestellte Knicklast abhängig vom Parameter $2\,\sigma/\gamma\,l$.

Tafel 1. Werte β, $\dfrac{2\sigma}{\gamma l}$ und $\sqrt{\dfrac{\sigma F_0}{E I_0}}\,l$ im Fall $n = 3$.

β	$\beta\zeta_1$	ζ_1	$\dfrac{2\sigma}{\gamma l}$	$\sqrt{\dfrac{\sigma F_0}{E I_0}}\,l$	β	$\beta\zeta_1$	ζ_1	$\dfrac{2\sigma}{\gamma l}$	$\sqrt{\dfrac{\sigma F_0}{E I_0}}\,l$
2,94	0,128	0,0435	0,638	9,210	4,80	3,034	0,632	4,36	2,203
3,00	0,610	0,203	1,254	4,785	5,10	3,358	0,659	4,80	2,127
3,10	0,873	0,282	1,580	3,925	5,40	3,667	0,679	5,17	2,090
3,30	1,230	0,373	2,028	3,254	6,00	4,299	0,716	6,66	2,004
3,60	1,652	0,459	2,567	2,804	6,60	4,945	0,750	6,95	1,901
3,90	1,994	0,512	2,980	2,61	7,50	5,838	0,778	8,00	1,883
4,20	2,368	0,564	3,490	2,40	8,40	6,752	0,804	9,17	1,833
4,50	2,707	0,602	3,945	2,282	9,60	7,964	0,830	10,73	1,785

Beispiel b: Es sei $n = 2$, also $p = 2{,}06$. Mit $J_p \approx J_2$, $N_p \approx N_2$ lautet die Knickbedingung

$$(11\,\mathrm{c}) \qquad \frac{J_2(\beta\,\zeta_1)}{N_2(\beta\,\zeta_1)} = \frac{0{,}56\,J_2(\beta) - \beta\,J_1(\beta)}{0{,}56\,N_2(\beta) - \beta\,N_1(\beta)}.$$

Eine entsprechende Rechnung wie im Beispiel a ergibt die in Abb. 4 dargestellten Kurven,

[1] Hayashi, K.: Fünfstellige Funktionentafeln. Berlin 1930. Enthält auf S. 102 bis 104 Tafeln über die Funktionen $J_{1/2}(x)$, $J_{3/2}(x)$, $J_{-1/2}(x)$ und $J_{-3/2}(x)$.

wo bei $\beta = 3{,}67$ für $\beta \zeta_1 = 0$ wird[1]. Die Knicklast ergibt sich aus

$$\frac{\gamma l}{2\sigma}\,\beta = \frac{\gamma l}{2\sigma}\,\frac{2\sigma}{(n-1)\gamma}\sqrt{\frac{\sigma F_0}{E I_0}} = l\sqrt{\frac{\sigma F_0}{E I_0}},$$

indem $\dfrac{\gamma l}{2\sigma}$ ähnlich wie im vorigen Beispiel zu ermitteln ist. Das Ergebnis ist in Tafel 2 angeschrieben, das graphische Bild in Abb. 3 aufgetragen.

Tafel 2. Werte β, $\dfrac{2\sigma}{\gamma l}$ und $\sqrt{\dfrac{\sigma F_0}{E I_0}}\,l$ im Fall $n = 2$.

β	$\beta\zeta_1$	ζ_1	$\dfrac{2\sigma}{\gamma l}$	$\sqrt{\dfrac{\sigma F_0}{E I_0}}\,l$	β	$\beta\zeta_1$	ζ_1	$\dfrac{2\sigma}{\gamma l}$	$\sqrt{\dfrac{\sigma F_0}{E I_0}}\,l$
3,7	0,763	0,206	0,633	5,84	4,6	2,517	0,547	1,658	2,774
3,8	1,160	0,305	0,842	4,511	4,8	2,766	0,576	1,812	2,660
4,0	1,631	0,408	1,116	3,584	5,0	3,01	0,602	1,972	2,535
4,2	1,963	0,467	1,314	3,196	6,0	4,14	0,690	2,695	2,226
4,4	2,260	0,514	1,502	2,930	∞	∞	1,000	∞	1,5708

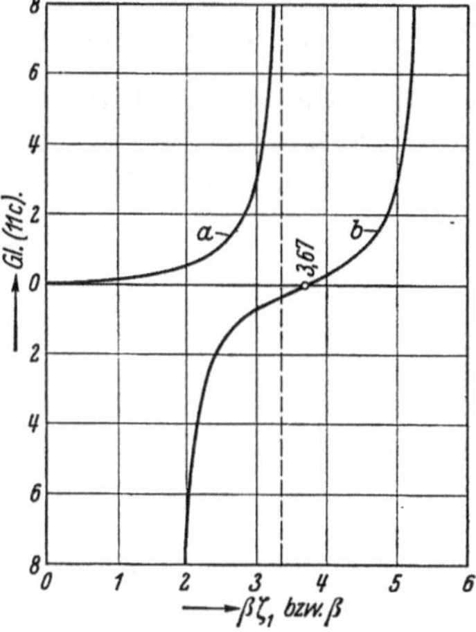

Abb. 4. Zur Auswertung der Knickbedingung (11c). Die Kurven a und b stellen die linke bzw. rechte Seite der Knickbedingung dar.

Die vorhandenen Tafeln über $N_2(\beta\zeta_1)$ und $J_2(\beta\zeta_1)$ haben nur für $\beta\zeta_1 \leqq 5{,}0$ eine genügend feine Intervalleinteilung, so daß die Kurve nur bis $\dfrac{2\sigma}{\gamma l} = 2{,}695$ ausgerechnet werden konnte. Von da an ist extrapoliert, indem näherungsweise folgender Ausdruck angesetzt wurde:

$$\sqrt{\frac{\sigma F_0}{E I_0}}\,l = \frac{\pi}{2} + c_1\,x^{-1} + c_2\,x^{-2} \qquad \left(x = \frac{2\sigma}{\gamma l}\right),$$

wobei c_1 und c_2 nach den beiden letzten Wertepaaren der Tafel 2 bestimmt wurden. Daraus ergibt sich $c_1 = 1{,}533$, $c_2 = 0{,}727$, so daß die Gleichung der extrapolierten Kurve lautet

$$\sqrt{\frac{\sigma F_0}{E I_0}}\,l = \frac{\pi}{2} + 1{,}533\,\frac{\gamma l}{2\sigma} + 0{,}727\,\frac{\gamma^2 l^2}{4\sigma^2}.$$

Die durch die Werte der Tafel 2 und die obige Gleichung festgelegte Kurve ist in Abb. 3 ebenfalls eingetragen.

6. Auswertung der Knickbedingung im Sonderfall $n = 1$.

Außer den Fällen $n = 2$ und $n = 3$ mag die Knickbedingung noch für $n = 1$ ausgewertet werden, da dieser Sonderfall besonders einfache Ergebnisse liefert.

Der Stab sei wieder unten eingespannt, oben frei. Die Randbedingungen lauten: es soll für $z = 1$, $\eta = 0$ und für $z = 0$, $\eta' = 0$ sein, wobei

$$(12) \qquad \eta' = e^{-\frac{\gamma l}{2\sigma}z}\left[c_1\left(\alpha\cos\alpha z - \frac{\gamma l}{2\sigma}\sin\alpha z\right) - c_2\left(\frac{\gamma l}{2\sigma}\cos\alpha z + \alpha\sin\alpha z\right)\right]$$

ist. Die Randbedingungen liefern die Gleichungen

$$\eta'_{(z=0)} = c_1\alpha \quad\ - c_2\frac{\gamma l}{2\sigma} \quad\ = 0,$$
$$\eta_{(z=1)} = c_1\sin\alpha + c_2\cos\alpha = 0$$

mit der Knickbedingung

$$(13) \qquad \alpha\cos\alpha + \frac{\gamma l}{2\sigma}\sin\alpha = 0,$$

wofür auch geschrieben werden kann:

$$(13\,\text{a}) \qquad -\operatorname{tg}\alpha = \frac{2\sigma}{\gamma l}\,\alpha.$$

Die numerische Lösung der Gleichung (13a) ist bei F. Emde angegeben[2].

---

[1] Watson, G. N.: Theory of Bessel Functions. Cambridge 1922. Enthält im Anhang Tafeln über die Funktion $J_1(x)$, $J_2(x)$, $N_1(x)$ und $N_2(x)$.

[2] Emde, F.: Tafeln elementarer Funktionen S. 127. Leipzig und Berlin 1940.

Im allgemeinen ist $\dfrac{2\sigma}{\gamma l} \gg 1$, so daß man in erster Näherung $\alpha = \dfrac{\pi}{2}$ setzen kann.

Mit diesem Wert von α ergibt sich aus Gleichung (9) mit $\sigma F_0 = P$

$$(9\,\mathrm{a}) \qquad \frac{P\,l^2}{E\,I_0} = \frac{\pi^2}{4}.$$

Da α in der Tat immer etwas größer als $\dfrac{\pi}{2}$ sein wird, gibt (9a) eine untere Grenze der Knicklast an. Sie stimmt mit der Eulerschen Knicklast eines Stabes überein, der unten eingespannt und oben vollkommen frei ist, wie es auch sein muß. Für größere Genauigkeitsansprüche rechnet man die Knicklast nach der Formel

$$(9\,\mathrm{b}) \qquad \frac{P\,l^2}{E\,I_0} = \alpha^2 + \frac{\gamma^2 l^2}{4\sigma^2},$$

wo α nach (12a) zu ermitteln ist. In der folgenden Tafel 3 sind einige Werte $\dfrac{\gamma l}{2\sigma}$, α und $\dfrac{P\,l^2}{E\,I_0}$ zusammengestellt.

Tafel 3. Werte α, $\dfrac{2\sigma}{\gamma l}$ und $\sqrt{\dfrac{P}{E\,I_0}}\,l$ im Sonderfall $n = 1$.

α	$\dfrac{2\sigma}{\gamma l}$	$\alpha^2 + \dfrac{\gamma^2 l^2}{4\sigma^2}$	$\sqrt{\dfrac{P}{E\,I_0}}\,l$	α	$\dfrac{2\sigma}{\gamma l}$	$\alpha^2 + \dfrac{\gamma^2 l^2}{4\sigma^2}$	$\sqrt{\dfrac{P}{E\,I_0}}\,l$
$\dfrac{\pi}{2}$	∞	$\dfrac{\pi^2}{4}$	$\dfrac{\pi}{2}$	2,03	0,9963	5,1283	2,26
1,64	8,797	2,7025	1,64	2,29	0,4987	9,2650	3,04
1,66	6,735	2,7776	1,66	2,50	0,2988	17,4505	4,17
1,69	4,940	2,8971	1,70	2,65	0,2021	31,5057	5,61
1,76	2,967	3,2112	1,79	2,75	0,1502	51,8887	7,20
1,84	1,970	3,4689	1,86	π	0,0000	∞	∞

Das graphische Bild ist in Abb. 3 wiedergegeben. Aus der Tafel geht hervor, daß für $\dfrac{2\sigma}{\gamma l} = 8,8$ die Zunahme der Knicklast gegenüber der „Eulerlast" 4,6 % beträgt. $\dfrac{2\sigma}{\gamma l} = 8,8$ entspricht bei einer Druckspannung von 24 kg/cm² und einem spezifischen Gewicht $\gamma = 2,2$ t/m³ (Beton) einer Stablänge

$$l = \frac{2\sigma}{8,8\,\gamma} = \frac{24}{4,4\cdot 2,2} = \text{rd. } 25\,\mathrm{m}.$$

Für alle kleineren Stablängen ist die Abweichung der Knicklast von der Eulerlast geringer.

7. Zusammenfassung.

Die Knickung eines Stabes von veränderlicher Druckkraft und veränderlichem Querschnitt führt immer auf eine Differentialgleichung zweiter Ordnung, deren Koeffizienten im allgemeinen veränderlich sind. Diese Gleichung läßt sich nicht allgemein integrieren, aber in einer großen Anzahl von praktisch wichtigen Fällen sind die Zylinderfunktionen Lösungen, wie aus früheren Arbeiten über diesen Gegenstand bereits bekannt ist. In dieser Arbeit sind insbesondere Stäbe von gleicher Festigkeit untersucht worden, wobei die Lösungen wieder Zylinderfunktionen sind, wenn am oberen Ende des Stabes eine Druckkraft von solcher Größe angenommen wird, daß eine konstante Druckspannung in jedem Stabquerschnitt vorhanden ist. In einem Sonderfall ergeben sich elementare Funktionen als Lösungen. Die Knickbedingung wird für drei mögliche Fälle aufgestellt und mit Hilfe vorhandener Zahlentafeln über Zylinderfunktionen näherungsweise zahlenmäßig ausgewertet[1].

---

[1] Zusatz bei der Korrektur: In einer inzwischen erschienenen Arbeit [Ing.-Arch. Bd. 13 (1942), S. 162—174] habe ich die Knickung gerader Stäbe von exponentiell veränderlichem Querschnitt unter dem Einfluß ihres Eigengewichtes ohne die Einzellast P am oberen Stabende untersucht.

(Eingegangen am 10. 1. 1942.)

Spannungen in einer ringförmigen Scheibe infolge ungleichmäßiger Erwärmung.

Von **H. Petermann**, Berlin.

Mit 1 Abbildung.

In einer ringförmigen Scheibe von der Dicke 1, dem Innenhalbmesser a und dem Außenhalbmesser b betrage die Temperatur der inneren Randfaser t_a, die bis zur äußeren Randfaser geradlinig auf Null abnehme. Dann ist für einen beliebigen Punkt der Scheibe mit dem Halbmesser r die Temperatur

$$t_r = t_a \frac{b-r}{b-a}.$$

Bezeichnet man

die radiale Verschiebung nach außen mit u,

die Dehnung infolge Erwärmung um 1^0 mit ε,

die Spannung in radialer Richtung mit σ_r,

die Spannung in tangentialer Richtung mit σ_t,

dann beträgt die radiale Dehnung

$$\varepsilon_r = \varepsilon\, t_r + \frac{1}{E}\,(\sigma_r - \mu\,\sigma_t)$$

und die tangentiale Dehnung

$$\varepsilon_t = \varepsilon\, t_r + \frac{1}{E}\,(\sigma_t - \mu\,\sigma_r).$$

Hieraus folgt

$$\sigma_r = \frac{E}{1-\mu^2}\,[\varepsilon_r - \varepsilon\, t_r + \mu(\varepsilon_t - \varepsilon\, t_r)],$$

$$\sigma_t = \frac{E}{1-\mu^2}\,[\varepsilon_t - \varepsilon\, t_r + \mu(\varepsilon_r - \varepsilon\, t_r)].$$

Da bekanntlich

$$\varepsilon_r = \frac{du}{dr} \qquad \text{und} \qquad \varepsilon_t = \frac{u}{r},$$

so folgt:

$$(1\,\mathrm{a}) \qquad \sigma_r = \frac{E}{1-\mu^2}\left[\frac{du}{dr} + \mu\frac{u}{r} - \varepsilon(1+\mu)\,t_a\frac{b-r}{b-a}\right],$$

$$(1\,\mathrm{b}) \qquad \sigma_t = \frac{E}{1-\mu^2}\left[\frac{u}{r} + \mu\frac{du}{dr} - \varepsilon(1+\mu)\,t_a\frac{b-r}{b-a}\right].$$

Da ferner[1]

$$(2) \qquad \sigma_t = \frac{d}{dr}\,(\sigma_r\, r),$$

so ergibt sich:

$$\mu\frac{du}{dr} + \frac{u}{r} - \varepsilon(1+\mu)\,t_a\frac{b-r}{b-a} = \frac{d}{dr}\left[r\frac{du}{dr} + \mu\,u - \varepsilon(1+\mu)\,t_a\frac{b\,r-r^2}{b-a}\right]$$

und hieraus die Differentialgleichung:

$$(3) \qquad r^2\frac{d^2u}{dr^2} + r\frac{du}{dr} - u + A\,r^2 = 0$$

mit

$$A = \frac{\varepsilon\, t_a(1+\mu)}{b-a}.$$

---

[1] Nach **Föppl**: Vorles. über techn. Mech. Bd. 3, 5. Aufl. S. 299.

Die Lösung lautet:

(4)
$$u = -\frac{A}{3} r^2 + B r + C r^{-1}.$$

Setzt man diesen Ausdruck und seinen Differentialquotienten in die Gleichung (1a) ein, so erhält man mit den Randbedingungen: $\sigma_r = 0$ für $r = a$ und $r = b$ die beiden Integrationskonstanten B und C zu:

$$B = \frac{A}{3(1 + \mu)(a + b)}\left[-a^2 + 2ab + 2b^2 + \mu(a^2 + ab + b^2)\right],$$
$$C = -\frac{A a^2 b^2}{3(a + b)}.$$

Die Spannungsgleichungen lauten danach:

(5a)
$$\sigma_r = \frac{AE}{3(1 + \mu)}\left(r + \frac{a^2 b^2}{a + b} r^{-2} - \frac{a^2 + ab + b^2}{a + b}\right),$$

(5b)
$$\sigma_t = \frac{AE}{3(1 + \mu)}\left(2r - \frac{a^2 b^2}{a + b} r^{-2} - \frac{a^2 + ab + b^2}{a + b}\right).$$

Gleichung (5a) erfüllt die Randbedingungen, die zur Ermittlung der Integrationskonstanten geführt haben.

Für die Randfasern — für $r = a$ und $r = b$ — nimmt Gleichung (5b) folgende Formen an:
Spannung an der Innenkante der Ringscheibe:

(6a)
$$\sigma_{ta} = \frac{AE}{3(1 + \mu)} \frac{a^2 + ab - 2b^2}{a + b},$$

Spannung an der Außenkante:

(6b)
$$\sigma_{tb} = \frac{AE}{3(1 + \mu)} \frac{b^2 + ab - 2a^2}{a + b}.$$

Die hiernach für eine ringförmige Scheibe gefundenen Spannungen können als Näherungswerte gelten für die radialen und tangentialen Spannungen in einem dickwandigen zylindrischen Behälter, der mit einer heißen oder kalten Flüssigkeit gefüllt wird, deren Temperatur von der des umgebenden Mediums um t_a^0 abweicht. Der Einfluß der in Achsenrichtung liegenden dritten Spannung auf den Spannungszustand ist dabei vernachlässigt.

Angenähert kann man die Grenzwerte dieser dritten Spannung σ_z in Achsenrichtung für die Innen- und Außenhaut des Behälters ermitteln, wenn man in den Ausdrücken (6a) und (6b) den einen Halbmesser durch Einführung der Wanddicke d eliminiert und für den verbleibenden den Wert ∞ einführt. Die Ausdrücke nehmen dann die Form $\frac{\infty}{\infty}$ an und durch Differentiation von Zähler und Nenner ergibt sich dann für die Randfasern

(7)
$$\sigma_z = \pm \frac{AEd}{2(1 + \mu)}.$$

Zahlenbeispiel. Für einen dickwandigen zylindrischen Betonbehälter mit den Halbmessern $a = 5{,}0$ m, $b = 7{,}0$ m ergeben sich mit

$$\varepsilon = 0{,}00001,$$

$E = 210\,000$ kg/cm² und $t_a = +50^0$ die in der nebenstehenden Zahlentafel 1 zusammengestellten Spannungen σ_r und σ_t nach den Formeln (5a) und (5b):

Tafel 1.

r	σ_r kg/cm²	σ_t kg/cm²
5,0	0,0	− 55,4
5,2	− 1,9	− 43,0
5,4	− 3,2	− 31,2
5,6	− 4,0	− 19,9
5,8	− 4,4	− 9,1
6,0	− 4,3	+ 1,4
6,2	− 4,0	+ 11,6
6,4	− 3,3	+ 21,4
6,6	− 2,5	+ 31,0
6,8	− 1,3	+ 40,4
7,0	0,0	+ 49,6

Der Spannungsverlauf ist in Abb. 1 dargestellt.

Die Randspannung in Achsenrichtung beträgt nach Gleichung (7):

$$\sigma_z = \pm 52{,}5 \text{ kg/cm}^2.$$

(Eingegangen am 10. 2. 1942.)

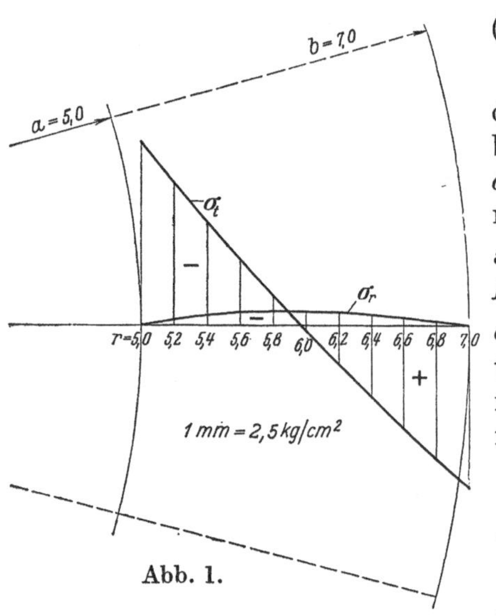

Abb. 1.

Die Lösung der Elastizitätsgleichungen bei der Berechnung statisch unbestimmter Systeme.

Von **J. Pirlet**, Köln.

Mit 4 Abbildungen.

Die Berechnung eines n-fach statisch unbestimmten Systems erfordert die Lösung von n linearen Gleichungen mit n Unbekannten. Die Koeffizienten dieser Gleichungen sind Verschiebungen von Punkten des statisch bestimmten Grundsystems; sie stellen sich dar als Summenausdrücke, deren Berechnung nach bekannten einfachen Sätzen erfolgt. In dieser Hinsicht bestehen keine Schwierigkeiten. Anders ist es mit der Lösung der Elastizitätsgleichungen. Mit dieser Frage beschäftigen sich nicht nur die Lehrbücher der Statik, sondern auch eine große Zahl von Aufsätzen in unseren Fachzeitschriften. Daß es sich dabei um eine keineswegs einfache Aufgabe handelt — wenigstens wenn man die praktischen Schwierigkeiten der Zahlenrechnung in Betracht zieht —, zeigen uns z. B. die diesbezüglichen Angaben in dem Lehrbuch von Müller-Breslau[1]. Auch Geheimrat Hertwig hat in Erkenntnis der Bedeutung dieser Aufgabe in einer Reihe von Abhandlungen die Frage der Lösung der Gleichungen bei der Berechnung speziell der hochgradig statisch unbestimmten Systeme bearbeitet[2]. Von diesen Abhandlungen sagt Müller-Breslau (siehe Literaturverzeichnis II, 1, S. 240, 5. Aufl.): „Die drei Arbeiten enthalten wichtige Beiträge zur Auflösung der Elastizitätsgleichungen.“

In den Jahren, in denen diese Arbeiten Hertwigs entstanden, war ich als sein Assistent und später als Privatdozent an der Technischen Hochschule Aachen tätig. Seitdem habe ich mich gleichfalls um eine Lösung dieser Aufgabe bemüht. Erst in den letzten Monaten führten die Untersuchungen zu der hier mitgeteilten Form des Rechnungsganges, und es ist mir eine besondere Freude, gerade jetzt, zum 70. Geburtstage meines verehrten Lehrers, dieses Ergebnis langwieriger Bemühungen vorlegen zu können.

Beim einfach statisch unbestimmten System stellt sich die Unbekannte X_a als Quotient zweier Verschiebungen des statisch bestimmten Grundsystems dar:

$$X_a = -\frac{[ma]}{[aa]}.$$

$[ma]$ ist die Verschiebung des Punktes m, d. h. des Angriffspunktes der gegebenen äußeren Last P_m, infolge der Belastung $X_a = 1$. $[aa]$ ist die Verschiebung des Punktes a, d. h. des Angriffspunktes der Unbekannten X_a, infolge der gleichen Belastung $X_a = 1$.

Beim n-fach statisch unbestimmten System läßt sich in gleicher Weise eine beliebige Unbekannte X_i, die n Unbekannten seien $X_a, X_b, \ldots, X_i, \ldots, X_z$, darstellen als Quotient zweier Verschiebungen, und zwar des $(n-1)$-fach statisch unbestimmten Hauptsystems:

$$(1) \qquad X_i = -\frac{[mi.n-1]}{[ii.n-1]};$$

$[mi.n-1]$ ist die Verschiebung des Punktes m, d. h. des Angriffspunktes der gegebenen äußeren Last P_m, infolge der Last $X_{i.n-1} = 1$, d. h. infolge $X_i = 1$ am $(n-1)$-fach statisch unbestimmten Hauptsystem. — $[ii.n-1]$ ist die Verschiebung des Punktes i, d. h. des Angriffspunktes der Unbekannten X_i, infolge der gleichen Belastung $X_{i.n-1} = 1$.

---

[1] Müller-Breslau: Die graphische Statik der Baukonstruktionen Bd. II, 1 S. 143ff., 153ff.

[2] Hertwig: Über die Berechnung mehrfach statisch unbestimmter Systeme und verwandter Aufgaben. Z. Bauw. [1910] S. 109. — Die Lösung linearer Gleichungen durch unendliche Reihen und ihre Anwendung auf die Berechnung hochgradig statisch unbestimmter Systeme. Müller-Breslau-Festschrift 1912 S. 37. — Einige besondere Klassen linearer Gleichungen und ihre Auflösung in der Statik der durchlaufenden Träger und der Rahmengebilde. Der Eisenbau 1917 S. 69.

Die Verschiebungen in Zähler und Nenner von X_i lassen sich in bekannter Weise als Summenausdrücke darstellen. Wir können schreiben:

$$(1\,\mathrm{a}) \qquad X_i = - \frac{\sum S_0\, S_{i.n-1}\, \dfrac{s}{EF}}{\sum S_i\, S_{i.n-1}\, \dfrac{s}{EF}} \quad \text{bzw.} \quad - \frac{\int M_0\, M_{i.n-1}\, \dfrac{ds}{EJ}}{\int M_i\, M_{i.n-1}\, \dfrac{ds}{EJ}}.$$

Der erste Ausdruck mit den Spannkräften S gilt für das Fachwerk, der zweite für das vollwandige, biegungsfeste System. Die Werte S_0 bzw. M_0 stellen die Spannkräfte bzw. Momente infolge P_m im statisch bestimmten Grundsystem dar; die Werte $S_{i.n-1}$ bzw. $M_{i.n-1}$, die sowohl im Zähler wie im Nenner von X_i auftreten, bedeuten die Spannkräfte bzw. Momente infolge $X_{i.n-1} = 1$, d. h. infolge $X_i = 1$ am $(n-1)$-fach statisch unbestimmten Hauptsystem. — (NB. Für das vollwandige System ist hier lediglich der Beitrag der Momente angeschrieben. Der entsprechend geformte Beitrag der Normalkräfte und Querkräfte ist der Einfachheit halber fortgelassen.) —

Dieser maßgebliche Belastungszustand $X_{i.n-1} = 1$ besteht aus der Last 1 im Punkte i und den zugehörigen Lasten in den Angriffspunkten $a, b, c, \ldots, z$ der Unbekannten X_a, $X_b, X_c, \ldots, X_z$ des $(n-1)$-fach statisch unbestimmten Hauptsystems. Wir erläutern die Zusammensetzung an der besonders anschaulichen Aufgabe des mit einer Einzellast P_m belasteten durchlaufenden Trägers (Abb. 1), und zwar mit den Stützendrücken als Unbekannten. Die Ausführungen und die rechnerischen Ergebnisse gelten natürlich allgemein für jedes System und jede Belastung. Daß wir sonst für die rechnerische Behandlung dieser Aufgabe nicht die Stützendrücke, sondern die Stützenmomente als Unbekannte wählen, ist für unsere Darstellung ohne Bedeutung.

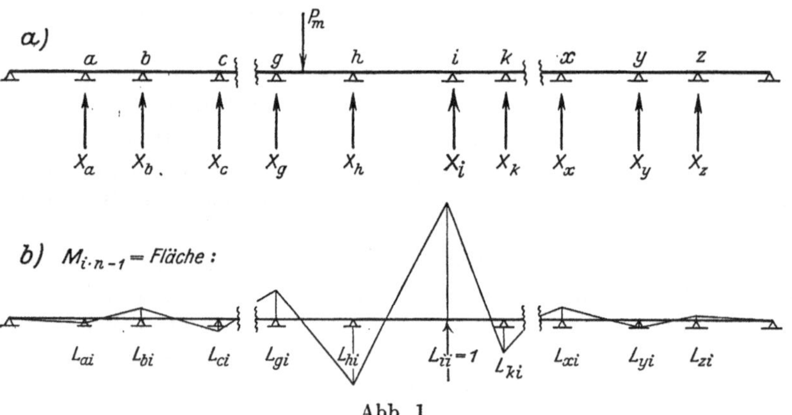

Abb. 1.

In Abb. 1a ist der durchlaufende Träger mit den unbekannten Stützendrücken X_a, X_b, $X_c, \ldots, X_i, \ldots, X_z$ dargestellt. In Abb. 1a ist die Stütze in i beseitigt angenommen und dort die Belastung $X_i = 1$ als äußere Last angebracht. Die bei dieser Belastung in den Stützen $a, b, c, \ldots, z$ entstehenden Stützendrücke nennen wir $L_{ai}, L_{bi}, L_{ci}, \ldots, L_{zi}$. Der erste Buchstabe oder Index $(a, b, c, \ldots, z)$ kennzeichnet den „Ort", d. h. den Punkt, in dem die betreffende Last wirkt; der zweite Buchstabe bzw. Index (i) bezeichnet die „Ursache", d. h. die Last $X_i = 1$, welche die betreffende Last erzeugt.

Diese Werte: $L_{ai}, L_{bi}, L_{ci}, \ldots, L_{gi}, L_{hi}, L_{ii} = 1, L_{ki}, \ldots, L_{xi}, L_{yi}, L_{zi}$ zu bestimmen, ist das Ziel der nachstehenden Untersuchungen.

Wenn es gelingt, diese Werte L allgemein für irgend eine Unbekannte X_i anzugeben, dann ist in der Tat die Aufgabe der Berechnung eines n-fach statisch unbestimmten Systems umfassend gelöst. Jede Art von beweglicher oder ruhender Belastung kann dann nach Gleichung (1) bzw. (1a) errechnet werden. Die Einflußlinie jeder Unbekannten X_i ist als Biegungslinie für eben jenen Belastungszustand $X_{i.n-1} = 1$ gegeben.

Ergänzend sei darauf hingewiesen, daß die Verschiebungen $[im.n-1]$ und $[ii.n-1]$ in Gleichung (1) Verschiebungen der Punkte m bzw. i infolge ein und derselben Lastengruppe L_{ai} in a, L_{bi} in $b, \ldots, L_{zi}$ in z darstellen. Deshalb können wir X_i auch in der Form schreiben:

$$(2) \qquad X_i = - \frac{[ma]\,L_{ai} + [mb]\,L_{bi} + \cdots + [mi]\,1 + \cdots + [mz]\,L_{zi}}{[ia]\,L_{ai} + [ib]\,L_{bi} + \cdots + [ii]\,1 + \cdots + [iz]\,L_{zi}}.$$

I.

Fragen wir zunächst, in welcher Form X_i sich darstellt, wenn wir die bekannte Lösung mit Determinanten zugrunde legen. (NB. Es sei aber von vornherein bemerkt, daß wir diesen Weg nicht weiter verfolgen werden, weil er für Aufgaben allgemeiner Art wegen der praktischen Schwierigkeiten der zahlenmäßigen Rechnung für uns nicht in Frage kommt.)

Die Elastizitätsgleichungen lauten:

$$X_a[aa] + X_b[ab] + X_c[ac] + \cdots + X_i[ai] + \cdots + X_z[az] = -[am]$$
$$X_a[ba] + X_b[bb] + X_c[bc] + \cdots + X_i[bi] + \cdots + X_z[bz] = -[bm]$$
$$X_a[ia] + X_b[ib] + X_c[ic] + \cdots + X_i[ii] + \cdots + X_z[iz] = -[im]$$
$$X_a[za] + X_b[zb] + X_c[zc] + \cdots + X_i[zi] + \cdots + X_z[zz] = -[zm].$$

Jede Unbekannte X_i stellt sich dar als Quotient zweier Determinanten n-ten Grades. Die Nennerdeterminante $\varDelta$ ist die Determinante der Koeffizienten der X auf der linken Seite vorstehender Gleichungen. Die Zählerdeterminante erhält man, wenn man die Kolonne i ersetzt durch die Kolonne der Absolutglieder. Löst man die Zähler- und die Nennerdeterminante nach den Gliedern dieser Kolonne i auf, so erscheint im Zähler jedes Glied der Kolonne i, also $[am]$, $[bm]$, $\ldots, [im], \ldots, [zm]$, und ebenso im Nenner jedes Glied der Kolonne i, also $[ai], [bi], \ldots, [ii], \ldots, [zi]$ multipliziert mit der ihm zugeordneten Unterdeterminante $(n-1)$-ten Grades, d. h. $\varDelta_{ai}, \varDelta_{bi}, \ldots, \varDelta_{ii}, \ldots, \varDelta_{zi}$. Dividiert man Zähler und Nenner durch den Faktor von $[ii]$ bzw. $[mi]$, d. h. durch die Unterdeterminante $\varDelta_{ii}$, dann erhält man X_i in der Form:

$$(3) \qquad X_i = - \frac{[ma]\frac{\varDelta_{ai}}{\varDelta_{ii}} + [mb]\frac{\varDelta_{bi}}{\varDelta_{ii}} + \cdots + [mi]1 + \cdots + [zm]\frac{\varDelta_{zi}}{\varDelta_{ii}}}{[ia]\frac{\varDelta_{ai}}{\varDelta_{ii}} + [ib]\frac{\varDelta_{bi}}{\varDelta_{ii}} + \cdots + [ii]1 + \cdots + [iz]\frac{\varDelta_{zi}}{\varDelta_{ii}}}.$$

Vergleicht man Gleichung (3) mit Gleichung (2), so ergibt sich:

$$(4) \qquad L_{ai} = \frac{\varDelta_{ai}}{\varDelta_{ii}}; \quad L_{bi} = \frac{\varDelta_{bi}}{\varDelta_{ii}}; \quad \ldots; \quad L_{ii} = 1; \quad \ldots; \quad L_{zi} = \frac{\varDelta_{zi}}{\varDelta_{ii}}.$$

Bekanntlich ist:

$$\varDelta_{ik} = \varDelta_{ki};$$

daraus folgt:

$$(5) \qquad L_{ki} = L_{ik}\frac{\varDelta_{kk}}{\varDelta_{ii}}.$$

Aus diesem Ergebnis folgern wir: Es sind nur $\frac{n(n-1)}{2}$ Lasten L zu ermitteln; d. h. wenn die auf der einen Seite der Diagonale stehenden Lasten L_{ik} (in der Zusammenstellung aller Lastengruppen L für $i = a$ bis z) berechnet sind, dann findet man die auf der andern Seite der Diagonale stehenden Lasten L_{ki} durch Multiplikation mit $\frac{\varDelta_{kk}}{\varDelta_{ii}}$, d. h. mit Werten, die bereits in der Rechnung bestimmt sind.

Nach Gleichung (4) sind die gesuchten Werte L dargestellt als Quotienten zweier Unterdeterminanten $(n-1)$-ten Grades. Da jede Determinante sich aus Unterdeterminanten des nächst niedrigeren Grades errechnet, wäre die Aufgabe für den Mathematiker gelöst. — Anders aber liegen die Dinge für das praktische Rechnen. Da sind die Schwierigkeiten sehr beträchtlich, wie wir aus der Erfahrung wissen. Deshalb sehen wir von dieser Art der Behandlung der Aufgabe ab und suchen einen anderen Weg.

Der nunmehr zu behandelnde Rechnungsgang ist — im Gegensatz zu der Determinantenrechnung — insbesondere dadurch gekennzeichnet, daß alle in Frage kommenden Rechnungsgrößen eine statische Deutung zulassen. Das setzt uns instand, den Aufbau der Rechnung auch für die allgemeinste Form ohne Schwierigkeit zu entwickeln und übersichtlich zusammenzustellen. Gleichzeitig wird eine systematische Kontrolle der Rechnung möglich, ein unbedingtes Erfordernis für die praktische Rechenarbeit.

Anmerkung: Wir stellten jede Unbekannte X_i nach Gleichung (1) dar als Quotient zweier Einzelverschiebungen. Den gleichen Rechnungsgang findet man in der Fachliteratur bei der Behandlung der sogenannten „kinematischen Verfahren", die insbesondere unter Anwendung auf den Rahmen oder das Gewölbe in jedem Lehrbuch der Statik beschrieben sind. — Es handelt sich bei diesen Lösungen, wie vorweg bemerkt sei, um Sonderfälle einfachster Aufgaben, die sich durch Anwendung der nachfolgend gegebenen allgemeinen Gedankengänge erklären und rechnerisch durchführen lassen. Wir werden auf diese Zusammenhänge noch zurückkommen.

II.

Das im folgenden behandelte Verfahren beruht auf der Verwendung von Hauptsystemen ansteigender statischer Unbestimmtheit. Die Kenntnis der allgemeinen Grundlagen muß hier vorausgesetzt werden[1]. Die Knappheit des verfügbaren Raumes macht die Beschränkung auf das Wesentliche notwendig.

Das in Abb. 1a dargestellte n-fach statisch unbestimmte System mit den Unbekannten: $X_a, X_b, X_c, \ldots, X_i, \ldots, X_z$ ist für eine beliebige Belastung P_m (Einzellast im Punkte m) zu berechnen. Wir betrachten der Reihe nach das 0-, 1-, 2-, $\ldots, \nu$-, $\ldots$ bis $(n-1)$-fach statisch unbestimmte Hauptsystem (Abb. 2).

Die hierbei in den Punkten $a, b, c, \ldots, i, \ldots, z$ auftretenden Kräfte am 0-, 1-, 2-, $\ldots, \nu$-, $\ldots$, $(n-1)$-fach statisch unbestimmten Hauptsystem bezeichnen wir mit $Y_a, Y_b, Y_c, \ldots, Y_i, \ldots, Y_z$.

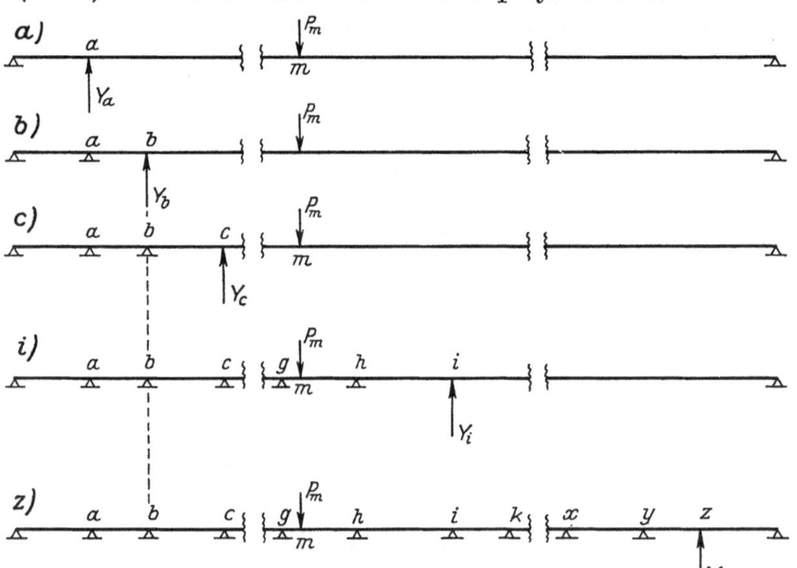

Sie berechnen sich, da immer nur eine Unbekannte am Hauptsystem wirkt, als Quotienten zweier Verschiebungen des jeweiligen Angriffspunktes von Y in der Form:

$$(6) \quad \begin{cases} Y_a = -\dfrac{[m\,a]}{[a\,a]} \\[2mm] Y_b = -\dfrac{[m\,b.1]}{[b\,b.1]} \\[2mm] Y_c = -\dfrac{[m\,c.2]}{[c\,c.2]} \\[1mm] \vdots \\[1mm] Y_i = -\dfrac{[m\,i.\nu]}{[i\,i.\nu]} \\[1mm] \vdots \\[1mm] Y_z = -\dfrac{[m\,z.n-1]}{[z\,z.n-1]}. \end{cases}$$

Abb. 2.

Aus diesen Überzähligen Y berechnet sich eine beliebige statische Größe S, etwa ein Moment oder eine Querkraft, nach der Gleichung:

$$(7) \quad S = S_0 + \mathfrak{S}_a\,Y_a + \mathfrak{S}_b\,Y_b + \mathfrak{S}_c\,Y_c + \cdots + \mathfrak{S}_i\,Y_i + \cdots + \mathfrak{S}_z\,Y_z.$$

Die Multiplikatoren $\mathfrak{S}_i$ sind die Werte S infolge $Y_i = 1$, d. h. infolge einer Einzellast 1 im Punkte i am ν-fach statisch unbestimmten Hauptsystem. Eine solche Last $Y_i = 1$ ist identisch mit der entsprechenden am Grundsystem wirkenden Lastengruppe $Y_i = 1$, d. h. der in $a, b, c, \ldots, i$ durch $Y_i = 1$ erzeugten Lastengruppe $K_{ai}, K_{bi}, K_{ci}, \ldots, K_{ii}$, wo $K_{ii} = 1$ ist. In Abb. 3 sind die Belastungszustände $Y = 1$ dargestellt; sie entsprechen den Einzellasten Y

---

[1] Vgl. Pirlet: Kompendium der Statik der Baukonstruktionen Bd. II Abt. 1.

in Abb. 2. — (NB. Die Werte $K_{ai}, K_{bi}, K_{ci}, \ldots$ sind in den früheren Darstellungen mit $X_{ai}, X_{bi}, X_{ci}, \ldots$ bezeichnet. — Statt $X_{a.0}, X_{b.1}, X_{c.2}, \ldots$ schreiben wir hier $Y_a, Y_b, Y_c, \ldots$ [1].)

Es ergibt sich aus dieser Darstellung, daß die Wirkung von $Y_i = 1$ gleich ist der Wirkung der Lastengruppe $K_{ai}, K_{bi}, K_{ci}, \ldots, K_{ii}$ auf das Grundsystem, d. h. es gilt die Gleichung:

$$(8) \qquad \mathfrak{S}_i = S_a K_{ai} + S_b K_{bi} + S_c K_{ci} + \cdots + S_i.$$

Auf diesem Berechnungsverfahren, dem die Gleichungen (6), (7) und (8) zugrunde liegen, beruhen die bereits oben erwähnten kinematischen Verfahren, die insbesondere für Aufgaben einfachster Art, wie den Rahmen, in der Literatur behandelt und allgemein bekannt sind[2].

Wir wenden nun die Gleichung (7) und (8) auf eine Unbekannte X_i an. In Gleichung (8) werden die Faktoren $S_a, S_b, S_c, \ldots$ gleich 0, ausgenommen S_i, das gleich 1 ist. Wir erhalten also für X_i folgende Gleichung:

$$(9) \qquad X_i = 1\, Y_i + K_{ik} Y_k + K_{il} Y_l + \cdots + K_{iz} Y_z.$$

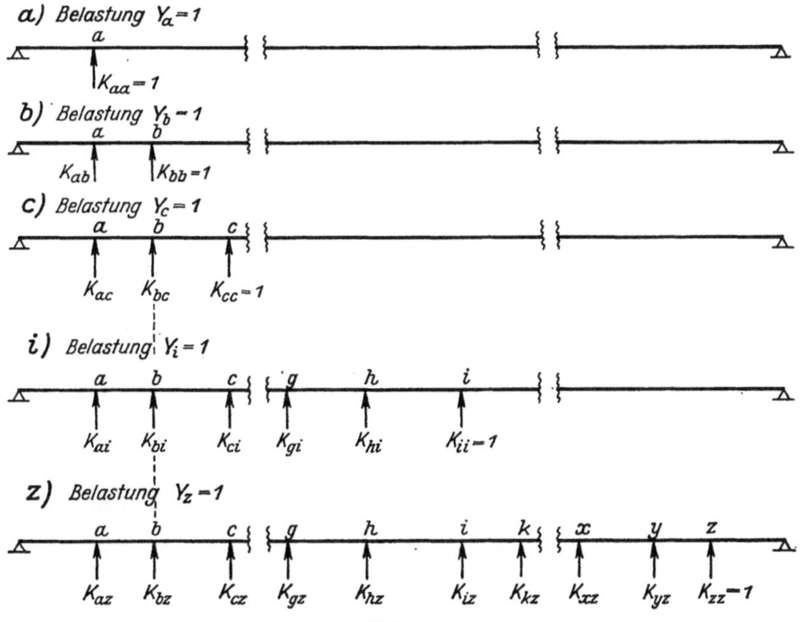

Abb. 3.

Nach vorstehender Gleichung (9) finden wir für die einzelnen Unbekannten X die folgenden Werte:

$$X_a = Y_a + K_{ab} Y_b + K_{ac} Y_c + \cdots + K_{ai} Y_i \qquad + \cdots + K_{az} Y_z;$$
$$X_b = \qquad\quad Y_b + K_{bc} Y_c + \cdots + K_{bi} Y_i \qquad + \cdots + K_{bz} Y_z;$$
$$X_c = \qquad\qquad\qquad Y_c + \cdots + K_{ci} Y_i \qquad + \cdots + K_{cz} Y_z;$$
$$\vdots$$
$$X_i = \qquad\qquad\qquad\qquad\qquad\quad Y_i + K_{ik} Y_k + \cdots + K_{iz} Y_z;$$
$$\vdots$$
$$X_z = \qquad\qquad\qquad\qquad\qquad\qquad\qquad\qquad\qquad\quad Y_z.$$

Wir setzen nun in die Gleichung für X_i [siehe Gleichung (9)] die Werte nach Gleichung (6) ein und erhalten:

$$(10\,\mathrm{a}) \qquad X_i = -\left(\frac{[mi.\nu]}{[ii.\nu]} + K_{ik} \frac{[mk.\nu+1]}{[kk.\nu+1]} + K_{il} \frac{[ml.\nu+2]}{[ll.\nu+2]} + \cdots + K_{iz} \frac{[mz.n-1]}{[zz.n-1]} \right)$$

---

[1] Vgl. Pirlet: Kompendium Bd. II, 1, S. 140 und 150.
[2] Vgl. Pirlet: Kompendium Bd. II, 2, S. 98ff.

oder

$$(10\,\mathrm{b}) \qquad X_i = -\frac{1}{[ii.\nu]}\Big[[mi.\nu] + \frac{[ii.\nu]}{[kk.\nu+1]}K_{ik}[mk.\nu+1] + \frac{]ii.\nu]}{[ll.\nu+2]}K_{il}[ml.\nu+2] + \cdots +$$
$$+ \frac{(ii.\nu)}{[zz.n-1]}K_{iz}[mz.n-1]\Big].$$

Wir führen folgende Abkürzung ein:

$$(11) \qquad \begin{cases} \dfrac{[ii.\nu]}{[kk.\nu+1]} = \left|\begin{matrix} i \\ k \end{matrix}\right|, \\[2ex] \dfrac{[ii.\nu]}{[ll.\nu+2]} = \left|\begin{matrix} i \\ l \end{matrix}\right|, \\[1ex] \qquad\vdots \\[1ex] \dfrac{[ii.\nu]}{[zz.n-1]} = \left|\begin{matrix} i \\ z \end{matrix}\right|. \end{cases}$$

Wir sprechen etwa: i über k, i über l usw. — Eine Verwechselung ist ausgeschlossen, da jedem Buchstaben a, b, c, $\ldots$, i, $\ldots$, z ein bestimmter Grad 0, 1, 2, $\ldots$, ν, $\ldots$, $(n-1)$ des statisch unbestimmten Hauptsystems zugeordnet ist. Also z. B.

$$\left|\begin{matrix} a \\ b \end{matrix}\right| = \frac{[aa]}{[bb.1]} ; \quad \left|\begin{matrix} a \\ c \end{matrix}\right| = \frac{[aa]}{[cc.2]} ; \quad \ldots ; \quad \left|\begin{matrix} a \\ f \end{matrix}\right| = \frac{[aa]}{[ff.5]} ;$$
$$\left|\begin{matrix} b \\ c \end{matrix}\right| = \frac{[bb.1]]}{[cc.2]} ; \quad \left|\begin{matrix} b \\ d \end{matrix}\right| = \frac{[bb.1]}{[dd.3]} ; \quad \ldots ;$$
$$\left|\begin{matrix} e \\ f \end{matrix}\right| = \frac{[ee.4]}{[ff.5]} ; \quad \left|\begin{matrix} e \\ g \end{matrix}\right| = \frac{[ee.4]}{[gg.6]} ; \quad \ldots$$

Mit diesen Bezeichnungen erhalten wir für X_i:

$$(10\,\mathrm{c}) \quad X_i = -\frac{1}{[ii.\nu]}\Big[[mi.\nu] + \left|\begin{matrix} i \\ k \end{matrix}\right|K_{ik}[mk.\nu+1] + \left|\begin{matrix} i \\ l \end{matrix}\right|K_{il}[ml.\nu+2] + \cdots + \left|\begin{matrix} i \\ z \end{matrix}\right|K_{iz}[mz.n-1]\Big].$$

Der Zählerwert in der (eckigen) Klammer stellt eine Verschiebung des Punktes m dar, und zwar infolge einer Reihe von Belastungen bzw. Belastungsgruppen:

Das erste Glied $[mi.\nu]$ ist die Verschiebung von m infolge $Y_i = 1$, d. h. infolge der Lastengruppe K_{ai}, K_{bi}, $\ldots$, $K_{ii}(=1)$ (vgl. Abb. 3). Das zweite Glied stellt die Verschiebung von m infolge $Y_k = \left|\begin{matrix} i \\ k \end{matrix}\right|K_{ik}$ dar, d. h. infolge der mit $\left|\begin{matrix} i \\ k \end{matrix}\right|K_{ik}$ multiplizierten Lastengruppe K_{ak}, K_{bk}, $\ldots$, K_{ik}, $K_{kk}(=1)$. — Und so weiter bis zum letzten Gliede, welches die Verschiebung von m infolge der mit $\left|\begin{matrix} i \\ z \end{matrix}\right|K_{iz}$ multiplizierten Lastengruppe $Y_z = 1$ darstellt, d. h. der Lastengruppe K_{az}, K_{bz}, $\ldots$, K_{iz}, $\ldots$, $K_{zz}(=1)$ (vgl. Abb. 3).

Die Gesamtverschiebung von m, d. h. den Zählerwert in obigem Ausdruck für X_i, erhalten wir also, wenn wir alle die vorgenannten Lasten bzw. Lastengruppen zusammenwirkend

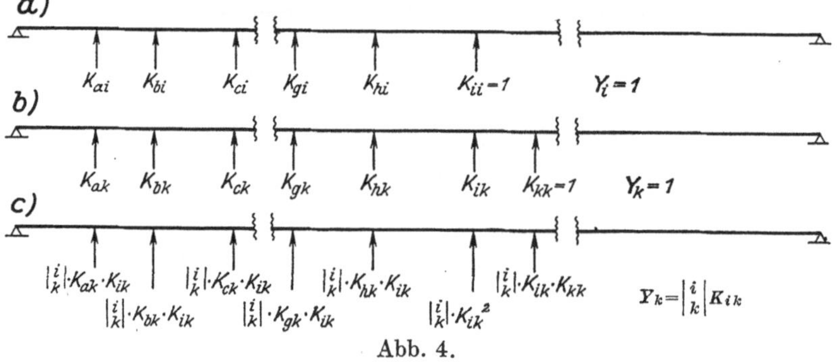

Abb. 4.

nehmen. — Die Lasten $Y_i = 1$, $Y_k = 1$, $\ldots$, $Y_z = 1$ sind nichts anderes als die in Abb. 3 dargestellten Lastengruppen mit den Einzellasten K. Die z. B. mit $\left|\begin{matrix} i \\ k \end{matrix}\right|K_{ik}$ multiplizierte Last $Y_k = 1$ erhält man, wenn man sämtliche Einzellasten des Belastungszustandes $Y_k = 1$, d. h. die Lasten K_{ak}, K_{bk}, K_{ck}, $\ldots$, K_{ik}, $K_{kk}(=1)$ mit $\left|\begin{matrix} i \\ k \end{matrix}\right|K_{ik}$ multipliziert. — Entsprechendes gilt für die weiteren Glieder des Zählerwertes von X_i (vgl. Abb. 4).

Beim Zusammenwirken aller dieser Belastungszustände addieren sich die in den einzelnen Punkten a, b, c, $\ldots$ wirkenden Einzellasten der besagten Lastengruppen. Es wirken also beispielsweise in a, b bis i die folgenden Lastensummen, die wir mit L'_{ai}, L'_{bi}, $\ldots$, L'_{ii} bezeichnen wollen.

In a wirken:

$$K_{ai} \qquad \text{infolge} \qquad Y_i = 1,$$

$$K_{ak}\left|\begin{matrix} i \\ k \end{matrix}\right| K_{ik} \qquad ,, \qquad Y_k = \left|\begin{matrix} i \\ k \end{matrix}\right| K_{ik},$$

$$K_{al}\left|\begin{matrix} i \\ l \end{matrix}\right| K_{il} \qquad ,, \qquad Y_l = \left|\begin{matrix} i \\ l \end{matrix}\right| K_{il},$$

$$\vdots \qquad\qquad\qquad \vdots$$

$$K_{az}\left|\begin{matrix} i \\ z \end{matrix}\right| K_{iz} \qquad ,, \qquad Y_z = \left|\begin{matrix} i \\ z \end{matrix}\right| K_{iz}.$$

Insgesamt:

$$\left|\begin{matrix} i \\ i \end{matrix}\right| K_{ai} K_{ii} + \left|\begin{matrix} i \\ k \end{matrix}\right| K_{ak} K_{ik} + \left|\begin{matrix} i \\ l \end{matrix}\right| K_{al} K_{il} + \cdots + \left|\begin{matrix} i \\ z \end{matrix}\right| K_{az} K_{iz},$$

das heißt:

$$L'_{ai} = \sum_{\lambda=i}^{z} \left|\begin{matrix} i \\ \lambda \end{matrix}\right| K_{a\lambda} K_{i\lambda}.$$

Für die Summe der in b wirkenden Lasten findet man entsprechend:

$$L'_{bi} = \sum_{\lambda=i}^{z} \left|\begin{matrix} i \\ \lambda \end{matrix}\right| K_{b\lambda} K_{i\lambda}.$$

Schließlich findet man für die Summe der im Punkte i wirkenden Lasten:

$$L'_{ii} = \sum_{\lambda=i}^{z} \left|\begin{matrix} i \\ \lambda \end{matrix}\right| K_{i\lambda}^2.$$

Wir könnten in gleicher Weise die Werte L'_{ki}, L'_{li}, $\ldots$, L'_{zi} bestimmen. Das hat aber kein Interesse, weil sich diese Lasten in den auf i folgenden Punkten k, l, m, $\ldots$, z, wie wir später sehen werden, aus bereits berechneten Werten herleiten lassen.

Die so gefundenen Lasten L' in a, b, c, $\ldots$, i und weiterhin in k, l, m, $\ldots$, z ergeben in ihrer Gesamtheit den Belastungszustand, der in Gleichung (10c) für X_i den Zählerwert (eckige Klammer), d. h. eine Verschiebung des Punktes m liefert.

Nun stellt der letzten Endes gesuchte Belastungszustand $X_{i.\,n-1} = 1$ eine aus Einzellasten L bestehende Lastengruppe dar, bei welcher in i die Last 1 wirkt. In der oben ermittelten Lastengruppe L' wirkt aber in i die Last L'_{ii}. Dividieren wir nun alle Lasten L' durch L'_{ii}, so erhalten wir die gesuchte Lastengruppe L, d. h. den Belastungszustand $X_{i.\,n-1} = 1$.

Also ist zu setzen:

$$L_{ai} = \frac{L'_{ai}}{L'_{ii}}; \quad L_{bi} = \frac{L'_{bi}}{L'_{ii}}; \quad L_{ci} = \frac{L'_{ci}}{L'_{ii}}; \quad \ldots; \quad L_{ii} = 1; \quad \ldots; \quad L_{zi} = \frac{L'_{zi}}{L'_{ii}}.$$

Die auf L_{ii} folgenden Werte L_{ki}, L_{li}, L_{mi}, $\ldots$, L_{zi} bestimmen wir später auf anderem Wege, und zwar aus bereits bekannten Werten.

Alle Glieder der Zählersumme [vgl. Gleichung (10c)] haben wir durch L'_{ii} dividiert. Naturgemäß müssen wir auch den Nennerwert $[ii.\nu]$ dieser Gleichung (10b) durch den gleichen Wert dividieren. Dann muß der so reduzierte Nenner, d. h. $\frac{[ii.\nu]}{L'_{ii}}$ den gesuchten Nennerwert $[ii.n-1]$ darstellen, ebenso wie nach der Division durch L'_{ii} die Lastengruppe L den gesuchten Zählerwert $[mi.n-1]$ ergibt.

Wir schreiben also:

$$(10\text{d}) \qquad X_i = -\frac{1}{[ii.\,n-1]}\left(L_{ai}[ma] + L_{bi}[mb] + \cdots + L_{ii}[mi] + \cdots + L_{zi}[mz]\right).$$

Hier ist:

12)
$$[i\,i\,.\,n-1] = \frac{[i\,i\,.\,\nu]}{L'_{ii}} = \frac{[i\,i\,.\,\nu]}{\sum\limits_{\lambda=i}^{z}\left|\begin{matrix} i \\ \lambda \end{matrix}\right| K_{i\lambda}^{2}},$$

(13)
$$\left\{ \begin{aligned} L_{a\,i} &= \frac{\sum\limits_{\lambda=i}^{z}\left|\begin{matrix} i \\ \lambda \end{matrix}\right| K_{a\lambda} K_{i\lambda}}{\sum\limits_{\lambda=i}^{z}\left|\begin{matrix} i \\ \lambda \end{matrix}\right| K_{i\lambda}^{2}}, \\[2ex] L_{b\,i} &= \frac{\sum\limits_{\lambda=i}^{z}\left|\begin{matrix} i \\ \lambda \end{matrix}\right| K_{b\lambda} K_{i\lambda}}{\sum\limits_{\lambda=i}^{z}\left|\begin{matrix} i \\ \lambda \end{matrix}\right| K_{i\lambda}^{2}}, \\[2ex] L_{c\,i} &= \frac{\sum\limits_{\lambda=i}^{z}\left|\begin{matrix} i \\ \lambda \end{matrix}\right| K_{c\lambda} K_{i\lambda}}{\sum\limits_{\lambda=i}^{z}\left|\begin{matrix} i \\ \lambda \end{matrix}\right| K_{i\lambda}^{2}}, \\[1ex] &\;\;\vdots \\ L_{i\,i} &= 1. \end{aligned} \right.$$

Nach vorstehender Gleichung (13) berechnen wir die Lasten L auf der linken Seite der Diagonale in nachstehender Tafel.

Tafel der L-Werte.

	a	b	c	d	—	—	h	i	k	—	—	—	z	
a	$L_{aa}=1$	L_{ba}	L_{ca}	L_{da}	—	—	L_{ha}	L_{ia}	L_{ka}	—	—	—	L_{za}	a
b	L_{ab}	$L_{bb}=1$	L_{cb}	L_{db}	—	—	L_{hb}	L_{ib}	L_{kb}	—	—	—	L_{zb}	b
c	L_{ac}	L_{bc}	$L_{cc}=1$	L_{dc}	—	—	L_{hc}	L_{ic}	L_{kc}	—	—	—	L_{zc}	c
d	L_{ad}	L_{bd}	L_{cd}	$L_{dd}=1$	—	—	L_{hd}	L_{id}	L_{kd}	—	—	—	L_{zd}	d
|	|	|	|	|	|	|	|	|	|	|	|	|	|	|
|	|	|	|	|	|	|	|	|	|	|	|	|	|	|
h	L_{ah}	L_{bh}	L_{ch}	$L_{dh}\gamma$	—	—	$L_{hh}=1$	L_{ih}	L_{kh}	—	—	—	L_{zh}	h
i	L_{ai}	L_{bi}	L_{ci}	L_{di}	—	—	L_{hi}	$L_{ii}=1$	L_{ki}	—	—	—	L_{zi}	i
k	L_{ak}	L_{bk}	L_{ck}	$L_{d}{}^{2}\gamma$	—	—	L_{hk}	L_{ik}	$L_{kk}=1$	—	—	—	L_{zk}	k
|	|	|	|	|	|	|	|	|	|	|	|	|	|	|
|	|	|	|	|	|	|	|	|	|	|	|	|	|	|
z	L_{az}	L_{bz}	L_{cz}	L_{dz}	—	—	L_{hz}	L_{iz}	L_{kz}	—	—	—	$L_{zz}=1$	z
$\Sigma=$	L_{as}	L_{bs}	L_{cs}	L_{ds}	—	—	L_{hs}	L_{is}	L_{ks}	—	—	—	L_{zs}	

Da die Diagonalglieder gleich 1 sind, so wären insgesamt $n(n-1)$ Glieder L zu bestimmen. Die Hälfte derselben, also $\tfrac{1}{2}n\,(n-1)$ sind nach Gleichung (13) zu berechnen (Werte L_{ik}). Die andere Hälfte, also die Glieder L auf der rechten Seite der Diagonale (Werte L_{ki}), lassen sich aus den zuerst berechneten Werten (L_{ik}) durch Multiplikation mit einem Faktor μ_{ik} bestimmen:

$$L_{ki} = L_{ik}\mu_{ik}.$$

Den Multiplikator μ finden wir durch folgende Überlegung: Nach den Ausführungen in Abschnitt I kann man schreiben:

$$X_i = [m\,a]\frac{\Delta_{ai}}{\Delta} + [m\,b]\frac{\Delta_{bi}}{\Delta} + \cdots + [m\,i]\frac{\Delta_{ii}}{\Delta} + [m\,k]\frac{\Delta_{ki}}{\Delta} + \cdots + [m\,z]\frac{\Delta_{zi}}{\Delta},$$

$$X_k = [m\,a]\frac{\Delta_{ak}}{\Delta} + [m\,b]\frac{\Delta_{bk}}{\Delta} + \cdots + [m\,i]\frac{\Delta_{ik}}{\Delta} + [m\,k]\frac{\Delta_{kk}}{\Delta} + \cdots + [m\,z]\frac{\Delta_{zk}}{\Delta}.$$

Nach Gleichung (11d) ist:

$$X_i = [m\,a]\frac{L_{ai}}{[i\,i.n-1]} + [m\,b]\frac{L_{bi}}{[i\,i.n-1]} + \cdots + [m\,i]\frac{1}{[i\,i.n-1]} +$$
$$+ [m\,k]\frac{L_{ki}}{[i\,i.n-1]} + \cdots + [m\,z]\frac{L_{zi}}{[i\,i.n-1]},$$

$$X_k = [m\,a]\frac{L_{ak}}{[k\,k.n-1]} + [m\,b]\frac{L_{bk}}{[k\,k.n-1]} + \cdots + [m\,i]\frac{L_{ik}}{[k\,k.n-1]} +$$
$$+ [m\,k]\frac{1}{[k\,k.n-1]} + \cdots + [m\,z]\frac{L_{zk}}{[k\,k.n-1]}.$$

Daraus folgt:

$$\frac{\Delta_{ki}}{\Delta} = \frac{L_{ki}}{[i\,i.n-1]}\,; \qquad \frac{\Delta_{ik}}{\Delta} = \frac{L_{ik}}{[k\,k.n-1]},$$

da aber:

$$\Delta_{ki} = \Delta_{ik},$$

so ergibt sich:

$$\frac{L_{ki}}{[i\,i.n-1]} = \frac{L_{ik}}{[k\,k.n-1]}$$

oder:

(14)
$$L_{ki} = L_{ik}\frac{[i\,i.n-1]}{[k\,k.n-1]}.$$

Hierbei ist nach Gleichung (12):

$$[i\,i.n-1] = \frac{[i\,i.\nu]}{\sum\limits_{\lambda=i}^{z}\left|\begin{matrix} i \\ \lambda \end{matrix}\right| K_{i\lambda}^2}, \qquad [k\,k.n-1] = \frac{[k\,k.\varrho]}{\sum\limits_{\lambda=k}^{z}\left|\begin{matrix} k \\ \lambda \end{matrix}\right| K_{k\lambda}^2}.$$

Nach vorstehender Gleichung (14) sind die Werte L_{ki} auf der rechten Seite der Diagonale in obiger Tafel der Werte L zu bestimmen.

III.

Für die praktische Durchführung eines Berechnungsverfahrens ist eine Kontrolle der Rechnung unerläßlich. Diese muß aber mit der Entwicklung des Rechnungsganges fortschreiten, d. h. es müssen die auf den einzelnen Stufen der Rechnung gefundenen Ergebnisse geprüft werden können. Das kann nur in der Weise erfolgen, daß diese Ergebnisse auf einem zweiten, unabhängigen Wege errechnet und beide Resultate miteinander verglichen werden.

Die Kontrolle der Verschiebungen des Grundsystems sowie derjenigen der Hauptsysteme aufsteigender statischer Unbestimmtheit erfolgt auf bekanntem Wege[1]. — Die Werte L sind durch Gleichung (13) dargestellt. Sie enthalten zunächst die Quotienten $\left|\begin{matrix} i \\ \lambda \end{matrix}\right|$, d. h. Quotienten aus den vorerwähnten Verschiebungen. Sodann kommen Produkte der Werte K vor, d. h. der Lasten der einzelnen Belastungszustände $Y_{i.\nu} = 1$. Ihre Kontrolle ist daher ein erstes Erfordernis. Außerdem wären schließlich noch die Endergebnisse L zu prüfen. Den Weg hierzu finden wir wie folgt.

a) Die Belastungszustände $Y_{a.0} = 1$; $Y_{b.1} = 1$; $Y_{c.2} = 1$ usw. sowie die entsprechenden Verschiebungen sind in nachstehenden Tafeln zusammengestellt. Die Summe der Verschiebungen der einzelnen Horizontalreihen ergibt die Werte $[a\,s]$, $[b\,s.1]$, $[c\,s.2]$ usw. — Deren Summe bezeichnen wir mit $[s\,s]_0^{m-1}$, d. h. wir schreiben:

$$[s\,s]_0^{n-1} = [a\,s] + [b\,s.1] + [c\,s.2] + \cdots + [z\,s.n-1].$$

---

[1] Vgl. Pirlet: Kompendium Bd. II, 1, S. 188ff.

110 J. Pirlet:

In der Tafel der K-Werte summieren wir alle Werte K der einzelnen Vertikalkolonnen und nennen diese Summenwerte K_{as}, K_{bs}, K_{cs}, ..., K_{zs}. Bezeichnen wir die Ordinaten der Momentenfläche infolge dieser Lastengruppe mit M_{SK} und wie früher die Momente infolge der Lastengruppe 1 in a, b, c, ... z am Grundsystem mit M_s, so gilt, wie leicht nachzuweisen ist, die Gleichung:

$$(15) \quad \begin{cases} [ss]_0^{n-1} = \int M_s M_{SK} \dfrac{ds}{EJ} & \text{(für vollwandige Systeme)} \\[2mm] \text{bzw.} \\[2mm] [ss]_0^{n-1} = \sum S_s S_{SK} \dfrac{s}{EF} & \text{(für Fachwerke).} \end{cases}$$

Auf Grund dieser Gleichungen (15) erfolgt also die Kontrolle der K-Werte. Die auf der rechten Seite stehenden Summenwerte, in denen die Kräfte K_{as}, K_{bs}, K_{cs}, ..., K_{zs} verwandt werden, müssen übereinstimmen mit der Summe der bereits im ersten Teil der Rechnung geprüften Verschiebungen: $[as] + [bs.1] + [cs.2] + \cdots + [zs.n-1]$.

Tafel der Verschiebungen $[ik.v]$.

		a	b	c	d	e	—	—	—	z	
a	$Y_{a.0}=1$	$[aa]$	$[ba]$	$[ca]$	$[da]$	$[ea]$	—	—	—	$[za]$	$\rightarrow \Sigma = [as]$
b	$Y_{b.1}=1$		$[bb.1]$	$[cb.1]$	$[db.1]$	$[eb.1]$	—	—	—	$[zb.1]$	$\rightarrow \Sigma = [bs.1]$
c	$Y_{c.2}=1$			$[cc.2]$	$[dc.2]$	$[ec.2]$	—	—	—	$[zc.2]$	$\rightarrow \Sigma = [cs.2]$
d	$Y_{d.3}=1$				$[dd.3]$	$[ed.3]$	—	—	—	$[zd.3]$	$\rightarrow \Sigma = [ds.3]$
e	$Y_{e.4}=1$					$[ee.4]$	—	—	—	$[ze.4]$	$\rightarrow \Sigma = [es.4]$
							—				
z	$Y_{z.n-1}=1$									$[zz.n-1]$	$\rightarrow \Sigma = [zs.n-1]$
											$\Sigma = [ss]_0^{n-1}$

Tafel der Werte K_i.

		a	b	c	d	e	—	—	—	—	—	z
a	$Y_{a.0}=1$	$K_{aa}=1$										
b	$Y_{b.1}=1$	K_{ab}	$K_{bb}=1$									
c	$Y_{c.2}=1$	K_{ac}	K_{bc}	$K_{cc}=1$								
d	$Y_{d.3}=1$	K_{ad}	K_{bd}	K_{cd}	$K_{dd}=1$							
e	$Y_{e.4}=1$	K_{ae}	K_{be}	K_{ce}	K_{de}	$K_{ee}=1$						
							—					
z	$Y_{z.n-1}=1$	K_{az}	K_{bz}	K_{cz}	K_{dz}	K_{ez}	—	—	—	—	—	$K_{zz}=1$
$\Sigma =$		K_{as}	K_{bs}	K_{cs}	K_{ds}	K_{es}	—	—	—	—	—	K_{zs}

b) In ähnlicher Weise erfolgt die Kontrolle der Werte L. Wir addieren in der Tafel der L-Werte (vgl. S. 108) die Werte L der einzelnen Vertikalkolonnen und bezeichnen diese Summenwerte mit L_{as}, L_{bs}, L_{cs}, ..., L_{zs}. Es gilt also allgemein die Gleichung:

$$L_{is} = L_{ia} + L_{ib} + L_{ic} + \cdots + L_{ii} + L_{ik} + \cdots + L_{iz}.$$

Die Momente bzw. Spannkräfte des Systems infolge dieser Lastengruppe L_{as}, L_{bs}, L_{cs}, ..., L_{zs} bezeichnen wir mit M_{SL} bzw. S_{SL}. Die Momente M_s sind, wie früher, die Momente infolge der Lastengruppe $X_a = X_b = X_c = \cdots = X_z = 1$ im Grundsystem. Jede Unbekannte X_i stellt sich nach Gleichung (1) als Quotient zweier Verschiebungen des $(n-1)$-fach statisch unbestimmten Hauptsystems dar. Die Summe der Zählerwerte sämtlicher X ergibt den Wert:

$$[m\,a.n-1] + [m\,b.n-1] + [m\,c.n-1] + \cdots + [m\,z.n-1] = [m\,s.n-1].$$

Die Summe der Nennerwerte sämtlicher X ist:

$$[a\,a.n-1] + [b\,b.n-1] + [c\,c.n-1] + \cdots + [z\,z.n-1] = [s\,s.n-1].$$

Dann gilt, wie leicht nachzuweisen ist, die Gleichung:

$$(16) \quad \begin{cases} [m\,s.n-1] = \int M_0 M_{SL}\,\dfrac{ds}{EJ} & \text{bzw.} \quad = \sum S_0 S_{SL}\,\dfrac{s}{EF}, \\[2mm] [s\,s.n-1] = \int M_s M_{SL}\,\dfrac{ds}{EJ} & \text{bzw.} \quad = \sum S_s S_{SL}\,\dfrac{s}{EF}. \end{cases}$$

Nach dieser Gleichung (16) erfolgt die Kontrolle der L-Werte, d. h. der Ergebnisse der Rechnung. — Damit ist der Weg für eine systematische Kontrolle der Rechnung gegeben: Die Verschiebungen des Grundsystems, ebenso diejenigen der einzelnen Hauptsysteme werden in der von früher her bekannten Weise geprüft, womit gleichzeitig die Kontrolle der Festwerte F gegeben ist. Aus den Festwerten setzen sich die Werte K zusammen (vgl. Pirlet: Kompendium der Statik der Baukonstruktionen Bd. II, 1, S. 140; die dort mit X_{ik} bezeichneten Lasten sind identisch mit unsern Werten K_{ik}), und diese werden geprüft nach Gleichung (15).

Aus den so geprüften Werten K setzen sich die Werte L zusammen [vgl. Gleichung (13)]. Für die Kontrolle dieser Lasten, d. h. der Ergebnisse der Rechnung, verwenden wir Gleichung (16).

Ergebnis.

Die Unbekannten X_i eines n-fach unbestimmten Systems berechnen sich nach Gleichung (1) bzw. (1a) als Quotienten zweier Verschiebungen bzw. zweier Summenausdrücke. Die in diesen Gleichungen auftretenden Momente $M_{i.n-1}$ bzw. Spannkräfte $S_{i.n-1}$ [Kräfte im $(n-1)$-fach statisch unbestimmten Hauptsystem] werden hervorgerufen durch die Lastengruppen L_{ai}, L_{bi}, L_{ci}, ..., L_{ii} $(=1)$, L_{ki}, ..., L_{zi}. Diese zu bestimmen, ist das Ziel der vorstehenden Untersuchungen.

Die Einzelkräfte L sind nach Gleichung (13) als Quotienten zweier Summenausdrücke zu berechnen. Die hierin vorkommenden Werte $K_{i\lambda}$ sind die Einzellasten der Zustände $Y_{i.\nu} = 1$. Ihre Berechnung erfolgt nach bekannten Regeln. Die Faktoren $\left|\begin{matrix} i \\ \lambda \end{matrix}\right|$ in Gleichung (13) sind Quotienten von Verschiebungen statisch unbestimmter Hauptsysteme; ihre Deutung ergibt sich aus Gleichung (10). — Die Berechnung der Werte L erfolgt tabellarisch nach Gleichung (13), entsprechend der Form und dem Sinn der Summenausdrücke.

Insgesamt sind $\dfrac{n(n-1)}{2}$ Werte L_{ik} zu berechnen, und zwar die Werte auf der linken Seite der Diagonale in der Tafel der L-Werte (vgl. S. 108). — Die übrigen $\dfrac{n(n-1)}{2}$-Werte auf der rechten Seite der Diagonale ergeben sich aus den Werten L_{ik} nach Gleichung (14).

Die Kontrolle der Ergebnisse erfolgt stufenweise entsprechend dem Fortschreiten der Rechnung. Die Verschiebungen des Grundsystems und der einzelnen Hauptsysteme werden nach bekannten Regeln geprüft; die Kontrolle der Werte K_{ik} und L_{ik} erfolgt nach den Gleichungen (15) und (16).

Nach dem vorstehenden Verfahren lassen sich alle Aufgaben der Statik der unbestimmten Systeme durch tabellarische Rechnung einfach und übersichtlich lösen, und zwar für jedes System und jede Belastungsart.

In den meisten Fällen ergeben sich wesentliche Vereinfachungen der hier dargestellten allgemeinen Form des Rechnungsganges. So wird z. B. in dem besonders häufigen Fall dreigliedriger Elastizitätsgleichungen $L_{ik} = K_{ik}$ [vgl. Gleichung (13)]. Überhaupt läßt sich allgemein der Wert L_{ik} in der Form $L_{ik} = K_{ik}\mu_{ik}$ darstellen. Der Multiplikator μ_{ik}, der sich bei geeigneter Wahl der Unbekannten im allgemeinen mehr oder minder dem Werte 1 nähert, ist dann die maßgebliche Größe der Rechnung.

In den Summenausdrücken des Zählers und Nenners der Werte L fallen durchweg die Zahlenwerte der einzelnen Glieder sehr schnell ab, so daß nur die ersten Werte berücksichtigt zu werden brauchen. — Desgleichen werden im allgemeinen die Werte L infolge $X_{i.\,n-1} = 1$ seitlich von i so klein, daß sie zum größten Teil vernachlässigt werden können. Wir sind somit in der Lage, aus dem genauen Rechnungsgang die Näherungsrechnungen abzuleiten. Dieser Möglichkeit kommt für das praktische Rechnen eine besondere Bedeutung zu.

Die Kontrollgleichungen [vgl. Gleichung (15) und (16)] führen insbesondere bei Rahmenkonstruktionen und verwandten Aufgaben zu höchst einfachen Ausdrücken für die Prüfung der Werte K und L.

Die Einfachheit und Zweckmäßigkeit des Rechnungsganges ist an Zahlenbeispielen erprobt. — Anwendungen des hier behandelten Verfahrens werden an anderer Stelle folgen.

(Eingegangen 5. 3. 1942)·

Zur Berechnung von Stockwerkrahmen mit waagerechten Knotenlasten.

Von K. Pohl, Berlin-Charlottenburg.

Mit 25 Abbildungen.

1. Die Formänderung des Stockwerkrahmens.

Es sei vorausgesetzt, daß nur waagerechte Knotenlasten P angreifen, die sowohl Windlasten als auch die „Festhaltekräfte" derjenigen Rechnungsmethoden bedeuten können, die im ersten Rechnungsgange mit einem unverschieblichen Netz arbeiten (Abb. 1). Sehen wir zunächst von den Verbiegungen der Stäbe ab, so bestehen die Formänderungen der

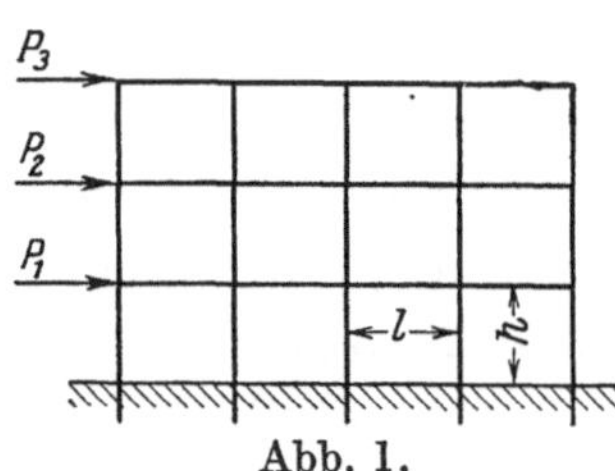

Abb. 1.

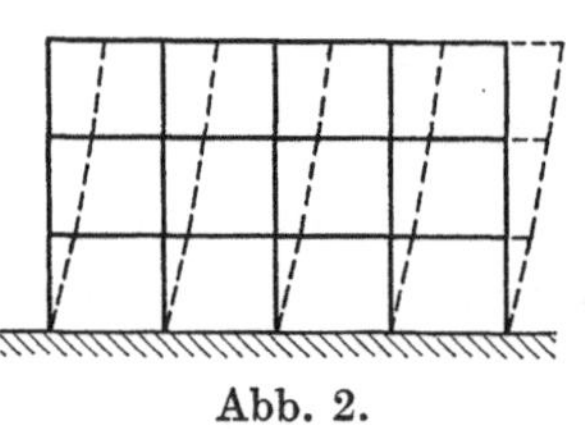

Abb. 2.

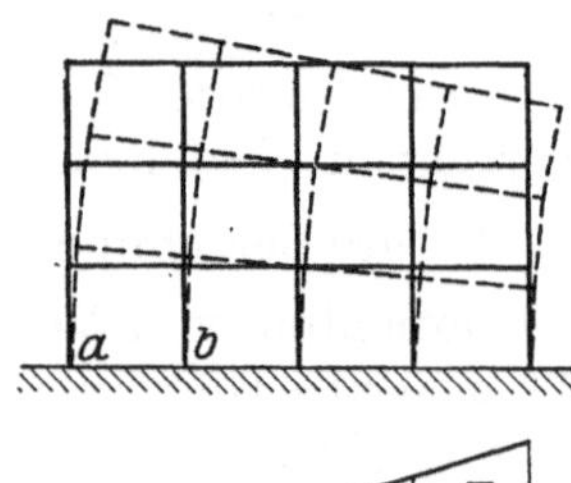

Abb. 3.

Rahmenvierecke aus einer rhombischen Verzerrung als Folge der Querkräfte in den Stockwerken (Abb. 2) und einer keilförmigen Verformung (Abb. 3), die aus den Längenänderungen der Stützen als Folge der Momente der Lasten P entsteht. Beide Verformungsarten sind vergleichbar denjenigen eines Körperelements im vollwandigen, eingespannten Freiträger infolge der Schubspannungen τ und der Normalspannungen σ. Letztere entsprechen den Stützenkräften S des Stockwerkrahmens, tatsächlich werden die S häufig auf Grund einer gradlinigen Spannungsverteilung berechnet, was allerdings nur bei einem bedeutenden Verhältnis $\Sigma h : \Sigma l$ genügend richtig ist[1].

Die Längenänderungen der Riegel dürfen stets vernachlässigt werden, die der Stützen können bei der Berechnung der Knotenpunktverschiebungen zusätzlich berücksichtigt werden, ihr Einfluß auf die Biegungsmomente ist unbedeutend. Wir können uns daher auf die Betrachtung der rhombischen Verzerrung beschränken, die ohne Längenänderungen vor sich geht.

---

[1] Vgl. den Bericht des Verfassers im Bauingenieur 1941 über amerikanische Methoden der Rahmenberechnung.

2. Das Zellentragwerk als Ersatzsystem.

Es liegt der Gedanke nahe, sich das Rahmentragwerk aus lauter einzelnen geschlossenen rechteckigen Zellen bestehend zu denken, die in den Ecken durch Gelenke verbunden sind (Abb. 4). Die inneren Stäbe des Stockwerkrahmens werden hierbei geteilt und je zwei Zellen zugewiesen, Doppelstäbe. Ähnlich wie die Schubspannungen τ am Körperelement wirken dann auf jede Zelle zwei waagerechte Kräfte H und zwei lotrechte Kräfte V, welche die Gleichgewichtsbedingung gegen Verdrehen (Abb. 5)

$$(1) \qquad H h = V l$$

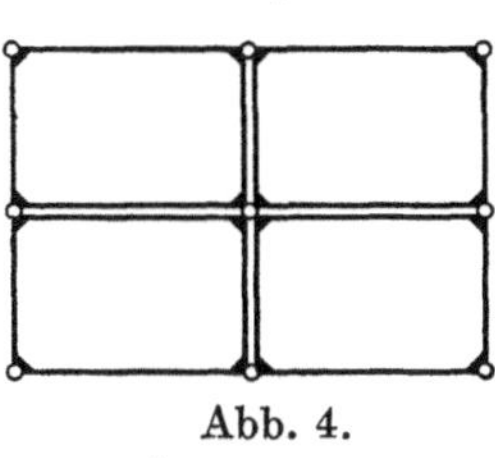

Abb. 4.

erfüllen müssen. Die Kräfte H und V werden von den Nachbarzellen in den 4 Gelenken auf die Zelle übertragen, es ist für die Berechnung der Biegungsmomente gleichgültig, wie sich jedes H oder V auf die beiden Gelenke an jedem Stabende verteilt. Bildet man die Mittelkraft R aus H und V, so sind die drei in Abb. 6 dargestellten Belastungszustände für die Biegungsmomente und die aus diesen entstehenden Formänderungen gleichwertig, nur die Normalkräfte ergeben sich verschieden, diese sollten aber bei dieser Betrachtung ausscheiden.

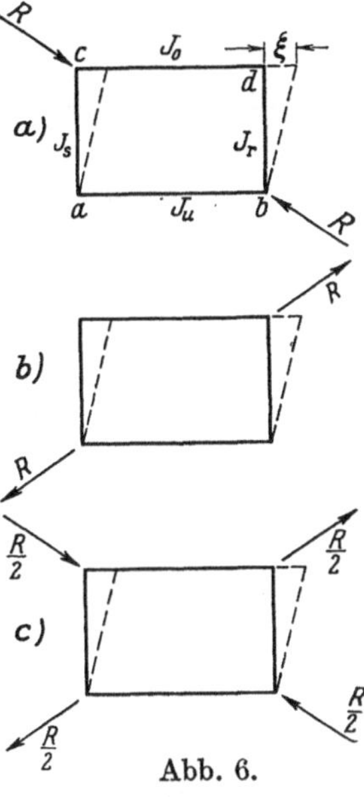

An der untersten Zellenreihe erscheinen H und V als Reaktionen. Bei gleich großen Zellen mit gleichen Steifigkeitszahlen heben sich die inneren V auf. Es gibt tatsächlich eine Berechnungsmethode des Stockwerkrahmens, bei der die inneren Stützenkräfte von vornherein gleich Null gesetzt werden[1] und die äußeren Stützen allein das ganze Windmoment aufzunehmen haben.

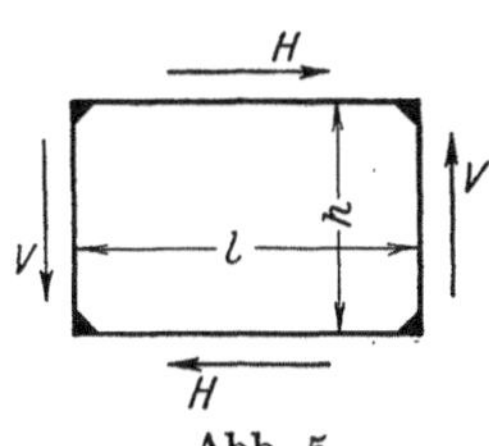

Abb. 5.

Abb. 6.

3. Biegungsmomente und Formänderung der Zelle infolge der H-V-Belastung.

Die vier Stäbe haben die Trägheitsmomente $J_o\,J_u$ (Riegel) und $J_s\,J_r$ (Stützen). Wir rechnen alle Formänderungen $E\,J_c$-fach und setzen

$$(2) \qquad J_c:J_o = o, \qquad J_c:J_u = u, \qquad J_c:J_s = s, \qquad J_c:J_r = r,$$

ferner sei

$$(3) \qquad h:l = \alpha.$$

Die Rechnung verläuft mit drei statisch unbestimmten Größen in bekannter Weise. Positive Momente bedeuten bei allen 4 Stäben einer Zelle Zugspannungen an der Innenseite oder die hohle Seite der Biegelinie außen. Die Ergebnisse sind:

$$(4) \quad
\begin{aligned}
\text{a)}\quad M_a &= \\
\text{b)}\quad M_b &= \frac{H\,h}{2\,N} \\
\text{c)}\quad M_c &= \\
\text{d)}\quad M_d &=
\end{aligned}
\left\{
\begin{aligned}
&-\{3\,o^2 u + \alpha\,[2\,o^2 r + o\,u\,(6\,s+5\,r)] + \alpha^2\,[2\,o\,r^2 + s\,r\,(5\,o+6\,u)] + 3\,\alpha^3 s\,r^2\}, \\
&\{3\,o^2 u + \alpha\,[2\,o^2 s + o\,u\,(5\,s+6\,r)] + \alpha^2\,[2\,o\,s^2 + s\,r\,(5\,o+6\,u)] + 3\,\alpha^3 s^2 r\}, \\
&\{3\,o\,u^2 + \alpha\,[2\,u^2 r + o\,u\,(6\,s+5\,r)] + \alpha^2\,[2\,u\,r^2 + s\,r\,(6\,o+5\,u)] + 3\,\alpha^3 s\,r^2\}, \\
&-\{3\,o\,u^2 + \alpha\,[2\,u^2 s + o\,u\,(5\,s+6\,r)] + \alpha^2\,[2\,u\,s^2 + s\,r\,(6\,o+5\,u)] + 3\,\alpha^3 s^2 r\}.
\end{aligned}
\right.$$

Der Nenner lautet

$$N = (o+u)\,[\alpha^2(s+r)^2 + 3\,o\,u + 9\,\alpha^2 s\,r] + \alpha\,(s+r)\,[(o+u)^2 + 3\,\alpha^2 s\,r + 9\,o\,u].$$

Die rhombische Verzerrung ist durch die Verschiebung ξ des oberen Riegels gegen den unteren gegeben. Man erhält mit einer Arbeitsgleichung

$$(5) \qquad E\,J_c\,\xi = H\,\frac{h^2 l}{3}\,\frac{Z}{N},$$

---

[1] Seite 112.

worin

$$(5\,a) \qquad Z = \tfrac{3}{4}(o\,u - \alpha^2 s\,r)^2 + (o+u)\,\alpha\,(s+r)\,(o\,u + \alpha^2 s\,r) + (o+u)^2 \alpha^2 s\,r + \alpha^2 (s+r)^2 o\,u.$$

Die Ausdrücke für N und Z werden leichter übersehbar, wenn man erkennt, daß den Werten o und u die Werte αs und αr gegenüberstehen.

Die S-förmig gekrümmte Biegelinie des unteren Riegels hat in b den Tangentendrehwinkel τ_b, zugleich Knotendrehwinkel ν_b des Rahmens, vgl. Abb. 7:

$$(6) \qquad E J_c \tau_b = - E J_c \nu_b = \frac{l\,u}{6}\,(2\,M_b + M_a),$$

für Punkt a werden M_a und M_b vertauscht, am oberen Riegel wird mit $M_c\,M_d$ und o gerechnet.

Durch diese Formeln ist der Spannungs- und Formänderungszustand der Zelle vollständig bekannt, sobald der Wert H gegeben ist.

Bedeutende Vereinfachungen ergeben sich für symmetrische Zellen.

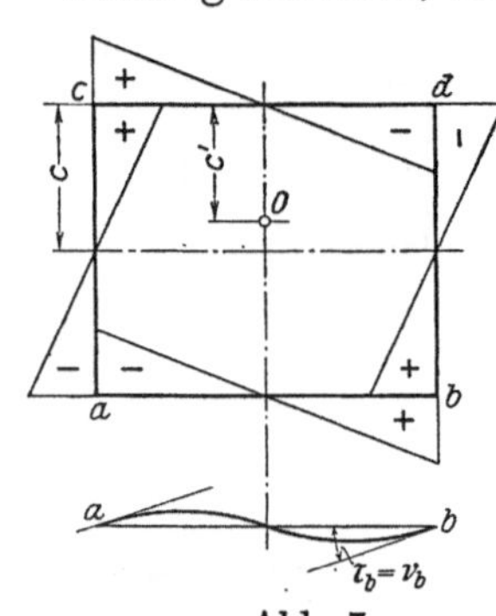

a) Lotrechte Symmetrieachse, $J_s = J_r = J_v$, $s = r = v$.

$$(7) \qquad \begin{cases} M_a = - M_b = \mp H h\,(o + 3\,\alpha v) : 2\,N_1, \\ M_c = - M_d = \pm H h\,(u + 3\,\alpha v) : 2\,N_1, \end{cases}$$

Abb. 7, worin

$$(7\,a) \qquad N_1 = o + u + 6\,\alpha v.$$

Die Nullpunkte der M-Flächen in den Stützen liegen im Abstande

Abb. 7. $(8) \qquad c = h\,(u + 3\,\alpha v) : N_1.$

Dies Maß ist nicht zu verwechseln mit dem Abstande c' des elastischen Schwerpunktes O des Rahmens:

$$(9) \qquad c' = h\,\frac{(u + \alpha v)}{o + u + 2\,\alpha v}.$$

Für die waagerechte Verschiebung ξ erhält man

$$(10) \qquad E J_c \xi = H\,\frac{h^2 l}{3}\,\frac{Z_1}{4\,N_1},$$

$$(10\,a) \qquad Z_1 = o\,u + 2\,\alpha v\,(o+u) + 3\,\alpha^2 v^2.$$

Die antimetrische Biegelinie des unteren Riegels hat in b den Tangentenwinkel τ_b, zugleich Knotendrehwinkel ν_b des Rahmens:

$$(11) \qquad E J_c \tau_b = - E J_c \nu_b = M_b\,\frac{l\,u}{6} = - E J_c' \tau_a = - E J_c \nu_a,$$

entsprechend in c und d mit M_d und o.

b) Waagerechte Symmetrieachse, $J_o = J_u = J_t$, $o = u = t$. Mit

$$(12) \qquad \frac{l}{h} = \beta = \frac{1}{\alpha}$$

erhält man

$$(13) \qquad \begin{cases} M_a = - M_c = \mp H h\,(r + 3\,\beta t) : 2\,N_1', \\ M_b = - M_d = \pm H h\,(s + 3\,\beta t) : 2\,N_1', \end{cases}$$

$$(13\,a) \qquad N_1' = s + r + 6\,\beta t.$$

Die Nullpunkte der M-Flächen in den Riegeln liegen im Abstande d vom linken Pfosten, der elastische Schwerpunkt des Rahmens im Abstande d', es ist

$$(14) \qquad d = l\,(r + 3\,\beta t) : N_1'$$

$$(15) \qquad d' = l\,\frac{(r + \beta t)}{s + r + 2\,\beta t}.$$

Die Horizontalverschiebung wird:

$$(16) \qquad EJ_c\xi = \frac{Hh^3}{3}\,\frac{Z_1'}{4N_1'},$$

$$(16\text{a}) \qquad Z_1' = sr + 2\beta t(s+r) + 3\beta^2 t^2.$$

$$(17) \qquad EJ_c\tau_b = -EJ_c\nu_b = \frac{lt}{6}(2M_b + M_a),$$

entsprechend links, in den oberen Ecken mit M_c und M_d.

4. Berechnung der Werte H.

In einem beliebigen Stockwerk des Rahmens wirke die waagerechte Querkraft Q gleich der Summe aller darüber befindlichen Lasten P. Die Zellen seien von links nach rechts mit a, b, $c\dots$ bezeichnet und mit H_a, H_b, $H_c\dots$ belastet, dann ist

$$(18) \qquad \sum H = Q.$$

Die Verteilung von Q auf die Zellen ergibt sich aus der Bedingung, daß alle Zellen eines Stockwerks die gleiche Horizontalverschiebung ξ des oberen Riegels gegen den unteren ausführen, also mit (5):

$$EJ_c\xi = H_a\frac{h^2 l_a}{3}\frac{Z_a}{N_a} = H_b\frac{h^2 l_b}{3}\frac{Z_b}{N_b} = H_c\frac{h^2 l_c}{3}\frac{Z_c}{N_c} = \cdots,$$

hieraus

$$H_a = \frac{3EJ_c\xi}{h^2 l_a}\frac{N_a}{Z_a}, \qquad H_b = \frac{3EJ_c\xi}{h^2 l_b}\frac{N_b}{Z_b} \quad \text{usw.}$$

Dann wird nach (18)

$$\frac{3EJ_c\xi}{h^2}\left(\frac{N_a}{l_a Z_a} + \frac{N_b}{l_b Z_b} + \cdots\right) = Q.$$

Mit den Bezeichnungen

$$(19) \qquad \frac{N_a}{l_a Z_a} = \lambda_a, \qquad \frac{N_b}{l_b Z_b} = \lambda_b \quad \text{usw.}$$

wird die Horizontalverschiebung

$$(20) \qquad EJ_c\xi = \frac{1}{3}Qh^2\frac{1}{\sum\lambda},$$

und für die auf die Zellen wirkenden Horizontalkräfte erhält man

$$(21) \qquad H_a = Q\frac{\lambda_a}{\sum\lambda}, \qquad H_b = Q\frac{\lambda_b}{\sum\lambda} \quad \text{usw.}$$

Dabei ist zu beachten, daß bei den Zellen mit lotrechter Symmetrieachse nach (10) $\lambda = \frac{4N_1}{lZ_1}$ und bei den Zellen mit waagerechter Symmetrieachse nach (16) $\lambda = \frac{4N_1'}{hZ_1'}$ eingesetzt werden muß.

Nach Bestimmung der H können nun die Eckmomente aller Zellen mit den Formeln (4), (7) oder (13) berechnet werden, dann werden die Momente in den Doppelstäben sinngemäß addiert, für die Stützen des Rahmens aus den nebeneinander, für die Riegel aus den übereinander liegenden Zellen. Hierbei sollen im Stockwerkrahmen die Riegelmomente als positiv gelten, wenn die Zugseite unten liegt, bei den Pfostenmomenten gilt M positiv bei Zugseite rechts. Aus den Einzelverschiebungen ξ der Stockwerke können die Gesamtverschiebungen δ der Riegel bestimmt werden. Diese Verschiebungen stimmen mit den genau berechneten Werten eines Stockwerkrahmens mit ungeteilten Stäben recht gut überein. Hingegen erhält man für die Knotendrehwinkel ν der Einzelzellen aus den Formeln (6) oder (11) und (17) für einen inneren Knoten im allgemeinen vier recht verschiedene Werte, während die genaue Berechnung des wirklichen Systems nur einen liefert. Die Doppelstäbe des Zellentragwerks haben also im allgemeinen verschiedene Biegelinien, die Annäherung an die Ergebnisse einer genauen Berechnung ist um so besser, je mehr diese Biegelinien zusammenfallen.

A. Melles benutzt in zwei Arbeiten[1] dieselben Zellen als statisch unbestimmte Hauptsysteme zur Berechnung zweistieliger Stockwerkrahmen und zweigurtiger Rahmenträger.

---

[1] Beton u. Eisen 1940 S. 272; 1941 S. 254.

Als statisch unbestimmte Größen der zweiten Berechnungsstufe werden die Momente in den kurzen, gedachten Gurtstücken zwischen den Zellen eingeführt. Dieser Weg ist hier nicht zweckmäßig, weil bei zwei sich kreuzenden Stäben an jedem inneren Knoten drei, an den Randknoten zwei unbekannte Momente auftreten. Es soll daher für eine Näherungsberechnung als ausreichend angesehen werden, die vier verschiedenen Werte v der Riegel in einem Kreuzungspunkt und damit ihre Biegelinien einander möglichst anzugleichen, indem wir die Aufteilung der ganzen Stäbe in Doppelstäbe der Zellen nicht willkürlich, sondern im Hinblick auf dieses Ziel vornehmen.

5. Die Aufteilung der inneren Stäbe.

Um recht viel Zellen mit lotrechter Symmetrieachse zu erhalten, wird man die Aufteilung der Trägheitsmomente J_S. der inneren Stützen unter diesem Gesichtspunkt durchführen. Mehr freie Hand hat man bei den Zwischenriegeln, Trägheitsmomente J_R. Eine erste grobe Anpassung bei Zellen mit lotrechter Symmetrieachse erhält man folgendermaßen: Nach (11) wird, vgl. Abb. 8:

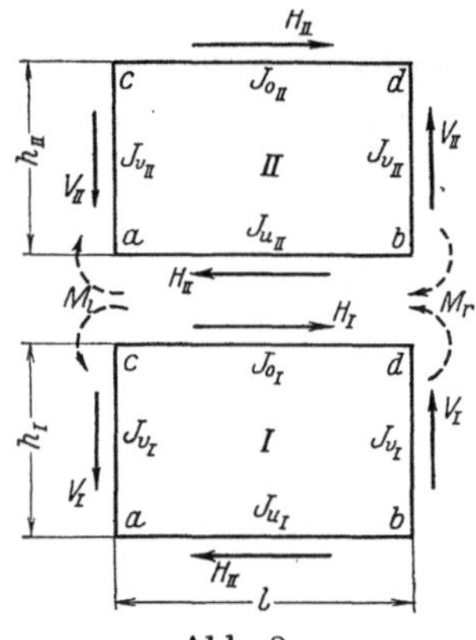

Abb. 8.

$$E\,v_{d_I} = M_{d_I}\frac{l}{6J_{o_I}}, \qquad E\,v_{b_{II}} = M_{b_{II}}\frac{l}{6J_{u_{II}}},$$

hierbei bedeuten $J_{o_I} + J_{u_{II}} = J_R$ die Teilwerte des Trägheitsmomentes des Zwischenriegels. Nun ist

$$M_{d_I} = \frac{H_I}{2}c_I, \qquad M_{b_{II}} = \frac{H_{II}}{2}(h_{II} - c_{II}).$$

Jedes H sei $= 2Q\,\dfrac{J_v}{h}\,\dfrac{1}{\sum J_v : h}$, was nur für starre Riegel gilt, $\sum J_v : h$ bezieht sich auf alle Stützen eines Stockwerks, h fällt heraus. Setzt man diese Ausdrücke in die Formeln für M und dann in die für die v ein, so erhält man aus der Bedingung $v_{d_I} = v_{b_{II}}$, wenn man außerdem noch $c_I = \frac{1}{2}h_I$, $h_{II} - c_{II} = \frac{1}{2}h_{II}$ setzt

$$(22) \qquad \frac{J_{o_I}}{J_{u_{II}}} = \frac{Q_I\,h_I\,(J_{v_I} : \sum J_{v_I})}{Q_{II}\,h_{II}\,(J_{v_{II}} : \sum J_{v_{II}})}.$$

Um eine zweite, bessere Aufteilung des Zwischenriegels (J_R) zu erreichen, setzen wir

$$\frac{J_c}{J_R} = w, \qquad J_{o_I} = \varphi J_R, \qquad \frac{J_c}{J_{o_I}} = o_I = \frac{w}{\varphi}, \qquad J_{u_{II}} = (1-\varphi)J_R, \qquad \frac{J_c}{J_{u_{II}}} = u_{II} = \frac{w}{(1-\varphi)}.$$

Dann lauten die Eckmomente nach (7):

$$M_{d_I} = \frac{H_I}{2}h_I\frac{(u_I + 3\alpha_I v_I)}{\left(\dfrac{w}{\varphi} + u_I + 6\alpha_I v_I\right)}, \qquad M_{b_{II}} = \frac{H_{II}}{2}h_{II}\frac{(o_{II} + 3\alpha_{II} v_{II})}{\left(o_{II} + \dfrac{w}{(1-\varphi)} + 6\alpha_{II} v_{II}\right)},$$

die beiden Winkel $\tau_{d_I} = v_{d_I}$ und $\tau_{b_{II}} = v_{b_{II}}$ sind

$$E J_c v_{d_I} = M_{d_I}\frac{l}{6}\frac{w}{\varphi}, \qquad E J_c v_{b_{II}} = M_{b_{II}}\frac{l}{6}\frac{w}{(1-\varphi)}.$$

Hierin werden die Ausdrücke für die M eingesetzt, dann beide v gleichgesetzt und erst φ dann $1 - \varphi$ berechnet. Man erhält

$$(23) \qquad \frac{J_{o_I}}{J_{u_{II}}} = \frac{\varphi}{1-\varphi} = \frac{H_I\,h_I\,(u_I + 3\alpha_I v_I)(o_{II} + w + 6\alpha_{II}v_{II}) - H_{II}\,h_{II}\,(o_{II} + 3\alpha_{II}v_{II})\,w}{H_{II}\,h_{II}\,(o_{II} + 3\alpha_{II}v_{II})(u_I + w + 6\alpha_I v_I) - H_I\,h_I\,(u_I + 3\alpha_I v_I)\,w},$$

oder mit den Abkürzungen

$$u_I + 3\alpha_I v_I = C_I, \qquad\qquad o_{II} + 3\alpha_{II}v_{II} = A_{II},$$
$$w + u_I + 6\alpha_I v_I = N_{w_I}, \qquad w + o_{II} + 6\alpha_{II}v_{II} = N_{w_{II}},$$

$$(23\,\text{a}) \qquad \frac{\varphi}{1-\varphi} = \frac{H_I\,h_I\,C_I\,N_{w_{II}} - H_{II}\,h_{II}\,A_{II}\,w}{H_{II}\,h_{II}\,A_{II}\,N_{w_I} - H_I\,h_I\,C_I\,w}.$$

Die Steifigkeitswerte o_{II} und u_I der abliegenden Riegel werden hierbei nach den Ergebnissen der ersten Anpassung, Formel (22), eingesetzt.

Auf einem anderen Wege gelangt man zum gleichen Ergebnis. Man berechnet die Momente $M_l = -M_r$ (in Abb. 8 gestrichelt eingetragen), die bei willkürlicher Aufteilung in den gedachten kurzen Gurtstücken ac und bd auftreten müssen. Diese sind

$$(24) \qquad M_l = -M_r = \frac{H_I h_I N_{II} o_I (u_I + 3\alpha_I v_I) - H_{II} h_{II} N_I u_{II} (o_{II} + 3\alpha_{II} v_{II})}{N_{II} o_I (u_I + 6\alpha_I v_I) + N_I u_{II} (o_{II} + 6\alpha_{II} v_{II})}.$$

Hierin N_I nach (7a) $= o_I + u_I + 6\alpha_I v_I$, entsprechend N_{II}. In diesen Ausdruck setzen wir ein $o_I = w : \varphi$, $u_{II} = w : (1 - \varphi)$ und bestimmen diejenigen Werte von φ und $1 - \varphi$, für welche $M_l = -M_r = 0$ werden, d. h. der Zähler der Formel (24). Man erhält wieder (23). Für symmetrische zweistielige Stockwerkrahmen wird einfach $H_I = Q_I$, $H_{II} = Q_{II}$, bei mehreren nebeneinander liegenden Zellen setzt man $H_I = 2 Q_I J_{vI} : \sum J_{vI}$, entsprechend H_{II}. Wenn die Formel auch nur für 2 Stockwerke streng richtig ist, so liefert sie doch auch für beliebige Stockwerkzahl recht gute Ergebnisse, wenn man jedesmal o_{II} und u_I nach der durch (22) gegebenen ersten Aufteilung einsetzt.

6. Beispiel, zum Vergleich genau berechnet.

Unregelmäßig gebautes Tragwerk nach Abb. 9.

Es sollen elastisch eingespannte Stützen angenommen werden, um nachher zu zeigen, wie diese bei der Zellenrechnung berücksichtigt werden können. Die Knoten sind mit a bis l, die Stäbe mit 1 bis 12 bezeichnet, die eingeklammerten Zahlen sind Vergleichswerte für die Trägheitsmomente. Unbekannt sind 7 Knotendrehwinkel v_a bis v_g und 2 Stabdrehwinkel μ_I und μ_{II}, daher sind 7 Knotengleichungen (Verdrehungsgleichungen) und 2 Netzgleichungen (Verschiebungsgleichungen) aufzustellen. Es soll nun die Berücksichtigung der elastischen Einspannung am Stabe $1 = ha$ gezeigt werden[1].

Die Grundformeln für die Einspannungsmomente lauten

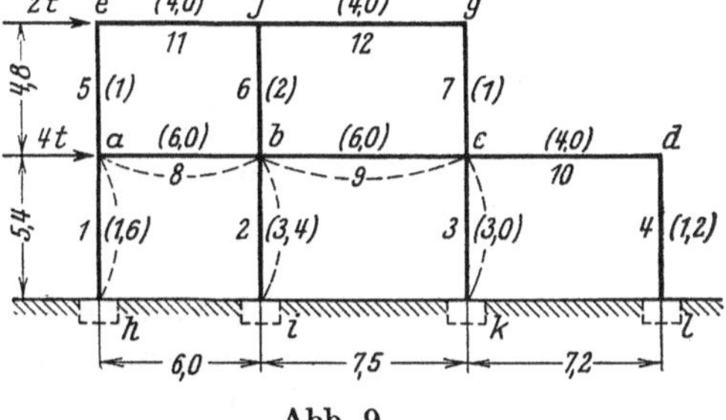

Abb. 9.

$$(25) \qquad \begin{aligned} M_{ha} &= \frac{1}{l_1'} (4 v_h + 2 v_a - 6\mu_I), \\ M_{ah} &= -\frac{1}{l_1'} (2 v_h + 4 v_a - 6\mu_I), \end{aligned}$$

positive M sind in Abb. 9 durch gestrichelte Biegelinien angedeutet.

Ähnlich wie man bei einem Gelenk v_h durch $M_{ha} = 0$ eliminieren kann, setzt man hier

$$(26) \qquad v_h = -M_{ha}\,\varepsilon_h \qquad \text{(alle } v \text{ und } \mu \text{ rechtsdrehend positiv, } \varepsilon_h = v_h \text{ inf. } M_{ha} = 1),$$

setzt dies in die Grundformeln ein und löst diese nach M_{ha} und M_{ah} auf. Man erhält

$$M_{ha} = \frac{2 v_a - 6\mu_I}{l_1' + 4\varepsilon_h}, \qquad M_{ah} = -4 \frac{v_a}{l_1'} \frac{(l_1' + 3\varepsilon_h)}{(l_1' + 4\varepsilon_h)} + 6 \frac{\mu_I}{l_1'} \frac{(l_1' + 2\varepsilon_h)}{(l_1' + 4\varepsilon_h)}.$$

Für die Netzgleichungen brauchen wir noch die Werte

$$M_{ha} - M_{ah} = \frac{6}{l_1'} \left[v_a \frac{(l_1' + 2\varepsilon_h)}{(l_1' + 4\varepsilon_h)} - 2\mu_I \frac{(l_1' + \varepsilon_h)}{(l_1' + 4\varepsilon_h)} \right].$$

Wir führen noch die Abkürzungen ein

$$(27) \qquad l_1' + \varepsilon_h = l_{11}', \qquad l_1' + 2\varepsilon_h = l_{12}', \qquad l_1' + 3\varepsilon_h = l_{13}', \qquad l_1' + 4\varepsilon_h = l_{14}',$$

ferner nennen wir $1 : l' = \lambda$. Eine Verwechselung mit den λ-Werten nach (19) ist nicht zu befürchten, da beide Rechnungsmethoden nicht ineinandergreifen. Dann ist

$$(28) \qquad M_{ah} = -\lambda_1 \left(4 v_a \frac{l_{13}'}{l_{14}'} - 6\mu_I \frac{l_{12}'}{l_{14}'} \right),$$

$$(29) \qquad M_{ha} - M_{ah} = 6\lambda_1 \left(v_a \frac{l_{12}'}{l_{14}'} - 2\mu_I \frac{l_{11}'}{l_{14}'} \right),$$

---

[1] Die genaue Berücksichtigung der elastischen Einspannung bei veränderlichem J der Stäbe zeigt die Arbeit von **Dischinger**.

das Einspannungsmoment bleibt

$$(30) \qquad M_{ha} = \frac{1}{l'_{14}} \left(2\,\nu_a - 6\,\mu_I\right).$$

Entsprechend lauten die Momente M_{ib} und M_{bi} mit l'_2, l'_{21}, l'_{22}, l'_{23}, l'_{24} und ε_i usw. Für die Stäbe 5 bis 12 bleiben die Grundformeln unverändert.

Berechnung der Verdrehungskonstanten ε, Abb. 10. Durch eine einfache Zwischenrechnung erhält man

$$(31) \qquad \varepsilon = \frac{1}{J_f k},$$

worin k die Bettungsziffer des Baugrundes und

$$(32) \qquad J_f = \frac{t\,b^3}{12}$$

das Trägheitsmoment der Sohlenfläche um die Schwerachse $\perp$ Bildfläche ist.

Da alle Formänderungen EJ_c-fach eingehen, bilden wir

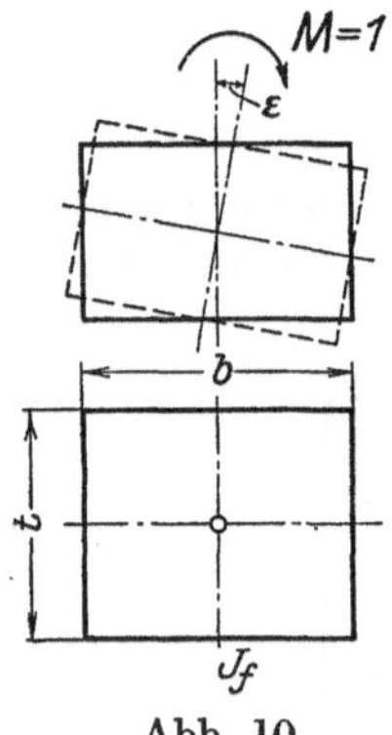

$$(33) \qquad EJ_c\varepsilon = \frac{E}{k}\,\frac{J_S}{J_f}\,\frac{J_c}{J_S},$$

$J_S = J$ der Stütze.

Wir nehmen für alle 4 Stützen das Verhältnis $J_f : J_S = 3500$ an, setzen $k = 8\ \mathrm{kg/cm^3} = 8000\ \mathrm{t/m^3}$ und erhalten

$$EJ_c\varepsilon = 0,75\,\frac{J_c}{J_S}.$$

Für J_c setzen wir 3 Einheiten und erhalten mit den in Abb. 9 in Klammern angegebenen Vergleichswerten für J_S:

$$EJ_c\varepsilon_h = 1,406, \qquad EJ_c\varepsilon_i = 0,661, \qquad EJ_c\varepsilon_k = 0,750, \qquad EJ_c\varepsilon_l = 1,875.$$

Abb. 10.

Die Stützenlängen rechnen wir dann bis Fundamentunterkante $= 6,2$ m.

Damit kann man sämtliche Werte $l' + \varepsilon$ usw. nach den Formeln (27) bilden und alle 9 Gleichungen anschreiben. Diese lauten:

	ν_a	ν_b	ν_c	ν_d	ν_e	ν_f	ν_g	μ_I	μ_{II}	
a	1,927	0,667	—	—	0,139	—	—	— 0,433	— 0,416	$= 0$
b	0,667	3,627	0,533	—	—	0,278	—	— 0,918	— 0,833	$= 0$
c	—	0,533	2,678	0,370	—	—	0,139	— 0,810	— 0,416	$= 0$
d	—	—	0,370	0,978	—	—	—	— 0,324	—	$= 0$
e	0,139	—	—	—	1,166	0,444	—	—	— 0,416	$= 0$
f	—	0,278	—	—	0,444	2,156	0,356	—	— 0,833	$= 0$
g	—	—	0,139	—	—	0,356	0,989	—	— 0,416	$= 0$
I	— 0,433	— 0,918	— 0,810	— 0,324	—	—	—	+ 4,482	—	$= 6,2\,Q_1$
II	— 0,416	— 0,833	— 0,416	—	— 0,416	— 0,833	— 0,416	—	+ 3,333	$= 4,8\,Q_2$

Die Auflösung ergibt (alles EJ_c-fach) mit $Q_1 = 6,0$; $Q_2 = 2,0\ t$:

$$\nu_a = 2,2118, \qquad \nu_b = 2,6431, \qquad \nu_c = 2,7826, \qquad \nu_d = 2,1649, \qquad \nu_e = 1,0110, \qquad \nu_f = 1,0727,$$

$$\nu_g = 1,2089, \qquad \mu_I = 9,7141, \qquad \mu_{II} = 4,7107.$$

Die hieraus nach den Grundformeln (25), (28), (29) berechneten Biegungsmomente, Stabquerkräfte und Auflagerkräfte sind in Abb. 12 und 13 in Klammern eingetragen. Die Verschiebungen sind:

$$EJ_c\xi_I = \mu_I h_I = 9,7141 \cdot 6,2 = 60,23\ \mathrm{tm^3}, \qquad EJ_c\xi_{II} = \mu_{II} h_{II} = 4,7107 \cdot 4,8 = 22,61\ \mathrm{tm^3},$$

$$EJ_c\delta_I = 60,23\ \mathrm{tm^3}, \qquad EJ_c\delta_{II} = 60,23 + 22,61 + 82,84\ \mathrm{tm^3}.$$

7. Dasselbe Beispiel, als Zellentragwerk berechnet.

Die Zellen sind mit 1 bis 5 bezeichnet.

Die elastische Einspannung der vier unteren Stützen wird durch elastische Fundamentriegel ersetzt, deren Querschnitte J_{u_3}, J_{u_4}, J_{u_5} so bestimmt werden, daß für eine antimetrische Verbiegung nach Abb. 7 dieselbe Verdrehung $\tau = \nu$ an den Enden entsteht wie infolge der elastischen Einspannung der Stützen. Aus

$$\frac{M\,l}{6\,E\,J_u} = \frac{\dot{M}}{J_f\,k}$$

folgt

$$(34) \qquad J_u = J_v \frac{l}{6} \frac{k}{E} \frac{J_f}{J_v} = J_v \frac{l}{6} \frac{1}{0{,}75}\,,$$

wenn wir das Verhältnis $J_f : J_v = 3500$ auch für die geteilten Werte festhalten. Damit wird

$$J_{u_3} = 1{,}6 \cdot 6{,}0 : 4{,}5 = 2{,}133\,, \qquad u_3 = 3 : 2{,}133 = 1{,}41\,,$$

$$J_{u_4} = 1{,}8 \cdot 7{,}5 : 4{,}5 = 3{,}000\,, \qquad u_4 = 3 : 3{,}0 \quad\; = 1{,}00\,,$$

$$J_{u_5} = 1{,}2 \cdot 7{,}2 : 4{,}5 = 1{,}920\,, \qquad u_5 = 3 : 1{,}920 = 1{,}56\,.$$

Teilung der Zwischenriegel 8 und 9.

Die Horizontalkräfte H_I, H_{II} der Formel (23) werden zunächst aus $\frac{1}{2} H = Q J_v : \Sigma J_v$ bestimmt, für die Zellen 3 und 1, Riegel 8 wird

$$\tfrac{1}{2} H_I = 6{,}0 \cdot 1{,}6 : 9{,}2 = 1{,}043 \text{ t}\,, \qquad \tfrac{1}{2} H_I h_I = 1{,}043 \cdot 6{,}2 = 6{,}467 \text{ tm}\,,$$

$$\tfrac{1}{2} H_{II} = 2{,}0 \cdot 1{,}0 : 4{,}0 = 0{,}5 \text{ t}\,, \qquad \tfrac{1}{2} H_{II} h_{II} = 0{,}5 \quad \cdot 4{,}8 = 2{,}4 \text{ tm}\,.$$

Mit den Zahlen der folgenden Tabelle wird

$$C_I^! = 1{,}41 + 3 \cdot 1{,}033 \cdot 1{,}87 = 7{,}206\,, \qquad A_{II} = 0{,}75 + 3 \cdot 0{,}8 \cdot 3{,}0 = 7{,}95\,,$$

$$N_{w_I} = 0{,}5 + 1{,}41 + 6 \cdot 1{,}033 \cdot 1{,}87 = 13{,}502\,, \qquad N_{w_{II}} = 0{,}5 + 0{,}75 + 6 \cdot 0{,}8 \cdot 3{,}0 = 15{,}65\,,$$

$$\frac{\varphi}{1 + \varphi} = \frac{6{,}467 \cdot 7{,}206 \cdot 15{,}65 - 2{,}4 \cdot 7{,}95 \cdot 0{,}5}{2{,}4 \cdot 7{,}95 \cdot 13{,}502 - 6{,}467 \cdot 7{,}206 \cdot 0{,}5} = 3{,}072\,,$$

damit wird

$$\varphi = 3{,}072 : 4{,}072 = 0{,}7544\,, \qquad 1 - \varphi = 0{,}2456\,,$$

$$o_3 = 0{,}5 : 0{,}754 = 0{,}662\,, \qquad u_1 = 0{,}5 : 0{,}2456 = 2{,}036\,.$$

Ebenso werden die Teilungswerte für Riegel 9 bestimmt, also o_4 und u_2. Alle Werte J sind in Abb. 11 in Klammern eingetragen, $o\,u\,v = 3{,}0 : J$ in der folgenden Tafel.

Die Berechnung wird in einer Zahlentafel durchgeführt, von der hier ein Teil wiedergegeben ist.

Zelle →	1	2	3	4	5
l	6,0	7,5	6,0	7,5	7,2
h	4,8	4,8	6,2	6,2	6,2
α	0,8	0,64	1,033	0,827	0,861
o	0,75	0,75	0,662	0,643	0,75
u	2,036	2,252	1,41	1,00	1,56
v	3,0	3,0	1,87	1,67	2,50
N_1	68,74	58,09	54,66	39,72	60,89
Z_1	32,18	24,28	20,14	10,90	25,00
λ	0,3560	0,3191	0,4524	0,4858	0,3382
H	1,054	0,946	2,126	2,284	1,590
M_{ab}	1,170	1,018	3,115	3,413	2,333
M_{cd}	1,359	1,253	3,476	3,667	2,596

Abb. 11.

Aus den Werten λ erhält man die genaueren Werte für H, Formel (21).

Oberes Stockwerk:

$$\Sigma \lambda = 0{,}3560 + 0{,}3191 = 0{,}6751\,,$$

$$H_1 = 2{,}0 \cdot 0{,}3560 : 0{,}6751 = 1{,}054 \text{ t}\,,$$

$$H_2 = 2{,}0 \cdot 0{,}3191 : 0{,}6751 = 0{,}946 \text{ t}\,.$$

Unteres Stockwerk:

$$\sum \lambda = 0,4524 + 0,4858 + 0,3382 = 1,2764\,,$$

$$H_3 = 6,0 \cdot 0,4524 : 1,2764 = 2,126 \text{ t}\,,$$

$$H_4 = 6,0 \cdot 0,4858 : 1,2764 = 2,284 \text{ t}\,,$$

$$H_5 = 6,0 \cdot 0,3382 : 1,2764 = 1,590 \text{ t}\,.$$

Nun können mit den Formeln (7) die Eckmomente gerechnet werden.

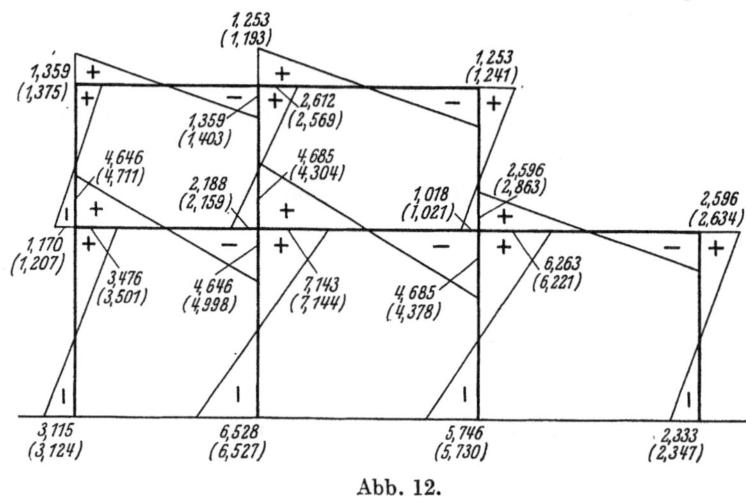

Abb. 12.

Die Abb. 12 und 13 zeigen die Momente, Stabquerkräfte und Auflagerkräfte, die eingeklammerten Zahlen sind die Ergebnisse der genauen Rechnung. Die Zahlen mit Vorzeichen in Abb. 13 bedeuten die Normalkräfte in den Stützen. Beide Lösungen erfüllen alle 3 Gleichgewichtsbedingungen für das ganze System. Z. B. ist das Kippmoment

$$\sum M = 2,0\,(4,8 + 6,2) + \\ + 4,0 \cdot 6,2 = 46,8 \text{ tm}\,,$$

die Auflagerkräfte des Zellentragwerks liefern

$$\sum M = 2,002\,(6,0 + 7,5 + 7,2) - 0,419\,(7,5 + 7,2) - 0,862 \cdot 7,2 = 29,076 + \\ + 3,115 + 6,528 + 5,746 + 2,333 = \underline{17,722}, \text{ zus. } 46,8 \text{ tm}.$$

Horizontalverschiebungen des Zellentragwerks nach Formel (10):

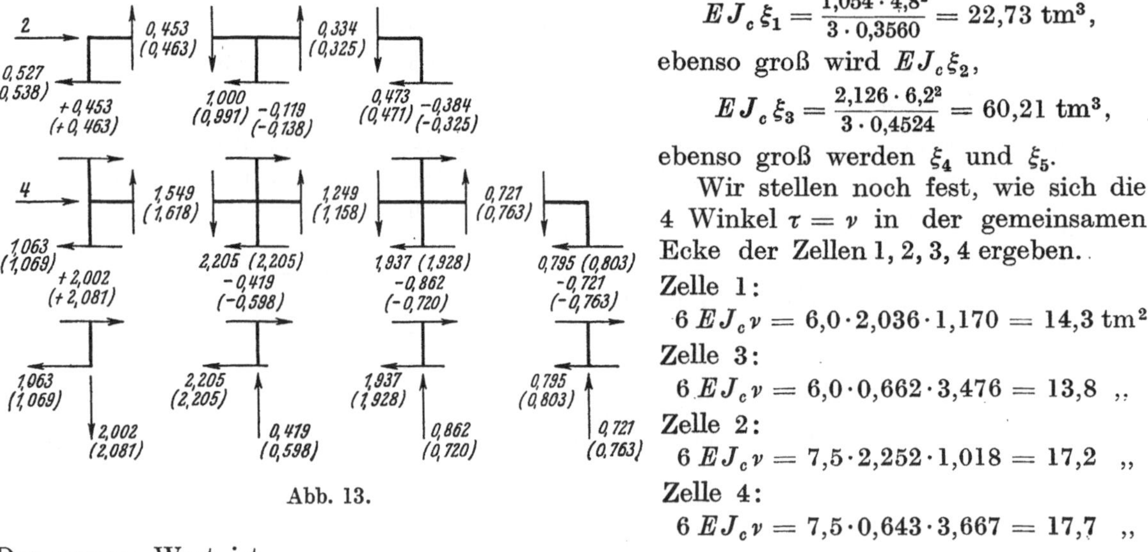

Abb. 13.

$$EJ_c \xi_1 = \frac{1,054 \cdot 4,8^2}{3 \cdot 0,3560} = 22,73 \text{ tm}^3\,,$$

ebenso groß wird $EJ_c \xi_2$,

$$EJ_c \xi_3 = \frac{2,126 \cdot 6,2^2}{3 \cdot 0,4524} = 60,21 \text{ tm}^3\,,$$

ebenso groß werden ξ_4 und ξ_5.

Wir stellen noch fest, wie sich die 4 Winkel $\tau = \nu$ in der gemeinsamen Ecke der Zellen 1, 2, 3, 4 ergeben.

Zelle 1:

$$6\,EJ_c \nu = 6,0 \cdot 2,036 \cdot 1,170 = 14,3 \text{ tm}^2$$

Zelle 3:

$$6\,EJ_c \nu = 6,0 \cdot 0,662 \cdot 3,476 = 13,8 \text{ ,,}$$

Zelle 2:

$$6\,EJ_c \nu = 7,5 \cdot 2,252 \cdot 1,018 = 17,2 \text{ ,,}$$

Zelle 4:

$$6\,EJ_c \nu = 7,5 \cdot 0,643 \cdot 3,667 = 17,7 \text{ ,,}$$

Der genaue Wert ist

$$6\,EJ_c \nu_b = 6 \cdot 2,643 = 15,9.$$

Die Angleichung der übereinanderliegenden Biegelinien ist gut, nach links und rechts weniger, wie zu erwarten war, da sich unsere Teilungsformeln (22) und (23) nur auf zwei übereinanderliegende Zellen bezogen.

8. Der Stockwerkrahmen als Rautenfachwerk.

Die Längenänderungen der Sehnen, welche die Momentennullpunkte einer Rahmenzelle über Eck verbinden, erhält man aus Arbeitsgleichungen, Abb. 14:

(35a)
$$E J_c \, \Delta d_o = M_c \frac{r_o}{3} (a\,o + c\,v)$$

und

(35b)
$$E J_c \, \Delta d_u = M_b \frac{r_u}{3} [a\,u + (h - c)\,v],$$

ebenso groß sind die Verkürzungen der Sehnen fh und ge.

Wir denken uns in den Nullpunkten und in den vier Ecken Gelenke und die Punkte $e\,g\,f\,h$ über Eck durch Diagonalstäbe verbunden. Dieses Fachwerk wird in $a\,b\,e$ gestützt und durch H belastet, Abb. 15. In den Diagonalen ent-stehen dann die Spannkräfte

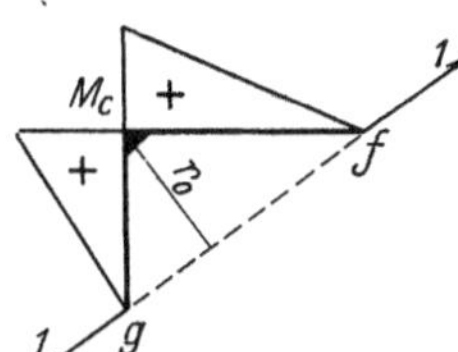

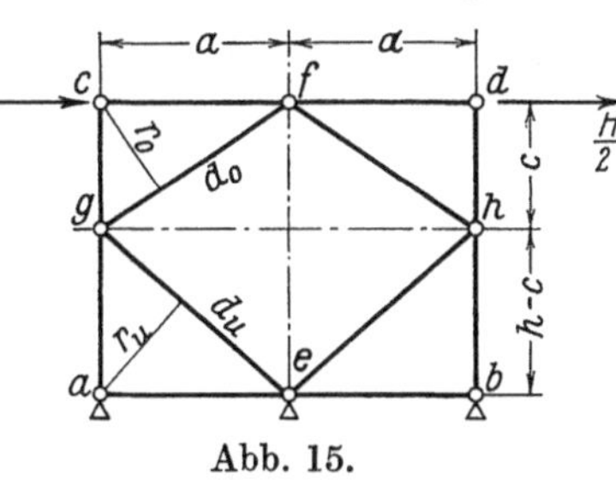

(36a) $D_o = \pm M_c : r_o,$

(36b) $D_u = \pm M_b : r_u.$

Wählt man die Querschnitte der Diagonalen so, daß sie die Längenänderungen Δd_o und Δd_u annehmen, so kann man die Formänderung der Rahmenzelle, d. h. die Horizontalverschiebung ξ

Abb. 14.

Abb. 15.

des oberen Riegels, durch einen Verschiebungsplan des Fachwerks darstellen. Die erforderlichen Diagonalquerschnitte sind

(37a)
$$F_o = \frac{J_c}{r_o^2} \frac{3\,d_o}{(a\,o + c\,v)}$$
und
(37b)
$$F_u = \frac{J_c}{r_u^2} \frac{3\,d_u}{[a\,u + (h - c)\,v]}.$$

In der Anwendung auf mehrgeschossige Rahmen konstruiert man zwischen je zwei benachbarten Stützen in jedem Stockwerk ein solches Rautenfachwerk, dessen Knotenpunkte durch die Maße c gegeben sind. Von unten nach oben belastet man es an den Riegeln mit $P = H_I - H_{II}, H_{II} - H_{III}$ usw., zeichnet einen Kräfteplan und erhält aus den Spannkräften D_o und D_u der Diagonalen die Eckmomente

$$M_{c,\,d} = \pm D_o r_o, \quad M_{a,\,b} = \mp D_u r_u.$$

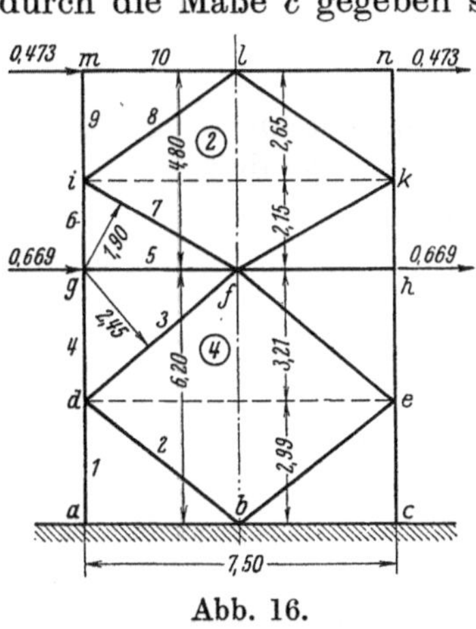

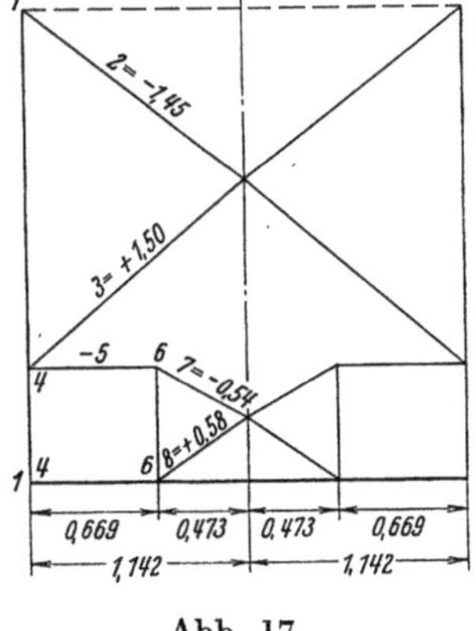

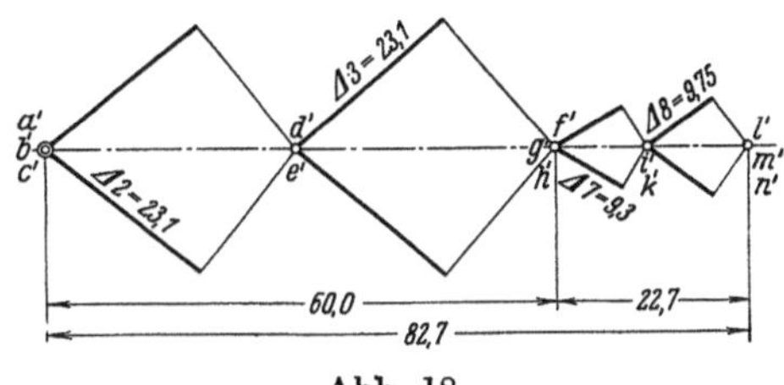

Abb. 16.   Abb. 17.   Abb. 18.

Die Riegelmomente sind aus zwei Eckmomenten zusammenzusetzen. Ein Verschiebungsplan liefert dann die waagerechten Verschiebungen.

In den Abb. 16, 17, 18 ist dies an den Zellen 2 und 4 unseres Beispiels gezeigt. Man erhält z. B. in der Ecke g:

$$D_3 r_3 = 1,50 \cdot 2,45 = 3,67 \text{ tm}, \quad D_7 r_7 = 0,54 \cdot 1,90 = 1,03 \text{ tm},$$

das Riegelmoment ist dann 4,70 tm.

Zum Aufzeichnen des Verschiebungsplanes benutzen wir die Werte

(38a)
$$E J_c \, \Delta d_o = D_o a^2 c^2 \frac{(a\,o + c\,v)}{2\,d_o^2} = 23,1 \text{ und } 9,75 \text{ tm}^3,$$

(38b)
$$E J_c \, \Delta d_u = D_u a^2 (h - c)^2 \frac{[a\,u + (h - c)\,v]}{3\,d_u^2} = 23,1 \text{ und } 9,3 \text{ tm}^3.$$

9. Berücksichtigung der Längenänderungen der Stützen.

Die Stützenkräfte sind, Abb. 19:

$$(39) \qquad \pm S = \pm \tfrac{1}{2}(V_o + V_u), \quad \text{wobei} \quad V_u - V_o = H\,h : l.$$

Die Stützenquerschnitte seien F_s und F_r. Mit der Steifigkeitszahl

$$(40) \qquad \varkappa = \frac{J_c}{F_s\,l^2} + \frac{J_c}{F_r\,l^2}$$

kann man die Änderungen der Eckmomente infolge der $\varDelta s$ der Stützen berechnen.

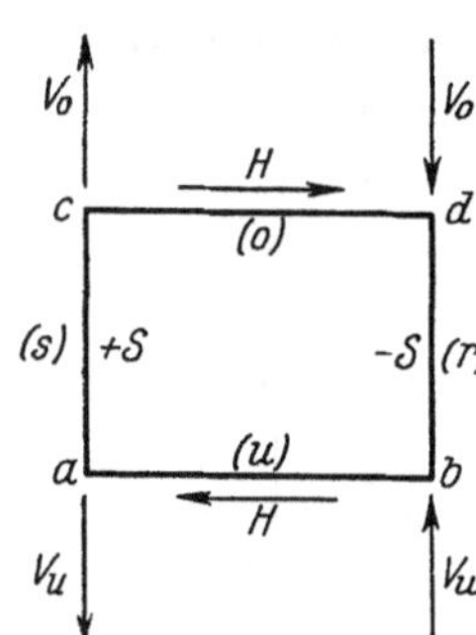

Abb. 19.

$$(41) \quad
\begin{aligned}
M_a &= \\
M_b &= \frac{3\,S\,h\,\varkappa}{N} \\
M_c &= \\
M_d &=
\end{aligned}
\left\{
\begin{aligned}
&- [6\,o\,u + \alpha\,(s+r)\,(2\,u + \alpha\,r) + \alpha\,o\,(5\,r - s)], \\
&+ [6\,o\,u + \alpha\,(s+r)\,(2\,u + \alpha\,s) + \alpha\,o\,(5\,s - r)], \\
&- [6\,u\,(o + \alpha\,r) + \alpha\,(s+r)\,(2\,o - u + \alpha\,r)], \\
&+ [6\,u\,(o + \alpha\,s) + \alpha\,(s+r)\,(2\,o - u + \alpha\,s)].
\end{aligned}
\right.$$

Die Horizontalverschiebung ξ ändert sich infolge der Änderung der M um

$$(42) \quad E\,J_c\,\xi = S\,h^2\,l\,\varkappa\{6\,o\,u^2 + \alpha\,(s+r)\,[u\,(11\,o + 2\,u) + 2\,u\,\alpha\,(s+r) + 3\,\alpha^2\,s\,r] + \\
+ 6\,\alpha^2\,s\,r\,(2\,o + u)\} : 2\,N.$$

Diese durch die Formeln (41) und (42) angegebenen Änderungen sind unbedeutend und spielen bei einer Näherungsberechnung keine Rolle. Wichtiger sind die Verschiebungen der Riegel, die durch die Kippbewegungen der keilförmig verformten Zellen nach Abb. 3 und 20 entstehen. Die beiden Riegel einer Zelle drehen sich gegeneinander um $\vartheta = (\varDelta s_s + \varDelta s_r) : l$

$$(43) \qquad E\,J_c\,\vartheta = S\,h\,l\,\varkappa.$$

Die Pfosten der untersten Zelle drehen sich um $\tfrac{1}{2}\,\vartheta_1$ (nicht ganz genau, nur bei $F_s = F_r$ streng richtig), und es wird

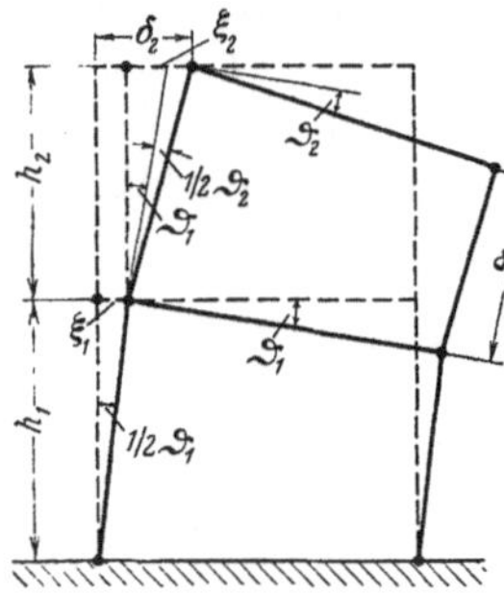

$$E\,J_c\,\xi_1 = \tfrac{1}{2}\,\vartheta_1\,h_1.$$

Die Pfosten der zweiten Zelle drehen sich zunächst um ϑ_1 und durch die eigene Verformung der Zellen weiter um $\tfrac{1}{2}\,\vartheta_2$, so daß

$$E\,J_c\,\xi_2 = E\,J_c\,(\vartheta_1 + \tfrac{1}{2}\,\vartheta_2)\,h_2 \quad \text{usw.},$$

allgemein gilt für die m-te Zelle

$$(44) \qquad E\,J_c\,\xi_m = \left(\sum_1^{m-1} E\,J_c\,\vartheta + \tfrac{1}{2}\,E\,J_c\,\vartheta_m\right) h_m.$$

Abb. 20.

Aus den ξ bildet man die Verschiebungen δ, diese können bei hohen schlanken Rahmen von gleicher Größenordnung wie die Werte infolge der rhombischen Verzerrung der Zellen werden, Abb. 2.

10. Beispiel Abb. 21, Seitenwand eines fünfeckigen Behältergerüstes.

Alle $J = 250\,000\ \text{cm}^4$, alle $F = 283\ \text{cm}^2$ (rechteckige Hohlquerschnitte). Die Ergebnisse der genauen Berechnung — wie gewöhnlich ohne Berücksichtigung der $\varDelta s$ — sind in Abb. 24 eingeklammert eingetragen.

Da nach der Kraftmethode gerechnet worden ist, stehen die Stabdrehwinkel μ_1 bis μ_6 nicht zur Verfügung. Um die Biegelinie des Gurtstabes zu erhalten, nehmen wir ihn oben starr eingespannt an, unten frei und berechnen die Momentenfläche dieses umgekehrten Freiträgers infolge der Belastung mit den elastischen Gewichten (Abb. 22):

$$(45) \qquad E\,J_c\,w_m = \frac{h'_m}{6}\,(2\,M_{cm} + M_{am}) + \frac{h'_{m+1}}{6}\,(2\,M_{a(m+1)} + M_{c(m+1)}),$$

wobei $J_c : J = 1$, $h' = h$. Das Gewicht w_0 ist ausschlaggebend für den Verlauf der Biegelinie, ein Zeichen, wie sehr diese von einer zutreffenden Schätzung der Einspannwirkung der Fundamente abhängig ist, vgl. 6.

Abb. 23 zeigt in Kurve a den Verlauf dieser Biegelinie.

Um den Einfluß der Δs zu bestimmen, berechnen wir nach (40):

$$\varkappa = \frac{2 \cdot 250\,000}{283 \cdot 470^2} = 0,008\,,$$

hieraus nach (43):

$$EJ_c\vartheta = Sh \cdot 4,7 \cdot 0,008 = 0,0376\,Sh,$$

dann nach (44) die ξ und hieraus die δ, Ergebnis Kurve b. Beide Kurven zeigen den charakteristischen Unterschied der Wirkung von Querkräften und Biegungsmomenten, vgl. Abb. 2 und 3. Zusammengelegt erhält man Kurve c, die von einer Geraden nur wenig abweicht.

Mit $EJ_c = 0,21 \cdot 250\,000 = 52\,500$ tm^2 wird $\delta_6 = 3141 : 52\,500 = 0,0598$ m $= 6$ cm.

Für die Berechnung als Zellenrahmen müssen die J der Riegel 1 bis 5 geteilt werden. Dies geschieht zunächst nach Formel (22), die hieraus gefundenen Werte — in der folgenden Tafel mit o' und u' bezeichnet — werden dann in (23) für u_I und o_{II} eingesetzt, worauf man die genauere Teilung mit $o\,u$ erhält. Die Verteilungszahlen λ (19) brauchen hier nicht berechnet zu werden, da bei nur 2 Stützen $H = Q$ ist.

	6	5	4	3	2	1
h	4,8	6,2	6,7	7,3	8,0	8,7
α	1,021	1,319	1,426	1,553	1,702	1,851
o'		1,319	1,730	1,745	1,757	1,776
u'	4,132	2,370	2,342	2,320	2,288	
o	1	1,170	1,613	1,669	1,689	1,884
u	6,878	2,630	2,496	2,450	2,131	0
v	1	1	1	1	1	1
c	3,41	3,49	3,58	3,86	4,13	3,72
M_{ab}	1,671	7,897	11,500	15,608	21,171	32,251
M_{cd}	4,089	10,145	13,223	17,534	22,549	24,081
S	1,74	6,77	15,76	28,11	44,35	63,61

Abb. 21. Abb. 22.

Die Übereinstimmung der Momente mit den genauer berechneten, eingeklammerten Werten ist praktisch vollkommen, weil hier die Bedingungen für die Anwendung der Teilungsformel (23) besser erfüllt werden.

Die Werte $EJ_c\xi$ aus Formel (10) liefern Verschiebungen δ, die sich von den Zahlen der Kurve a in Abb. 23 nur um wenige Einheiten unterscheiden, dies gilt auch von den Formänderungen infolge der Δs der Stützen aus (44), da die Stützenkräfte S, aus den Riegelquerkräften berechnet (Abb. 13), mit den genauen Werten übereinstimmen, Kurve b. — Das Knotennetz des Rautenfachwerks ist durch die Abstände $c$der Momentennullpunkte von den oberen Riegeln gegeben. Der Kräfteplan liefert die Spannkräfte der folgenden Zahlentafel, S_o und S_u sind die Pfostenspannkräfte in den Abschnitten eines Stockwerks, die Vorzeichen beziehen sich auf die linke Hälfte.

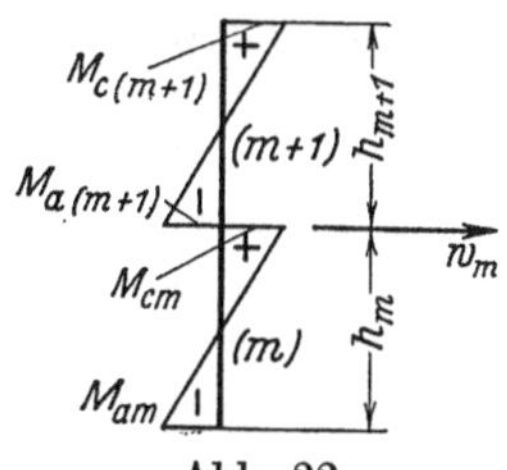

	6	5	4	3	2	1
S_o	0	$+\ 2,5$	$+\ 10,3$	$+\ 21,0$	$+\ 34,9$	$+\ 53,6$
S_u	$+\ 2,5$	$+\ 10,3$	$+\ 21,0$	$+\ 34,9$	$+\ 53,6$	$+\ 77,3$
D_o	$+\ 2,1$	$+\ 5,2$	$+\ 6,8$	$+\ 8,5$	$+\ 11,1$	$+\ 12,1$
D_u	$-\ 1,5$	$-\ 4,5$	$-\ 6,2$	$-\ 8,2$	$-\ 10,6$	$-\ 15,0$

Hieraus kann man die Momente berechnen, z. B. in der Ecke 2 mit

Abb. 23. Abb. 24.

$$r_{o_2} = 2,05 \text{ m}, \quad r_{u_3} = 1,97 \text{ m},$$

$$M_{c_2} = 11,1 \cdot 2,05 = 22,7 \text{ tm}, \quad M_{a_3} = 8,2 \cdot 1,97 = 16,2 \text{ tm, zusammen } 38,9 \text{ tm},$$

die Zahlen der Rechnung sind 22,35, 15,61, 38,16 tm.

Abb. 25 zeigt den Anfang des Verschiebungsplans mit Berücksichtigung der Längenänderungen der Stützen. Für jedes ξ gilt

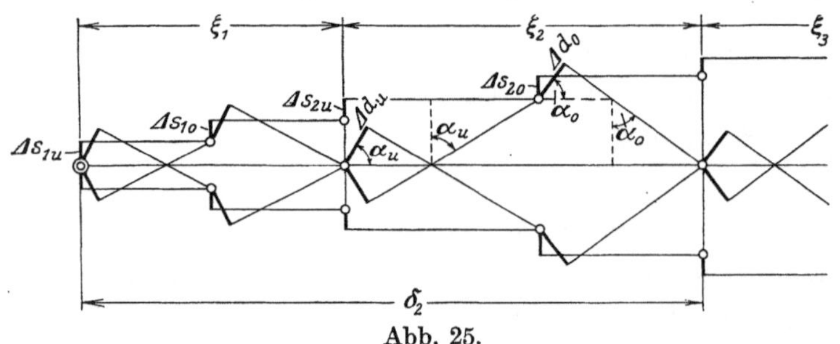

Abb. 25.

$$(46) \qquad \xi = \frac{\Delta d_u}{\cos \alpha_u} + \frac{\Delta d_o}{\cos \alpha_o} + \sum \Delta s \, (\operatorname{tg} \alpha_u + \operatorname{tg} \alpha_o),$$

wobei in $\sum \Delta s$ die Längenänderungen der Stützen von unten bis zum Zwischenknotenpunkt des betrachteten Feldes eingehen. Die Ergebnisse stimmen mit den berechneten Werten gut überein.

11. Zusammenfassung.

Die Formänderungen der Vierecke eines Stockwerkrahmens infolge der in den Stockwerken wirkenden Querkraft bei waagerechter Knotenbelastung können verglichen werden mit den Formänderungen der Körperelemente eines auf Biegung beanspruchten Stabes infolge der Schubspannungen. Es wird versucht, das Verformungs- und Spannungsbild des Stockwerkrahmens zu erhalten, wenn man ihn in lauter getrennte Einzelzellen auflöst, wobei die inneren Stäbe des gegebenen Tragwerks geteilt werden müssen. Für die Momente und Formänderungen solcher Zellen infolge der Belastung durch die Kräftepaare $Hh = Vl$ lassen sich geschlossene Formeln aufstellen. Die Kräfte H werden aus der Bedingung bestimmt, daß alle Zellen einer Reihe dieselbe gegenseitige Horizontalverschiebung ξ der beiden Riegel haben müssen. Die statische Wirkung dieses Zellentragwerks würde mit der des gegebenen Rahmentragwerks vollkommen übereinstimmen, wenn die beiden Teile der Doppelstäbe gleiche Biegelinien hätten. Dies läßt sich annähernd erreichen durch die Wahl der Aufteilung. Zum Vergleich wird ein Beispiel nach der Deformationsmethode genau gerechnet und hierbei die Berücksichtigung elastisch eingespannter Stützen gezeigt, dann das gleiche Beispiel als Zellentragwerk, wobei die elastische Stützung durch Fundamentriegel ersetzt wird. Denkt man sich die Nullpunkte der Momentenflächen in den Zellen über Eck durch Diagonalstäbe von passend gewählten Querschnitten verbunden, so kann der Spannungs- und Formänderungszustand des Zellentragwerks und damit auch der des gegebenen sehr anschaulich durch den Kräfteplan und Verschiebungsplan dieses Rautenfachwerks dargestellt werden. Im zweiten Beispiel sind auch die Längenänderungen der Stützen berücksichtigt.

(Eingegangen 31. 1. 1942).

Über den Eigengewichtsschub von Stützliniengewölben.

Von A. Pucher, Wien.

Mit 11 Abbildungen.

1. Einleitung.

Beim Entwerfen von Bogenbrücken ist es von großer Bedeutung, die Kräfte, die der Bogen aufzunehmen hat, rasch überschlagen zu können, da erst damit ein Überblick über die notwendigen Abmessungen sowohl im Hinblick auf die geforderte Festigkeit (zulässige Spannung) als auch die Stabilität (Knicksicherheit) gefunden wird. Nun ist es meist nicht schwer, die größten Normalkräfte und Biegungsmomente aus der Verkehrslast annähernd anzugeben, da hierfür teils aus der Erfahrung gewonnene Näherungsformeln zur Verfügung stehen (z. B. ist beim Dreigelenk- und Zweigelenkbogen das größte Biegungsmoment in den Viertelpunkten annähernd $M = \frac{p\,l^2}{57}$), teils aus Tabellenwerken die Werte entnommen werden können (z. B. die Zahlentafeln von Straßner[1] für den eingespannten Bogen). Die Schnitt-

---

[1] Straßner, A.: Neuere Methoden zur Statik der Rahmentragwerke und der elastischen Bogenträger, IV. Aufl. Bd. II S. 67 ff.

kräfte aus Verkehr kann man bei den statisch unbestimmten Bögen aus solchen Zusammenstellungen entnehmen, da die Verteilung der Steifigkeit (Trägheitsmomente) auf die größten Schnittkräfte aus Verkehr keinen allzu großen Einfluß hat und daher der Unterschied, der in den meisten Fällen in der Verteilung der Steifigkeiten zwischen dem zu entwerfenden Bogen und dem der Zahlentafel zugrunde gelegten Gesetz bestehen wird, keinen allzu großen Einfluß auf das Endergebnis haben wird.

Ganz anders liegen jedoch die Verhältnisse bei der Abschätzung der Schnittkräfte aus Eigengewicht. Es sind auch für diesen Fall Tabellen berechnet worden, die die Schnittkräfte aus Eigengewicht für Stützlinienbogen mit einem angenommenen Gesetz sowohl für die Steifigkeit als auch die Gewichtsverteilung sehr einfach zu berechnen gestatten, so z. B. von Straßner[1] und von Beyer[2]. Nun sind die Belastungsgesetze meist nach einem analytischen Ausdruck angenommen, der mit der dem Aufbau der Brücke entsprechenden Gewichtsverteilung nicht in hinreichender Übereinstimmung steht. Zahlentafeln werden das auch nie leisten können, da die vielen Möglichkeiten der Gestaltung von Bogen — Brücken mit über oder unter der Fahrbahn liegenden Bogen, volle Übermauerung des Gewölbes oder Abstützung der Fahrbahn mit Wänden, Rahmen oder Stützen, ferner am Bogenscheitel anlaufende Fahrbahntafel oder im Scheitel abgelöste Fahrbahn — eine solche Mannigfaltigkeit in der Gewichtsverteilung bringen, daß Zahlentafeln dem nie gerecht werden können. Und wie man sich leicht überzeugt, sind die Unterschiede zwischen den tatsächlichen Größen der Schnittkräfte aus Eigengewicht, z. B. des Bogenschubes und den aus solchen Zahlentafeln entnommenen, doch so groß, daß die letzteren nicht mehr als Näherungswerte brauchbar sind.

Die nachfolgenden Ausführungen werden zeigen, daß man jedoch auf Grund ganz einfacher Überlegungen den Horizontalschub von Stützlinienbogen, mit zunächst angenommenen Abmessungen, mit kleinem Rechenaufwand ermitteln kann, wenn nur die Gestaltung der Brücke festliegt. Man kann aber auch für die verschiedenen Brückentypen Formeln entwickeln, die mit einigen Prozenten Genauigkeit den Horizontalschub aus Eigengewicht als Funktion des Scheitelgewichtes g_s liefern und somit ein rasches Auffinden der erforderlichen Bogenabmessungen sehr erleichtern. Dabei ist es für die Anwendung gleichgültig, ob der Bogen statisch bestimmt oder statisch unbestimmt gelagert ist.

2. Entwicklung des Verfahrens.

Es wird vorausgesetzt, daß die Bogenachse einer Stützlinie aus Eigengewicht entspricht, was zum Mindesten bei größeren Brücken meist zutreffen wird. Die Beschränkung auf Symmetrie ist nicht wesentlich und wird hier nur der Kürze halber gemacht. Es bereitet keine Schwierigkeiten, die Überlegungen auch auf unsymmetrische Bogen auszudehnen.

In jedem Bogen, dessen Achse Stützlinie für die Belastung (Eigengewicht) ist, entsteht ein Bogenschub H_g, der sich gegenüber dem der Stützlinie zugeordneten Stützlinienschub H_S nur wenig ändert, sofern eine genügende Knicksicherheit vorhanden ist. Diese Änderung H_g ist durch die elastische Verkürzung des Bogens infolge der Druckspannungen bedingt und wird bei statisch unbestimmten Gewölben aus der Gleichung

$$\Delta H_g = - H_S \frac{\int \frac{ds}{EF}}{\int z^2 \frac{ds}{EJ} + \int \cos^2 \varphi \frac{ds}{EF}},$$

bei Dreigelenkbogen aus der Verkleinerung Δf des Bogenpfeiles f infolge der statischen Verkürzung des Gewölbes aus

$$\Delta H_g = + H_S \frac{\Delta f}{f}$$

berechnet. In jedem Fall ist ΔH_g klein gegenüber H_S und zwar in der Regel kleiner als 2 %. Man kann daher bei der Abschätzung des Bogenschubes sich mit der Ermittlung von H_S begnügen. Den Stützlinienschub findet man aber, unabhängig von der Stützungsart des

---

[1] Siehe Fußnote 1 Seite 124.
[2] Beyer, K.: Statik im Eisenbetonbau, II. Aufl. Bd. II S. 512 ff.

Bogens, aus der dreieckigen Einflußlinie mit der Mittelordinate $\frac{l}{4f}$, die unabhängig von der Form der Bogenachse und der Verteilung der Steifigkeitsverhältnisse ist. Der Schub vom Stützlinienbogen hängt demnach in erster Linie von der Gewichtsverteilung ab. Kennt man diese, so kann aus der statisch bestimmten Einflußlinie der Bogenschub bis auf wenige Prozente genau berechnet werden. Das Gewicht einer Brückenhälfte wird in einer Resultierenden zusammengefaßt, deren Lage und Größe unmittelbar H_S zu berechnen gestattet. Es wird mit der in Abb. 1 angegebenen Bezeichnung

$$H_S^n = 2\,G\,\eta = G\,\frac{x}{f}\,.$$

Da man gegebenenfalls G der Größe und Lage nach erst aus den einzelnen Komponenten G_i im Abstande x_i vom linken Kämpfer ermitteln muß, ist es einfacher, H_S gleich als Summe zu berechnen:

$$(1) \qquad H_S = \sum_i G_i \frac{x_i}{f}\,.$$

Wie später gezeigt wird, kann man bei jeder Brücke die einzelnen Bauglieder mit genügender Genauigkeit in einfache geometrische Körper zerlegen, so daß man die einzelnen Gewichtskomponenten der Größe und Lage nach sofort angeben kann. Mit Gleichung (1) kann man den Schub einer Brücke bei einiger Übung so rasch ermitteln, daß man in kurzer Zeit einige angenommene Abmessungen auf Stabilität und Festigkeit überprüfen kann und damit sehr bald die richtigen Abmessungen findet.

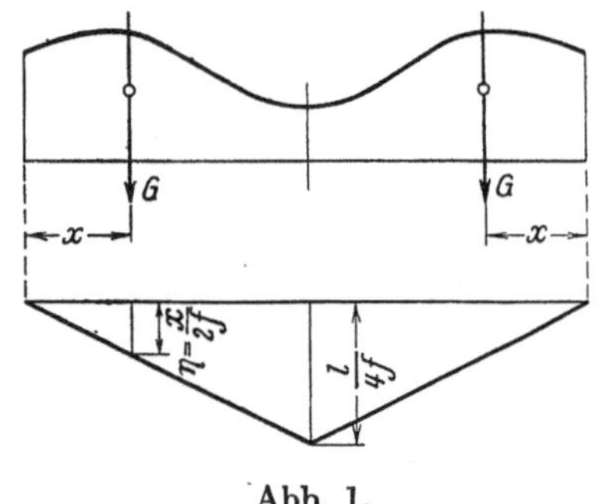

Abb. 1.

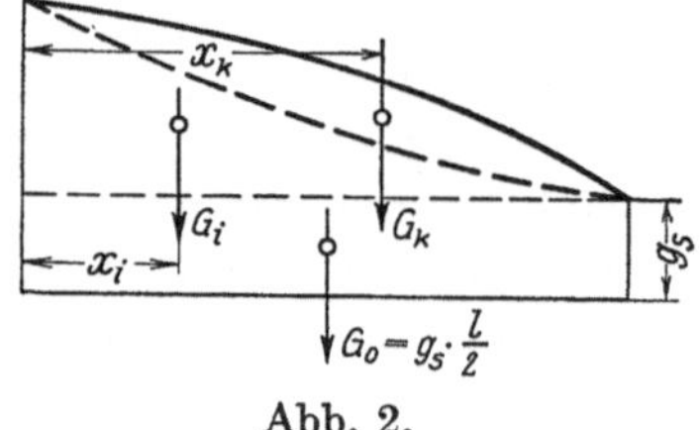

Abb. 2.

Die Gleichung (1) läßt sich jedoch noch umformen, indem man die einzelnen Gewichtskomponenten G_i in Beziehung setzt zum Gewicht g_S im Scheitel der Brücke. Man nimmt damit eine bestimmte Aufteilung des Gesamtgewichtes G vor, indem man den Anteil der Last, der der gleichmäßigen Belastung g_S entspricht, ausscheidet und erst die Restbelastung in möglichst einfach erfaßbare Anteile G_i zerlegt. Der von $g_S \frac{l}{2} = G_0$ verursachte Schub ist $g_S \frac{l^2}{8f}$, so daß jetzt

$$H_S = g_S \frac{l^2}{8f} + \sum_i G_i \frac{x_i}{f}$$

wird. Man formt um und erhält

$$(1\,\mathrm{a}) \qquad H_S = g_S \frac{l^2}{8f}\left(1 + \frac{8}{g_S\,l^2}\sum G_i x_i\right) = g_S\,\omega\,\frac{l^2}{8f}\,.$$

Da im Scheitel g_S normal zur Stützlinie wirkt, so ist $\omega\,\frac{l^2}{8f}$ offenbar deren Krümmungsradius. Der Krümmungsradius der Parabel, also der Stützlinie für gleichmäßige Belastung, ist $\frac{l^2}{8f}$. Demnach gibt der dimensionslose Krümmungsbeiwert ω

$$(2) \qquad \omega = 1 + \frac{8}{g_S\,l^2}\sum_i G_i x_i$$

an, wie der Krümmungsradius der Bogenachse im Scheitel durch die gegen den Kämpfer zu wachsende Last vergrößert wird.

Es zeigte sich, daß ω für einen bestimmten Brückentyp innerhalb enger Grenzen schwankt und somit sehr gut eingeschätzt werden kann. Man hat demnach in Gleichung (1a) tatsächlich eine Formel zur Hand, mit der man aus dem Scheitelgewicht sofort den Eigengewichtsschub mit ziemlicher Genauigkeit angeben kann.

Die Methode, mit Hilfe des Scheitel-Krümmungsradius den Schub einer Brücke zu überschlagen, wurde schon lange von Dischinger benützt und gelehrt. Die Gleichung (1a) bringt eine quantitative Ausgestaltung dieses Verfahrens, die es ermöglicht, den Einfluß der Gewichtszunahme gegen den Kämpfer zu je nach der Art der Aufbauten in Rechnung zu stellen.

Es wird nun an einigen Brückentypen gezeigt, wie man die Krümmungsbeiwerte ermittelt; damit werden gleichzeitig Richtwerte für den betreffenden Typ gewonnen.

3. Untersuchung dreier Brückentypen.

a) Bogen mit aufgeständerter, im Scheitel abgelöster Fahrbahn.

Es soll der Eigengewichtsschub des in Abb. 3 dargestellten Bogens bzw. der entsprechende Krümmungsbeiwert ω ermittelt werden. Es wird vorerst konstante Bogenstärke angenommen. Zunächst ist g_S zu ermitteln. Die Gewichte werden zweckmäßig auf 1 m Gewölbebreite bezogen. Das Gewölbe wird als Hohlbogen mit 0,80 m³ Beton pro m² Grundriß angenommen.

In dem konstanten Gewichtsteil g_S ist auch der Teil der Fahrbahnstützen enthalten, der über der strichlierten Linie a—a (Abb. 3) liegt. Man rechnet hier nicht mit Einzellasten, sondern führt einen Belastungsgleichwert, bei dieser Brücke 0,03 t/m³ verbauten Raum ein. Somit erhält man für g_S aus einer ersten Gewichtsberechnung

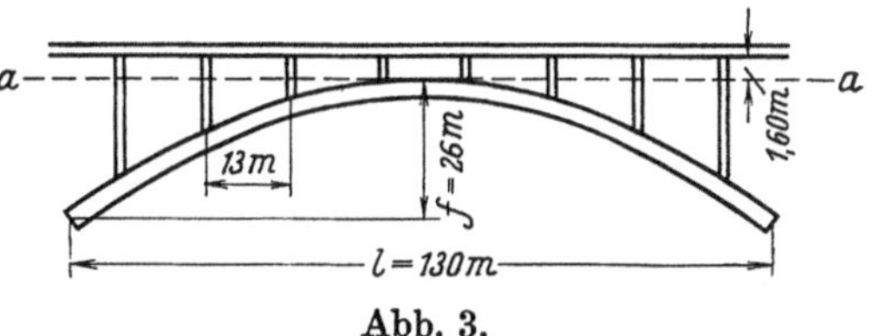

Abb. 3.

Gewicht der Fahrbahn . . . . 1,19 t/m²

„ der Fahrbahnabstützung . . . . . . 0,03·1,60 = 0,05 t/m²

„ des Bogens einschließlich Querschott. . . . g_B = 1,97 t/m²

$$g_S = 3,21 \text{ t/m}^2$$

Nun sind die Anteile G_i des Gesamtgewichtes zu bestimmen. G_1 sei das Gewicht der Fahrbahnabstützung unter der Linie a—a und wird als Parabelsektor mit der Pfeilhöhe als Endordinate angenommen. Es wird:

$$G_1 = \tfrac{1}{3} \cdot \tfrac{130}{2} \cdot 26 \cdot 0,030 = 16,9 \text{ t/m},$$

$$x_1 = \tfrac{130}{8} = 16,25 \text{ m}.$$

Ferner ist das durch die Neigung der Bogenachse bedingte Mehrgewicht des Bogens gegenüber dem in G_0 bereits enthaltenen Teil aus

$$G_2 = g_B \int_0^{l/2} (ds - dx)$$

zu bestimmen. Wegen

$$ds = dx \sqrt{1 + y'^2} = dx \left(1 + \tfrac{1}{2} y'^2 - \tfrac{1}{8} y'^4 + \tfrac{1}{16} y'^6 - \tfrac{5}{128} y'^8 + - \cdots \right)$$

wird

$$(3) \qquad G_2 = g_B \int_0^{l/2} \left(\tfrac{1}{2} y'^2 - \tfrac{1}{8} y'^4 + \tfrac{1}{16} y'^6 - \tfrac{5}{128} y'^8 + - \cdots \right) dx.$$

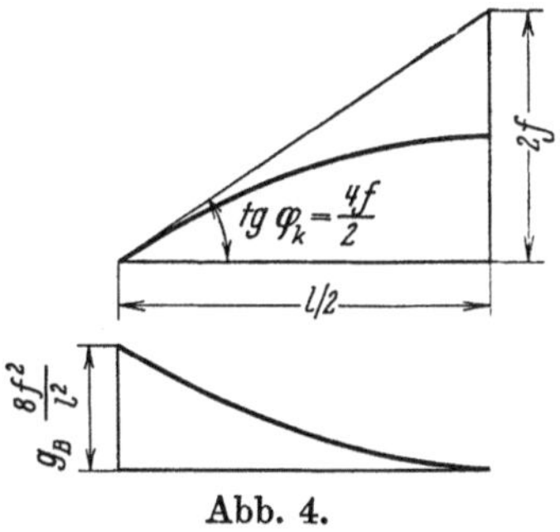

Abb. 4.

Der Integrand in Gleichung (3) gibt die Belastungsverteilung des Gewichtsanteiles G_2 an. In erster Annäherung kann man die Bogenform als Parabel ansehen. In diesem Falle ist y' eine mit dem Abstand von der Symmetrieachse linear wachsende Größe und das Belastungsgesetz eine Parabel höherer Ordnung. Bei nicht zu steilen Bögen können, ohne die gewünschte Genauigkeit zu beeinträchtigen, die höheren Potenzen von y' vernachlässigt werden. Meist genügt die Berücksichtigung lediglich des ersten Gliedes. Dann wird das Belastungsgesetz eine quadratische Parabel, deren Endordinate, da am Kämpfer $y' = \tfrac{4f}{l}$ ist, gleich $g_B \dfrac{8 f^2}{l^2}$ ist (Abb. 4).

Damit wird

$$(4) \qquad G_2 = \frac{4}{3} g_B \frac{f^2}{l}$$

und

$$x_2 = \frac{l}{8}.$$

Man erhält demnach:

$$G_2 = \frac{4}{3} \cdot 1{,}97 \cdot \frac{26^2}{130} = 13{,}65 \,\text{t/m}$$

und

$$x_2 = \tfrac{130}{8} = 16{,}25 \,\text{m}.$$

Nun sind alle Größen zur Berechnung des Krümmungsbeiwertes bzw. von H_S ermittelt. Es wird nach Gleichung (2)

$$\omega = 1 + \frac{8 \cdot 16{,}25}{3{,}21 \cdot 130^2} (16{,}9 + 13{,}65) = 1{,}073$$

bzw.

$$H_S = 3{,}21 \cdot 1{,}073 \,\frac{130^2}{8 \cdot 26} = 280 \,\text{t/m}.$$

Die nachträglich vorgenommene Gewichtsberechnung nach Ermittlung der Stützlinie für Eigengewicht mit äquivalenten Einzellasten ergab $H_S = 282$ t/m.

Bisher wurde angenommen, daß der Bogen überall den gleichen Querschnitt habe. In der Regel wird das jedoch nicht zutreffen. Ein Bogen mit dem Pfeilverhältnis $\frac{f}{l} = \frac{1}{5}$, wie der vorliegende, wird entweder als Zweigelenkbogen oder als eingespannter Bogen ausgeführt werden. Man wird die Bogenstärke zweckmäßig nach dem Gesetz

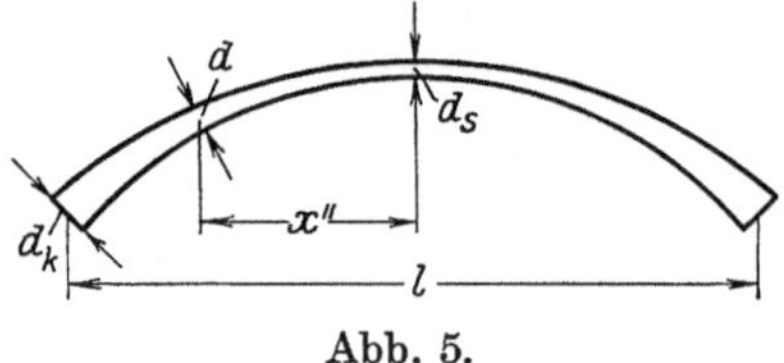

Abb. 5.

$$(5) \qquad d = d_S (1 \pm \alpha \, \xi^n), \quad \xi = \frac{2\,x''}{l} = \frac{x''}{a} \quad \text{(Abb. 5)}$$

annehmen. Das positive Vorzeichen, dem eine Zunahme der Bogenstärke gegen den Kämpfer zu entspricht, gilt für eingespannte Bögen, das negative für Zweigelenkbogen.

Man hat demnach bei Bogen mit veränderlichem Querschnitt, wir beschränken uns hier auf Bogen mit konstanter Breite, noch eine dritte Gewichtskomponente G_3 hinzuzufügen, die aus dem Gewichtszuwachs infolge des veränderlichen Bogenquerschnittes folgt:

$$G_3 = \pm g'_B \alpha \int_0^{l/2} \xi^n \sqrt{1 + y'^2} \, dx.$$

Für die Parabel ist $y' = \frac{4f}{l} \xi$. Daher wird mit der bereits früher angewendeten Reihenentwicklung

$$G_3 = \pm g'_B \alpha \frac{l}{2} \int_0^1 \xi^n \left(1 + \frac{8 f^2}{l^2} \xi^2 - \frac{32 f^4}{l^2} \xi^4 + - \cdots \right) d\xi,$$

bzw. nach durchgeführter Integration

$$(6) \qquad G_3 = \pm g'_B \alpha \frac{l}{2} \left(\frac{1}{n+1} + \frac{8 f^2}{l^2 (n+3)} - \frac{32 f^4}{l^4 (n+5)} + - \cdots \right).$$

Auch bei G_3 ist meistens die Beschränkung auf das erste Glied genau genug, und es wird in diesem Falle

$$(7) \qquad \begin{cases} G_3 = \pm \dfrac{\alpha}{2(n+1)} g'_B l, \\[2mm] x_3 = \dfrac{l}{2(n+2)}. \end{cases}$$

Es ist noch die Größe g'_B zu erklären. Bei vollen Gewölben mit konstanter Breite wird $g'_B = g_B$, da dann das Bogengewicht linear mit d wächst. Bei Hohlbogen kann man die Querschnittsänderung auf verschiedene Weise vornehmen. Behält man die Dicke der Gurtplatten und Wände bei und läßt nur die Höhe des Querschnittes wachsen, so ist für g'_B nur der Bruchteil von g_B anzusetzen, der dem Gewicht der Wände, zwischen oberer und unterer Gurtplatte gemessen, im Verhältnis zur Gesamtfläche entspricht. Verstärkt man die Gurtplatten im selben Verhältnis wie d, behalten die Wände jedoch ihre Dicke bei, so wird $g'_B = g_B$.

Bei Bogen mit veränderlicher Breite muß man die Rechnung auf die ganze Breite beziehen. Ändert man hierbei die Bogenquerschnitte so, daß alle untereinander ähnlich sind, dann verhalten sich die Bogengewichte wie $\left(\dfrac{d}{d_s}\right)^2$ und die Gleichung (6) gilt nicht mehr, sondern es muß ein entsprechender Ausdruck erst entwickelt werden.

Es wird nun der Einfluß veränderlicher Bogenstärke auf den vorliegenden Bogen untersucht. Es sei

$$g'_B = g_B, \quad \alpha = +1 \text{ und } n = 8 \text{ (eingespannter Bogen).}$$

Dann wird

$$G_3 = +\tfrac{1}{18} \cdot 1{,}97 \cdot 130 = 14{,}25 \text{ t/m,}$$
$$x_3 = \tfrac{130}{20} = 6{,}5 \text{ m.}$$

Daraus folgt die Änderung des Krümmungsbeiwertes infolge G_3:

$$\Delta\omega_3 = \frac{8}{g_s\, l^2}\, G_3\, x_3 = \frac{8}{3{,}21 \cdot 130^2} \cdot 14{,}25 \cdot 6{,}5 = +0{,}0136,$$

das ist noch nicht 2 % von ω. Die Gewichtszunahme des Bogens gegen den Kämpfer zu hat demnach, ausgenommen bei niederem n, keinen großen Einfluß auf H_S. Man wird daher meistens in Gleichung (6) die Glieder höherer Ordnung unterdrücken können.

b) Dreigelenkbogen mit aufgelöster Fahrbahn (Abb. 6).

Bei der Aufteilung des Gewichtes in die einzelnen Anteile geht man so vor, wie im vorhergehenden Abschnitt gezeigt wurde. Man hat jedoch wegen der besonderen Form der Dreigelenkbogen, bei denen die größte Bogenstärke in den Viertelpunkten vorzusehen ist, noch einen Gewichtsanteil aus dieser Verstärkung in Rechnung zu stellen. Einen weiteren Gewichtsanteil liefert der Füllbeton in der Nähe des Scheitels bei auf der oberen Leibung anlaufender Fahrbahn.

Es ist demnach das Scheitelgewicht g_S, das Gewicht der Fahrbahnabstützung G_1 und der Anteil des Bogengewichtes G_2 auf die gleiche Weise zu berücksichtigen, wie bei dem

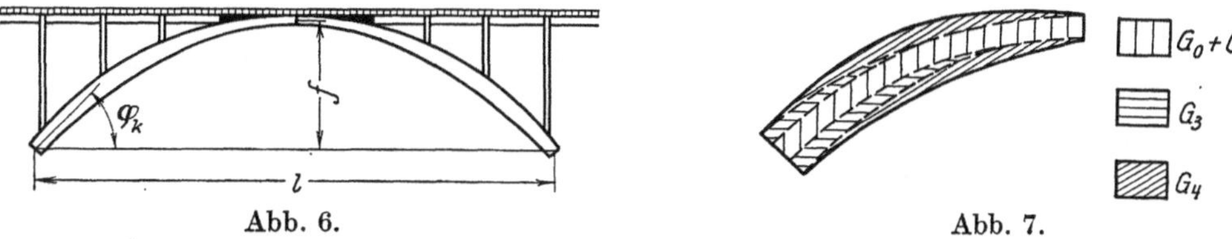

Abb. 6.　　　　Abb. 7.

vorhergehenden Beispiel. Der Einfluß von G_2 [Gleichung (4)] kann, da die Dreigelenkbogen in der Regel recht flach sind, meist vernachlässigt werden. Die von der besonderen Bogenform der Dreigelenkbogen verursachten Gewichtsanteile G_3 und G_4 bedürfen einer näheren Betrachtung.

Die Bogenstärke des Dreigelenkbogens setzt sich zusammen aus der Bogenstärke im Scheitel, die vermehrt wird durch einen linear mit dem Abstand von der Mitte anwachsenden Anteil und einer Verstärkung, die sich parabelförmig über den Bogenschenkel verteilt und in den Gelenken verschwindet (Abb. 7). Man kann demnach d nach folgender Formel ermitteln:

$$(8) \qquad d = d_S\,[1 + \alpha\,\xi + 4\,\beta\,\xi\,(1-\xi)], \quad \xi = \frac{2\,x''}{l},$$

mit $\alpha = \dfrac{d_K}{d_S} - 1$ und $\beta = 0{,}20$ bis $0{,}30$, je nach dem Verhältnis von Verkehrslast zu Brückengewicht.

Den Einfluß der linear anwachsenden Verstärkung erhält man, da bei den flachen Drei-gelenkbogen im Rahmen der gewünschten Genauigkeit $ds = dx$ gesetzt werden kann, aus den Gleichungen (7) für $n = 1$. Es wird somit

$$(9) \qquad \begin{cases} G_3 = + \dfrac{\alpha}{2}\, g'_B\, l, \\[2mm] x_3 = \dfrac{l}{6}. \end{cases}$$

Für die parabelförmige Verstärkung der Bogenschenkel, wieder mit Vernachlässigung der Neigung, gilt

$$(10) \qquad \begin{cases} G_4 = \tfrac{1}{3}\,\beta\, g'_B\, l, \\[2mm] x_4 = \dfrac{l}{4}. \end{cases}$$

Für g'_B gelten die bereits getroffenen Feststellungen.

In der Scheitelzone entsteht noch ein Gewichtszuwachs infolge des dort angebrachten Füllbetons. Aus den Abmessungen der Fahrbahntafel kann man die Höhe h entnehmen,

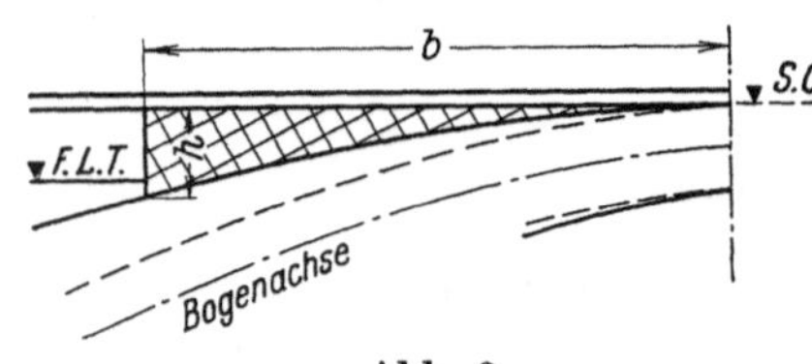

Abb. 8.

die im allgemeinen als der um 10 bis 15 cm vermehrte Höhen-unterschied von Unterkante der Fahrbahnlängsträger (F.L.T.) und dem Scheitel der oberen Bogenleibung (S.O.L.) anzu-nehmen sein wird (Abb. 8).

Bei Vernachlässigung der in Brückenmitte sehr kleinen Neigungen erhält man aus der Gleichung der Bogenachse, zu-nächst als Parabel $y = f\,\xi^2$ angenommen, und aus Gleichung (8)

mit $\xi_b = \dfrac{2\,b}{l}$ die quadratische Gleichung

$$h = f\,\xi_b^2 - \frac{d_s}{2}\,[\alpha\,\xi_b + 4\,\beta\,\xi_b\,(1 - \xi_b)],$$

deren Auflösung

$$(11) \qquad b = \frac{l}{2}\,(\psi + \sqrt{\psi^2 + \chi})$$

mit

$$\psi = \frac{(\alpha + 4\,\beta)\,d_s}{4\,(f + 2\,\beta\,d_s)}, \qquad \chi = \frac{h}{f + 2\,\beta\,d_s}$$

liefert.

Mit dieser Gleichung kann man b auch ohne genauere Zeichnung der Brücke bestimmen und erhält

$$(12) \qquad \begin{aligned} G_5 &= \tfrac{1}{3}\,\gamma\,b\,h, \\[1mm] x_5 &= \frac{l}{2} - \frac{3\,b}{4} \end{aligned} \qquad \text{(auf 1 m Gewölbebreite bezogen)}.$$

Man kann mit den entwickelten Formeln den Krümmungsbeiwert für einen Dreigelenk-bogen sehr rasch ermitteln.

Es sei gegeben $l = 70$ m, $f = 5,85$ m, ferner folgen die Gewölbestärken dem in Glei-chung (8) angegebenen Gesetz mit $d_S = 1,15$ m, $\alpha = 0,05$, $\beta = 0,22$.

Das Gewicht im Scheitel des Bogens wurde ermittelt mit:

$$\begin{aligned} \text{Gewicht der Fahrbahn} &\dots\dots\dots\dots\dots\dots & 1,19\ \text{t/m}^2 \\ \text{Gewicht des Bogens} &\dots\dots\dots\dots\dots\dots & g_B = 2,76\ \text{t/m}^2 \\ \hline & & g_S = 3,95\ \text{t/m}^2. \end{aligned}$$

Der Belastungsgleichwert der Fahrbahnabstützung ist 0,0762 t/m³. Die Gewichtsanteile betragen somit:

von der Fahrbahnabstützung $\qquad G_1 = \tfrac{1}{3}\cdot\tfrac{70}{2}\cdot 5,85\cdot 0,0762 = 5,2\ \text{t/m}, \qquad x_1 = \tfrac{70}{8} = 8,75$ m,

vom Gewölbe nach Gleichung (4) $\quad G_2 = \tfrac{4}{3}\cdot 2,76\cdot \dfrac{5,85^2}{70} = 1,8\ \text{t/m}, \qquad x_2 = \tfrac{70}{8} = 8,75$ m,

nach Gleichung (9) $\qquad G_3 = \dfrac{0,05}{2}\cdot 2,76\cdot 70 = 4,8\ \text{t/m}, \qquad x_3 = \tfrac{70}{6} = 11,65$ m,

nach Gleichung (10) $\qquad G_4 = \tfrac{1}{3}\cdot 0,22\cdot 2,76\cdot 70 = 14,2\ \text{t/m}, \qquad x_4 = \tfrac{70}{4} = 17,5$ m.

Nun ist noch der Füllbeton in Rechnung zu stellen. Aus der Höhe der Fahrbahnlängsträger unter der Fahrbahnplatte folgt $h = 0,70$ m. Nach Gleichung (11) wird $\psi = 0,0421$, $\chi = 0,110$ und daraus $b = 13,10$ m. Somit wird

$$G_5 = \tfrac{1}{3} \cdot 2,2 \cdot 13,1 \cdot 0,70 = 6,8 \ \text{t/m}, \qquad x_5 = \tfrac{70}{2} - \tfrac{3}{4} \cdot 13,10 = 25,2 \ \text{m}.$$

Mit Hilfe der Gleichung (2) berechnet man nun den Krümmungsbeiwert mit $\omega = 1,225$. Der Eigengewichtsschub beträgt demnach

$$H_S = 3,95 \cdot 1,225 \cdot \frac{70^2}{8 \cdot 5,85} = 505 \ \text{t/m}.$$

Die ausführliche Gewichtsberechnung liefert $H_S = 496$ t/m. Es zeigt sich auch hier eine sehr gute Übereinstimmung der beiden Werte.

Es ist aufschlußreich, den Einfluß der einzelnen Gewichtskomponenten auf den Krümmungsbeiwert zu verfolgen. Man vergleicht zu diesem Zweck die Größen $\Delta \omega_i = \dfrac{8}{g_S l^2} G_i x_i$.

Es ist

$$\Delta \omega_0 = 1,0000, \quad \Delta \omega_3 = 0,0231,$$
$$\Delta \omega_1 = 0,0188, \quad \Delta \omega_4 = 0,1025,$$
$$\Delta \omega_2 = 0,0065, \quad \Delta \omega_5 = 0,0707.$$

Diese Zusammenstellung lehrt, daß die parabelförmige Verstärkung und der Füllbeton im Scheitel neben dem Scheitelgewicht am stärksten den Schub vermehren. Die restlichen Anteile sind von untergeordneter Bedeutung.

c) Dreigelenkbogen mit voller Übermauerung.

Bei diesem Brückentyp liegt die Bogenachse wegen des starken Gewichtszuwachses gegen den Kämpfer zu im Viertelpunkt ziemlich hoch über der Parabel (Abb. 9). Da aber die Schenkel des Dreigelenkbogens im Viertelpunkt stärker sein müssen als im Gelenk, so wird die Abweichung der Stützlinie von der Parabel an der unteren Leibung annähernd ausgeglichen durch die Verstärkung der Bogenschenkel, so daß man die innere Leibung sehr gut als Parabel ansehen kann.

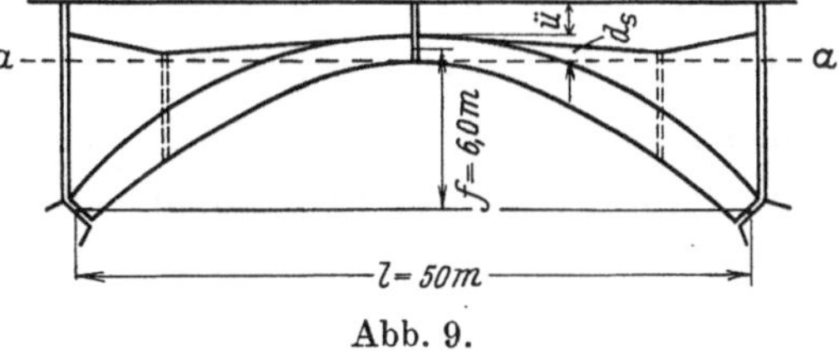

Abb. 9.

Die Ermittlung des Krümmungsbeiwertes wird dann besonders einfach, wenn die Übermauerung aus einem Baustoff von ungefähr gleichem spezifischem Gewicht besteht wie das Gewölbe, etwa Stahlbeton und Stampfbeton. Man kann dann einen Durchschnittswert für γ ansetzen und hat neben dem über der Linie a—a liegenden, konstanten Gewichtsanteil G_0 (Abb. 9) nur noch eine Komponente G_1 anzusetzen, die die unter a—a liegenden, einen Parabelsektor bildenden Massen zusammenfaßt. Diese Gewichtsverteilung ist in Abb. 10 dargestellt.

Es wird

$$G_1 = \tfrac{1}{6} g_K l, \qquad x_1 = \frac{l}{8}$$

und daraus nach Gleichung (2)

$$\omega = 1 + \frac{1}{6} \frac{g_K}{g_S}.$$

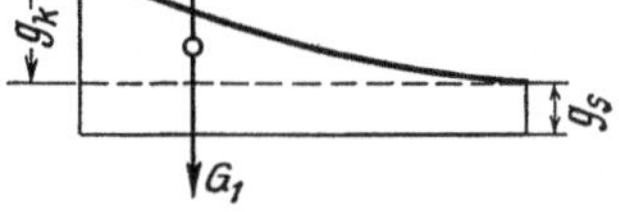

Abb. 10.

In erster Annäherung kann man für $g_K = \bar{\gamma} f$ setzen, wenn $\bar{\gamma}$ das geschätzte, mittlere Einheitsgewicht der Baustoffe des Bogens und der Übermauerung ist.

Ebenso setzt man $g_S = \bar{\gamma} (d_S + \ddot{u})$; worin $\ddot{u}$ die Höhe der Übermauerung im Scheitel bis zur Fahrbahnoberkante bedeutet. Der Ausdruck für den Krümmungsbeiwert wird dann besonders einfach:

$$(13) \qquad \omega = 1 + \frac{f}{6(d_S + \ddot{u})};$$

ferner erhält man als Näherungswert pro Meter Gewölbebreite

$$(14) \qquad H_S = \bar{\gamma} (d_S + \ddot{u}) \frac{l^2}{8f} \left(1 + \frac{f}{6(d_S + \ddot{u})}\right).$$

Man kann von solchen Formeln, wie sie Gleichung (13) und (14) angeben, kein allzu genaues Ergebnis verlangen. Deshalb sei es für die in Abb. 9 skizzierte Brücke dem aus der genauen Gewichtsberechnung gewonnenen Resultat gegenübergestellt.

Mit den angegebenen Maßen wird

$$\omega = 1 + \frac{6}{6 \cdot 1,50} = 1,667 \,.$$

Die genaue Gewichtsermittlung, die für eine eingleisige Eisenbahnbrücke mit 50 cm starkem Schotterbett von 5 m Breite durchgeführt wurde, lieferte $\omega = 1,638$. Die gute Übereinstimmung beider Werte dürfte hier wohl zufällig und nicht die Regel sein. Aber es ist anzunehmen, daß Gleichung (23) den Krümmungsbeiwert doch mit 10 bis 12 % Genauigkeit liefern kann.

Unsicherer ist der aus Gleichung (14) zu berechnende Schub H_S, da man außer ω auch einen Mittelwert $\overline{\gamma}$ des spezifischen Gewichtes einschätzen muß. Man kann aber, etwa zur Überprüfung der Stabilität, einen oberen Grenzwert von $\overline{\gamma}$ annehmen — als solcher ist z. B. das spezifische Gewicht des schwersten Baustoffes anzunehmen —, der dann auch einen oberen Grenzwert für H_S liefert. Bei dem vorliegenden Beispiel beträgt das mittlere, spezifische Gewicht $\overline{\gamma} = 2,3 \text{ t/m}^3$, aus Gleichung (14) mit Hilfe des aus der genauen Gewichtsberechnung ermittelten Schubes und Krümmungsbeiwertes rückgerechnet.

Man kann natürlich auch bei diesem Brückentyp nach der angegebenen Methode eine genauere Rechnung für ω aufstellen, die dann auch hier sehr gute Übereinstimmung mit den Ergebnissen der genauen Gewichtsberechnung liefert.

4. Erfahrungswerte.

Wie schon in der Einleitung erwähnt wurde, schwankt der Krümmungsbeiwert für einen bestimmten Brückentyp innerhalb verhältnismäßig enger Grenzen. Diese Tatsache bietet die Möglichkeit, aus der Erfahrung Näherungswerte für ω zu gewinnen, die beim ersten Entwurf einer Brücke die Größenordnung des Schubes bereits recht gut angeben.

Bei den Bogenbrücken mit aufgeständerter und im Scheitel abgelöster Fahrbahn kann sich der Krümmungsbeiwert gegenüber dem im vorigen Abschnitt gerechneten Beispiel nicht sehr stark ändern. Bei Bögen mit größerem Pfeilverhältnis $\frac{f}{l}$ wird ω etwas wachsen, da dann auch G_1 und G_2 größer wird. Bei Änderung der Stützweite wird sich das Verhältnis von Bogengewicht zu Fahrbahngewicht ändern, was sich auch in ω bemerkbar macht, ebenso wie eine schwerere oder leichtere Fahrbahnabstützung. Da diese Änderungen jedoch nicht allzu groß sein können, kann man für diesen Brückentyp den Krümmungsbeiwert im Mittel mit $\omega_M = 1,05$ bis $1,10$ einschätzen.

Über Dreigelenkbogen mit aufgelöster, im Scheitel anlaufender Fahrbahntafel liegen aus verschiedenen Rechnungen Vergleichswerte vor, die in der folgenden Übersicht zusammengestellt sind.

f	l	d_S	α	β	b	h	ω	Verkehrsbelastung
60,—	6,00	0,75	0,08	0,25	8,40	0,50	1,24	Str.Br. Kl. II
65,—	7,00	0,90	0,09	0,25	11,55	0,70	1,22	,, ,, ,, I
70,—	5,85	1,15	0,05	0,22	14,00	0,70	1,20	,, ,, ,, I
70,—	7,00	1,00	0,08	0,22	11,85	0,65	1,20	,, ,, ,, II
70,—	10,00	0,88	0,15	0,28	10,00	0,70	1,32	,, ,, ,, I

Trotz der verschiedenen Annahmen sind die Abweichungen von ω von einem Mittelwert sehr klein. Man kann daher für diesen Brückentyp als Mittel $\omega_M = 1,26$ ansetzen und hat dann unter Umständen einen Fehler von $\pm 5 \%$ zu erwarten. Für eine erste Überschlagsrechnung wird ω_M recht brauchbare Ergebnisse liefern.

Bei Bogenbrücken ohne Scheitelgelenk, aber mit im Scheitel anlaufender Fahrbahn kann aus den berechneten Beispielen ebenfalls ein ω_M abgeleitet werden.

Es wird lediglich der Krümmungsbeiwert des unter 3a) berechneten Beispieles um den Beitrag des Füllbetons im Scheitel zu vermehren sein, der wegen des größeren Pfeilverhältnisses f dieser Bogen gegenüber dem Dreigelenkbogen kleiner als bei diesem sein wird. Wir können somit für solche Brücken unter Berücksichtigung der Ergebnisse des vorigen Abschnittes $\omega_M = 1,08 + 0,07 = 1,15$ als Mittelwert annehmen.

Bei den Bogen mit voller Übermauerung ändert sich ω sehr stark mit dem Pfeilverhältnis. Es gibt daher keinen festen Mittelwert, jedoch liefert Gleichung (13) für jedes Pfeilverhältnis auf denkbar einfache Weise einen Näherungswert.

Für andere, hier nicht behandelte Brückentypen den Krümmungsbeiwert zu ermitteln, wird nach dem angegebenen Verfahren keine Schwierigkeiten bereiten.

5. Schlußbemerkung.

Das Verfahren zur Ermittlung des Horizontalschubes aus Eigengewicht mit Hilfe des Krümmungsbeiwertes in Verbindung mit einem Näherungsverfahren für die Schnittkräfte aus der Verkehrsbelastung setzt den entwerfenden Ingenieur instand, mit ganz kurzen Rechnungen zu überprüfen, ob die Abmessungen des ersten Entwurfes richtig gewählt waren oder noch verbesserungsbedürftig sind.

Bei statisch unbestimmt gelagerten Gewölben ist allerdings die Kenntnis des Eigengewichtsschubes nicht ausreichend, sondern es sind auch noch die Momente aus Eigengewicht zu berücksichtigen, die aus der Differenz ΔH_g zwischen Stützlinienschub und Bogenschub berechnet werden:

$$(15) \qquad M_g = \Delta H_g\, z.$$

Es ist hierin z die Ordinate der Bogenachse, in einem Koordinatensystem gemessen, dessen Ursprung im elastischen Schwerpunkt liegt, der beim Zweigelenkbogen in die Kämpfersehne fällt, beim eingespannten Bogen im Abstand

$$(16) \qquad y_0 = \frac{\displaystyle\int y\,\frac{ds}{EJ}}{\displaystyle\int \frac{ds}{EJ}}$$

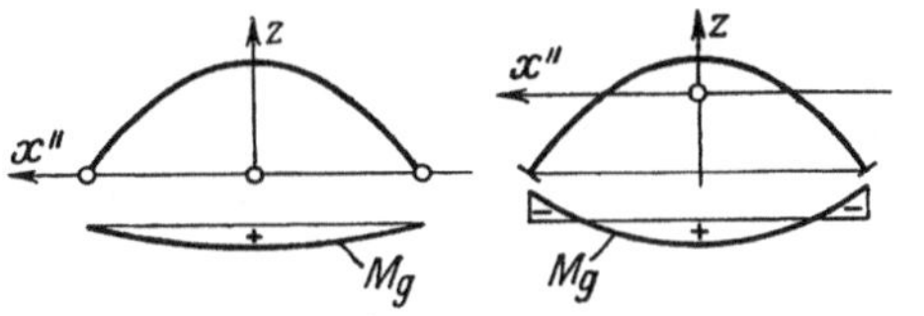

Abb. 11.

darüber liegt (Abb. 11). Beim Zweigelenkbogen ist demnach z bekannt, beim eingespannten Bogen jedoch von y_0 abhängig, das vom Verlauf der Steifigkeit außerordentlich stark, vom Pfeilverhältnis und der Form der Bogenachse weniger beeinflußt wird. Die Zahlentafel gibt die Lage des elastischen Schwerpunktes eingespannter parabolischer Vollbogen mit $\frac{f}{l} = \frac{1}{5}$ an, deren Querschnitt ein Rechteck mit konstanter Breite, jedoch mit veränderlicher Höhe

$$d = d_S\,(1 + \alpha\,\xi^n)$$

ist. Bei $\alpha = +1$ ist der Bogen im Kämpfer doppelt so stark wie im Scheitel. Wird $\alpha < 0$, so ist der Bogen im Kämpfer schwächer als im Scheitel, eine besonders in Frankreich in den letzten Jahren öfter ausgeführte Bogenform, die in Deutschland als Sichelbogen bezeichnet wird. Die Zusammenstellung berücksichtigt mit $\alpha = -\frac{1}{2}$ auch solche Sichelbogen, die am Kämpfer halb so stark sind als im Scheitel. Man wird an Hand dieser Zusammenstellung den elastischen Schwerpunkt eines geplanten Bogens

Gesetz der Bogenstärken	$\frac{f}{l}$	α	n	$\frac{y_0}{f}$	Anmerkung
$d = d_S\left(1 - \frac{1}{2}\xi^4\right)$	$\frac{1}{5}$	$-\frac{1}{2}$	4	0,444	
$d = d_S\left(1 - \frac{1}{2}\xi^8\right)$	$\frac{1}{5}$	$-\frac{1}{2}$	8	0,465	Sichelbogen $d_K = \frac{1}{2}d_S$
$d = d_S\left(1 - \frac{1}{2}\xi^{12}\right)$	$\frac{1}{5}$	$-\frac{1}{2}$	12	0,484	
$d = d_S$	$\frac{1}{5}$	0	—	0,645	konst. Bogenstärke
$d = d_S \cos \varphi^{-1/3},\ \frac{J_c}{J \cos \varphi} = 1$.	—	—	—	$\frac{2}{3}$	y_0/f unabhängig von f/l
$d = d_S\left(1 + \xi^{12}\right)$	$\frac{1}{5}$	$+1$	12	0,712	
$d = d_S\left(1 + \xi^8\right)$	$\frac{1}{5}$	$+1$	8	0,730	$d_K = 2\,d_S$
$d = d_S\left(1 + \xi^2\right)$	$\frac{1}{5}$	$+1$	2	0,877	

ungefähr bestimmen können; gegebenenfalls ist y_0 auch nach Gleichung (16) rasch zu ermitteln, wenn man sich bei der Auswertung der Integrale der Simpsonschen Regel bedient.

Es bleibt noch ΔH_g zu bestimmen. Es ist zwar sehr klein, schwankt aber doch zwischen 0,25% und 2,00% von H_S. Da die Eigengewichtsmomente dem direkt proportional sind, wird es sich empfehlen, den Quotienten

$$\frac{\Delta H_g}{H_S} = - \frac{\int \frac{ds}{EF}}{\int z^2 \frac{dz}{EJ} + \int \cos^2 \varphi \frac{ds}{EF}}$$

für das gegebene Pfeilverhältnis und Gesetz der Bogenstärken überschlägig zu ermitteln, wobei das zweite Integral im Nenner vernachlässigt werden kann. Da H_S mit Hilfe des Krümmungsbeiwertes mit ausreichender Genauigkeit bestimmt werden kann, erhält man auf dem angegebenen Wege die Schnittkräfte aus Eigengewicht auch bei statisch unbestimmten Bogen mit für die Entwurfsarbeit genügender Genauigkeit aus sehr einfachen und wenig Zeit beanspruchenden Berechnungen.

Schließlich sei noch bemerkt, daß man aus den bei der Berechnung von ω ermittelten Gewichtskomponenten auch das Gesamtgewicht G der Brücke mit sehr guter Genauigkeit erhält:

$$G = 2 \sum_0^n G_i, \quad G_0 = g_s \frac{l}{2}.$$

Das erleichtert nicht nur die Massenermittlung, sondern ist auch für den Entwurf der Widerlager wertvoll.

Bei der Durchführung der verschiedenen Berechnungen haben mich die Herren Dipl.-Ing. Aschenbrenner und Dipl.-Ing. v. Aichelburg tatkräftig unterstützt, wofür ich auch an dieser Stelle meinen Dank zum Ausdruck bringe.

(Eingegangen 22. 2. 1942).

Räumlicher Polygonring.

Von A. Rudakow, München.

Mit 15 Abbildungen.

1. Allgemeines.

Ein sternsymmetrischer polygonaler Ring mit gerader oder ungerader Anzahl der Seiten und mit einem Querschnitt, dessen Hauptachsen beide nicht in die Ringebene fallen, vgl. Abb. 1, wird hier als ein räumliches Stabwerk untersucht[1].

Die Schwerachse des Ringes ist ein ebenes Vieleck von p Seiten mit dem Zentriwinkel $\alpha = \frac{2\pi}{p}$, der Seitenlänge a und dem Halbmesser des umschriebenen Kreises $r = \frac{a}{2 \sin \frac{\alpha}{2}}$. Die Eckpunkte des Polygonringes werden, gegen den Uhrzeigersinn fortschreitend, mit 1, 2, ..., p ($\equiv 0$) benannt, vgl. Abb. 2.

Die Hauptachsen des symmetrischen Ringquerschnittes $(x - x)$, $(y - y)$ sowie die Stabachsen $(z - z)$, ferner die in der Ringebene und senkrecht dazu liegenden Hilfsachsen $(x' - x')$, $(y' - y')$ sind ebenfalls in Abb. 2 dargestellt, wobei der positive Sinn jeder Achse durch Doppelpfeil angedeutet ist.

Für den auf der ganzen Länge — abgesehen von einer be-

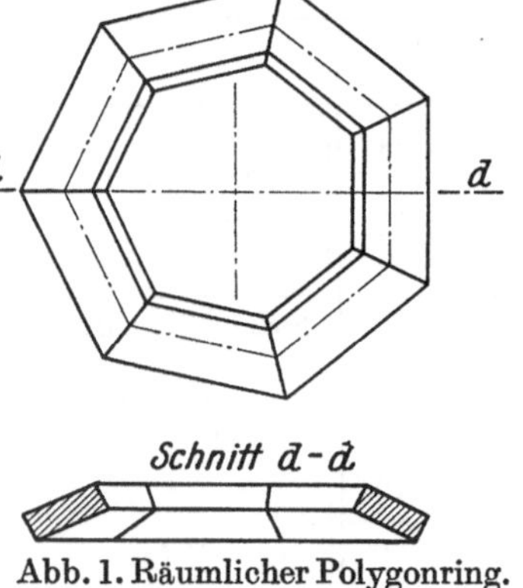

Abb. 1. Räumlicher Polygonring.

<hr>

[1] Diese Arbeit entstand zu Anfang des Jahres 1940 bei statischen Voruntersuchungen für ein Kuppelbauwerk, mit dessen Berechnung der Verfasser beauftragt ist. Die Arbeit gibt Aufschluß über das Verhalten des polygonalen Kuppelkopfringes bei verschiedenen Belastungen.

deutungslosen Unstetigkeit in den Eckpunkten — unveränderlichen Ringquerschnitt werden folgende Querschnittswerte eingeführt:

J_x, J_y das Trägheitsmoment in bezug auf die $(x-x)$- bzw. $(y-y)$-Achse,

J_z das Trägheitsmoment gegen Drillung, bezogen auf die $(z-z)$-Achse;

$$(1) \quad \begin{cases} \dfrac{J_x}{J_y} = k_y, \quad \dfrac{EJ_x}{GJ_z} = k_z, \\[2mm] \sin^2\beta + k_y\cos^2\beta = k_1, \\[1mm] \cos^2\beta + k_y\sin^2\beta = k_2, \\[1mm] \sin\beta\cos\beta\,(1 - k_y) = k_3, \end{cases}$$

hierbei sind

E, G der Elastizitäts- bzw. Gleitmodul,

β der Neigungswinkel der Quer-
schnittachse $(x-x)$ gegen die
Ringebene.

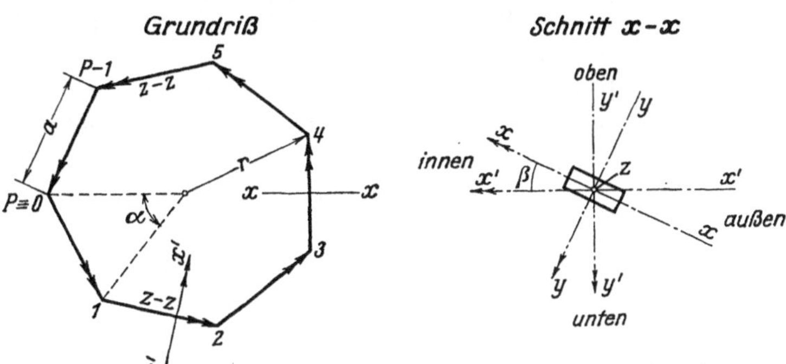

Abb. 2. Positive Stab- und Querschnittachsen.

In jedem Querschnitt der Ringstäbe treten die sechs Schnittgrößen auf, vgl. Abb. 3:

M_x, M_y das Biegemoment um die Drehachse $(x-x)$ bzw. $(y-y)$, positiv, wenn es auf der Unterseite bzw. Außenseite des Stabes Zugspannungen erzeugt;

M_z das Torsionsmoment um die Drehachse $(z-z)$, positiv, wenn es im Sinne der $(z-z)$-Achse gesehen im Uhrzeigersinn dreht;

N die Normalkraft, als Zug positiv;

Q_x, Q_y die Querkraft, zugehörig dem Moment M_x bzw. M_y, positiv, wenn sie, beim Fortschreiten im Sinne der z-Achse, Momentenzuwachs liefert.

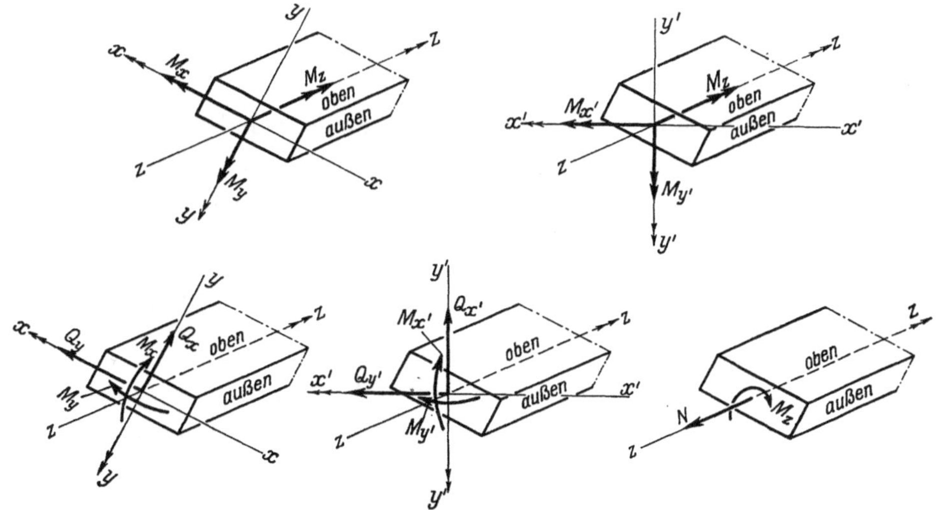

Abb. 3. Positive Schnittgrößen.

Ferner verwenden wir noch die Schnittgrößen:

$M_{x'}$, $M_{y'}$ das Biegemoment, bezogen auf die $(x'-x')$- bzw. $(y'-y')$-Achse;

$Q_{x'}$, $Q_{y'}$ die Querkraft, zugehörig dem Moment $M_{x'}$ bzw. $M_{y'}$.

Am statisch bestimmten Hauptsystem werden die entsprechenden Größen infolge äußerer Lasten mit M^0, N^0, Q^0 und infolge virtueller Zustände $X_i = 1$ mit M^i, N^i, Q^i bezeichnet. Wo eine Verwechslung nicht anzunehmen ist, werden die oberen Zeiger weggelassen.

Für die Schnittgrößen M und Q in einem Querschnitt gelten die Beziehungen:

$$(2) \quad \begin{cases} M_x = M_{x'}\cos\beta - M_{y'}\sin\beta, \\ M_y = M_{x'}\sin\beta + M_{y'}\cos\beta, \end{cases} \text{bzw.} \quad \begin{cases} Q_x = Q_{x'}\cos\beta - Q_{y'}\sin\beta, \\ Q_y = Q_{x'}\sin\beta + Q_{y'}\cos\beta. \end{cases}$$

Geht man bei der Betrachtung der inneren Kräfte immer im Sinne der z-Achse vor, so ergeben sich aus Abb. 3 klare und einfache Vorzeichenregeln; beispielsweise sind alle Momente positiv, die im Uhrzeigersinn um die positiven Achsenrichtungen drehen.

In dieser Arbeit wird vorausgesetzt, daß der Polygonring durch beliebige räumliche Kräfte und Momente belastet ist, die in sich im Gleichgewicht stehen. Dann ist die feste Auflagerung des Ringes entbehrlich, die im allgemeinen sehr mannigfaltig, auch statisch unbestimmt sein kann und daher in dieser kurzen Abhandlung unberücksichtigt bleibt, jedoch weiteren Untersuchungen vorbehalten wird.

Ferner wird hier bei Ermittlung der Verschiebungen und Verdrehungen die technische Biegungslehre bzw. die allgemeine Torsionstheorie der reinen Drillung zugrunde gelegt.

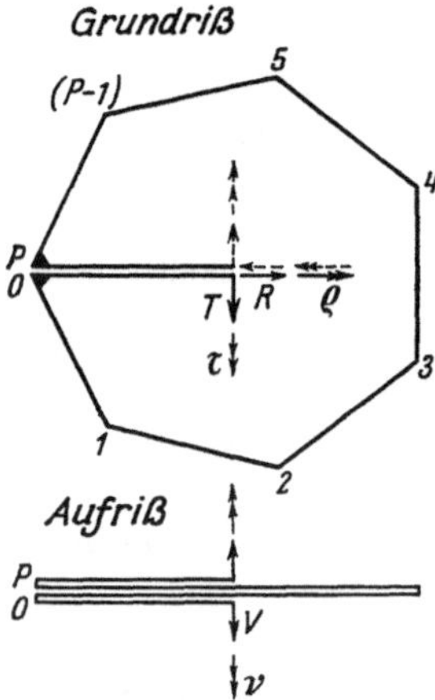

Abb. 4. Statisch unbestimmte Größen.

Der biegungs- und verdrillungssteife geschlossene räumliche Ring ist innerlich sechsfach statisch unbestimmt. Schneidet man ihn an irgend einer Stelle durch, so werden alle inneren Kräfte bestimmbar, wenn die sechs Schnittgrößen in diesem Querschnitt bekannt sind. Die statisch unbestimmten Größen werden zweckmäßig im elastischen Schwerpunkt des Ringes angebracht, der durch gedachte starre Arme mit der Schnittstelle verbunden ist.

Zur Bestimmung der sechs Unbekannten werden ebensoviel Elastizitätsgleichungen angeschrieben, die aus dem Zusammenhang der Verschiebungen im Doppelquerschnitt der Schnittstelle abgeleitet werden. Es sind nämlich die zwei Querschnittsdrehungen, eine Verdrillung, zwei Quer- und eine Längsverschiebung gleich Null.

Wir trennen also an dem Eckpunkt $p \equiv 0$ die beiden Stäbe $(p-1, p)$ und $(0, 1)$ voneinander, wie in Abb. 4 angegeben, und erhalten somit das statisch bestimmte Hauptsystem.

Die folgenden je sechs unbekannten Schnittgrößen werden im Mittelpunkt des Polygonringes, beiderseits der Schnittstelle, angebracht:

R, T die radial bzw. tangential gerichtete Kraft in der Polygonebene,

V senkrecht zur Polygonebene gerichtete Kraft,

ϱ, τ das Drehmoment um die in der Ringebene liegende radiale bzw. tangentiale Achse,

ν das Drehmoment um die senkrecht zur Ringebene liegende Achse.

Die in Abb. 4 dargestellten gerichteten Kräfte R, T, V und Vektoren ϱ, τ, ν werden positiv gezählt, wobei das positive Moment, im Sinne des Vektors gesehen, stets im Uhrzeigersinn dreht. Die Unbekannten sind ohne jeglichen Index zu schreiben. Die äußeren Kräfte und Momente können dieselben Bezeichnungen und Festsetzungen beibehalten, jedoch mit dem Zeiger des Angriffsortes versehen werden.

2. Beiwerte der Unbekannten.

In den Elastizitätsgleichungen erscheinen als Koeffizienten der Unbekannten die Werte δ_{ik}. Sie werden als Verschiebungen gedeutet und in bekannter Weise aus den Arbeitsgleichungen für die Hilfsbelastungszustände am statisch bestimmten System $X = 1$ jetzt ermittelt. Dabei wird der Einfluß von Längs- und Querkräften wie üblich vernachlässigt; die Kräfte selbst jedoch werden zum späteren Gebrauch angeschrieben.

Belastungszustand: Doppelkraft $R = 1$.

Zunächst erhält man, vgl. Abb. 5, die Momente $M_{x'} = M_z = 0$ und an einer beliebigen Stelle im Stab $(k, k+1)$ das Moment

$$M_{y'}'' = +1\,(y_k + \varDelta y) = r \sin k\alpha + x \cos (2k+1)\frac{\alpha}{2},$$

wobei x vom Eckpunkt k ab in Richtung der Stabachse $(z-z)$ gemessen wird, die einen Winkel $\left[\frac{\pi}{2} - (2k+1)\frac{\alpha}{2}\right]$ gegen die Richtung der Kraft $R = 1$ bildet.

Mit Beachtung der Gleichung (2) ergeben sich dann

$$M_x = - M_{y'} \sin \beta, \qquad M_y = + M_{y'} \cos \beta.$$

Für den Stab $(k,\ k+1)$ folgen aus Abb. 5 unmittelbar die Normalkraft

$$N = - 1 \sin (2k+1) \frac{\alpha}{2}$$

sowie die Querkräfte

$$Q_{y'} = + 1 \cos (2k+1) \frac{\alpha}{2}, \qquad Q_{x'}' = 0.$$

Man findet dann nach Gleichung (2):

$$Q_x = - Q_{y'} \sin \beta, \qquad Q_y = + Q_{y'} \cos \beta.$$

Der Beiwert δ_{RR} ergibt sich aus der Arbeitsgleichung

$$1 \cdot \delta_{RR} = \int M_x^2 \frac{ds}{EJ_x} + \int M_y^2 \frac{ds}{EJ_y}$$

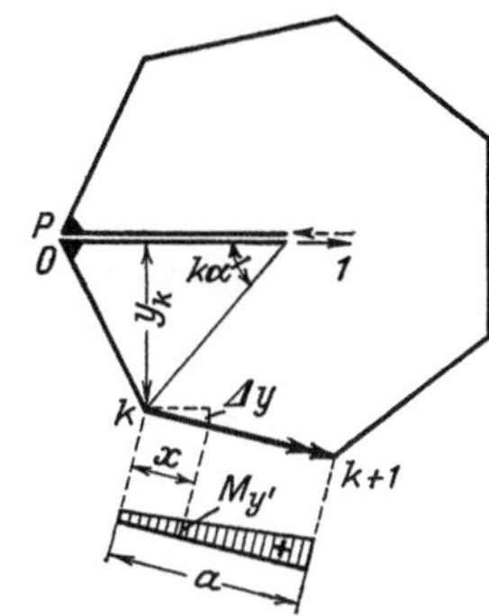

Abb. 5. Belastungszustand: Doppelkraft $R = 1$.

oder nach Einführung der eben ermittelten Ausdrücke für M_x, M_y und der Abkürzungen Gleichung (1) aus

$$EJ_x \delta_{RR} = \int M_{y'}^2 (\sin^2 \beta + k_y \cos^2 \beta)\, ds = k_1 \int M_{y'}^2\, ds.$$

Mit den Endordinaten der Momentenfläche im Stab $(k,\ k+1)$

$$y_k = r \sin k \alpha, \qquad y_{k+1} = r \sin (k+1) \alpha$$

wird

$$\int M_{y'}^2\, ds = \frac{a}{3} \sum_1^p (y_k^2 + y_{k+1}^2 + y_k y_{k+1})$$

$$= \frac{1}{3} r^2 a \sum_1^p [\sin^2 k \alpha + \sin^2 (k+1) \alpha + \sin k \alpha \sin (k+1) \alpha]$$

und für $k = 1,\ 2,\ 3, \ldots,\ p$ wegen

$$\sum_1^p \sin^2 k \alpha = \sum_1^p \sin^2 (k+1) \alpha = \frac{p}{2}, \qquad \sum_1^p \cos (2k+1) \alpha = 0,$$

$$\sum_1^p \sin k \alpha \sin (k+1) \alpha = \frac{1}{2} \sum_1^p [\cos \alpha - \cos (2k+1) \alpha] = \frac{p}{2} \cos \alpha,$$

$$\int M_{y'}^2\, ds = \frac{1}{3} r^2 a \left(2 \frac{p}{2} + \frac{p}{2} \cos \alpha \right) = \frac{p}{6} r^2 a (2 + \cos \alpha).$$

Schließlich erhält man mit

$$\cos \alpha = 1 - 2 \sin^2 \frac{\alpha}{2} \qquad \text{und} \qquad r = \frac{a}{2 \sin \frac{\alpha}{2}}$$

$$EJ_x \delta_{RR} = \frac{p}{4} a^3 k_1 \left(\frac{1}{2 \sin^2 \frac{\alpha}{2}} - \frac{1}{3} \right).$$

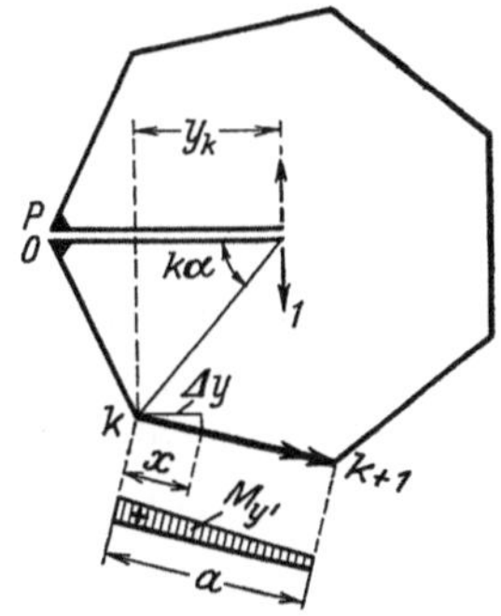

Abb. 6. Belastungszustand: Doppelkraft $T = 1$.

Belastungszustand: Doppelkraft $T = 1$.

Aus Abb. 6 und in derselben Weise wie beim Zustand $R = 1$ findet man folgende Schnittkräfte an einer beliebigen Stelle im Stab $(k,\ k+1)$:

$$M_{y'} = + 1 (y_k - \Delta y) = r \cos k \alpha - x \sin (2k+1) \frac{\alpha}{2}, \qquad M_{x'} = M_z = 0;$$

$$Q_{y'} = - 1 \sin (2k+1) \frac{\alpha}{2}, \qquad Q_{x'} = 0;$$

$$M_x = - M_{y'} \sin \beta, \qquad M_y = + M_{y'} \cos \beta;$$

$$N = - 1 \cos (2k+1) \frac{\alpha}{2}, \qquad Q_x = - Q_{y'} \sin \beta, \qquad Q_y = + Q_{y'} \cos \beta.$$

Der Beiwert δ_{TT} wird wegen zyklischer Symmetrie des Systems und der Belastung $\delta_{TT} = \delta_{RR}$ also

$$E J_x \delta_{TT} = \frac{p}{4}\, a^3 k_1 \left(\frac{1}{2 \sin^2 \frac{\alpha}{2}} - \frac{1}{3} \right).$$

Belastungszustand: Doppelkraft $V = 1$.

Da die Kraft $V = 1$ in der Mittelachse des regelmäßigen Vielecks wirkt, wiederholen sich dieselben Momente bzw. Kräfte in allen Stäben, vgl. Abb. 7.

An einer beliebigen Stelle im Stab $(k, k + 1)$ erhält man die Schnittkräfte

$$M_{x'} = \frac{a}{2} - x, \qquad M_{v'} = 0, \qquad M_z = -r \cos \frac{\alpha}{2};$$

$$Q_{x'} = -1, \qquad Q_{v'} = 0, \qquad N = 0;$$

$$M_x = + M_{x'} \cos \beta, \qquad M_y = \pm M_{x'} \sin \beta;$$

$$Q_x = - \cos \beta, \qquad Q_v = - \sin \beta.$$

Der Beiwert δ_{VV} ergibt sich aus der Arbeitsgleichung

$$E J_x \delta_{VV} = \int M_x^2\, ds + k_y \int M_y^2\, ds + k_z \int M_z^2\, ds$$
$$= \int M_{x'}^2 (\cos^2 \beta + k_y \sin^2 \beta)\, ds + k_z \int M_z^2\, ds$$
$$= k_2 \int M_{x'}^2\, ds + k_z \int M_z^2\, ds.$$

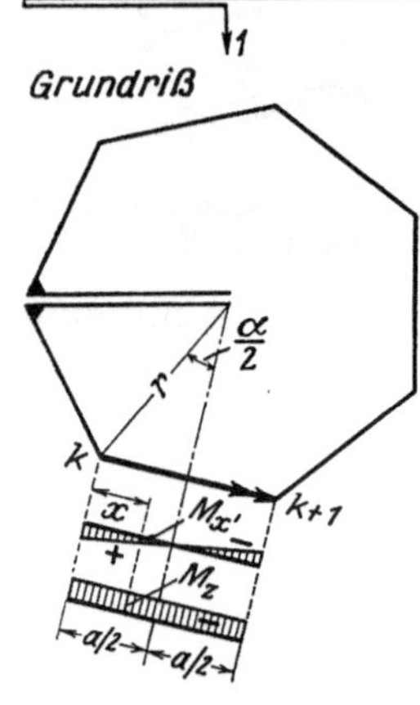

Abb. 7. Belastungszustand: Doppelkraft $V=1$.

Nach Einsetzen der vorstehenden Werte für $M_{x'}$, M_z und r wird

$$E J_x \delta_{VV} = k_2 \sum_1^p \int_0^a \left(\frac{a}{2} - x \right)^2 dx + k_z \sum_1^p \int_0^a \left(-r \cos \frac{\alpha}{2} \right)^2 dx = p\, k_2 \frac{1}{12} a^3 + p\, k_z a\, r^2 \cos^2 \frac{\alpha}{2},$$

$$E J_x \delta_{VV} = \frac{p}{4}\, a^3 \left(\frac{1}{3} k_2 + k_z\, \operatorname{ctg} \frac{\alpha}{2} \right).$$

Belastungszustand: Doppelmoment $\varrho = 1$.

Infolge ϱ entstehen keine Stabkräfte. Die Momente im Stab $(k, k + 1)$ findet man durch Zerlegung des Vektors $\varrho = 1$ in Richtung der Querschnittsachse $(x' - x')$ und der Stabachse $(z - z)$, wie es in Abb. 8 dargestellt ist.

Somit ergeben sich folgende Momente im Stab $(k, k + 1)$:

$$M_{x'} = + \cos (2k + 1) \frac{\alpha}{2}, \qquad M_{v'} = 0, \qquad M_z = + \sin (2k + 1) \frac{\alpha}{2};$$

$$M_x = M_{x'} \cos \beta, \qquad M_y = M_{x'} \sin \beta.$$

Den Beiwert $\delta_{\varrho\varrho}$ erhält man wie folgt:

$$E J_x \delta_{\varrho\varrho} = \int M_x^2\, ds + k_y \int M_y^2\, ds + k_z \int M_z^2\, ds = k_2 \int M_{x'}^2\, ds + k_z \int M_z^2\, ds$$
$$= k_2 a \sum_1^p \cos^2 (2k + 1) \frac{\alpha}{2} + k_z a \sum_1^p \sin^2 (2k + 1) \frac{\alpha}{2},$$

$$E J_x \delta_{\varrho\varrho} = \frac{p}{2}\, a (k_2 + k_z).$$

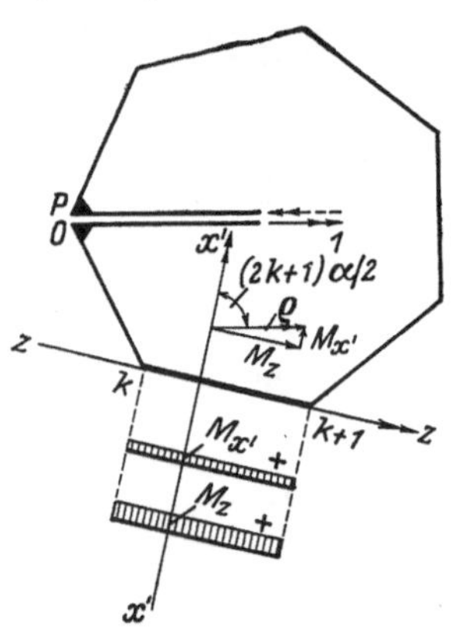

Abb. 8. Belastungszustand: Doppelmoment $\varrho = 1$.

Der Beiwert $\delta_{\varrho T} = \delta_{T\varrho}$ ergibt sich aus der Arbeitsgleichung:

$$E J_x \delta_{T\varrho} = \int M_x^T M_x^\varrho\, ds + k_y \int M_y^T M_y^\varrho\, ds.$$

Mit den Momenten M^T für den Belastungszustand $T = 1$ und M^ϱ für den Zustand $\varrho = 1$ wird

$$EJ_x\,\delta_{T\varrho} = \int M_{y'}^T M_{x'}^\varrho\,[-\sin\gamma\cos\gamma\,(1-k_y)]\,ds = -k_3 \int M_{y'}^T M_{x'}^\varrho\,ds,$$

$$\int M_{y'}^T M_{x'}^\varrho\,ds = \sum_1^p \cos(2k+1)\frac{\alpha}{2}\int_0^a \left[r\cos k\alpha - x\sin(2k+1)\frac{\alpha}{2}\right]dx$$

$$= \frac{1}{2}\,r\,a \sum_1^p \cos(2k+1)\frac{\alpha}{2}\,[\cos k\alpha + \cos(k+1)\alpha]$$

$$= \frac{1}{2}\,r\,a \sum_1^p 2\cos\frac{\alpha}{2}\cos^2(2k+1)\frac{\alpha}{2}\,.$$

Das gibt mit

$$\sum_1^p \cos^2(2k+1)\frac{\alpha}{2} = \frac{p}{2} \quad\text{und}\quad r = \frac{a}{2\sin\dfrac{\alpha}{2}}$$

schließlich

$$EJ_x\,\delta_{T\varrho} = -\frac{p}{4}\,a^2\,k_3\,\mathrm{ctg}\,\frac{\alpha}{2}\,.$$

Belastungszustand: Doppelmoment $\tau = 1$.

Ganz ebenso wie für den Zustand $\varrho = 1$ erhält man jetzt, vgl. Abb. 9, für den Stab $(k, k+1)$ die Momente:

$$M_{x'} = -\sin(2k+1)\frac{\alpha}{2}, \quad M_{y'} = 0, \quad M_z = +\cos(2k+1)\frac{\alpha}{2};$$

$$M_x = M_{x'}\cos\beta, \qquad M_y = M_{x'}\sin\beta$$

und die Kräfte: $N = Q_x = Q_y = 0$.

Infolge der zyklischen Symmetrie des Systems und der Belastung ergeben sich die Beiwerte:

$$\delta_{\tau\tau} = \quad \delta_{\varrho\varrho} = \frac{p\,a}{2}\,(k_2 + k_z),$$

$$\delta_{R\tau} = -\delta_{T\varrho} = \frac{p\,a^2}{4}\,k_3\,\mathrm{ctg}\,\frac{\alpha}{2}\,.$$

Belastungszustand: Doppelmoment $\nu = 1$.

Man findet hier, vgl. Abb. 10, sehr einfach nur die über die ganze Ringlänge konstanten Momente:

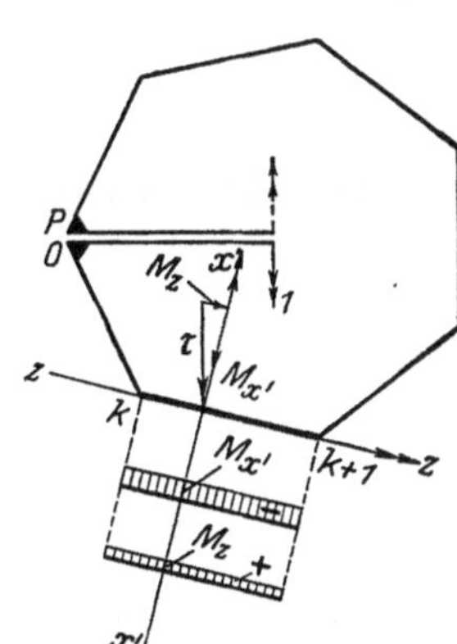

Abb. 9. Belastungszustand: Doppelmoment $\tau = 1$.

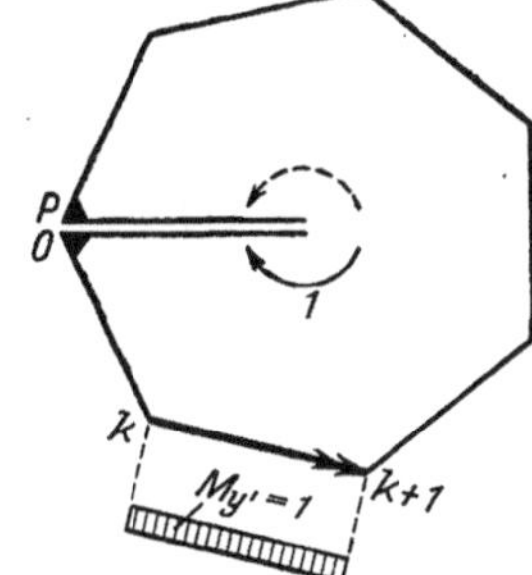

Abb. 10. Belastungszustand: Doppelmoment $\nu = 1$.

$$M_{y'} = +1, \quad M_{x'} = M_z = 0, \quad M_x = -\sin\beta, \quad M_y = +\cos\beta.$$

Der Beiwert $\delta_{\nu\nu}$ ergibt sich aus

$$EJ_x\,\delta_{\nu\nu} = \int M_x^2\,ds + k_y \int M_y^2\,ds = k_1 \int M_{y'}^2\,ds,$$

und zwar

$$EJ_x\,\delta_{\nu\nu} = p\,a\,k_1\,.$$

3. Lösung der Gleichungen.

Nach dem Aufbau der Momentenflächen kann man die Unbekannten in zwei Gruppen einteilen:

symmetrische Unbekannte T, ϱ, ν und

antimetrische Unbekannte R, τ, V.

Die beiden Gruppen sind immer voneinander unabhängig; außerdem verschwindet die zweite bzw. die erste Gruppe der Unbekannten, wenn die äußere Belastung des Systems symmetrisch bzw. antimetrisch in bezug auf eine durch die Ringmittelachse und Schnittstelle gelegte Ebene ist. Aus der einfachen Betrachtung folgt weiterhin, daß die Beiwerte:

$$\delta_{\nu T} = \delta_{\nu \varrho} = \delta_{V R} = \delta_{V \tau} = 0$$

sind.

Somit erhalten wir folgende sechs Elastizitätsgleichungen zur Bestimmung der 6 Unbekannten, worin die Werte δ_{T0}, $\delta_{\varrho 0}$, $\delta_{\nu 0}$ usw. die Belastungsglieder bezeichnen.

$$
\begin{aligned}
T\,\delta_{TT} + \varrho\,\delta_{T\varrho} + \delta_{T0} &= 0\,, & R\,\delta_{RR} + \tau\,\delta_{R\tau} + \delta_{R0} &= 0\,,\\
T\,\delta_{T\varrho} + \varrho\,\delta_{\varrho\varrho} + \delta_{\varrho 0} &= 0\,, & R\,\delta_{R\tau} + \tau\,\delta_{\tau\tau} + \delta_{\tau 0} &= 0\,,\\
\nu\,\delta_{\nu\nu} + \delta_{\nu 0} &= 0\,, & V\,\delta_{VV} + \delta_{V0} &= 0\,.
\end{aligned}
$$

Führt man die Berechnung mit den $\dfrac{4}{p\,a^2}\,EJ_x$-fachen Werten der Verschiebungen durch und setzt man zur Abkürzung

$$\frac{4}{p\,a^2}\,EJ_x\,\delta_{ik} = \delta'_{ik} \quad \text{bzw.} \quad \frac{4}{p\,a^2}\,EJ_x\,\delta_{i0} = \delta'_{i0}\,,$$

so lauten die im Abschnitt 2 ermittelten Beiwerte:

$$
\begin{aligned}
\delta'_{TT} = \delta'_{RR} &= a\,k_1\left(\frac{1}{2\sin^2\frac{\alpha}{2}} - \frac{1}{3}\right), & \delta'_{\nu\nu} &= \frac{4}{a}\,k_1\,,\\
\delta'_{\varrho\varrho} = \delta'_{\tau\tau} &= \frac{2}{a}\,(k_2 + k_z)\,, & \delta'_{VV} &= a\left(\frac{1}{3}\,k_2 + k_z\,\mathrm{ctg}^2\frac{\alpha}{2}\right).\\
\delta'_{T\varrho} = -\,\delta'_{R\tau} &= -k_3\,\mathrm{ctg}\frac{\alpha}{2}\,,
\end{aligned}
$$

Die Auflösung der Elastizitätsgleichungen $\left(\text{mit den } \dfrac{4}{p\,a^2}\,EJ_x\text{-fachen Belastungsgliedern}\right)$ liefert die Unbekannten:

$$
(3)\quad
\left\{
\begin{aligned}
T &= \frac{1}{\Delta}\left[\frac{2}{a}\left(k_2 + \frac{E}{G}\,\frac{J_x}{J_z}\right)(-\delta'_{T0}) + k_3\,\mathrm{ctg}\frac{\alpha}{2}\,(-\delta'_{\varrho 0})\right],\\
\varrho &= \frac{1}{\Delta}\left[k_3\,\mathrm{ctg}\frac{\alpha}{2}\,(-\delta'_{T0}) + a\,k_1\left(\frac{1}{2\sin^2\frac{\alpha}{2}} - \frac{1}{3}\right)(-\delta'_{\varrho 0})\right],\\
\nu &= \frac{a}{4\,k_1}\,(-\delta'_{\nu 0})\,,\\
R &= \frac{1}{\Delta}\left[\frac{2}{a}\left(k_2 + \frac{E}{G}\,\frac{J_x}{J_z}\right)(-\delta'_{R0}) - k_3\,\mathrm{ctg}\frac{\alpha}{2}\,(-\delta'_{\tau 0})\right],\\
\tau &= \frac{1}{\Delta}\left[-k_3\,\mathrm{ctg}\frac{\alpha}{2}\,(-\delta'_{R0}) + a\,k_1\left(\frac{1}{2\sin^2\frac{\alpha}{2}} - \frac{1}{3}\right)(-\delta'_{\tau 0})\right],\\
V &= \frac{1}{a\left(\frac{1}{3}\,k_2 + \frac{E}{G}\,\frac{J_x}{J_z}\,\mathrm{ctg}^2\frac{\alpha}{2}\right)}\,(-\delta'_{V0})\,,
\end{aligned}
\right.
$$

wo

$$
\begin{aligned}
k_1 &= \sin^2\beta + \frac{J_x}{J_y}\cos^2\beta\,, & \Delta &= 2\,k_1\left(k_2 + \frac{E}{G}\,\frac{J_x}{J_z}\right)\left(\frac{1}{2\sin^2\frac{\alpha}{2}} - \frac{1}{3}\right) -\\
k_2 &= \cos^2\beta + \frac{J_x}{J_y}\sin^2\beta\,, & &\quad - \left(k_3\,\mathrm{ctg}\frac{\alpha}{2}\right)^2.\\
k_3 &= \sin\beta\cos\beta\left(1 - \frac{J_x}{J_y}\right),
\end{aligned}
$$

Für die Belastungsglieder gelten folgende Ausdrücke:

$$(4)\quad\begin{cases}
E J_x\,\delta_{T0} = \sum_1^p \int_0^a \left[r\cos k\alpha - x\sin(2k+1)\frac{\alpha}{2}\right](k_1 M_{y'}^0 - k_3 M_{x'}^0)\,dx,\\[2ex]
E J_x\,\delta_{\varrho 0} = \sum_1^p \int_0^a \left[\cos(2k+1)\frac{\alpha}{2}\right](k_2 M_{x'}^0 - k_3 M_{y'}^0)\,dx + k_z \sum_1^p \int_0^a \left[\sin(2k+1)\frac{\alpha}{2}\right] M_z^0\,dx,\\[2ex]
E J_x\,\delta_{\nu 0} = \sum_1^p \int_0^a (k_1 M_{y'}^0 - k_3 M_{x'}^0)\,dx,\\[2ex]
E J_x\,\delta_{R0} = \sum_1^p \int_0^a \left[r\sin k\alpha + x\cos(2k+1)\frac{\alpha}{2}\right](k_1 M_{y'}^0 - k_3 M_{x'}^0)\,dx,\\[2ex]
E J_x\,\delta_{\tau 0} = \sum_1^p \int_0^a \left[-\sin(2k+1)\frac{\alpha}{2}\right](k_2 M_{x'}^0 - k_3 M_{y'}^0)\,dx + k_z \sum_1^p \int_0^a \left[\cos(2k+1)\frac{\alpha}{2}\right] M_z^0\,dx,\\[2ex]
E J_x\,\delta_{V0} = \sum_1^p \int_0^a \left(\frac{a}{2}-x\right)(k_2 M_{x'}^0 - k_3 M_{y'}^0)\,dx - r\cos\frac{\alpha}{2}\,k_z \sum_1^p \int_0^a M_z^0\,dx,
\end{cases}$$

$$k = [1,\,2,\,3,\,\dots,\,p\,(\equiv 0)].$$

Hierbei erstreckt sich die Summe über alle Ringstäbe. Die $M_{x'}^0$, $M_{y'}^0$, M_z^0 sind die Momente im Stab $(k,\,k+1)$ infolge äußerer Belastung am statisch bestimmten System, vgl. Abb. 11.

Die endgültigen Schnittgrößen in irgend einem Ringquerschnitt ergeben sich durch Superposition der entsprechenden Größen am statisch bestimmten Hauptsystem aus $S = S^0 + \sum S^i X_i$; hierin ist

S^0 die Schnittgröße infolge äußerer Belastung,

X_i der Reihe nach: T, ϱ, ν, R, τ, V,

S^i die im Abschnitt 2 ermittelten Schnittgrößen infolge $X_i = 1$.

So findet man folgende Ausdrücke für die Momente und Kräfte in einem Querschnitt des Stabes $(k,\,k+1)$ im Abstand x vom Eckpunkt k.

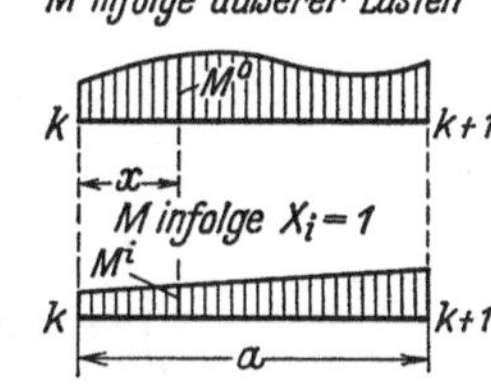

Abb. 11. Berechnung der Belastungsglieder.

$$(5)\quad\begin{cases}
M_{x'} = M_{x'}^0 + \left[\cos(2k+1)\frac{\alpha}{2}\right]\varrho - \left[\sin(2k+1)\frac{\alpha}{2}\right]\tau + \left(\frac{a}{2}-x\right)V,\\[2ex]
M_{y'} = M_{y'}^0 + \left[r\cos k\alpha - x\sin(2k+1)\frac{\alpha}{2}\right]T + \left[r\sin k\alpha + x\cos(2k+1)\frac{\alpha}{2}\right]R + \nu,\\[2ex]
M_z = M_z^0 + \left[\sin(2k+1)\frac{\alpha}{2}\right]\varrho + \left[\cos(2k+1)\frac{\alpha}{2}\right]\tau - \left(r\cos\frac{\alpha}{2}\right)V,\\[2ex]
Q_{x'} = Q_{x'}^0 - V,\\[2ex]
Q_{y'} = Q_{y'}^0 - \left[\sin(2k+1)\frac{\alpha}{2}\right]T + \left[\cos(2k+1)\frac{\alpha}{2}\right]R,\\[2ex]
N = N^0 - \left[\cos(2k+1)\frac{\alpha}{2}\right]T - \left[\sin(2k+1)\frac{\alpha}{2}\right]R,
\end{cases}$$

$$M_x,\ M_y,\ Q_x,\ Q_y \quad\text{vgl. Gleichung (2).}$$

4. Beispiel.

An einem Polygonring mit $p = 16$ Seiten wird nachfolgend ein Belastungsfall untersucht, wobei die Biege- und Torsionsmomente sowie eine Formänderung ermittelt werden. Es ist ein Modell des Kopfringes, das bei Voruntersuchungen für den Entwurf einer Kuppel hergestellt wurde und an dem für einige Belastungsfälle die Formänderungen gemessen wurden. So ergibt sich ein Vergleich der nach vorliegendem Verfahren berechneten und am Modell gemessenen Werte.

Der Polygonring sei durch zwei in entgegengesetzter Richtung tordierende Momentenpaare nach Abb. 12 belastet. Obwohl aus einfachen Überlegungen wegen Symmetrie der Belastung sofort einige Aussagen über die Unbekannten folgen, führen wir die Berechnung ganz allgemein durch, um die Anwendung der abgeleiteten Formeln zu erläutern.

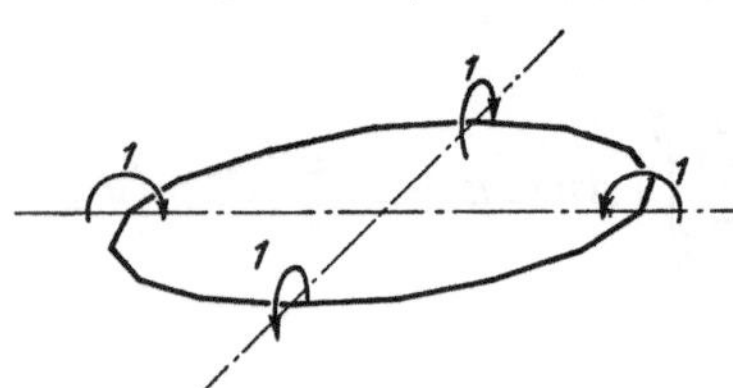

Abb. 12. Äußere Belastung.

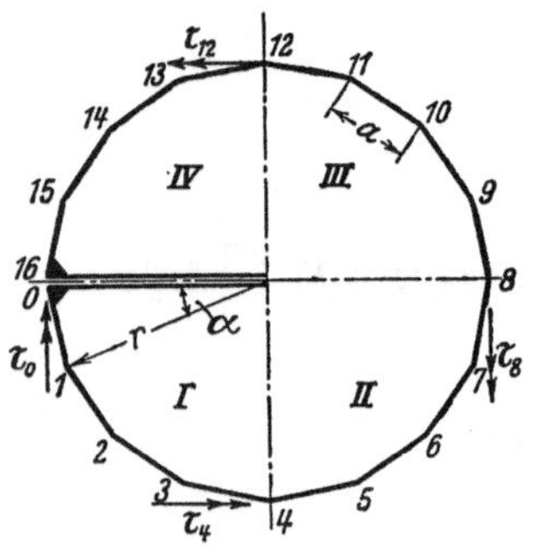

Abb. 13. Statisch bestimmtes System.

Im statisch bestimmten System, Abb. 13, erhält man infolge äußerer Belastung durch die tordierenden Momente $\tau_0 = \tau_8 = -1$, $\tau_4 = \tau_{12} = +1$ folgende Biege- und Torsionsmomente für den Stab $(k, k+1)$, wo $k = 0, 1, 2, \ldots, 15$ ist.

Bereich I, $k = 0, 1, 2, 3$:

$$M_{x'}^{0} = +\sin(2k+1)\frac{\alpha}{2}, \qquad M_z^0 = -\cos(2k+1)\frac{\alpha}{2},$$

Bereich II, $k = 4, 5, 6, 7$:

$$M_{x'}^0 = +\sin(2k+1)\frac{\alpha}{2} + \cos(2k+1)\frac{\alpha}{2},$$

$$M_z^0 = -\cos(2k+1)\frac{\alpha}{2} + \sin(2k+1)\frac{\alpha}{2},$$

Bereich III, $k = 8, 9, 10, 11$:

$$M_{x'}^0 = +\cos(2k+1)\frac{\alpha}{2}, \qquad M_z^0 = +\sin(2k+1)\frac{\alpha}{2},$$

Bereich IV, $k = 12, 13, 14, 15$:

$$M^0 = 0.$$

Die Belastungsglieder ergeben sich nach Gleichung (4) mit

$$\int_0^a \left[r\cos k\alpha - x\sin(2k+1)\frac{\alpha}{2} \right] dx = ra\cos\frac{\alpha}{2}\cos(2k+1)\frac{\alpha}{2},$$

$$\int_0^a \left[r\sin k\alpha + x\cos(2k+1)\frac{\alpha}{2} \right] dx = ra\cos\frac{\alpha}{2}\sin(2k+1)\frac{\alpha}{2},$$

$$\int_0^a \left(\frac{a}{2} - x\right) dx = 0,$$

$$\alpha = \frac{360^0}{16} = 22^0\,30', \qquad \frac{\alpha}{2} = 11^0\,15',$$

sowie unter Beachtung der nachfolgenden Tafeln für die Winkelfunktionen wie folgt:

$$EJ_x\,\delta_{T0} = -k_3 ra\cos\frac{\alpha}{2}\left[\sum_0^7 \sin(2k+1)\frac{\alpha}{2}\cos(2k+1)\frac{\alpha}{2} + \sum_4^{11} \cos(2k+1)\frac{\alpha}{2}\cos(2k+1)\frac{\alpha}{2} \right]$$

$$= -k_3\frac{a^2}{2}\operatorname{ctg}\frac{\alpha}{2}\left\{ \sum_0^7 \frac{1}{2}\sin(2k+1)\alpha + \sum_4^{11} \frac{1}{2}[1 + \cos(2k+1)\alpha] \right\} = -2k_3 a^2 \operatorname{ctg}\frac{\alpha}{2},$$

$$EJ_x\,\delta_{\varrho 0} = k_2 a\left[\sum_0^7 \sin(2k+1)\frac{\alpha}{2}\cos(2k+1)\frac{\alpha}{2} + \sum_4^{11} \cos(2k+1)\frac{\alpha}{2}\cos(2k+1)\frac{\alpha}{2} \right] +$$

$$+ k_z a\left[-\sum_0^7 \cos(2k+1)\frac{\alpha}{2}\sin(2k+1)\frac{\alpha}{2} + \sum_4^{11} \sin(2k+1)\frac{\alpha}{2}\sin(2k+1)\frac{\alpha}{2} \right]$$

$$= +4a(k_2 + k_z),$$

$$EJ_x\, d_{\nu 0} = -k_3\, a\left[\sum_0^7 \sin(2k+1)\frac{\alpha}{2} + \sum_4^{11} \cos(2k+1)\frac{\alpha}{2}\right] = 0\,,$$

$$EJ_x\, \delta_{R0} = -2k_3\, a^2 \operatorname{ctg}\frac{\alpha}{2}\,,$$

$$EJ_x\, \delta_{\tau 0} = -4a\,(k_2 + k_z)\,,$$

$$EJ_x\, \delta_{V0} = 0\,.$$

Nach Einsetzung der $\frac{4}{p\,a^2}$-fachen Belastungsglieder, also $\frac{EJ_x}{4a^2}\,\delta_{i0}$-Werte, in die Gleichung (3) findet man die Unbekannten:

$$\varrho = -\tfrac{1}{2}\,, \qquad \tau = +\tfrac{1}{2}\,, \qquad \nu = 0\,, \qquad T = R = V = 0\,.$$

Schließlich ergeben sich mit Beachtung der Gleichung (5) die endgültigen Momente im geschlossenen Ring; es sind im Stab $(k, k+1)$:

Bereich I ($k = 0, 1, 2, 3$) bzw. III ($k = 8, 9, 10, 11$):

$$M_{x'} = \pm\frac{1}{2}\left[\sin(2k+1)\frac{\alpha}{2} - \cos(2k+1)\frac{\alpha}{2}\right]\,,$$

$$M_z = \mp\frac{1}{2}\left[\sin(2k+1)\frac{\alpha}{2} + \cos(2k+1)\frac{\alpha}{2}\right]\,,$$

Bereich II ($k = 4, 5, 6, 7$) bzw. IV ($k = 12, 13, 14, 15$):

$$M_{x'} = \pm\frac{1}{2}\left[\sin(2k+1)\frac{\alpha}{2} + \cos(2k+1)\frac{\alpha}{2}\right]\,,$$

$$M_z = \pm\frac{1}{2}\left[\sin(2k+1)\frac{\alpha}{2} - \cos(2k+1)\frac{\alpha}{2}\right]\,,$$

wobei die oberen Vorzeichen für I oder II, die unteren für III oder IV gelten.

In den nachstehenden Tafeln sind die Winkelfunktionen sowie die Momente $M_{x'}$, M_z im Bereich I und II zusammengestellt:

k	$2k+1$	$(2k+1)\alpha$	$\sin(2k+1)\alpha$	$\cos(2k+1)\alpha$
0	1	$22^0\ 30'$	0,382683	0,923880
1	3	$67^0\ 30'$	0,923880	0,382683
2	5	$90^0 + 22^0\ 30'$	0,923880	$-\,0,382683$
3	7	$90^0 + 67^0\ 30'$	0,382683	$-\,0,923880$
4	9	$180^0 + 22^0\ 30'$	$-\,0,382683$	$-\,0,923880$
5	11	$180^0 + 67^0\ 30'$	$-\,0,923880$	$-\,0,382683$
6	13	$270^0 + 22^0\ 30'$	$-\,0,923880$	0,382683
7	15	$270^0 + 67^0\ 30'$	$-\,0,382683$	0,923880

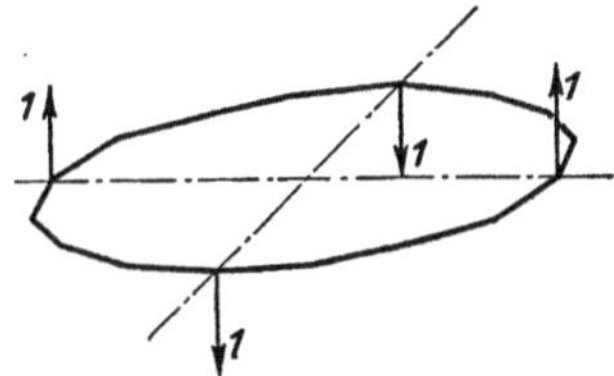

Abb. 14. Virtuelle Belastung.

k	$(2k+1)\frac{\alpha}{2}$	$\sin(2k+1)\frac{\alpha}{2}$	$\cos(2k+1)\frac{\alpha}{2}$	Stab $(k, k+1)$	$M_{x'}$	M_z
0	$11^0\ 15'$	0,195090	0,980785	0—1	$-\,0,392848$	$-\,0,587938$
1	$33^0\ 45'$	0,555570	0,831470	1—2	$-\,0,137950$	$-\,0,693520$
2	$56^0\ 15'$	0,831470	0,555570	2—3	$+\,0,137950$	$-\,0,693520$
3	$78^0\ 45'$	0,980785	0,195090	3—4	$+\,0,392848$	$-\,0,587938$
4	$90^0 + 11^0\ 15'$	0,980785	$-\,0,195090$	4—5	$+\,0,392848$	$+\,0,587938$
5	$90^0 + 33^0\ 45'$	0,831470	$-\,0,555570$	5—6	$+\,0,137950$	$+\,0,693520$
6	$90^0 + 56^0\ 15'$	0,555570	$-\,0,831470$	6—7	$-\,0,137950$	$+\,0,693520$
7	$90^0 + 78^0\ 45'$	0,195090	$-\,0,980785$	7—8	$-\,0,392848$	$+\,0,587938$

Wir ermitteln jetzt die relative Durchbiegung der Momentenangriffspunkte mit Hilfe der virtuellen Belastung nach Abb. 14 aus der Arbeitsgleichung: $2\,\delta = \int M\,\overline{M}\,ds$, wo $\overline{M}$ das Moment infolge virtueller Belastung am statisch bestimmten System bedeutet.

Wegen Symmetrie der Belastung sind die Durchbiegungen der Punkte 0 und 8 gegen 4 bzw. 12 aneinander gleich; die Summe der beiden erscheint unter $2\,\delta$, daher wird hier nur über den halben Ring integriert.

Es ist angenommen, daß am statisch bestimmten System, Abb. 13, im Punkt 0 und 16 je $P = \tfrac{1}{2}$ von unten nach oben, im Punkt 8 $P = 1$ im gleichen Sinn, in den Punkten 4 und 12 je $P = 1$ im entgegengesetzten Sinn wirken.

Die Momente infolge virtueller Lasten im Stab $(k,\ k+1)$ sind:

Bereich I, $k = 0,\ 1,\ 2,\ 3$:

$$\overline{M}_{x'} = +\frac{1}{2}\Big[r\sin(2k+1)\frac{\alpha}{2} - \frac{a}{2} + x\Big], \qquad \overline{M}_{z} = +\frac{r}{2}\Big[\cos\frac{\alpha}{2} - \cos(2k+1)\frac{\alpha}{2}\Big],$$

Bereich II, $k = 4,\ 5,\ 6,\ 7$:

$$\overline{M}_{x'} = +\frac{1}{2}\Big[r\sin(2k+1)\frac{\alpha}{2} - \frac{a}{2} + x\Big] + \Big[r\cos(2k+1)\frac{\alpha}{2} + \frac{a}{2} - x\Big],$$

$$\overline{M}_{z} = +\frac{r}{2}\Big[\cos\frac{\alpha}{2} - \cos(2k+1)\frac{\alpha}{2}\Big] - r\Big[\cos\frac{\alpha}{2} - \sin(2k+1)\frac{\alpha}{2}\Big].$$

Mit den eben ermittelten Momenten wird nun

$$E J_x\, \delta = k_2 \int M_{x'}\, \overline{M}_{x'}\, ds + k_z \int M_z\, \overline{M}_z\, ds.$$

Die beiden Integrale berechnet man mit $\displaystyle\int_0^a \Big(\frac{a}{2} - x\Big)dx = 0$ und unter Benutzung der

obigen Zahlenwerte für die Winkelfunktionen folgendermaßen:

$$\int M_{x'}\,\overline{M}_{x'}\,ds = \sum_0^3 \frac{1}{2}\,r\,a\,\sin(2k+1)\frac{\alpha}{2}\,\frac{1}{2}\Big[\sin(2k+1)\frac{\alpha}{2} - \cos(2k+1)\frac{\alpha}{2}\Big] +$$

$$+ \sum_4^7 \Big[\frac{1}{2}\,r\,a\,\sin(2k+1)\frac{\alpha}{2} + r\,a\,\cos(2k+1)\frac{\alpha}{2}\Big]\frac{1}{2}\Big[\sin(2k+1)\frac{\alpha}{2} +$$

$$+ \cos(2k+1)\frac{\alpha}{2}\Big]$$

$$= \frac{1}{4}\,r\,a\Big[\sum_0^7 \sin(2k+1)\frac{\alpha}{2}\cdot\sin(2k+1)\frac{\alpha}{2} - \sum_0^3 \sin(2k+1)\frac{\alpha}{2}\cos(2k+1)\frac{\alpha}{2} +$$

$$+ 3\sum_4^7 \sin(2k+1)\frac{\alpha}{2}\cos(2k+1)\frac{\alpha}{2} + 2\sum_4^7 \cos(2k+1)\frac{\alpha}{2}\cos(2k+1)\frac{\alpha}{2}\Big]$$

$$= \frac{1}{8}\,r\,a\Big\{\sum_0^7 [1 - \cos(2k+1)\alpha] - \sum_0^3 \sin(2k+1)\alpha +$$

$$+ 3\sum_4^7 \sin(2k+1)\alpha + 2\sum_4^7 [1 + \cos(2k+1)\alpha]\Big\}$$

$$= \frac{1}{8}\,r\,a\Big[8 - 4\sum_0^3 \sin(2k+1)\alpha + 2\cdot 4\Big] = 0{,}693437\,r\,a.$$

$$\int M_z\,\overline{M}_z\,ds = -\sum \frac{1}{2}\,r\,a\Big[\cos\frac{\alpha}{2} - \cos(2k+1)\frac{\alpha}{2}\Big]\frac{1}{2}\Big[\sin(2k+1)\frac{\alpha}{2} + \cos(2k+1)\frac{\alpha}{2}\Big] +$$

$$+ \sum_4^7 \Big\{\frac{1}{2}\,r\,a\Big[\cos\frac{\alpha}{2} - \cos(2k+1)\frac{\alpha}{2}\Big] - r\,a\Big[\cos\frac{\alpha}{2} - \sin(2k+1)\frac{\alpha}{2}\Big]\Big\} \times$$

$$\times \frac{1}{2}\Big[\sin(2k+1)\frac{\alpha}{2} - \cos(2k+1)\frac{\alpha}{2}\Big]$$

$$= \frac{1}{8}\,r\,a\Big\{\sum_0^7 [1 + \cos(2k+1)\alpha] + \sum_0^3 \sin(2k+1)\alpha - 3\sum_4^7 \sin(2k+1)\alpha +$$

$$+ 2\sum_4^7 [1 - \cos(2k+1)\alpha] - 2\cos\frac{\alpha}{2}\Big[\sum_0^7 \sin(2k+1)\frac{\alpha}{2} +$$

$$+ \sum_0^3 \cos(2k+1)\frac{\alpha}{2} - \sum_4^7 \cos(2k+1)\frac{\alpha}{2}\Big]\Big\}$$

$$= \frac{1}{8}\,r\,a\,(8 + 8\cdot 1{,}306563 + 2\cdot 4 - 2\cdot 0{,}980785\cdot 4\cdot 2{,}562915) = 0{,}792894\,r\,a.$$

Nunmehr folgt der gesuchte Ausdruck für die Durchbiegung:

$$\delta = \frac{ra}{EJ_x}(0{,}693437\,k_2 + 0{,}792894\,k_z).$$

Die Abmessungen und die Querschnittswerte des vorliegenden Polygonringes, vgl. Abb. 15, sind:

$$r = 61{,}114 \text{ cm}, \qquad a = 2r\sin\frac{\alpha}{2} = 23{,}8455 \text{ cm},$$

$$\sin\beta = 0{,}28292, \qquad \sin^2\beta = 0{,}08005,$$

$$\cos\beta = 0{,}95914, \qquad \cos^2\beta = 0{,}91995,$$

$$J_x = 14{,}094 \text{ cm}^4, \qquad J_y = 74{,}478 \text{ cm}^4, \qquad J_z = 15{,}666 \text{ cm}^4.$$

Hierbei wurde J_z nach der **Bredt**schen Formel: $J_z = \dfrac{4F^2}{\oint\frac{ds}{t}}$ * unter Vernachlässigung

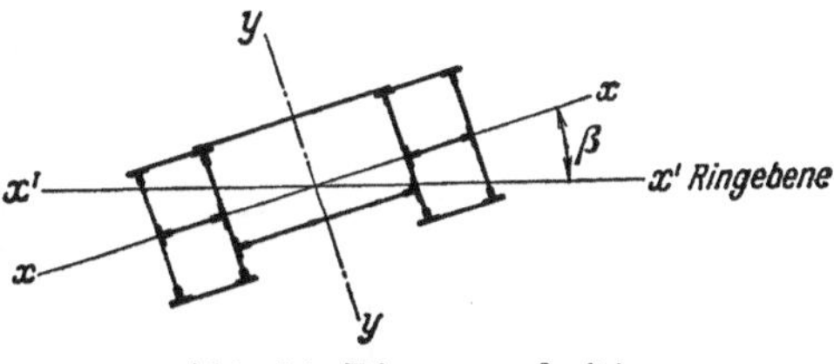

Abb. 15. Ringquerschnitt.

der mittleren Stege und abstehenden Querschnittsteile ermittelt und durch die an einem geraden Stab von gleichem Querschnitt angestellten Versuche als hinreichend genau bestätigt gefunden.

Die Materialkonstanten E und G für den Baustoff des Modellringes ergaben sich aus den Versuchsmessungen wie folgt:

$$E \approx 2{,}0 \cdot 10^6 \text{ kg/cm}^2, \qquad G \approx 0{,}77 \cdot 10^6 \text{ kg/cm}^2.$$

Somit erhalten wir zunächst die Abkürzungen Gleichung (1):

$$k_2 = 0{,}91995 + \frac{14{,}094}{74{,}478} \cdot 0{,}08005 = 0{,}95310,$$

$$k_z = \frac{2{,}0 \cdot 14{,}094}{0{,}77 \cdot 15{,}666} = 2{,}3368$$

und schließlich die Durchbiegung infolge äußerer Lastmomente gemäß Abb. 12 von je 1 kgcm:

$$\delta = \frac{61{,}114 \cdot 23{,}8455}{2{,}0 \cdot 10^6 \cdot 14{,}094}(0{,}693437 \cdot 0{,}95310 + 0{,}792894 \cdot 2{,}3368) = 129{,}3 \cdot 10^{-6} \text{ cm}.$$

Für Lastmomente von je 1500 kgcm wird die Durchbiegung

$$\delta = 1500 \cdot 129{,}3 \cdot 10^{-6} = 0{,}194 \text{ cm} = 1{,}94 \text{ mm}.$$

Die Versuchsmessung lieferte für die gleichen Lastmomente $\sim 2{,}13$ mm, also einen um rd. 10 % größeren Wert. Angesichts der Neuartigkeit der Versuche sowie der Material-, Herstellungs- und versuchstechnischen Schwierigkeiten, die sich der Feststellung so kleiner Meßgrößen am räumlichen Modell entgegenstellen, erscheint die Übereinstimmung sehr befriedigend.

---

* Vgl. u. a. Stahlbau-Kalender 1940, S. 66:

$$\text{Aus} \qquad \vartheta = \frac{M}{GJ_z} = \frac{M}{G\,4F^2}\int\frac{du}{s} \qquad \text{folgt} \qquad J_z = \frac{4F^2}{\int\frac{du}{s}}.$$

(Eingegangen 25. 1. 1942).

Über die Beulung von Rechteckplatten mit anfänglicher Ausbiegung.

Von **F. Schleicher**, Berlin.

Mit 6 Abbildungen.

Die Stegbleche vollwandiger Stahlkonstruktionen können aus verschiedenen Ursachen anfängliche Ausbiegungen aufweisen. Am häufigsten ist wohl der Fall, daß ein gut gerichtetes, also im spannungslosen Zustand ebenes Stegblech erst beim Zusammenbau der Konstruktion durch Zwängungskräfte gebogen wird.

Die Abweichungen von der ebenen Gestalt werden dabei durch die Randstützung der einzelnen Plattenfelder, d. h. durch Querträgeranschlüsse oder Aussteifungen erzwungen. Die beiden Querränder des Rechteckfeldes haben dann (wegen der im allgemeinen großen Steifigkeit der Randstützungen) in vielen Fällen eine praktisch konstante Ausbiegung, die sich

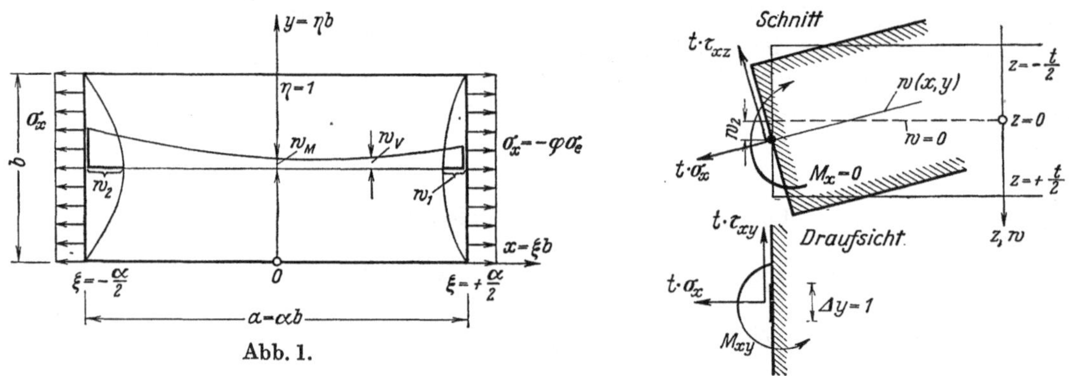

Abb. 1.
Abb. 2. (Die Randkräfte sind für $\varDelta y = 1$ ein-
geschrieben.)

nur wenig oder gar nicht mit der Höhe der Belastung ändert.

Die folgende Untersuchung bezieht sich auf eine Rechteckplatte mit konstanten Randstörungen, wie in Abb. 1 dargestellt ist. Das Plattenfeld ist durch gleichmäßig verteilte Längsdruckspannungen $\sigma_x = -\varphi\,\sigma_e$ belastet, alle vier Plattenränder seien gelenkig gestützt. Es ist also vorausgesetzt, daß die Längsspannungen σ_x an den Querrändern $x = \pm\,a/2$ trotz der Randausbiegung an jeder Stelle „zentrisch" in die Platte genau eingeleitet werden und daß sich die Lasteinleitung der Randstörung anpaßt. Man vergleiche Abb. 2. Es sei besonders darauf hingewiesen, daß ein Vergleich der Belastung nach Abb. 2 mit dem Fall eines außermittig gedrückten Stabes nicht möglich ist, weil dort außer der Normalkraft auch ein der Außermittigkeit proportionales Endmoment eingeleitet wird.

Für unseren Zweck ist es genügend allgemein, wenn die Ausbiegungen der beiden Querränder nach einfachen Sinushalbwellen vorausgesetzt werden, d. h. zu

$$w\left(+\frac{\alpha}{2},\ \eta\right) = w_1 \sin \pi\,\eta\,,$$

$$w\left(-\frac{\alpha}{2},\ \eta\right) = w_2 \sin \pi\,\eta\,.$$

Die Entwicklungen lassen sich zwar auch leicht für Randstörungen von der Form $\sum w_{1n} \sin n\,\pi\,\eta$ (mit $n = 1, 2, 3, \ldots$) verallgemeinern. Wir beschränken uns hier jedoch wegen der leichteren Übersicht auf den Fall von Randstörungen mit nur einer Halbwelle $n = 1$, der für die praktischen Anwendungen am wichtigsten ist.

Auf frühere Untersuchungen über die Beulung von Platten mit anfänglicher Ausbiegung sei hier kurz verwiesen. Die Rechteckplatte, die längs der querverlaufenden Mittellinie durch Schneiden, also ohne Einspannung, zu einer festen Ausbiegung gezwungen ist, wurde behandelt in [*1*] F. Schleicher: Stabilität leicht gekrümmter Rechteckplatten, Abh. Internat. Ver. Brückenbau und Hochbau Bd. 1 (1932) S. 433. Rechteckplatten mit einer mittleren Längsversteifung, die durch einen Selbstspannungszustand ausgebogen ist, z. B. infolge von Zwängungen beim Zusammenbau, sind betrachtet in [*2*] F. Schleicher und R. Barbré: Stabilität versteifter Rechteckplatten mit anfänglicher Ausbiegung. Bauingenieur Bd. 18 (1937) S. 665. Die Arbeiten [*1*] und [*2*] beziehen sich auf den Fall der Belastung mit Druckspannungen gleichmäßiger Größe, der auch in folgender Untersuchung zugrunde gelegt wird.

Grundlagen.

Die Grundlagen der Plattenbiegung durch Druckbelastung können hier als bekannt vorausgesetzt werden.

Die Ausbiegungen $w(x, y)$ bzw. $w(\xi, \eta)$ der Platte genügen der sog. Differentialgleichung für die Plattenbeulung

$$(1) \qquad \frac{\partial^4 w}{\partial \xi^4} + 2 \frac{\partial^4 w}{\partial \xi^2 \partial \eta^2} + \frac{\partial^4 w}{\partial \eta^4} + \pi^2 \varphi \frac{\partial^2 w}{\partial \xi^2} = 0 \,.$$

Die Rechnung wird mit Verhältniszahlen durchgeführt. Die Koordinatenzahlen $\xi = x/b$ und $\eta = y/b$ sowie das sog. Seitenverhältnis $\alpha = a/b$ sind durch Abb. 1 definiert. Die Längsbelastung ist $\sigma_x = -\varphi \sigma_e$, wobei φ für Druckspannungen positiv gerechnet wird. σ_e bezeichnet die bei Rechteckplatten übliche sog. „Eulerspannung" nach der Querrichtung, nämlich

$$(2) \qquad \sigma_e = \frac{\pi^2 E}{12(1-\mu^2)} \left(\frac{t}{b}\right)^2 .$$

die für Baustahl mit $E = 2100$ t/cm² und $\mu = 0,3$ übergeht in

$$(2a) \qquad \sigma_e = 1898 \left(\frac{t}{b}\right)^2 \text{ in t/cm}^2 .$$

Die Differentialgleichung (1) gilt für eine Platte von konstanter Dicke t, ferner wird unbeschränkte Gültigkeit des Hookeschen Gesetzes vorausgesetzt.

Man vergleiche hierzu den Aufsatz [*1*] oder die Übersicht [*3*] F. Schleicher: Stabilitätsprobleme vollwandiger Stahltragwerke. Bauingenieur Bd. 15 (1934) S. 505.

Für unsere Fragestellung, d. h. die Untersuchung der Platte mit Randstörungen von der Form $n = 1$, d. h. $w_1 \sin \pi \eta$ usw., benutzen wir (vgl. das Koordinatensystem in Abb. 1) den Ansatz

$$(3) \qquad w(\xi, \eta) = X(\xi) \sin \pi \eta, \text{ mit } X(\xi) = C\, e^{r\,\xi} .$$

Die Bedingung der gelenkigen Stützung an den beiden Längsrändern $\eta = 0$ und $\eta = 1$, nämlich $w = 0$ und

$$M_y = \frac{D}{b^2} \left(\frac{\partial^2 w}{\partial \eta^2} + \mu \frac{\partial^2 w}{\partial \xi^2}\right) = 0\,, \quad \text{mit} \quad D = \frac{E\, t^3}{12(1-\mu^2)}$$

sind durch den Ansatz Gleichung (3) identisch erfüllt. Die Randbedingungen für die beiden Querränder $\xi = \pm \frac{\alpha}{2}$ lauten

$$\left|\begin{array}{l} w\left(+\dfrac{\alpha}{2},\, \eta\right) = w_1 \sin \pi \eta, \\[1.2em] w\left(-\dfrac{\alpha}{2},\, \eta\right) = w_2 \sin \pi \eta, \\[1.2em] M_x\left(+\dfrac{\alpha}{2},\, \eta\right) = -\dfrac{D}{b^2} \left(\dfrac{\partial^2 w}{\partial \xi^2} + \mu \dfrac{\partial^2 w}{\partial \eta^2}\right)_{\xi=+\alpha/2} = 0, \\[1.2em] M_x\left(-\dfrac{\alpha}{2},\, \eta\right) = -\dfrac{D}{b^2} \left(\dfrac{\partial^2 w}{\partial \xi^2} + \mu \dfrac{\partial^2 w}{\partial \xi^2}\right)_{\xi=-\alpha/2} = 0. \end{array}\right.$$

Die Funktion $X(\xi) = C e^{r \xi}$ ist also jeweils so zu bestimmen, daß wird

$$(4) \qquad \begin{cases} X\left(+\dfrac{\alpha}{2}\right) = w_1, \\[2mm] X\left(-\dfrac{\alpha}{2}\right) = w_2, \\[2mm] (X'' - \mu \pi^2 X)_{\xi = +\alpha/2} = 0, \\[2mm] (X'' - \mu \pi^2 X)_{\xi = -\alpha/2} = 0. \end{cases}$$

Diesem Gleichungssystem sind die folgenden vier Bedingungen gleichwertig, die von **uns** statt dessen benutzt werden.

$$(4\,\mathrm{a}) \qquad \begin{cases} X\left(+\dfrac{\alpha}{2}\right) + X\left(-\dfrac{\alpha}{2}\right) = w_1 + w_2, \\[2mm] X\left(+\dfrac{\alpha}{2}\right) - X\left(-\dfrac{\alpha}{2}\right) = w_1 - w_2, \\[2mm] X''\left(+\dfrac{\alpha}{2}\right) + X''\left(-\dfrac{\alpha}{2}\right) - \mu \pi^2 \left[X\left(+\dfrac{\alpha}{2}\right) + X\left(-\dfrac{\alpha}{2}\right)\right] = 0, \\[2mm] X''\left(+\dfrac{\alpha}{2}\right) - X''\left(-\dfrac{\alpha}{2}\right) - \mu \pi^2 \left[X\left(+\dfrac{\alpha}{2}\right) - X\left(-\dfrac{\alpha}{2}\right)\right] = 0. \end{cases}$$

Der Exponent r des Ansatzes Gleichung (3) genügt der sog. Hauptgleichung

$$(5) \qquad r^4 - \pi^2 (2 - \varphi)\, r^2 + \pi^4 = (r^2 - \pi^2)^2 + \pi^2 \varphi\, r^2 = 0.$$

Wegen $r^2 \pm \pi \sqrt{-\varphi}\, r - \pi^2 = 0$ gelten daher die Wurzeln

$$(6) \qquad \begin{cases} r_1 = \pm \dfrac{\pi}{2} (\sqrt{4 - \varphi} - \sqrt{-\varphi}), \\[2mm] r_2 = \pm \dfrac{\pi}{2} (\sqrt{4 - \varphi} + \sqrt{-\varphi}). \end{cases}$$

Mit Rücksicht auf die praktische Anwendung werden die folgenden Rechnungen „im Reellen" durchgeführt. Es sind sodann, je nach dem Bereich, in dem der Belastungsparameter φ liegt, verschiedene Lösungsformen zu benutzen.

1. Spannungsbereich $\varphi < 0$ (Zugbelastung).

Für $\varphi < 0$ sind die Wurzeln r_1 und r_2 der Hauptgleichung (5) reell, so daß der Ansatz gilt

$$(7) \qquad X(\xi) = C_1 \operatorname{\mathfrak{Cof}} \varkappa_1 \xi + C_2 \operatorname{\mathfrak{Cof}} \varkappa_2 \xi + C_3 \operatorname{\mathfrak{Sin}} \varkappa_1 \xi + C_4 \operatorname{\mathfrak{Sin}} \varkappa_2 \xi,$$

wobei bezeichnet $(\varkappa_2 > \varkappa_1)$

$$(7) \qquad \begin{cases} \varkappa_1 = \dfrac{\pi}{2} (\sqrt{4 - \varphi} - \sqrt{-\varphi}), \\[2mm] \varkappa_2 = \dfrac{\pi}{2} (\sqrt{4 - \varphi} + \sqrt{-\varphi}). \end{cases}$$

Setzt man $X(\xi)$ nach Gleichung (7) in die Randbedingungen Gleichung (4) ein, so folgt das Gleichungssystem:

	C_1	C_2	C_3	C_4	
	$+ \operatorname{\mathfrak{Cof}} \dfrac{\varkappa_1 \alpha}{2}$	$+ \operatorname{\mathfrak{Cof}} \dfrac{\varkappa_2 \alpha}{2}$	$+ \operatorname{\mathfrak{Sin}} \dfrac{\varkappa_1 \alpha}{2}$	$+ \operatorname{\mathfrak{Sin}} \dfrac{\varkappa_2 \alpha}{2}$	$= w_1$
(9)	$+ \operatorname{\mathfrak{Cof}} \dfrac{\varkappa_1 \alpha}{2}$	$+ \operatorname{\mathfrak{Cof}} \dfrac{\varkappa_2 \alpha}{2}$	$- \operatorname{\mathfrak{Sin}} \dfrac{\varkappa_1 \alpha}{2}$	$- \operatorname{\mathfrak{Sin}} \dfrac{\varkappa_2 \alpha}{2}$	$= w_2$
	$+ (\varkappa_1^2 - \mu \pi^2) \operatorname{\mathfrak{Cof}} \dfrac{\varkappa_1 \alpha}{2}$	$+ (\varkappa_2^2 - \mu \pi^2) \operatorname{\mathfrak{Cof}} \dfrac{\varkappa_2 \alpha}{2}$	$+ (\varkappa_1^2 - \mu \pi^2) \operatorname{\mathfrak{Sin}} \dfrac{\varkappa_1 \alpha}{2}$	$+ (\varkappa_2^2 - \mu \pi^2) \operatorname{\mathfrak{Sin}} \dfrac{\varkappa_2 \alpha}{2}$	$= 0$
	$+ (\varkappa_1^2 - \mu \pi^2) \operatorname{\mathfrak{Cof}} \dfrac{\varkappa_1 \alpha}{2}$	$+ (\varkappa_2^2 - \mu \pi^2) \operatorname{\mathfrak{Cof}} \dfrac{\varkappa_2 \alpha}{2}$	$- (\varkappa_1^2 - \mu \pi^2) \operatorname{\mathfrak{Sin}} \dfrac{\varkappa_1 \alpha}{2}$	$- (\varkappa_2^2 - \mu \pi^2) \operatorname{\mathfrak{Sin}} \dfrac{\varkappa_2 \alpha}{2}$	$= 0$

Daraus erhält man durch eine einfache Umformung, die dem Gleichungssystem (4a) entspricht:

$$(9\,\mathrm{a})$$

	C_1	C_2	C_3	C_4	
	$\mathfrak{Cof}\,\dfrac{\varkappa_1\alpha}{2}$	$\mathfrak{Cof}\,\dfrac{\varkappa_2\alpha}{2}$	—	—	$=\dfrac{w_1+w_2}{2}$
	$(\varkappa_1^2-\mu\,\pi^2)\,\mathfrak{Cof}\,\dfrac{\varkappa_1\alpha}{2}$	$(\varkappa_2^2-\mu\,\pi^2)\,\mathfrak{Cof}\,\dfrac{\varkappa_2\alpha}{2}$	—	—	$=0$
	—	—	$\mathfrak{Sin}\,\dfrac{\varkappa_1\alpha}{2}$	$\mathfrak{Sin}\,\dfrac{\varkappa_2\alpha}{2}$	$=\dfrac{w_1-w_2}{2}$
	—	—	$(\varkappa_1^2-\mu\,\pi^2)\,\mathfrak{Sin}\,\dfrac{\varkappa_1\alpha}{2}$	$(\varkappa_2^2-\mu\,\pi^2)\,\mathfrak{Sin}\,\dfrac{\varkappa_2\alpha}{2}$	$=0$

Die Koeffizientendeterminante des Gleichungssystems (9a) hat den Wert

$$\Delta=\frac{\varkappa_2^2-\varkappa_1^2}{4}\,\mathfrak{Sin}\,\varkappa_1\,\alpha\,\mathfrak{Sin}\,\varkappa_2\,\alpha,$$

d. h. sie ist für $\varphi<0$ immer von Null verschieden. Die Werte der Konstanten C_1 bis C_4 sind daher in dem Spannungsbereich $\varphi<0$ endlich.

$$(10)\qquad
\begin{cases}
C_1=+\dfrac{w_1+w_2}{2}\,\dfrac{\varkappa_2^2-\mu\,\pi^2}{\varkappa_2^2-\varkappa_1^2}\,\dfrac{1}{\mathfrak{Cof}\,\frac{\varkappa_1\alpha}{2}},\\[2.2ex]
C_2=-\dfrac{w_1+w_2}{2}\,\dfrac{\varkappa_1^2-\mu\,\pi^2}{\varkappa_2^2-\varkappa_1^2}\,\dfrac{1}{\mathfrak{Cof}\,\frac{\varkappa_2\alpha}{2}},\\[2.2ex]
C_3=+\dfrac{w_1-w_2}{2}\,\dfrac{\varkappa_2^2-\mu\,\pi^2}{\varkappa_2^2-\varkappa_1^2}\,\dfrac{1}{\mathfrak{Sin}\,\frac{\varkappa_1\alpha}{2}},\\[2.2ex]
C_4=-\dfrac{w_1-w_2}{2}\,\dfrac{\varkappa_1^2-\mu\,\pi^2}{\varkappa_2^2-\varkappa_1^2}\,\dfrac{1}{\mathfrak{Sin}\,\frac{\varkappa_2\alpha}{2}}.
\end{cases}$$

Insbesondere die Ausbiegung in Plattenmitte ist gleich

$$w_M=w\left(0,\tfrac{1}{2}\right)=C_1+C_2.$$

2. Unbelastete Platte $\varphi=0$.

Für $\varphi=0$ sind r_1 und r_2 Doppelwurzeln, nämlich $r_{1,2}=\pm\,\pi$. Es ist also der Ansatz zu benutzen

$$(11)\qquad X(\xi)=(C_1+C_2\,\pi\,\xi)\,\mathfrak{Cof}\,\pi\,\xi+(C_3+C_4\,\pi\,\xi)\,\mathfrak{Sin}\,\pi\,\xi.$$

Aus den Randbedingungen (4a) folgt damit das Gleichungssystem:

$$(12)$$

	C_1	C_2	C_3	C_4	
	$\mathfrak{Cof}\,\dfrac{\pi\,\alpha}{2}$	—	—	$\dfrac{\pi\,\alpha}{2}\,\mathfrak{Sin}\,\dfrac{\pi\,\alpha}{2}$	$=\dfrac{w_1+w_2}{2}$
	$(1-\mu)\,\mathfrak{Cof}\,\dfrac{\pi\,\alpha}{2}$	—	—	$(1-\mu)\,\dfrac{\pi\,\alpha}{2}\,\mathfrak{Sin}\,\dfrac{\pi\,\alpha}{2}+2\,\mathfrak{Cof}\,\dfrac{\pi\,\alpha}{2}$	$=0$
	—	$\dfrac{\pi\,\alpha}{2}\,\mathfrak{Cof}\,\dfrac{\pi\,\alpha}{2}$	$\mathfrak{Sin}\,\dfrac{\pi\,\alpha}{2}$	—	$=\dfrac{w_1-w_2}{2}$
	—	$(1-\mu)\,\dfrac{\pi\,\alpha}{2}\,\mathfrak{Cof}\,\dfrac{\pi\,\alpha}{2}+2\,\mathfrak{Sin}\,\dfrac{\pi\,\alpha}{2}$	$(1-\mu)\,\mathfrak{Sin}\,\dfrac{\pi\,\alpha}{2}$	—	$=0$

Die Koeffizientendeterminante ist

$$\Delta = - \operatorname{\mathfrak{Sin}}^2 \pi \alpha,$$

d. h. immer von Null verschieden, da $\alpha \neq 0$. Die Konstanten C_1 bis C_4 folgen zu

$$(13)\quad
\begin{cases}
C_1 = + \dfrac{w_1 + w_2}{2}\, \dfrac{\operatorname{\mathfrak{Cof}}\dfrac{\pi\alpha}{2} + \dfrac{1-\mu}{2}\dfrac{\pi\alpha}{2}\operatorname{\mathfrak{Sin}}\dfrac{\pi\alpha}{2}}{\operatorname{\mathfrak{Cof}}^2\dfrac{\pi\alpha}{2}}, \\[2em]
C_2 = - \dfrac{w_1 - w_2}{2}\, \dfrac{\dfrac{1-\mu}{2}}{\operatorname{\mathfrak{Sin}}\dfrac{\pi\alpha}{2}}, \\[2em]
C_3 = + \dfrac{w_1 - w_2}{2}\, \dfrac{\operatorname{\mathfrak{Sin}}\dfrac{\pi\alpha}{2} + \dfrac{1-\mu}{2}\dfrac{\pi\alpha}{2}\operatorname{\mathfrak{Cof}}\dfrac{\pi\alpha}{2}}{\operatorname{\mathfrak{Sin}}^2\dfrac{\pi\alpha}{2}}, \\[2em]
C_4 = - \dfrac{w_1 + w_2}{2}\, \dfrac{\dfrac{1-\mu}{2}}{\operatorname{\mathfrak{Cof}}\dfrac{\pi\alpha}{2}}.
\end{cases}$$

Durch die Randstörungen w_1 und w_2 wird in der unbelasteten Platte eine Ausbiegung in Plattenmitte erzeugt gleich

$$w_M = C_1.$$

3. Spannungsbereich $0 < \varphi < 4$ (unterkritische Druckbelastung).

Für den Bereich $0 < \varphi < 4$ sind die Wurzeln r_1 und r_2 der Hauptgleichung (5) komplex, so daß man als reellen Ansatz erhält

$$(14)\quad X(\xi) = C_1 \operatorname{\mathfrak{Cof}}\varkappa\xi \cos\lambda\xi + C_2 \operatorname{\mathfrak{Cof}}\varkappa\xi \sin\lambda\xi + C_3 \operatorname{\mathfrak{Sin}}\varkappa\xi \cos\lambda\xi + C_4 \operatorname{\mathfrak{Sin}}\varkappa\xi \sin\lambda\xi,$$

worin bezeichnen

$$(15)\quad
\begin{cases}
\varkappa = \dfrac{\pi}{2}\sqrt{4 - \varphi}, \\[1em]
\lambda = \dfrac{\pi}{2}\sqrt{\varphi}.
\end{cases}$$

Aus den Randbedingungen (4a) folgt das Gleichungssystem

C_1	C_2	C_3	C_4	
$\operatorname{\mathfrak{Cof}}\dfrac{\varkappa\alpha}{2}\cos\dfrac{\lambda\alpha}{2}$	—	—	$\operatorname{\mathfrak{Sin}}\dfrac{\varkappa\alpha}{2}\sin\dfrac{\lambda\alpha}{2}$	$= \dfrac{w_1+w_2}{2}$
$\Big[(\varkappa^2 - \lambda^2 - \mu\pi^2)\times \operatorname{\mathfrak{Cof}}\dfrac{\varkappa\alpha}{2}\cos\dfrac{\lambda\alpha}{2} - 2\varkappa\lambda\times \operatorname{\mathfrak{Sin}}\dfrac{\varkappa\alpha}{2}\sin\dfrac{\lambda\alpha}{2}\Big]$	—	—	$\Big[(\varkappa^2 - \lambda^2 - \mu\pi^2)\times \operatorname{\mathfrak{Sin}}\dfrac{\varkappa\alpha}{2}\sin\dfrac{\lambda\alpha}{2} + 2\varkappa\lambda\times \operatorname{\mathfrak{Cof}}\dfrac{\varkappa\alpha}{2}\cos\dfrac{\varkappa\alpha}{2}\Big]$	$= 0$
—	$\operatorname{\mathfrak{Cof}}\dfrac{\varkappa\alpha}{2}\sin\dfrac{\lambda\alpha}{2}$	$\operatorname{\mathfrak{Sin}}\dfrac{\varkappa\alpha}{2}\cos\dfrac{\lambda\alpha}{2}$	—	$= \dfrac{w_1-w_2}{2}$
—	$\Big[(\varkappa^2 - \lambda^2 - \mu\pi^2)\times \operatorname{\mathfrak{Cof}}\dfrac{\varkappa\alpha}{2}\sin\dfrac{\lambda\alpha}{2} + 2\varkappa\lambda\times \operatorname{\mathfrak{Sin}}\dfrac{\varkappa\alpha}{2}\cos\dfrac{\lambda\alpha}{2}\Big]$	$\Big[(\varkappa^2 - \lambda^2 - \mu\pi^2)\times \operatorname{\mathfrak{Sin}}\dfrac{\varkappa\alpha}{2}\cos\dfrac{\lambda\alpha}{2} - 2\varkappa\lambda\times \operatorname{\mathfrak{Cof}}\dfrac{\varkappa\alpha}{2}\sin\dfrac{\lambda\alpha}{2}\Big]$	—	$= 0$

(16)

Die Koeffizientendeterminante hat den Wert

$$\Delta = -4\,\varkappa^2\,\lambda^2 \left(\operatorname{Cof}^2\frac{\varkappa\,\alpha}{2}\cos^2\frac{\lambda\,\alpha}{2} + \operatorname{Sin}^2\frac{\varkappa\,\alpha}{2}\sin^2\frac{\lambda\,\alpha}{2}\right)\left(\operatorname{Cof}^2\frac{\varkappa\,\alpha}{2}\sin^2\frac{\lambda\,\alpha}{2} + \operatorname{Sin}^2\frac{\varkappa\,\alpha}{2}\cos^2\frac{\lambda\,\alpha}{2}\right)$$

$$= -4\,\varkappa^2\,\lambda^2\left(\operatorname{Sin}^2\frac{\varkappa\,\alpha}{2} + \cos^2\frac{\lambda\,\alpha}{2}\right)\left(\operatorname{Sin}^2\frac{\varkappa\,\alpha}{2} + \sin^2\frac{\lambda\,\alpha}{2}\right).$$

Sie ist immer von Null verschieden, solange nicht $(\varkappa\,\lambda)$ verschwindet, was nur an den Grenzen des Gültigkeitsbereiches $\varphi = 0$ bzw. $\varphi = 4$ der Fall ist.

Die Konstanten C_1 bis C_4 ergeben sich für $\Delta \neq 0$, wobei also die Grenzen des Bereiches ausgeschlossen sind, wie folgt:

$$(17)\qquad\begin{cases}
C_1 = \dfrac{w_1 + w_2}{2}\,\dfrac{\operatorname{Cof}\dfrac{\varkappa\,\alpha}{2}\cos\dfrac{\lambda\,\alpha}{2} + \dfrac{\varkappa^2 - \lambda^2 - \mu\,\pi^2}{2\,\varkappa\,\lambda}\operatorname{Sin}\dfrac{\varkappa\,\alpha}{2}\sin\dfrac{\lambda\,\alpha}{2}}{\operatorname{Sin}^2\dfrac{\varkappa\,\alpha}{2} + \cos^2\dfrac{\lambda\,\alpha}{2}}\,, \\[2em]
C_2 = \dfrac{w_1 - w_2}{2}\,\dfrac{\operatorname{Cof}\dfrac{\varkappa\,\alpha}{2}\sin\dfrac{\lambda\,\alpha}{2} - \dfrac{\varkappa^2 - \lambda^2 - \mu\,\pi^2}{2\,\varkappa\,\lambda}\operatorname{Sin}\dfrac{\varkappa\,\alpha}{2}\cos\dfrac{\lambda\,\alpha}{2}}{\operatorname{Sin}^2\dfrac{\varkappa\,\alpha}{2} + \sin^2\dfrac{\lambda\,\alpha}{2}}\,, \\[2em]
C_3 = \dfrac{w_1 - w_2}{2}\,\dfrac{\operatorname{Sin}\dfrac{\varkappa\,\alpha}{2}\cos\dfrac{\lambda\,\alpha}{2} + \dfrac{\varkappa^2 - \lambda^2 - \mu\,\pi^2}{2\,\varkappa\,\lambda}\operatorname{Cof}\dfrac{\varkappa\,\alpha}{2}\sin\dfrac{\lambda\,\alpha}{2}}{\operatorname{Sin}^2\dfrac{\varkappa\,\alpha}{2} + \sin^2\dfrac{\lambda\,\alpha}{2}}\,, \\[2em]
C_4 = \dfrac{w_1 + w_2}{2}\,\dfrac{\operatorname{Sin}\dfrac{\varkappa\,\alpha}{2}\sin\dfrac{\lambda\,\alpha}{2} - \dfrac{\varkappa^2 - \lambda^2 - \mu\,\pi^2}{2\,\varkappa\,\lambda}\operatorname{Cof}\dfrac{\varkappa\,\alpha}{2}\cos\dfrac{\lambda\,\alpha}{2}}{\operatorname{Sin}^2\dfrac{\varkappa\,\alpha}{2} + \cos^2\dfrac{\lambda\,\alpha}{2}}\,.
\end{cases}$$

Im Plattenmittelpunkt erzeugen die Randstörungen eine Ausbiegung gleich

$$w_M = C_1$$

Die im Zähler der Ausdrücke vorkommende Größe ist durch den Parameter φ ausgedrückt:

$$\frac{\varkappa^2 - \lambda^2 - \mu\,\pi^2}{2\,\varkappa\,\lambda} = \frac{2\,(1 - \mu) - \varphi}{\sqrt{\varphi\,(4 - \varphi)}}\,.$$

Wir betrachten noch das Verhalten der Lösung (14) bei Annäherung der Belastung φ an die Grenzen des Bereiches $0 < \varphi < 4$.

Verschwindet die Druckspannung, d. h. für $\varphi \to 0$, so geht der Lösungsansatz Gleichung (14), wie man sich leicht überzeugen kann, in den Ansatz Gleichung (11) über. Mit $\varkappa = \pi$ und $\lambda \to 0$ wird nämlich $C_1(17) = C_1(13)$, ferner wegen $\sin\lambda\xi \to \lambda\xi$ noch $\dfrac{\lambda}{\pi}\,C_2(17) = C_2(13)$, weiter $C_3(17) = C_3(13)$ und $\dfrac{\lambda}{\pi}\,C_4(17) = C_4(13)$.

Für die obere Grenze des Bereiches $\varphi \to 4$ wird $\varkappa \to 0$ und $\lambda = \pi$. Es geht der Ansatz Gleichung (14) in die Lösung Gleichung (18) über, da zwischen den Konstanten in der Grenze $\varphi \to 4$ die folgenden Beziehungen bestehen:

$$C_1(17) = C_1(20), \qquad C_2(17) = C_3(20),$$

$$C_3(17) = \frac{\pi}{\varkappa}\,C_2(20), \qquad C_4(17) = \frac{\pi}{\varkappa}\,C_4(20).$$

Auch an der oberen Grenze des Bereiches $\varphi = 4$ bleiben die Konstanten C_1 bis C_4, und damit die Ausbiegungen $w(\xi\eta)$ endlich, wenn das Seitenverhältnis α nicht ganzzahlig ist. Ist dagegen $\alpha = 1, 2, 3\ldots$, so wachsen die Ausbiegungen bei Annäherung der Druckspannungen an den Wert $\varphi = 4$ über alle Grenzen, und zwar C_1, C_4 für den geraden Teil, C_2, C_3 für den ungeraden Teil der Funktion $X(\xi)$.

4. Druckspannungen $\varphi = 4$.

Für Druckspannungen von der Größe $\varphi = 4$ erhält man aus der Hauptgleichung (5) die Doppelwurzeln $r_{1,2} = \pm\,\pi$ und damit den Ansatz

(18)
$$X(\xi) = (C_1 + C_2\,\pi\,\xi)\cos\pi\,\xi + (C_3 + C_4\,\pi\,\xi)\sin\pi\,\xi.$$

Aus den Randbedingungen (4a) ergibt sich das Gleichungssystem:

(19)

C_1	C_2	C_3	C_4	
$\cos\dfrac{\pi\alpha}{2}$	—	—	$\dfrac{\pi\alpha}{2}\sin\dfrac{\pi\alpha}{2}$	$=\dfrac{w_1+w_2}{2}$
$(1+\mu)\cos\dfrac{\pi\alpha}{2}$	—	—	$(1+\mu)\dfrac{\pi\alpha}{2}\sin\dfrac{\pi\alpha}{2}-2\cos\dfrac{\pi\alpha}{2}$	$=0$
—	$\dfrac{\pi\alpha}{2}\cos\dfrac{\pi\alpha}{2}$	$\sin\dfrac{\pi\alpha}{2}$	—	$=\dfrac{w_1-w_2}{2}$
—	$(1+\mu)\dfrac{\pi\alpha}{2}\cos\dfrac{\pi\alpha}{2}+2\sin\dfrac{\pi\alpha}{2}$	$(1+\mu)\sin\dfrac{\pi\alpha}{2}$	—	$=0$

Die Koeffizientendeterminante besitzt den Wert

$$\varDelta = +\sin^2\pi\,\alpha,$$

sie ist somit von Null verschieden, wenn das Seitenverhältnis α der Platte nicht ganzzahlig ist. Unter der Voraussetzung $\varDelta \neq 0$, also $\alpha \neq 1, 2, 3, \ldots$, erhält man aus (19) die Konstanten:

(20)
$$C_1 = +\frac{w_1+w_2}{2}\;\frac{\cos\dfrac{\pi\alpha}{2}-\dfrac{1+\mu}{2}\dfrac{\pi\alpha}{2}\sin\dfrac{\pi\alpha}{2}}{\cos^2\dfrac{\pi\alpha}{2}},$$

$$C_2 = -\frac{w_1-w_2}{2}\;\frac{\dfrac{1+\mu}{2}}{\sin\dfrac{\pi\alpha}{2}},$$

$$C_3 = +\frac{w_1-w_2}{2}\;\frac{\sin\dfrac{\pi\alpha}{2}+\dfrac{1+\mu}{2}\dfrac{\pi\alpha}{2}\cos\dfrac{\pi\alpha}{2}}{\sin^2\dfrac{\pi\alpha}{2}}.$$

$$C_4 = +\frac{w_1+w_2}{2}\;\frac{\dfrac{1+\mu}{2}}{\cos\dfrac{\pi\alpha}{2}}.$$

Die Ausbiegung in Plattenmitte beträgt

$$w_M = C_1.$$

In der Beziehung $\varDelta = \sin^2\pi\,\alpha = 0$, entsprechend $\alpha = 1, 2, 3, \ldots$, erkennt man die Beulbedingung $\varphi_K = 4$ der Platten mit ganzzahligen Seitenverhältnissen.

Bei Annäherung der Belastung an den kritischen Wert $\varphi_K = 4$ wachsen die Ausbiegungen des Plattenfeldes mit beliebigen Randstörungen w_1, w_2 über alle Grenzen, und zwar wird

$$C_1 \to \infty, \quad \text{wenn} \quad \cos\frac{\pi\alpha}{2} = 0, \quad \text{d. h.} \quad \alpha = 1, 3, 5, \ldots,$$

$$C_3 \to \infty, \quad \text{wenn} \quad \sin\frac{\pi\alpha}{2} = 0, \quad \text{d. h.} \quad \alpha = 2, 4, 6, \ldots$$

ist. Die Ausbiegungsanteile $C_1\cos\pi\,\xi$ bzw. $C_3\sin\pi\,\xi$ entsprechen den zugehörigen Beulformen der Platte ohne Randstörungen, die mit $m = 1, 3 \ldots$ bzw. $m = 2, 4 \ldots$ Halbwellen beult.

5. Spannungsbereich $4 < \varphi < \varphi_K$.

Dieser Bereich kommt nur bei Platten mit Seitenverhältnissen $\alpha \neq 1, 2, 3, \ldots$, in Betracht. Für ihn sind die Wurzeln r der Hauptgleichung (5) rein imaginär, so daß man als reelle Lösung erhält

$$(21) \qquad X(\xi) = C_1 \cos \lambda_1 \xi + C_2 \cos \lambda_2 \xi + C_3 \sin \lambda_1 \xi + C_4 \sin \lambda_2 \xi .$$

Darin bezeichnet $(\lambda_1 > \lambda_2)$

$$(23) \qquad \begin{cases} \lambda_1 = \dfrac{\pi}{2} \left(\sqrt{\varphi} + \sqrt{\varphi - 4} \right), \\[2mm] \lambda_2 = \dfrac{\pi}{2} \left(\sqrt{\varphi} - \sqrt{\varphi - 4} \right). \end{cases}$$

Die Randbedingungen (4a) liefern das Gleichungssystem:

$$(22)$$

C_1	C_2	C_3	C_4	
$\cos \dfrac{\lambda_1 \alpha}{2}$	$\cos \dfrac{\lambda_2 \alpha}{2}$	$-$	$-$	$= \dfrac{w_1 + w_2}{2}$
$(\lambda_1^2 + \mu \pi^2) \cos \dfrac{\lambda_1 \alpha}{2}$	$(\lambda_2^2 + \mu \pi^2) \cos \dfrac{\lambda_2 \alpha}{2}$	$-$		$= 0$
$-$	$-$	$\sin \dfrac{\lambda_1 \alpha}{2}$	$\sin \dfrac{\lambda_2 \alpha}{2}$	$= \dfrac{w_1 - w_2}{2}$
$-$	$-$	$(\lambda_1^2 + \mu \pi^2) \sin \dfrac{\lambda_1 \alpha}{2}$	$(\lambda_2^2 + \mu \pi^2) \sin \dfrac{\lambda_2 \alpha}{2}$	$= 0$

Die Koeffizientendeterminante dieses Systems hat den Wert

$$\Delta = - \frac{\lambda_1^2 - \lambda_2^2}{4} \sin \lambda_1 \alpha \sin \lambda_2 \alpha ,$$

sie verschwindet wegen $\lambda_1 > \lambda_2$ nur dann, wenn

$$\lambda_1 \alpha = m \pi \quad \text{oder} \quad \lambda_2 \alpha = m' \pi \quad \text{ist, mit} \quad m, m' = 1, 2, 3, \ldots$$

In beiden Fällen erhält man

$$\varphi_K = \left(\frac{m}{\alpha} + \frac{\alpha}{m} \right)^2 ,$$

d. h. Δ verschwindet nur dann, wenn die Belastung der bekannten Beulbedingung genügt.

Unter der Voraussetzung $\varphi < \varphi_K$, also $\Delta \neq 0$, erhält man für die Konstanten:

$$(24) \qquad \begin{cases} C_1 = - \dfrac{w_1 + w_2}{2} \cdot \dfrac{\lambda_2^2 + \mu \pi^2}{\lambda_1^2 - \lambda_2^2} \cdot \dfrac{1}{\cos \dfrac{\lambda_1 \alpha}{2}} , \\[4mm] C_2 = + \dfrac{w_1 + w_2}{2} \cdot \dfrac{\lambda_1^2 + \mu \pi^2}{\lambda_1^2 - \lambda_2^2} \cdot \dfrac{1}{\cos \dfrac{\lambda_2 \alpha}{2}} , \\[4mm] C_3 = - \dfrac{w_1 - w_2}{2} \cdot \dfrac{\lambda_2^2 + \mu \pi^2}{\lambda_1^2 - \lambda_2^2} \cdot \dfrac{1}{\sin \dfrac{\lambda_1 \alpha}{2}} , \\[4mm] C_4 = + \dfrac{w_1 - w_2}{2} \cdot \dfrac{\lambda_1^2 + \mu \pi^2}{\lambda_1^2 - \lambda_2^2} \cdot \dfrac{1}{\sin \dfrac{\lambda_2 \alpha}{2}} . \end{cases}$$

Mit der Annäherung der Belastung an die Beulspannung φ_K wächst jeweils eine der Konstanten (entsprechend der betreffenden Beulform) über alle Grenzen. Nur für die Seitenverhältnisse $\alpha = \sqrt{1 \cdot 2}, \sqrt{2 \cdot 3}, \sqrt{3 \cdot 4}$ usw., bei denen für die gleiche Größe der Beulspannung gleichzeitig eine Beulung sowohl mit m wie mit $(m+1)$ Halbwellen eintreten kann, werden jeweils 2 Konstanten, nämlich C_1 und C_4 bzw. C_2 und C_3, unendlich.

Die Ausbiegung in Plattenmitte wird

$$w_M = C_1 + C_2 .$$

Zahlenbeispiele.

Die Zusammenhänge zwischen der Gestalt der Biegefläche $w(\xi, \eta) = X(\xi) \sin \pi\eta$ und der Belastungshöhe φ sind je nach der Größe des Seitenverhältnisses der Platte sowie nach Betrag und Vorzeichen der beiden Randstörungen sehr vielgestaltig. In den untenstehenden Abb. 3 bis 6 sind kennzeichnende Beispiele dargestellt.

Die Abbildungen geben jeweils einen mittleren Längsschnitt durch die gebogene Platte, d. h. $X(\xi)$, und zwar für mehrere Werte φ der Längsbelastung, sowie die Abhängigkeit typischer Ausbiegungswerte von der Höhe der Längsspannungen, z. B. $X(0) = w_M(\varphi)$ der Ausbiegung in Plattenmitte oder $X\left(+\dfrac{\alpha}{4}\right) = w_V(\varphi)$ der Ausbiegung im Viertelpunkt $\xi = +\dfrac{\alpha}{4}$, der Längs-Mittellinie.

Für die Berechnungen ist eine Querzahl $\mu = 0{,}3$ zugrunde gelegt, eine nähere Erläuterung der einzelnen Abbildungen ist wohl entbehrlich.

Die Ausbiegungen $w(\xi, \eta)$ lassen sich für jeden Wert $\varphi < \varphi_K$ der Belastung in zwei voneinander unabhängige Teile zerlegen, die sich einfach überlagern: Der bezüglich $\xi = 0$ symmetrische Ausbiegungsanteil ist dem Mittelwert $\frac{1}{2}(w_1 + w_2)$, der antimetrische Teil dem Unterschied $\frac{1}{2}(w_1 - w_2)$ der beiden Randstörungen proportional. Für die beiden Sonderfälle $w_2 = + w_1$ symmetrischer bzw. $w_2 = - w_1$ antimetrischer Randstörungen behalten die Ausbiegungen $w(\xi, \eta)$ je nach dem Seitenverhältnis α bei Annäherung an die kritische Belastung φ_K teilweise endliche Größe und es bleiben dafür einzelne Verzweigungspunkte des elastischen Gleichgewichtes gemäß $\varDelta = 0$ erhalten. Wie man aus den Abb. 3 bis 6 oder auch unmittelbar aus den allgemeinen Gleichungen entnehmen kann, wachsen die Ausbiegungen $w(\xi, \eta)$ jedoch im allgemeinen Fall beliebiger Werte w_1 und w_2 schnell an, wenn sich die Belastung dem kritischen Wert φ_K nähert, d. h. bei steigender Belastung tritt früher oder später ein Biegungs-

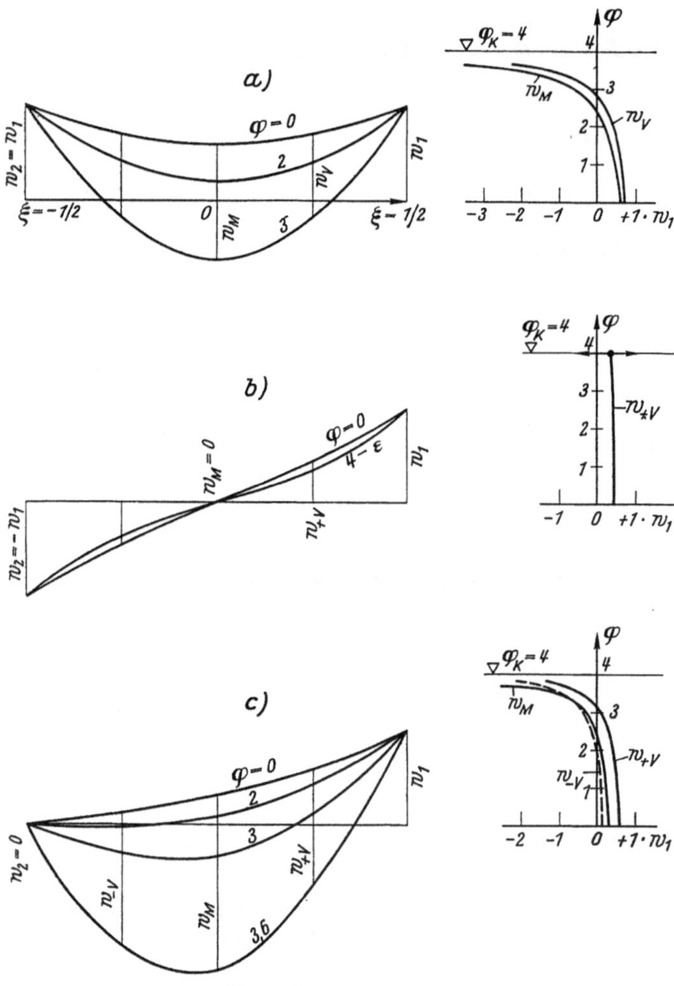
Abb. 3. Seitenverhältnis $\alpha = 1$.

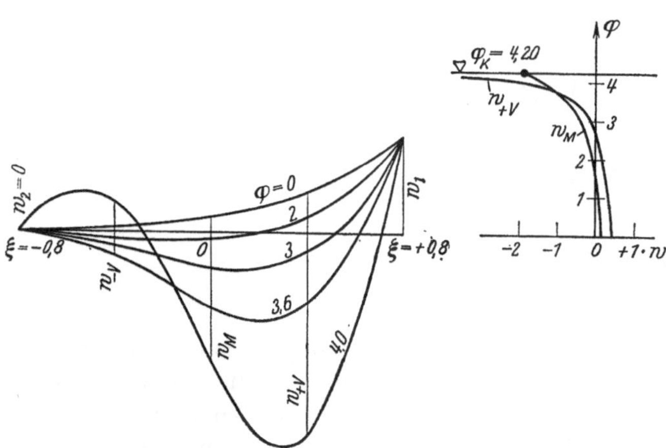
Abb. 4. Seitenverhältnis $\alpha = 1{,}6$.

bruch ein. Die Abhängigkeit zwischen Ausbiegungen $w(\xi, \eta)$ und Belastung φ ist ähnlich wie beim außermittig gedrückten Stab. Bekanntlich bleibt auch bei letzterem der theoretische

Verzweigungspunkt des elastischen Gleichgewichts erhalten, wenn die beiden Außermittigkeiten entgegengesetzt gleich sind ($w_2 = - w_1$).

Die sinusförmigen Randstörungen wirken sich auf das einfache Plattenfeld besonders ungünstig aus, weil der Verlauf der Ausbiegungen infolge der Störung in der Querrichtung $w(\xi, \eta) = X(\xi) \sin \pi \eta$ genau mit jenem bei der kleinsten Beulbelastung übereinstimmt. Bemerkenswert ist, daß die den Randstörungen proportionale Zunahme der Ausbiegungen und damit auch die zusätzlichen Biegungsspannungen (vgl. die unten anschließende Betrachtung) in erträglichen Grenzen bleiben, wenn die Belastung den Wert $\varphi = 3{,}5$, d. h. etwa $^7/_8$ der kritischen Belastung φ_K nicht überschreitet.

Wenn die feste Randstörung von anderer Form ist als $w_1 \sin \pi \eta$, so ergeben sich teilweise abweichende Zusammenhänge, worauf bei anderer Gelegenheit näher eingegangen werden soll.

Biegungsspannungen und Anstrengung.

Für Ausbiegungen von der Form Gleichung (3) sind die auf die Längeneinheit bezogenen Biegungsmomente (Spannungsmomente)

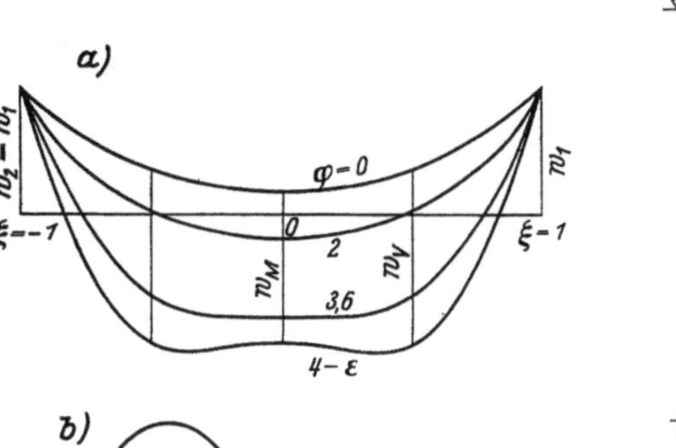

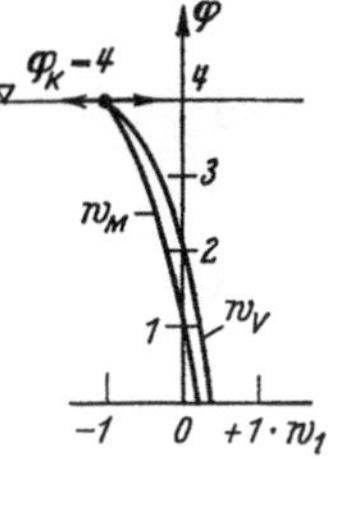

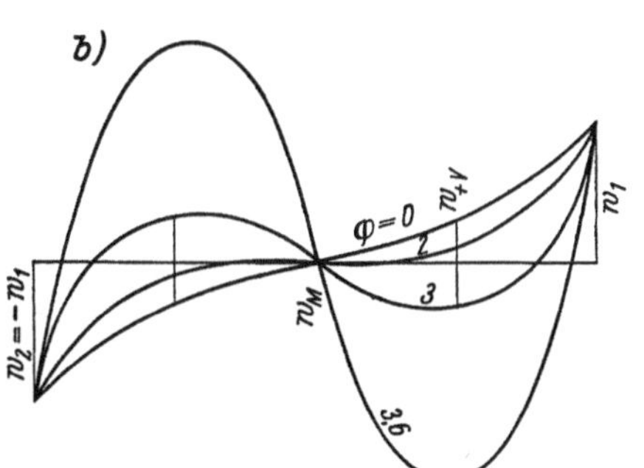

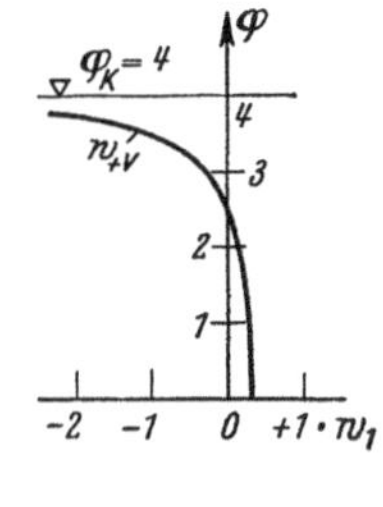

Abb. 5. Seitenverhältnis $\alpha = 2$.

$$(25) \quad \begin{cases} M_x = - D \left(\dfrac{\partial^2 w}{\partial x^2} + \mu \dfrac{\partial^2 w}{\partial y^2} \right) = - \dfrac{D}{b^2} (X'' - \mu \pi^2 X) \sin \pi \eta, \\[2ex] M_y = - D \left(\dfrac{\partial^2 w}{\partial y^2} + \mu \dfrac{\partial^2 w}{\partial x^2} \right) = - \dfrac{D}{b^2} (\mu X'' - \pi^2 X) \sin \pi \eta. \end{cases}$$

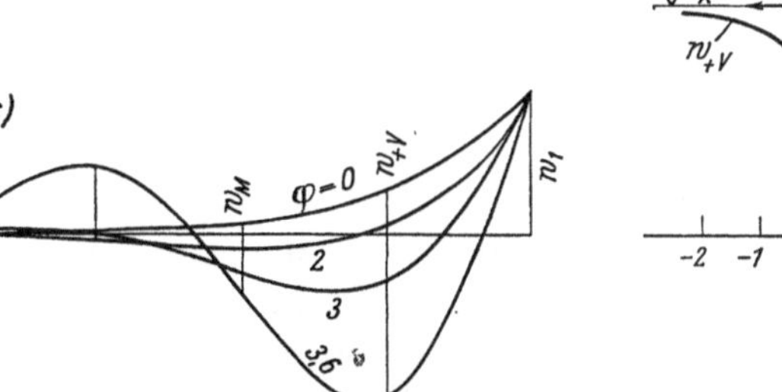

Abb. 6. Seitenverhältnis $\alpha = 4$.

Setzt man darin die Biegungssteifigkeit der Platte mit

$$D = \frac{E t^3}{12 (1 - \mu^2)} = \frac{b^2 t}{\pi^2} \sigma_e$$

ein, so werden die Biegungsspannungen für die Plattenseiten $z = \pm \dfrac{t}{2}$

$$(26) \quad \begin{cases} \sigma'_x = \pm \omega_x \sigma_e, \\[1ex] \sigma'_y = \pm \omega_y \sigma_e, \end{cases}$$

wenn man abkürzt

$$(26\,\mathrm{a})\qquad \begin{cases} \omega_x = \dfrac{6}{t}\left(\mu\,X - \dfrac{1}{\pi^2}\,X''\right)\sin\pi\,\eta, \\[2mm] \omega_y = \dfrac{6}{t}\left(X - \dfrac{\mu}{\pi^2}\,X''\right)\sin\pi\,\eta. \end{cases}$$

Die Gesamtnormalspannungen in den Plattenseiten sind damit

$$(26\,\mathrm{b})\qquad \begin{cases} \sigma_x = \sigma_e\,(-\,\varphi \pm \omega_x), \\[1mm] \sigma_y = \sigma_e\,(\pm\,\omega_y). \end{cases}$$

Für die Verwindungsmomente $(M_{yx} = -\,M_{xy})$ erhält man ebenso

$$(27)\qquad M_{yx} = +\,(1-\mu)\,D\,\frac{\partial^2 w}{\partial x\,\partial y} = \frac{D}{b^2}\,(1-\mu)\,\pi\,X'\cos\pi\,\eta$$

und für die zugehörigen Schubspannungen bei $z = \pm\dfrac{t}{2}$

$$(28)\qquad \tau'_{yx} = \pm\,\omega_{yx}\,\sigma_e,$$

worin abgekürzt ist

$$(28\,\mathrm{a})\qquad \omega_{yx} = \frac{6\,(1-\mu)}{t\,\pi}\,X'\cos\pi\,\eta.$$

Als Maß der Anstrengung benützen wir die Vergleichsspannung σ_V nach der Hypothese der konstanten Gestaltänderungsarbeit. Man vergleiche [4] F. Schleicher: Über die Sicherheit gegen Überschreiten der Fließgrenze bei statischer Beanspruchung, Bauingenieur Bd. 9 (1928) S. 253. Für die Plattenseiten ist danach

$$(29)\qquad \sigma_V = \sigma_e\,\sqrt{(-\,\varphi \pm \omega_x)^2 - (-\,\varphi \pm \omega_x)\,(\pm\,\omega_y) + \omega_y^2 + 3\,\omega_{yx}^2}\,.$$

Die Schubspannungen τ_{zx} und τ_{zy} infolge der Querkräfte verschwinden für $z = \pm\dfrac{t}{2}$. Sie können für unsere Betrachtung im allgemeinen gegenüber den Normalspannungen vernachlässigt werden, da sie von einer im Verhältnis t/b kleineren Größenordnung sind.

Die Höhe der Anstrengung σ_V kann für jede Intensität φ der Belastung und für jede Stelle der Platte nach Gleichung (29) ermittelt werden.

Im nachstehenden wird die Abschätzung der Anstrengung einer ausgebogenen Platte für den Sonderfall von quadratischen Beulen durchgeführt. Ausbiegungen von der Form $w(\xi, \eta) = w_M \cos\pi\,\xi \sin\pi\,\eta$ treten bekanntlich bei Rechteckplatten mit ganzzahligem Seitenverhältnis α auf, wenn die Längsbelastung gleich der Beulspannung $\varphi_K = 4$ ist.

Für die Spannungen in den Plattenseiten erhält man damit

$$(30)\qquad \begin{cases} \omega_x = \omega_y = 6\,(1+\mu)\,\dfrac{w_M}{t}\cos\pi\,\xi\,\sin\pi\,\eta \equiv 6\,(1+\mu)\,\dfrac{w(\xi,\,\eta)}{t}, \\[3mm] \omega_{yx} = 6\,(1-\mu)\,\dfrac{w_M}{t}\sin\pi\,\xi\,\cos\pi\,\eta. \end{cases}$$

Die größten Biegungsspannungen treten in Beulenmitte auf, sie sind

$$(30\,\mathrm{a})\qquad \max\sigma'_x = \max\sigma'_y = \pm\,6\,(1+\mu)\,\frac{w_M}{t}\,\sigma_e,$$

die zugehörigen Verwindungsspannungen verschwinden. Die Größtwerte von τ_{yz} sind an den Ecken des Feldes vorhanden im Betrag

$$(30\,\mathrm{b})\qquad \max\tau'_{yx} = \pm\,6\,(1-\mu)\,\frac{w_M}{t}\,\sigma_e.$$

Z. B. für eine Ausbeulung $w_M = \dfrac{t}{6}$ gelten danach (mit $\mu = 0{,}3$) die Werte

$$\max\sigma'_x = \max\sigma'_y = \pm\,1{,}3\,\sigma_e,$$

$$\max\tau'_{yx} = \pm\,0{,}7\,\sigma_e.$$

Mit der mittleren Druckspannung $\varphi = 4$ folgt damit die Anstrengung in Beulenmitte zu

$$\sigma_V = \sigma_e \sqrt{5{,}3^2 - 5{,}3 \cdot 1{,}3 + 1{,}3^2} = 4{,}79\,\sigma_e$$

bzw.

$$\sigma_e \sqrt{2{,}7^2 - 2{,}7 \cdot 1{,}3 + 1{,}3^2} = 3{,}53\,\sigma_e .$$

Die größte Anstrengung auf der „Druckseite" der Platte ist also für unser Beispiel nur das 1,2-fache der mittleren Druckspannung.

In einem außenmittig gedrückten Stab von $w_M = \dfrac{t}{6}$ Ausbiegung ist die größere Randspannung dagegen das Doppelte der mittleren Druckspannung. Man erkennt daraus, daß man durch den Vergleich einer anfänglich gebogenen Platte mit einem außermittig belasteten Druckstab keine brauchbare Abschätzung für die in der Platte auftretende Anstrengung erhält.

(Eingegangen 26. 2. 1942).

Zwei eigenartige Sätze der Statik.

Von A. Schleusner, Berlin.

Mit 3 Abbildungen.

1.

Im folgenden sollen zwei eigenartige Sätze abgeleitet werden, deren einer sich auf Fachwerke bezieht, während der andere für ein biegungssteifes System gilt. Der zweite Satz ist bisher unbekannt; der erste dagegen ist nicht neu. Er wurde im Jahre 1914 von Wieghardt im Archiv der Mathematik und Physik veröffentlicht (S. 314ff. „Über einige einfache, aber weniger bekannte Sätze aus der Statik der Fachwerke", Abschnitt 3). Der Beweis von Wieghardt ist aber nicht in Ordnung. Außer einigen Schwächen enthält er einen ausgesprochenen Fehler. Auf diese Umstände werden wir im einzelnen hinweisen. Im übrigen aber müssen wir die Wiedergabe des Beweisganges aus Raumgründen sehr kurz halten und den Leser, der sich für Einzelheiten interessiert, auf die Arbeit von Wieghardt verweisen. Der Satz lautet:

Die Spannkraftverteilung in einem irgendwie belasteten, n-fach statisch unbestimmten Fachwerk von $(m + n)$ Stäben läßt sich als lineare Kombination der Spannkraftverteilungen darstellen, die in sämtlichen in dem Fachwerk enthaltenen, statisch bestimmten m-stäbigen Fachwerken bei der gleichen Belastung entstehen.

Das gegebene, n-fach statisch unbestimmte Fachwerk von $(m + n)$ Stäben bezeichnen wir mit f, mit f_k irgendein m-stäbiges Fachwerk, das aus f durch Entfernung von n Stäben hervorgeht. S_i sei die Spannkraft des Stabes i im Fachwerk f, wenn dieses irgendwie belastet ist, S_{ik} die Spannkraft des gleichen Stabes im Fachwerk f_k, wenn dieses in der gleichen Weise wie f belastet ist. Dann besagt der Wieghardtsche Satz, der übrigens die Gültigkeit des Hookeschen Gesetzes voraussetzt, daß

$$(1) \qquad\qquad S_i = \sum_k \vartheta_k S_{ik}$$

ist, wobei die Summe über alle in f enthaltenen m-stäbigen statisch bestimmten Restfachwerke f_k zu erstrecken ist. Die Gewichte ϑ_k, mit denen die Spannkräfte der statisch bestimmten Fachwerke f_k zur resultierenden Spannkraft im statisch unbestimmten Fachwerk f beitragen, sind bei gegebener geometrischer Struktur des Fachwerks, bei gegebenem Material und gegebenen Stabquerschnitten eindeutig bestimmte Größen, die den Bedingungen

$$(2) \qquad\qquad 0 < \vartheta_k \leqq 1 , \qquad \sum_k \vartheta_k = 1$$

genügen und von der Art und Größe der Belastung des Fachwerks unabhängig sind.

Das Bemerkenswerte an diesem Satz ist, daß sich die Spannkraftkomponenten S_{ik} bei allen Stäben i mit den gleichen Gewichten ϑ_k zur resultierenden Spannkraft S_i zusammensetzen.

Den Beweis führt Wieghardt mit Hilfe des folgenden Determinantensatzes: Seien $a_i, b_i, \ldots, n_i$ und $a_i', b_i', \ldots, n_i'$ je n Größen; betrachtet man dann die beiden Matrizen

$$(3) \quad \begin{pmatrix} a_1 & a_2 & \cdots & a_{m+n} \\ b_1 & b_2 & \cdots & b_{m+n} \\ \vdots & \vdots & & \vdots \\ n_1 & n_2 & \cdots & n_{m+n} \end{pmatrix} \qquad \begin{pmatrix} a_1' & a_2' & \cdots & a_{m+n}' \\ b_1' & b_2' & \cdots & b_{m+n}' \\ \vdots & \vdots & & \vdots \\ n_1' & n_2' & \cdots & n_{m+n}' \end{pmatrix}$$

und bedeuten $j, h, \ldots, p$ irgendwelche n Zahlen der Reihe $1, 2, \ldots, m+n$, so ist.

$$(4) \quad \sum_{j=1}^{m+n} \sum_{h=1}^{m+n} \sum_{p=1}^{m+n} \begin{vmatrix} a_j & a_h & \cdots & a_p \\ b_j & b_h & \cdots & b_p \\ \vdots & \vdots & & \vdots \\ n_j & n_h & \cdots & n_p \end{vmatrix} \cdot \begin{vmatrix} a_j' & a_h' & \cdots & a_p' \\ b_j' & b_h' & \cdots & b_p' \\ \vdots & \vdots & & \vdots \\ n_j' & n_h' & \cdots & n_p' \end{vmatrix} = n! \begin{vmatrix} \sum\limits_{i=1}^{m+n} a_i a_i' & \sum\limits_{i=1}^{m+n} a_i b_i' & \cdots & \sum\limits_{i=1}^{m+n} a_i n_i' \\ \sum\limits_{i=1}^{m+n} b_i a_i' & \sum\limits_{i=1}^{m+n} b_i b_i' & \cdots & \sum\limits_{i=1}^{m+n} b_i n_i' \\ \vdots & \vdots & & \vdots \\ \sum\limits_{i=1}^{m+n} n_i a_i' & \sum\limits_{i=1}^{m+n} n_i b_i' & \cdots & \sum\limits_{i=1}^{m+n} n_i n_i' \end{vmatrix}.$$

Dieser Satz, den Wieghardt durch vollständige Induktion beweist, ist ein wohlbekannter Satz in etwas veränderter Form. Die linke Seite scheint $(m+n)^n$ Summanden zu besitzen. Von diesen sind jedoch alle diejenigen gleich Null, bei denen zwei oder mehr der Indizes $j, h, \ldots, p$ den gleichen Wert besitzen, da dann jede der beiden Determinanten auf der linken Seite verschwindet. Es bleiben somit nur $\binom{m+n}{n} \cdot n!$ Summanden, die von Null verschieden sein können, nämlich so viele, wie die Anzahl der Variationen der $m+n$ ersten natürlichen Zahlen zur n-ten Klasse ist. Unter diesen Summanden haben aber je $n!$ den gleichen Wert, nämlich alle die, die durch Permutation einer bestimmten Indexgruppe $j, h, \ldots, p$ (die aus n-Elementen besteht) entstehen. Es gibt also nur $\binom{m+n}{n}$-Summanden, die voneinander verschieden sein können, nämlich so viele, wie die Anzahl der Kombinationen der $m+n$ ersten natürlichen Zahlen zur n-ten Klasse ist. Gleichung (4) kann somit durch $n!$ dividiert werden, und man erhält

$$(4a) \quad \sum_{j, h, \ldots, p} \begin{vmatrix} a_j & a_h & \cdots & a_p \\ b_j & b_h & \cdots & b_p \\ \vdots & \vdots & & \vdots \\ n_j & n_h & \cdots & n_p \end{vmatrix} \cdot \begin{vmatrix} a_j' & a_h' & \cdots & a_p' \\ b_j' & b_h' & \cdots & b_p' \\ \vdots & \vdots & & \vdots \\ n_j' & n_h' & \cdots & n_p' \end{vmatrix} = \begin{vmatrix} \sum\limits_{i=1}^{m+n} a_i a_i' & \sum\limits_{i=1}^{m+n} a_i b_i' & \cdots & \sum\limits_{i=1}^{m+n} a_i n_i' \\ \sum\limits_{i=1}^{m+n} b_i a_i' & \sum\limits_{i=1}^{m+n} b_i b_i' & \cdots & \sum\limits_{i=1}^{m+n} b_i n_i' \\ \vdots & \vdots & & \vdots \\ \sum\limits_{i=1}^{m+n} n_i a_i' & \sum\limits_{i=1}^{m+n} n_i b_i' & \cdots & \sum\limits_{i=1}^{m+n} n_i n_i' \end{vmatrix},$$

wobei die Summe auf der linken Seite über alle Kombinationen der $m+n$ Indizes $1, 2, \ldots, m+n$ zur n-ten Klasse zu erstrecken ist. (4a) ist aber nichts anderes als das bekannte Zeilenprodukt der beiden rechteckigen Matrizen (3).

Unter den m-stäbigen, statisch bestimmten Restfachwerken f_k wählen wir nun ein bestimmtes f_0 aus, bei dem die m-Stäbe $m+1, m+2, \ldots, m+n$ entfernt sein mögen. Die Spannkräfte dieser Stäbe führen wir als statisch Unbestimmte ein und setzen

$$(5) \quad S_{m+1} = X_a, \; S_{m+2} = X_b, \; \ldots, S_{m+n} = X_n.$$

Bezeichnen wir weiter (entsprechend der Bedeutung von S_{ik}) mit S_{i0} die Spannkraft des

Stabes i im statisch bestimmten Fachwerk f_0, wenn dieses in der vorgeschriebenen Weise belastet ist, so ist bekanntlich

$$(6) \qquad S_i = S_{i0} + S_{ia} X_a + S_{ib} X_b + \cdots + S_{in} S_n \qquad (i = 1, 2, \ldots, m, m+1, \ldots, m+n).$$

Für $i = 1, 2, \ldots, m$ sind dies die Gleichgewichtsbedingungen zwischen den Spannkräften. Dabei bedeutet S_{ia} die Spannkraft im Stabe i beim Zustand $X_a = 1$, S_{ib} die beim Zustand $X_b = 1$ usw.[1]. Für $i = m+1, m+2, \ldots, m+n$ mögen die Gleichungen (6) lediglich die Identitäten (5) ausdrücken. D. h. es seien

$$(7) \qquad \begin{aligned} S_{m+1,0} &= S_{m+2,0} = \cdots = S_{m+n,0} = 0, \\ S_{m+1,a} &= S_{m+2,b} = \cdots = S_{m+n,n} = 1, \end{aligned}$$

$$\text{alle übrigen} \quad S_{m+p,0}, \quad S_{m+p,b}, \ldots, S_{m+p,n} \quad \text{gleich Null}.$$

Zu beachten ist, daß sämtliche S_{ir} $(r = a, b, \ldots, n)$ lediglich von der geometrischen Struktur des Fachwerks abhängen, dagegen weder von seinen elastischen Eigenschaften, noch von den Stabquerschnitten.

In den Elastizitätsgleichungen ersetzt Wieghardt zunächst mittels des Hookeschen Gesetzes die Dehnungen durch die Spannungen, sodann die Spannungen durch die Stabkräfte. Mit der Abkürzung

$$(8) \qquad \varrho_i = \frac{l_i}{E_i F_i},$$

wobei l_i, E_i, F_i Länge, Elastizitätsmodul und Querschnitt des Stabes i bedeuten, erhält man sodann unter Berücksichtigung von (7) die n-Gleichungen

$$(9) \qquad \varrho_1 S_{1r} S_1 + \varrho_2 S_{2r} S_2 + \cdots + \varrho_{m+n} S_{m+n,r} S_{m+n} = 0 \qquad (r = a, b, \ldots, n).$$

Mittels der Beziehungen (6) gehen diese Gleichungen in die folgenden n Gleichungen über:

$$(10) \qquad X_a \sum_{i=1}^{m+n} \varrho_i S_{ir} S_{ia} + X_b \sum_{i=1}^{m+n} \varrho_i S_{ir} S_{ib} + \cdots + X_n \sum_{i=1}^{m+n} \varrho_i S_{ir} S_{in} = -\sum_{i=1}^{m+n} \varrho_i S_{ir} S_{i0}$$

$$(r = a, b, \ldots, n).$$

Die Determinante dieses Gleichungssystems

$$(11) \qquad \varDelta = \begin{vmatrix} \sum\limits_{i=1}^{m+n} \varrho_i S_{ia}^2 & \sum\limits_{i=1}^{m+n} \varrho_i S_{ia} S_{ib} & \cdots & \sum\limits_{i=1}^{m+n} \varrho_i S_{ia} S_{in} \\ \sum\limits_{i=1}^{m+n} \varrho_i S_{ib} S_{ia} & \sum\limits_{i=1}^{m+n} \varrho_i S_{ib}^2 & \cdots & \sum\limits_{i=1}^{m+n} \varrho_i S_{ib} S_{in} \\ \vdots & \vdots & & \vdots \\ \sum\limits_{i=1}^{m+n} \varrho_i S_{in} S_{ia} & \sum\limits_{i=1}^{m+n} \varrho_i S_{in} S_{ib} & \cdots & \sum\limits_{i=1}^{m+n} \varrho_i S_{in}^2 \end{vmatrix}$$

ist sicher von Null verschieden, da das besondere m-stäbige Restfachwerk f_0 so ausgewählt sein sollte, daß es sicher statisch bestimmt ist. Dann folgt aus den Gleichungen (10)

$$(12) \qquad X_a = -\frac{1}{\varDelta} \begin{vmatrix} \sum\limits_{i=1}^{m+n} \varrho_i S_{ia} S_{i0} & \sum\limits_{i=1}^{m+n} \varrho_i S_{ib} S_{i0} & \cdots & \sum\limits_{i=1}^{m+n} \varrho_i S_{in} S_{i0} \\ \sum\limits_{i=1}^{m+n} \varrho_i S_{ia} S_{ib} & \sum\limits_{i=1}^{m+n} \varrho_i S_{ib}^2 & \cdots & \sum\limits_{i=1}^{m+n} \varrho_i S_{in} S_{ib} \\ \vdots & \vdots & & \vdots \\ \sum\limits_{i=1}^{m+n} \varrho_i S_{ia} S_{in} & \sum\limits_{i=1}^{m+n} \varrho_i S_{ib} S_{in} & \cdots & \sum\limits_{i=1}^{m+n} \varrho_i S_{in}^2 \end{vmatrix}$$

und entsprechende Ausdrücke für X_b, X_c, $\ldots$, X_n.

---

[1] Wir haben die Wieghardtschen Bezeichnungen hier durch die allgemein üblichen ersetzt.

Nunmehr nehmen wir aus dem Fachwerk f irgendwelche n-Stäbe $j, h, \ldots, p$ heraus und erhalten so das m-stäbige Fachwerk f_k. Es gibt — einschließlich des bisher betrachteten Fachwerks f_0 — $\binom{m+n}{n}$ voneinander verschiedene solche Fachwerke f_k, nämlich so viele, wie es Kombinationen der $m+n$-Stäbe des Fachwerks zur n-ten Klasse gibt. Das Fachwerk f_k kann statisch bestimmt, statisch unbestimmt oder beweglich sein[1]. Die Spannkräfte des Fachwerks f_k erhalten den zweiten Index k. Im übrigen gelten für sie unverändert die Gleichungen (5) und (6), wenn wir lediglich

$$(13) \qquad S_{jk} = S_{hk} = \cdots = S_{pk} = 0$$

setzen. Damit ergeben die Gleichungen $j, h, \ldots, p$ des Systems (6) die n Gleichungen

$$(14) \qquad S_{qa} X_{ak} + S_{qb} X_{bk} + \cdots + S_{qn} X_{nk} = -S_{q0} \qquad (q = j, h, \ldots, p).$$

Dabei bedeuten $X_{ak}, X_{bk} \ldots X_{nk}$ keine statisch unbestimmten Größen. Nach (5) ist ihre Bedeutung einfach

$$(15) \qquad X_{ak} = S_{m+1,k}; \quad X_{bk} = S_{m+2,k}; \quad \ldots; \quad X_{nk} = S_{m+n,k}.$$

Für die übrigen Spannkräfte ergeben die Gleichungen (6) unverändert

$$(16) \qquad S_{ik} = S_{i0} + S_{ia} X_{ak} + S_{ib} X_{bk} + \cdots + S_{in} X_{nk} \qquad \left(\begin{matrix} i = 1, 2, \ldots, m+n \\ i = j, h, \ldots, p \end{matrix} \right).$$

Die Determinante des Gleichungssystems (14) ist

$$(17) \qquad \varDelta_k = \begin{vmatrix} S_{ja} & S_{jb} & \cdots & S_{jn} \\ S_{ha} & S_{hb} & \cdots & S_{hn} \\ \cdot & \cdot & & \cdot \\ \cdot & \cdot & & \cdot \\ \cdot & \cdot & & \cdot \\ S_{pa} & S_{pb} & \cdots & S_{pn} \end{vmatrix}.$$

Dann und nur dann, wenn $\varDelta_k \neq 0$ ist, sind die $X_{ak}, \ldots, X_{nk}$ durch die Gleichungen (14) eindeutig als endliche Größen bestimmt und somit aus (15) und (16), d. h. aus den Gleichgewichtsbedingungen allein sämtliche Spannkräfte des Fachwerks f_k zu berechnen. Das aber ist gerade die notwendige und hinreichende Bedingung für die statische Bestimmtheit des Fachwerks f_k. Also ist $\varDelta_k$ **dann und nur dann von Null verschieden, wenn das m-stäbige Restfachwerk f_k statisch bestimmt ist.**

Als Lösungen der Gleichungen (14) ergibt sich

$$(18) \qquad \varDelta_k X_{ak} = - \begin{vmatrix} S_{j0} & S_{jb} & \cdots & S_{jn} \\ S_{h0} & S_{hb} & \cdots & S_{hn} \\ \cdot & \cdot & & \cdot \\ \cdot & \cdot & & \cdot \\ \cdot & \cdot & & \cdot \\ S_{p0} & S_{pb} & \cdots & S_{pn} \end{vmatrix}$$

und entsprechende Ausdrücke für $X_{bk}, \ldots, X_{nk}$. Gleichung (18) läßt erkennen, daß die Größen $\varDelta_k \cdot X_{ak}, \ldots, \varDelta_k \cdot X_{nk}$ immer einen wohldefinierten endlichen Wert haben, auch dann, wenn sich für die $X_{ak}, \ldots, X_{nk}$ selbst wegen des Verschwindens von $\varDelta_k$ aus (14) unendlich große Werte ergeben sollten.

Nunmehr definieren wir eine dem Fachwerk f_k eigentümliche Zahl ϑ_k durch

$$(19) \qquad \vartheta_k = \frac{\varrho_j \varrho_h \cdots \varrho_p \varDelta_k^2}{\varDelta}$$

und betrachten sodann alle m-stäbigen Fachwerke f_k, die aus dem $(m+n)$-stäbigen Fachwerk f gebildet werden können. Nach (19) haben alle ϑ_k das gleiche Vorzeichen, nämlich

---

[1] Wieghardt sagt a. a. O. S. 316, daß f_k die für ein statisch bestimmtes Fachwerk „notwendige und hinreichende Anzahl von Stäben" besitze. Das ist nicht richtig. Die Anzahl m ist zwar notwendig, aber nicht hinreichend für die statische Bestimmtheit des Fachwerks. Wieghardt weist selbst darauf hin, daß das Restfachwerk auch beweglich sein kann, er übersieht aber, daß es auch statisch unbestimmt sein kann.

das der von k unabhängigen Determinante Δ, die durch Gleichung (11) gegeben ist. Wir addieren nun sämtliche $\binom{m+n}{n}$ Größen ϑ_k. Klammern wir den gemeinsamen Faktor $\frac{1}{\Delta}$ aus und setzen für Δ_k die Determinante (17), indem wir die Faktoren ϱ in die Zeilen einer dieser Determinanten hineinmultiplizieren, so liefert der Satz (4a) für die Summe der Determinantenprodukte gerade die Determinante Δ, vgl. (11), die sich gegen den Nennner des ausgeklammerten Faktors $\frac{1}{\Delta}$ forthebt. Wir erhalten also

$$(20) \qquad \sum_{k=1}^{\binom{m+n}{n}} \vartheta_k = 1.$$

Das ist die zweite der Beziehungen (2). Da alle ϑ_k, wie bemerkt, das gleiche Vorzeichen haben müssen, folgt weiter

$$(21) \qquad 0 \leq \vartheta_k \leq 1 \qquad \left[k = 1, 2, \ldots, \binom{m+n}{n} \right].$$

Das ist bis auf das linke Gleichheitszeichen, von dem sogleich die Rede sein wird, die erste der Beziehungen (2). Übrigens folgt aus (19) weiter, daß die Determinante Δ immer einen positiven Wert haben muß.

Nach dem, was oben über die Determinante Δ_k gesagt wurde, hat ϑ_k mit Rücksicht auf (19) dann und nur dann einen von Null verschiedenen Wert, wenn f_k ein statisch bestimmtes Fachwerk ist. Dagegen verschwindet ϑ_k, wenn f_k beweglich (von unendlich kleiner oder endlicher Beweglichkeit) oder statisch unbestimmt ist. Den Wert 1 hat ϑ_k nach (20) dann und nur dann, wenn in dem Fachwerk f nur ein einziges statisch bestimmtes m-stäbiges Fachwerk f_k enthalten ist.

Sodann addieren wir alle $\binom{m+n}{n}$ Ausdrücke

$$(22) \qquad \vartheta_k X_{ak} = \frac{1}{\Delta} (\varrho_j \varrho_h \cdots \varrho_p \Delta_k) (\Delta_k X_{ak}).$$

Für die erste Klammer setzen wir die Determinante (17), indem wir die ϱ in die Zeilen hineinmultiplizieren, für die zweite die Determinante (18). Dann ergibt sich mit Hilfe des Satzes (4a) auf der rechten Seite gerade die rechte Seite der Gleichung (12)[1], also

$$(23) \qquad \sum_{k=1}^{\binom{m+n}{n}} \vartheta_k X_{ak} = X_a.$$

Entsprechende Gleichungen ergeben sich für $X_b, \ldots, X_n$.

Die Summe (23) ist über alle m-stäbigen Fachwerke, die in f enthalten sind, zu erstrecken. Nun hat aber, wie oben gezeigt, die zweite Klammer in (22) immer einen wohldefinierten, endlichen Wert, auch wenn X_{ak} unendlich groß wird, während die erste Klammer dann und nur dann von Null verschieden ist, wenn f_k statisch bestimmt ist. Das bedeutet erstens, daß jeder Summand in (23) einen wohldefinierten endlichen Wert besitzt und zweitens, daß nur diejenigen dieser Summanden von Null verschieden sind, die einem statisch bestimmten Restfachwerk f_k entsprechen.

Setzen wir schließlich die Beziehungen (23) in die $(m+n)$ Gleichungen (6) ein, so folgt

$$(24) \qquad S_i = \sum_k \vartheta_k S_{ik} \qquad (i = 1, 2, \ldots, m+n),$$

wobei die Summe über alle im Fachwerk f enthaltenen m-stäbigen, statisch bestimmten Fachwerke zu erstrecken ist. Das aber ist eben die in (1) aufgestellte Behauptung.

Da bei der Ableitung der Ergebnisse über Größe und Art der Belastung nichts vorausgesetzt wurde, ist auch die letzte Behauptung, daß die Gewichte ϑ_k von Größe und Art der Belastung unabhängig sind, bewiesen.

---

[1] Bei Wieghardt ist im Druck (a. a. O. S. 318, erste Gleichung) versehentlich der Faktor $\frac{1}{\Delta}$ fortgeblieben.

Wieghardt hat abweichend von unserer Gleichung (19) im Nenner von ϑ_k noch den Faktor $n!$ stehen[1]. Dies rührt daher, daß er für die Summierung den Satz (4) statt des Satzes (4a) anwendet[2]. Er läßt also die Indizes j, h, ..., p unabhängig voneinander alle Werte von 1 bis $m + n$ annehmen. Diese Art der Summierung ist unrichtig. Erstens würde der Fall, daß zwei oder mehr der Indizes j, h, ..., p gleiche Werte annehmen, auf ein Fachwerk f_k führen, in dem ein und derselbe Stab als mehrfach herausgenommen zählt; f_k hätte dann nicht m, sondern mehr als m Stäbe. Zweitens aber, und das ist das Entscheidende, zählt bei dieser Summierung jedes einzelne m-stäbige Restfachwerk $n!$-mal, entsprechend den $n!$ Permutationen, deren jede einzelne Indexgruppe j, h, ..., p fähig ist. Bei einem zweifach statisch unbestimmten Fachwerk etwa zählen nach der Summierung Wieghardts das Restfachwerk, bei dem die Stäbe $j = 1$, $h = 2$ entfernt sind, und das Restfachwerk, bei dem die Stäbe $j = 2$ und $h = 1$ entfernt sind, als zwei verschiedene Restfachwerke, während es sich in Wirklichkeit um ein- und dasselbe Restfachwerk handelt, nämlich das, bei dem die Stäbe 1 und 2 entfernt sind. Abgesehen von den ganz widersinnigen Fällen, die zuerst genannt wurden, summiert Wieghardt fälschlich über die Variationen statt über die Kombinationen der $m + n$-Stäbe zur n-ten Klasse. Hebt sich der Fehler auch bei der Formulierung des Satzes heraus, so bleiben doch die Gewichte ϑ_k, die in jede Rechnung eingehen, so wie Wieghardt sie angibt, unrichtig. Nur für $n = 1$, also beim einfach statisch unbestimmten Fachwerk, macht sich dieser Fehler nicht bemerkbar, da $n! = 1$ ist.

Die Stablängen l_i sind durch die geometrische Struktur des Fachwerks immer festgelegt. Schreibt man außerdem das Material (also die E_i) und die Querschnitte (F_i) der Stäbe vor, so sind die Stabkonstanten ϱ_i durch (8) und die Gewichte ϑ_k durch (19) eindeutig bestimmt. Die ϑ_k werden im allgemeinen nicht einander gleich sein. Man kann im allgemeinen keine willkürlichen Werte für die ϑ_k vorschreiben. Denn ihre Anzahl ist, abgesehen von solchen, die verschwinden, $\binom{m + n}{n}$, während die Anzahl der ϱ_i gleich $m + n$, also im allgemeinen kleiner als die der ϑ_k ist. Bei vorgeschriebenen ϑ_k wären also die ϱ_i überbestimmt. Die einzige grundsätzliche Ausnahme bildet das einfach statisch unbestimmte Fachwerk ($n = 1$). Hier ist $\binom{m + n}{n} = m + n$, also die Zahl der ϑ_k gleich der der ϱ_i. Hier kann man demnach die ϑ_k willkürlich vorschreiben, mit zwei Einschränkungen: ϑ_k muß dann und darf nur dann den Wert 0 haben, wenn das entsprechende Restfachwerk f_k beweglich oder statisch unbestimmt ist, und außerdem müssen die übrigen, statisch bestimmten Restfachwerken entsprechenden ϑ_k den Bedingungen

$$(25) \qquad\qquad 0 < \vartheta_k \leqq 1, \qquad \sum_k \vartheta_k = 1$$

genügen.

Beim einfach statisch unbestimmten Fachwerk werden die Determinanten (11) und (17) eingliedrig. Für die ϑ_k ergibt sich dann aus (19)

$$(26) \qquad\qquad \vartheta_k = \frac{\varrho_k S_{ka}^2}{\sum\limits_{i=1}^{m+1} \varrho_i S_{ia}^2} \qquad (k = 1, 2, \ldots, m+1;\ S_{m+1,a} = 1).$$

Verschwindet keine der Größen ϑ_k, d. h. keine der Größen S_{ka}, so kann man (26) in der Form schreiben

$$(27) \qquad\qquad \frac{\varrho_1 S_{1a}^2}{\vartheta_1} = \frac{\varrho_2 S_{2a}^2}{\vartheta_2} = \cdots = \frac{\varrho_m S_{ma}^2}{\vartheta_m} = \frac{\varrho_{m+1}}{\vartheta_{m+1}}.$$

Man kann sodann im Rahmen der Bedingungen (25) sämtliche ϑ_k willkürlich vorschreiben und erhält aus (27) m Gleichungen für die $m + 1$ Stabkonstanten ϱ_i. Eine von ihnen kann dann also noch willkürlich gewählt werden. Nehmen wir den praktisch wohl immer vorliegenden Fall, daß alle Stäbe aus gleichem Material sind, so hebt sich E aus den Gleichungen (27) heraus und unser Schluß nimmt die folgende Form an: Sind alle ϑ_k vorge-

---

[1] Wieghardt: a. a. O. S. 317 Gleichung (19).
[2] Wieghardt: a. a. O. S. 317 unten und 318 oben.

schrieben, so kann ein Stabquerschnitt noch willkürlich gewählt werden. Alle übrigen Stabquerschnitte aber sind dann durch diese Wahl und durch die Wahl der ϑ_k eindeutig festgelegt.

Insbesondere kann man für alle ϑ_k den gleichen Wert, d. h.

$$(28) \qquad \vartheta_1 = \vartheta_2 = \cdots \vartheta_{m+1} = \frac{1}{m+1}$$

vorschreiben. Dann besagt unser Satz mit Rücksicht auf Gleichung (24):

In jedem einfach statisch unbestimmten Fachwerk von $m + 1$ Stäben kann man die Stabquerschnitte immer so wählen, daß in jedem Stab die Spannkraft, die durch eine beliebige Belastung in ihm erzeugt wird, gleich dem arithmetischen Mittel aus allen jenen Spannkräften wird, die in dem gleichen Stab bei der gleichen Belastung in allen in dem Fachwerk enthaltenen, m-stäbigen, statisch bestimmten Fachwerken entsteht. Dabei kann ein und nur ein Stabquerschnitt willkürlich gewählt werden. Die Querschnitte aller übrigen Stäbe sind sodann eindeutig bestimmt.

Mit einer geringen Modifikation gilt der Satz auch dann noch, wenn einige der Größen ϑ_k verschwinden[1]. Haben μ der Größen S_{ka}, also μ der Größen ϑ_k den Wert Null, d. h. enthält das Fachwerk μ bewegliche oder statisch unbestimmte m-stäbige Fachwerke, so bleiben nach (26) die entsprechenden μ Stabquerschnitte willkürlich. In (27) fallen die entsprechenden μ Gleichungen aus. Setzt man an Stelle von (28) für die restlichen, nicht verschwindenden $m - \mu + 1$ Größen ϑ_k

$$(29) \qquad \vartheta_k = \frac{1}{m - \mu + 1} \qquad \text{(für alle } k, \text{ für die } \vartheta_k \neq 0 \text{ ist),}$$

so bleibt unser Satz unverändert bestehen. Nur können jetzt die Querschnitte von μ bestimmten Stäben und außerdem noch ein beliebiger anderer Stabquerschnitt willkürlich gewählt werden. Im allgemeinen werden die Stabquerschnitte dann, wenn alle nicht verschwindenden ϑ_k gleich groß vorgeschrieben werden, ihrerseits nicht einander gleich sein. Aus (27) folgt, daß dies dann und nur dann der Fall ist, wenn sich aus der geometrischen Struktur des Fachwerks die Beziehungen

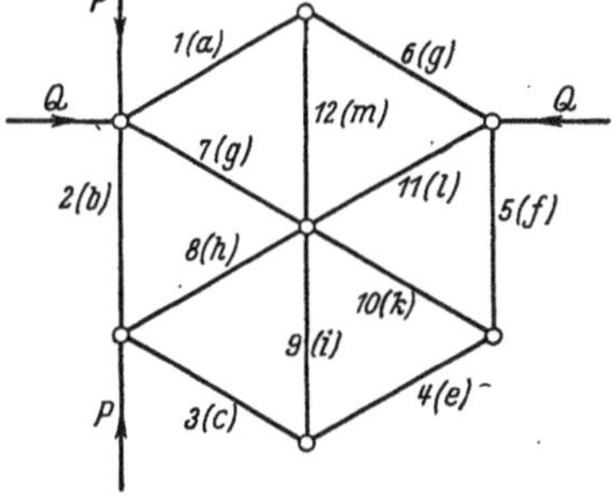

$$(30) \qquad \frac{l_k}{E_k} S_{ka}^2 = \frac{l_{m+1}}{E_{m+1}} \qquad \text{(für alle } k, \text{ für die } \vartheta_k \neq 0 \text{ ist)}$$

Abb. 1.

ergeben. Wir werden im folgenden ein Beispiel geben, in dem die Bedingungen (30) tatsächlich erfüllt sind.

Beispiel: Wir betrachten das einfach statisch unbestimmte Fachwerk f ($m = 11$, $n = 1$) nach Abb. 1; es besteht aus den 6 Seiten und 6 Halbdiagonalen eines regulären Sechsecks; die äußeren Kräfte P und Q stehen im Gleichgewicht. In diesem Fachwerk sind 12 statisch und kinematisch bestimmte Fachwerke enthalten. Wir wollen nun verlangen, daß die Stabkraft in jedem Stab des Fachwerks f das arithmetische Mittel der Spannkräfte in den 12 statisch bestimmten Fachwerken $f_a, f_b, \ldots, f_l$ ist, also

$$S_p = \tfrac{1}{12}(S_{pa} + S_{pb} + \cdots + S_{pl}).$$

Die Stabkräfte infolge $X_a = +1$, $X_b = +1, \ldots, X = +1$ werden für die Randstäbe $+1$, für die Speichen -1. Es folgt aus Gleichung (24), da wir

$$\vartheta_a = \vartheta_b = \cdots = \vartheta_l = \tfrac{1}{12}$$

vorgeschrieben haben, daß alle ϱ_p einander gleich sein müssen:

$$\frac{l_1}{E_1 F_1} = \frac{l_2}{E_2 F_2} = \cdots = \frac{l_{12}}{E_{12} F_{12}}.$$

---

[1] Wieghardt beachtet die Möglichkeit, daß ein oder mehrere der Größen ϑ_k verschwinden können und daß dann im übrigen andere Gewichte ϑ_k wirksam werden, nicht.

		Randstäbe					
r		a	b	c	d	e	f
p		S_{pa}	S_{pb}	S_{pc}	S_{pd}	S_{pe}	S_{pf}
Randstäbe	1	0	$+P-\frac{1}{3}\sqrt{3}\,Q$	$-\frac{1}{3}\sqrt{3}\,Q$	$-\frac{1}{3}\sqrt{3}\,Q$	$-\frac{1}{3}\sqrt{3}\,Q$	0
	2	$-P+\frac{1}{3}\sqrt{3}\,Q$	0	$-P$	$-P$	$-P$	$-P+\frac{1}{3}\sqrt{3}\,Q$
	3	$+\frac{1}{3}\sqrt{3}\,Q$	$+P$	0	0	0	$+\frac{1}{3}\sqrt{3}\,Q$
	4	$+\frac{1}{3}\sqrt{3}\,Q$	$+P$	0	0	0	$+\frac{1}{3}\sqrt{3}\,Q$
	5	$+\frac{1}{3}\sqrt{3}\,Q$	$+P$	0	0	0	$+\frac{1}{3}\sqrt{3}\,Q$
	6	0	$+P-\frac{1}{3}\sqrt{3}\,Q$	$-\frac{1}{3}\sqrt{3}\,Q$	$-\frac{1}{3}\sqrt{3}\,Q$	$-\frac{1}{3}\sqrt{3}\,Q$	0
Diagonalen	7	$-\frac{2}{3}\sqrt{3}\,Q$	$-P-\frac{1}{3}\sqrt{3}\,Q$	$-\frac{1}{3}\sqrt{3}\,Q$	$-\frac{1}{3}\sqrt{3}\,Q$	$-\frac{1}{3}\sqrt{3}\,Q$	$-\frac{2}{3}\sqrt{3}\,Q$
	8	$-\frac{1}{3}\sqrt{3}\,Q$	$-P$	0	0	0	$-\frac{1}{3}\sqrt{3}\,Q$
	9	$-\frac{1}{3}\sqrt{3}\,Q$	$-P$	0	0	0	$-\frac{1}{3}\sqrt{3}\,Q$
	10	$-\frac{1}{3}\sqrt{3}\,Q$	$-P$	0	0	0	$-\frac{1}{3}\sqrt{3}\,Q$
	11	$-\frac{2}{3}\sqrt{3}\,Q$	$-P-\frac{1}{3}\sqrt{3}\,Q$	$-\frac{1}{3}\sqrt{3}\,Q$	$-\frac{1}{3}\sqrt{3}\,Q$	$-\frac{1}{3}\sqrt{3}\,Q$	$-\frac{1}{3}\sqrt{3}\,Q$
	12	0	$-P-\frac{1}{3}\sqrt{3}\,Q$	$+\frac{1}{3}\sqrt{3}\,Q$	$+\frac{1}{3}\sqrt{3}\,Q$	$+\frac{1}{3}\sqrt{3}\,Q$	0
X_r		$\frac{1}{12}\left(P-\frac{11}{3}\sqrt{3}\,Q\right)$	$\frac{1}{12}\left(-11P+\frac{1}{3}\sqrt{3}\,Q\right)$	$\frac{1}{12}\left(+P+\frac{1}{3}\sqrt{3}\,Q\right)$	$\frac{1}{12}\left(+P+\frac{1}{3}\sqrt{3}\,Q\right)$	$\frac{1}{12}\left(+P+\frac{1}{3}\sqrt{3}\,Q\right)$	$\frac{1}{12}\left(P-\frac{11}{3}\sqrt{3}\,Q\right)$

In dem Fachwerk sind aber alle l_i einander gleich; nimmt man noch gleiches E für alle Stäbe an, so ergibt sich

$$F_1 = F_2 = \cdots = F_{12}.$$

In der folgenden Zusammenstellung sind die Stabkräfte der 12 verschiedenen statisch bestimmten Fachwerke eingetragen. Addiert man in waagerechtem Sinne die Kräfte und nimmt das arithmetische Mittel, so erhält man die betreffende Stabkraft im statisch unbestimmten System. Addiert man die Kräfte in senkrechtem Sinne, so erhält man unter Beachtung der Vorzeichen (Randstäbe $+1$, Speichen -1) die statisch unbestimmte Größe nach dem üblichen Verfahren

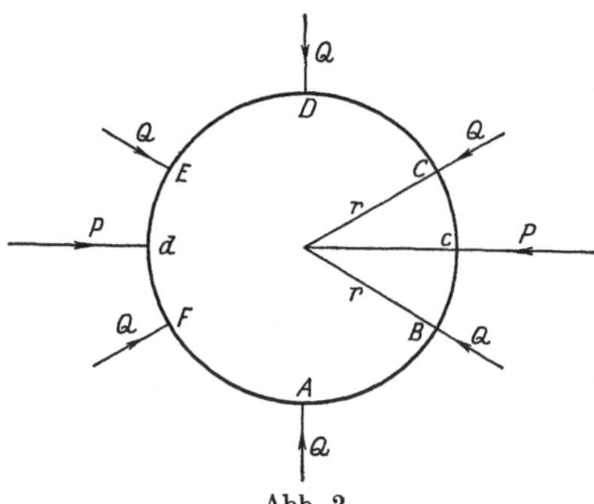

Abb. 2.

$\left(\text{in der Bezeichnungsweise von Müller-Breslau}\right.$
$$X_a = \frac{\sum S_0\,S_a\,\varrho}{\sum S_a^2\,\varrho}\,; \quad \text{in unserem Fall} \quad X_a = \frac{\sum S_0\,S_a}{\sum S_a^2}$$
$$\left. = \frac{\sum S_0\,(\pm 1)}{1}\right).$$

2.

Es sei ein elastischer Ring mit konstanter Biegesteifigkeit EJ gegeben, auf den äußere, im Gleichgewicht stehende Kräfte P und Q wirken (s. Abb. 2). Das System ist dreifach statisch unbestimmt und kann auf ∞^1-fache Weise statisch bestimmt gemacht werden. Es empfiehlt sich, den Schnitt so zu legen, daß

stellung

| Diagonalen | | | | | | |
| g | h | i | j | k | l | |
S_{pg}	S_{ph}	S_{pi}	S_{pj}	S_{pk}	S_{pl}	S_p
$-\frac{2}{3}\sqrt{3}\,Q$	$-\frac{1}{3}\sqrt{3}\,Q$	$-\frac{1}{3}\sqrt{3}\,Q$	$-\frac{1}{3}\sqrt{3}\,Q$	$-\frac{2}{3}\sqrt{3}\,Q$	0	$\frac{1}{12}\left(P-\frac{11}{3}\sqrt{3}\,Q\right)$
$-P-\frac{1}{3}\sqrt{3}\,Q$	$-P$	$-P$	$-P$	$-P-\frac{1}{3}\sqrt{3}\,Q$	$-P+\frac{1}{3}\sqrt{3}\,Q$	$\frac{1}{12}\left(-11\,P+\frac{1}{3}\sqrt{3}\,Q\right)$
$-\frac{1}{3}\sqrt{3}\,Q$	0	0	0	$-\frac{1}{3}\sqrt{3}\,Q$	$+\frac{1}{3}\sqrt{3}\,Q$	$\frac{1}{12}\left(P+\frac{1}{3}\sqrt{3}\,Q\right)$
$-\frac{1}{3}\sqrt{3}\,Q$	0	0	0	$-\frac{1}{3}\sqrt{3}\,Q$	$+\frac{1}{3}\sqrt{3}\,Q$	$\frac{1}{12}\left(P+\frac{1}{3}\sqrt{3}\,Q\right)$
$-\frac{1}{3}\sqrt{3}\,Q$	0	0	0	$-\frac{1}{3}\sqrt{3}\,Q$	$+\frac{1}{3}\sqrt{3}\,Q$	$\frac{1}{12}\left(P+\frac{1}{3}\sqrt{3}\,Q\right)$
$-\frac{2}{3}\sqrt{3}\,Q$	$-\frac{1}{3}\sqrt{3}\,Q$	$-\frac{1}{3}\sqrt{3}\,Q$	$-\frac{1}{3}\sqrt{3}\,Q$	$-\frac{2}{3}\sqrt{3}\,Q$	0	$\frac{1}{12}\left(-P-\frac{11}{3}\sqrt{3}\,Q\right)$
0	$-\frac{1}{3}\sqrt{3}\,Q$	$-\frac{1}{3}\sqrt{3}\,Q$	$-\frac{1}{3}\sqrt{3}\,Q$	0	$-\frac{2}{3}\sqrt{3}\,Q$	$\frac{1}{12}\left(-P-\frac{13}{3}\sqrt{3}\,Q\right)$
$+\frac{1}{3}\sqrt{3}\,Q$	0	0	0	$+\frac{1}{2}\sqrt{3}\,Q$	$-\frac{1}{3}\sqrt{3}\,Q$	$\frac{1}{12}\left(-P-\frac{1}{3}\sqrt{3}\,Q\right)$
$+\frac{1}{3}\sqrt{3}\,Q$	0	0	0	$+\frac{1}{3}\sqrt{3}\,Q$	$-\frac{1}{3}\sqrt{3}\,Q$	$\frac{1}{12}\left(-P-\frac{1}{3}\sqrt{3}\,Q\right)$
$+\frac{1}{3}\sqrt{3}\,Q$	0	0	$0\vert$	$+\frac{1}{3}\sqrt{3}\,Q$	$-\frac{1}{3}\sqrt{3}\,Q$	$\frac{1}{12}\left(-P-\frac{1}{3}\sqrt{3}\,Q\right)$
0	$-\frac{1}{3}\sqrt{3}\,Q$	$-\frac{1}{3}\sqrt{3}\,Q$	$-\frac{1}{3}\sqrt{3}\,Q$	0	$-\frac{2}{3}\sqrt{3}\,Q$	$\frac{1}{12}\left(-P-\frac{13}{3}\sqrt{3}\,Q\right)$
$+\frac{2}{3}\sqrt{3}\,Q$	$+\frac{1}{3}\sqrt{3}\,Q$	$+\frac{1}{3}\sqrt{3}\,Q$	$+\frac{1}{3}\sqrt{3}\,Q$	$+\frac{2}{3}\sqrt{3}\,Q$	0	$\frac{1}{12}\left(-P+\frac{11}{3}\sqrt{3}\,Q\right)$
$\frac{1}{12}\left(-P-\frac{13}{3}\sqrt{3}\,Q\right)$	$\frac{1}{12}\left(-P-\frac{1}{3}\sqrt{3}\,Q\right)$	$\frac{1}{12}\left(-P-\frac{1}{3}\sqrt{3}\,Q\right)$	$\frac{1}{12}\left(-P-\frac{1}{3}\sqrt{3}\,Q\right)$	$\frac{1}{12}\left(-P-\frac{13}{3}\sqrt{3}\,Q\right)$	$\frac{1}{12}\left(-P+\frac{11}{3}\sqrt{3}\,Q\right)$	S_p

die äußeren Kräfte P und Q symmetrisch angeordnet bleiben, wie es z. B. Abb. 3 zeigt. Bildet man nun die M_0-Fläche und entwickelt sie in eine Fourierreihe

$$(31) \qquad M_0(\varphi) = a_0 + a_1 \cos \varphi + a_2 \cos 2\varphi + \cdots + b_1 \sin \varphi + b_2 \sin 2\varphi + \cdots,$$

so behaupten wir folgendes:

Die drei statisch unbestimmten Größen X_a, X_b, und X_c bezogen auf den Schwerpunkt der elastischen Gewichte (Mittelpunkt M des Ringes) sind gleich den Beiwerten a_0, a_1 und b_1 der Fourier-Entwickelung. Nach der Theorie der Fourierschen Reihen ist bekanntlich[1]

$$a_0 = \frac{1}{2\pi} \int_0^{+2\pi} M_0(\varphi)\, d\varphi,$$

$$a_1 = \frac{1}{\pi} \int_0^{+2\pi} M_0(\varphi) \cos \varphi\, d\varphi,$$

$$b_1 = \frac{1}{\pi} \int_0^{+2\pi} M_0(\varphi) \sin \varphi\, d\varphi,$$

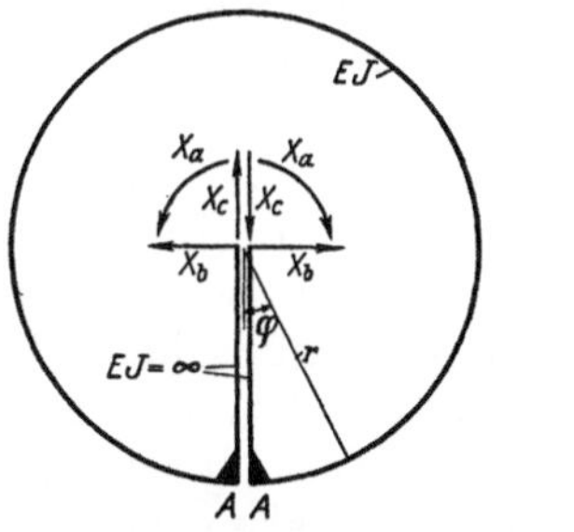

Abb. 3.

oder mit anderen Worten a_0 ist der Mittelwert von $M_0(\varphi)$ im Intervall 0 bis $+2\pi$, a_1 und b_1 sind die Mittelwerte von $2 M_0(\varphi) \cos \varphi$ bzw. $2 M_0(\varphi) \sin \varphi$ im Intervall 0 bis $+2\pi$.

<hr>

[1] Runge: Theorie und Praxis der Reihen S. 143 ff. Leipzig 1904.

Berechnet man die X_a X_b und X_c wie gewöhnlich, so wird (Abb. 3)

$$X_a = \frac{\delta_{0a}}{\delta_{aa}} = \frac{r \int\limits_0^{+2\pi} M_0(\varphi)\, d\varphi}{2\pi r},$$

$$X_b = \frac{\delta_{0b}}{\delta_{bb}} = \frac{r^3 \int\limits_0^{2\pi} M_0(\varphi) \cos\varphi\, d\varphi}{\pi r^3},$$

$$X_c = \frac{\delta_{0c}}{\delta_{cc}} = \frac{r^3 \int\limits_0^{2\pi} M_0(\varphi) \sin\varphi\, d\varphi}{\pi r^3}.$$

Unsere obige Behauptung ist also bewiesen; wenn der Schnitt symmetrisch zu den Lasten gelegt ist, dann wird X_c gleich Null. Für das Beispiel (Abb. 2) ergibt sich, wenn man das Rungesche Entwicklungsschema für 36 Ordinaten[1] (17 Beiwerte a und 18 Beiwerte b) benutzt, für das Biegungsmoment im Punkte A

$$M_A = -0{,}0182\, Pr + 0{,}089\, Qr,$$

für das Biegungsmoment im Punkte C

$$M_C = +0{,}318\, Pr - 0{,}045\, Qr.$$

Es gibt noch andere statisch unbestimmte Systeme, die sich durch harmonische Analyse erledigen lassen und bei denen dadurch die Aufstellung und Lösung von Elastizitätsgleichungen entbehrlich wird. Ich hoffe, bei anderer Gelegenheit darauf zurückkommen zu können.

---

[1] Runge: Zeitschrift für Mathematik und Physik Bd. 48, S. 442 u. f.

(Eingegangen 20. 2. 42.)

Die geschlossene Integration der Differentialgleichungen der drehsymmetrisch belasteten Kugelschale durch Zylinderfunktionen.

Von F. Tölke, Charlottenburg.

Mit 29 Abbildungen.

Wie vor einigen Jahren gezeigt wurde[1], läßt sich die Meißner-Reißnersche Theorie der drehsymmetrisch belasteten Rotationsschalen beträchtlich vereinfachen, wenn die Lösung nicht auf zwei simultane Differentialgleichungen für Tangentenwinkeländerung und Querkraft, sondern auf eine einzige komplexe Differentialgleichung zweiter Ordnung zurückgeführt wird. Insbesondere läßt sich auf diesem Wege auch die Spaltung der Schalengleichungen für beliebig veränderliche Wandstärke durchführen, womit der Anwendungsbereich der Meißnerschen Theorie außerordentlich erweitert wird.

Einer der wichtigsten Anwendungsfälle der Schalentheorie ist die Kugelschale, deren strenge Lösung schon vor 25 Jahren durch L. Bolle in der Form hypergeometrischer Funktionen gegeben wurde[2]. Leider sind diese Funktionen weder tabuliert noch in schnell konvergierender Form darstellbar, so daß die Bollesche Lösung so gut wie kaum Eingang in die Praxis finden konnte. Für dünne und insbesondere dünne Halbkugelschalen wurde von

---

[1] Tölke, F.: Zur Integration der Differentialgleichungen der drehsymmetrisch belasteten Rotationsschale bei beliebiger Wandstärke. Ing.-Arch. 1938, S. 282 bis 288.

[2] Bolle, L.: Festigkeitsberechnung von Kugelschalen. Zürich: Orell Füssli 1916.

A. Bauersfeld und J. Geckeler[1] ein Näherungsverfahren entwickelt, das, aufbauend auf dem Randabklingungsverhalten der dünnen Schalen, die Kugelschale in der Umgebung des Randes wie eine Zylinderschale behandelt. Dieses Verfahren hat eine außerordentlich weitgehende Anwendung in der Praxis gefunden[2]. Bei Kugelschalen mit inneren Rändern, wie sie z. B. bei Kuppeln durch Laternenaufsätze oder bei Druckgefäßen durch Einlaßöffnungen gebildet werden, versagt die Annäherung durch Zylinderschalen. Eine wesentlich brauchbarere Annäherung ergab hier die näherungsweise Behandlung als Kegelschale[3], für die F. Dubois geschlossene Lösungen in Form von Zylinderfunktionen vom komplexen Argument $r\sqrt{i}$ entwickelt hat[4].

Nachdem heute für Zylinderfunktionen vom komplexen Argument $r\sqrt{i}$ sehr weitgehende Funktionentafeln zur Verfügung stehen[5], liegt es nahe zu versuchen, die Differentialgleichun-

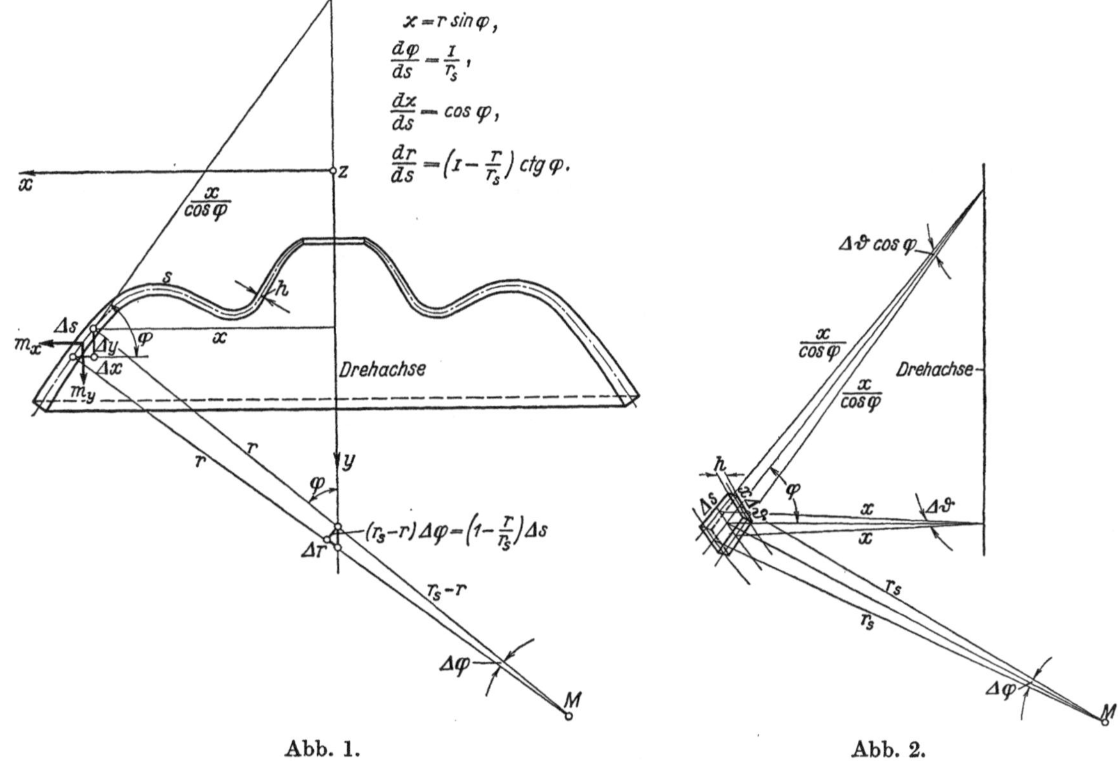

Abb. 1.   Abb. 2.

gen der Kugelschale für ihren gesamten Bereich durch Zylinderfunktionen zu integrieren und damit die nur bereichsweise brauchbaren Behelfslösungen durch eine strenge Lösung zu ersetzen. Eine solche Möglichkeit besteht und ich trage sie bereits seit einer Reihe von Jahren in meinen Vorlesungen über Schalentheorie vor. Es ist mir eine besondere Freude, sie in dieser Festschrift für unseren hochverehrten Geheimrat Hertwig einem breiteren Kreise von Fachkollegen zugänglich machen und ihren Nutzen an dem Beispiel eines Hochdruckgefäßes für 1000 atü Innendruck erläutern zu können.

---

[1] Geckeler, J.: Mitteilungen über Forschungsarbeiten auf dem Gebiete des Ingenieurwesens Heft 276. Berlin: VDI-Verlag 1926. Ferner: Handbuch der Physik von Geiger und Scheel. Bd. VI, Mechanik der elastischen Körper: Kap. 3. J. Geckeler: Elastokinetik S. 238 bis 265. Berlin: Springer 1928.

[2] Dischinger, F.: Handbuch für Eisenbeton Bd. VI. Schalen und Rippenkuppeln. Berlin: W. Ernst & Sohn 1928.

[3] Geckeler, J.: Zur Theorie der Elastizität flacher rotationssymmetrischer Schalen. Ing.-Arch. 1930 S. 255 bis 270.

[4] Dubois, F.: Über die Festigkeit der Kegelschale. Zürich: Orell Füssli 1917.

[5] Tölke, F.: Besselsche und Hankelsche Zylinderfunktionen nullter bis dritter Ordnung vom Argument $r\sqrt{i}$. Stuttgart: Konrad Wittwer 1936.

Es folgt nun zunächst eine kurze Zusammenstellung der allgemeinen Formeln[1]. Für die dabei verwendeten Bezeichnungen sei auf Abb. 1 bis 6 verwiesen, von denen Abb. 1 einen Axialschnitt durch die Schale, Abb. 2 ein Schnittelement, Abb. 3 die Aufspaltung von Längs- und Querkraft nach Axialschub V und Ringschub H, Abb. 4 die Spannungsresul-

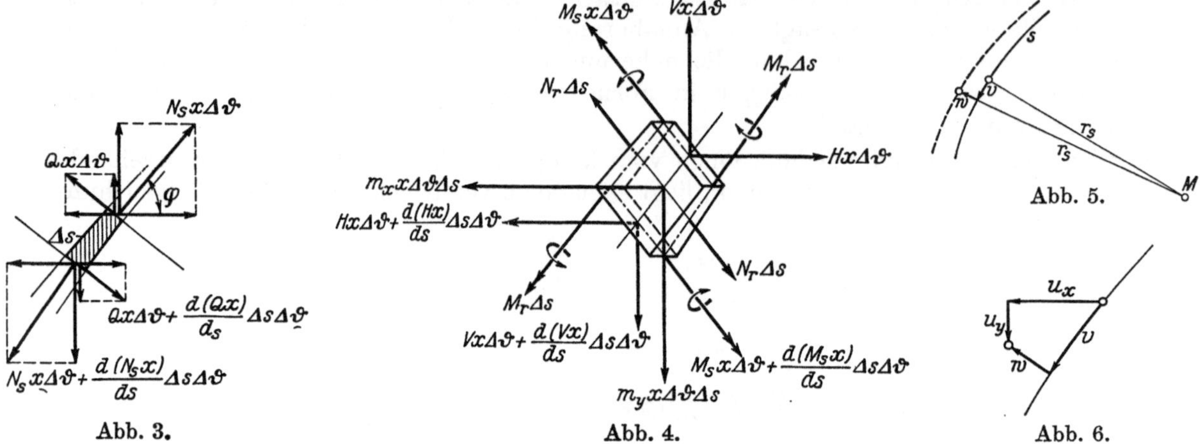

Abb. 3.   Abb. 4.   Abb. 6.

tanten am Schnittelement, Abb. 5 die natürlichen Verschiebungskomponenten und Abb. 6 den Zusammenhang zwischen natürlichen und axialen Verschiebungskomponenten zeigt.

Die komplexe Differentialgleichung lautet:

$$(1) \qquad \frac{d^2 X}{d s^2} + (i\,\Psi - \Phi)\,X = \tau \sqrt{\frac{x}{h}}.$$

Hierin bezeichnen Ψ, Φ und τ die nachfolgenden Funktionen von s:

$$(2) \qquad \begin{cases} \Psi(s) = \dfrac{\sqrt{12\,(1-\mu^2)}}{r\,h}, \\[2ex] \Phi(s) = \dfrac{3}{4}\left(\dfrac{x'}{x}\right)^2 - \dfrac{1}{2\,r\,r_s} + \dfrac{3}{4}\left(\dfrac{h'}{h}\right)^2 + \left(\dfrac{1}{2} - 2\,\mu\right)\dfrac{x'}{x}\,\dfrac{h'}{h} + \dfrac{1}{2}\,\dfrac{h''}{h}, \end{cases}$$

$$(3) \qquad \begin{cases} \tau(s) = r\left[\left(\dfrac{h'}{h} - \dfrac{2\,x'}{x}\right)(m_x \sin\varphi - m_y \cos\varphi) - m_x' \sin\varphi + m_y' \cos\varphi - \dfrac{2\,m_y}{r_s \sin\varphi}\right] - \\[2ex] \qquad - \mu\,(m_x \cos\varphi + m_y \sin\varphi) + \dfrac{1}{x \sin\varphi}\left[\dfrac{x'}{x}\left(1 + \dfrac{r}{r_s} - \dfrac{2\,r^2}{r_s^2}\right) - \right. \\[2ex] \qquad \left. - \dfrac{r}{r_s}\,\dfrac{r_s'}{r_s} - \dfrac{h'}{h}\left(\mu + \dfrac{r}{r_s}\right)\right]\left(V_0\,x_0 - \int\limits_{s_0}^{s} x\,m_y\,d s\right). \end{cases}$$

Wird die allgemeine Lösung von (1) in der Form

$$(4) \qquad X = (X_{p_1} + i\,X_{p_2}) + C_1\,(X_{11} + i\,X_{12}) + C_2\,(X_{21} + i\,X_{22})$$

angesetzt, in der X_{p_1}, X_{p_2}, X_{11}, X_{12}, X_{21}, X_{22} reelle Funktionen von s und C_1, C_2 komplexe Integrationskonstante darstellen, und bezeichnen Y und Z zwei Bezugsunbekannte gemäß

$$(5) \qquad \begin{cases} Y = \overline{Y}\sqrt{\dfrac{x}{h}} = Q\,r\,\sqrt{\dfrac{x}{h}}, \\[2ex] Z = \overline{Z}\sqrt{\dfrac{x}{h}} = \dfrac{E\,h^2}{\sqrt{12\,(1-\mu^2)}}\sqrt{\dfrac{x}{h}}\left(\dfrac{d w}{d s} - \dfrac{v}{r_s}\right), \end{cases}$$

so lassen sich diese gemäß

$$(6) \qquad \begin{cases} Y = -X_{p_1} + A_1\,X_{12} - B_1\,X_{11} + A_2\,X_{22} - B_2\,X_{21}, \\[1ex] Z = +X_{p_2} + A_1\,X_{11} + B_1\,X_{12} + A_2\,X_{21} + B_2\,X_{22}, \end{cases}$$

durch die 6 X-Funktionen ausdrücken.

---

[1] Siehe Fußnote 1 S. 166.

Bezeichnet der Index 0 die Spannungsresultanten und geometrischen Bestimmungs-
stücke eines ausgezeichneten Randschnittes, so bestehen zwischen den beiden Bezugs-
unbekannten einerseits und den fünf unbekannten Schnittkräften und Momenten andererseits die nachfolgenden Beziehungen:

$$
(7)\quad\left\{
\begin{aligned}
Q &= \frac{\sin\varphi}{x}\sqrt{\frac{h}{x}}\,Y,\\[2mm]
N_s &= -\frac{\cos\varphi}{x}\sqrt{\frac{h}{x}}\,Y + \frac{1}{\sin\varphi}\left(V_0\frac{x_0}{x} - \frac{1}{x}\int_{s_0}^{s} x\,m_y\,ds\right),\\[2mm]
N_r &= -\sqrt{\frac{h}{x}}\left[\frac{dY}{ds} + \frac{1}{2}\left(\frac{h'}{h} - \frac{x'}{x}\right)Y\right] + x\,m_x - x\,m_y\,\mathrm{ctg}\,\varphi - \frac{1}{r_s\sin^2\varphi}\left(V_0 x_0 - \int_{s_0}^{s} x\,m_y\,ds\right),\\[2mm]
M_s &= \frac{h\sqrt{\frac{h}{x}}}{\sqrt{12(1-\mu^2)}}\left[\frac{dZ}{ds} - \left(\frac{3}{2}\frac{h'}{h} + \left(\frac{1}{2}-\mu\right)\frac{x'}{x}\right)Z\right],\\[2mm]
M_r &= \frac{h\sqrt{\frac{h}{x}}}{\sqrt{12(1-\mu^2)}}\left[\mu\frac{dZ}{ds} - \left(\frac{3\mu}{2}\frac{h'}{h} + \left(\frac{\mu}{2}-1\right)\frac{x'}{x}\right)Z\right].
\end{aligned}
\right.
$$

Ferner ergibt sich für die axialen Verschiebungskomponenten u_x und u_y und die natürlichen Verschiebungskomponenten v und w sowie für die Tangentendrehung $\delta\varphi$

$$
(8)\quad\left\{
\begin{aligned}
u_x = x\,\varepsilon_r &= \frac{x(N_r - \mu N_s)}{E\,h} = -\frac{1}{E}\sqrt{\frac{x}{h}}\left[\frac{dY}{ds} + \left(\frac{1}{2}\frac{h'}{h} - \left(\frac{1}{2}+\mu\right)\frac{x'}{x}\right)Y\right] +\\[2mm]
&\quad + \frac{x^2}{E\,h}(m_x - m_y\,\mathrm{ctg}\,\varphi) - \frac{\frac{x}{r_s}+\mu\sin\varphi}{E\,h\,\sin^2\varphi}\left(V_0 x_0 - \int_{s_0}^{s} x\,m_y\,ds\right).\\[2mm]
u_y &= -k + u_x\,\mathrm{tg}\,\varphi - \int\left[\frac{u_x}{r_s\cos^2\varphi} + \frac{\sqrt{12(1-\mu^2)}}{E\,h^2\cos\varphi}\sqrt{\frac{h}{x}}\,Z\right]ds.
\end{aligned}
\right.
$$

$$
(9)\quad\left\{
\begin{aligned}
v &= -k\sin\varphi + \frac{u_x}{\cos\varphi} - \sin\varphi\int\left[\frac{u_x}{r_s\cos^2\varphi} + \frac{\sqrt{12(1-\mu^2)}}{E\,h^2\cos\varphi}\sqrt{\frac{h}{x}}\,Z\right]ds.\\[2mm]
w &= k\cos\varphi + \cos\varphi\int\left[\frac{u_x}{r_s\cos^2\varphi} + \frac{\sqrt{12(1-\mu^2)}}{E\,h^2\cos\varphi}\sqrt{\frac{h}{x}}\,Z\right]ds,
\end{aligned}
\right.
$$

$$
(10)\qquad \delta\varphi = \frac{dw}{ds} - \frac{v}{r_s} = \frac{\sqrt{12(1-\mu^2)}}{E\,h^2}\sqrt{\frac{h}{x}}\,Z.
$$

Wird, was fast immer zulässig ist, eine statisch bestimmte Membranlösung abgespalten,
so wird der durch (1) bis (10) dargestellte Spannungs- und Verschiebungszustand ein reiner
Randbiegungszustand ohne äußere Belastung. Wird ein solcher gemäß

$$
(11)\qquad m_x = m_y = m_x' = m_y' = V_0 = 0 \qquad \text{(Randbiegungszustand)}
$$

zugrunde gelegt, so liefert Gleichung (3)

$$
(12)\qquad \tau(s) = 0 \qquad\qquad \text{(Randbiegungszustand)}.
$$

Damit verschwindet in der allgemeinen Lösung (4) das Partikularintegral und man erhält

$$
(13)\qquad X_{p_1}(s) = X_{p_2}(s) = 0 \qquad\qquad \text{(Randbiegungszustand)}.
$$

Die Anwendung der Gleichung (1) bis (13) auf die Zylinderschale mit konstanter Wandstärke führt zu dem bereits eingangs erwähnten Geckelerschen Randabklingungszustand.
Für manche Anwendungsfälle — insbesondere dann, wenn die Randabklingung mäßig ist,
so daß beide Ränder sich in größerem Umfange beeinflussen — ist es zweckmäßig, die allgemeine Lösung durch Einführung von Hyperbelfunktionen in eine symmetrische und eine
antimetrische Teillösung zu zerlegen. Da für das nachfolgende Beispiel diese Lösung von
Bedeutung ist, sei sie in ihren Ergebnissen kurz zusammengestellt.

Mit der dimensionslosen Veränderlichen

$$(14) \qquad \xi = \frac{s}{\sqrt{a\,h}}\,\sqrt[4]{3\,(1-\mu^2)}$$

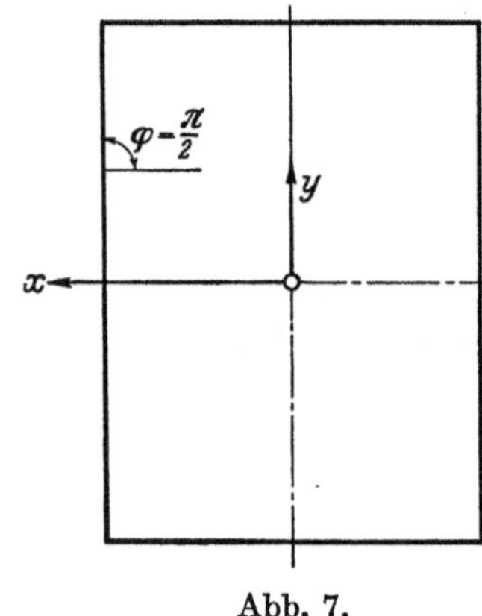

Abb. 7.

und den Bezeichnungen von Abb. 7 lautet die komplexe Differentialgleichung

$$(15) \qquad \frac{d^2 X}{d\xi^2} + 2\,i\,X = 0$$

mit der allgemeinen Lösung

$$(16) \qquad \begin{aligned} X = {}& C_1\,(\operatorname{\mathfrak{Cof}}\xi\cos\xi - i\,\operatorname{\mathfrak{Sin}}\xi\sin\xi) + \\ &+ C_2\,(\operatorname{\mathfrak{Sin}}\xi\cos\xi - i\,\operatorname{\mathfrak{Cof}}\xi\sin\xi). \end{aligned}$$

Hieraus ergibt sich

$$(17) \qquad \left\{ \begin{aligned} X_{11} &= \operatorname{\mathfrak{Cof}}\xi\cos\xi, & X_{12} &= -\operatorname{\mathfrak{Sin}}\xi\sin\xi, \\ X_{21} &= \operatorname{\mathfrak{Sin}}\xi\cos\xi, & X_{22} &= -\operatorname{\mathfrak{Cof}}\xi\sin\xi \end{aligned} \right.$$

und damit

$$(18) \qquad \left\{ \begin{aligned} Y &= -A_1\,\operatorname{\mathfrak{Sin}}\xi\sin\xi - B_1\,\operatorname{\mathfrak{Cof}}\xi\cos\xi - A_2\,\operatorname{\mathfrak{Cof}}\xi\sin\xi - B_2\,\operatorname{\mathfrak{Sin}}\xi\cos\xi, \\ Z &= +A_1\,\operatorname{\mathfrak{Cof}}\xi\cos\xi - B_1\,\operatorname{\mathfrak{Sin}}\xi\sin\xi + A_2\,\operatorname{\mathfrak{Sin}}\xi\cos\xi - B_2\,\operatorname{\mathfrak{Cof}}\xi\sin\xi. \end{aligned} \right.$$

Aus (18) folgt weiter

$$(19) \qquad \left\{ \begin{aligned} \frac{dY}{d\xi} ={}& -A_1\,(\operatorname{\mathfrak{Cof}}\xi\sin\xi + \operatorname{\mathfrak{Sin}}\xi\cos\xi) - B_1\,(\operatorname{\mathfrak{Sin}}\xi\cos\xi - \operatorname{\mathfrak{Cof}}\xi\sin\xi) - \\ & - A_2\,(\operatorname{\mathfrak{Sin}}\xi\sin\xi + \operatorname{\mathfrak{Cof}}\xi\cos\xi) - B_2\,\operatorname{\mathfrak{Cof}}\xi\cos\xi - \operatorname{\mathfrak{Sin}}\xi\sin\xi), \\[2pt] \frac{dZ}{d\xi} ={}& +A_1\,(\operatorname{\mathfrak{Sin}}\xi\cos\xi - \operatorname{\mathfrak{Cof}}\xi\sin\xi) - B_1\,(\operatorname{\mathfrak{Cof}}\xi\sin\xi + \operatorname{\mathfrak{Sin}}\xi\cos\xi) + \\ & + A_2\,(\operatorname{\mathfrak{Cof}}\xi\cos\xi - \operatorname{\mathfrak{Sin}}\xi\sin\xi) - B_2\,(\operatorname{\mathfrak{Sin}}\xi\sin\xi + \operatorname{\mathfrak{Cof}}\xi\cos\xi), \\[2pt] \int Z\,d\xi ={}& +\frac{A_1}{2}\,(\operatorname{\mathfrak{Cof}}\xi\sin\xi + \operatorname{\mathfrak{Sin}}\xi\cos\xi) + \frac{B_1}{2}\,(\operatorname{\mathfrak{Sin}}\xi\cos\xi - \operatorname{\mathfrak{Cof}}\xi\sin\xi) + \\ & + \frac{A_2}{2}\,(\operatorname{\mathfrak{Sin}}\xi\sin\xi + \operatorname{\mathfrak{Cof}}\xi\cos\xi) + \frac{B_2}{2}\,(\operatorname{\mathfrak{Cof}}\xi\cos\xi - \operatorname{\mathfrak{Sin}}\xi\sin\xi) \end{aligned} \right.$$

und damit

$$(20) \qquad \left\{ \begin{aligned} V ={}& N_s = 0, \\[2pt] Q_s ={}& -H = -\frac{1}{a}\sqrt{\frac{h}{a}}\,(A_1\,\operatorname{\mathfrak{Sin}}\xi\sin\xi + B_1\,\operatorname{\mathfrak{Cof}}\xi\cos\xi + A_2\,\operatorname{\mathfrak{Cof}}\xi\sin\xi + B_2\,\operatorname{\mathfrak{Sin}}\xi\cos\xi), \\[2pt] N_r ={}& \frac{1}{a}\,\sqrt[4]{3\,(1-\mu^2)}\,[A_1\,(\operatorname{\mathfrak{Cof}}\xi\sin\xi + \operatorname{\mathfrak{Sin}}\xi\cos\xi) + B_1\,(\operatorname{\mathfrak{Sin}}\xi\cos\xi - \operatorname{\mathfrak{Cof}}\xi\sin\xi) + \\ & + A_2\,(\operatorname{\mathfrak{Sin}}\xi\sin\xi + \operatorname{\mathfrak{Cof}}\xi\cos\xi) + B_2\,(\operatorname{\mathfrak{Cof}}\xi\cos\xi - \operatorname{\mathfrak{Sin}}\xi\sin\xi)], \\[2pt] M_s ={}& \frac{h}{2\,a}\,\frac{1}{\sqrt[4]{3\,(1-\mu^2)}}\,[A_1\,(\operatorname{\mathfrak{Sin}}\xi\cos\xi - \operatorname{\mathfrak{Cof}}\xi\sin\xi) - B_1\,(\operatorname{\mathfrak{Cof}}\xi\sin\xi + \operatorname{\mathfrak{Sin}}\xi\cos\xi) + \\ & + A_2\,(\operatorname{\mathfrak{Cof}}\xi\cos\xi - \operatorname{\mathfrak{Sin}}\xi\sin\xi) - B_2\,(\operatorname{\mathfrak{Sin}}\xi\sin\xi + \operatorname{\mathfrak{Cof}}\xi\cos\xi)], \\[2pt] M_r ={}& \mu\,M_s, \\[2pt] \delta\varphi ={}& \frac{dw}{ds} = \frac{\sqrt{12\,(1-\mu^2)}}{E\,h^2}\sqrt{\frac{h}{a}}\,(A_1\,\operatorname{\mathfrak{Cof}}\xi\cos\xi - B_1\,\operatorname{\mathfrak{Sin}}\xi\sin\xi + A_2\,\operatorname{\mathfrak{Sin}}\xi\cos\xi - B_2\,\operatorname{\mathfrak{Cof}}\xi\sin\xi), \\[2pt] w ={}& \frac{\sqrt[4]{3\,(1-\mu^2)}}{E\,h}\,[A_1\,(\operatorname{\mathfrak{Cof}}\xi\sin\xi + \operatorname{\mathfrak{Sin}}\xi\cos\xi) + B_1\,(\operatorname{\mathfrak{Sin}}\xi\cos\xi - \operatorname{\mathfrak{Cof}}\xi\sin\xi) + \\ & + A_2\,(\operatorname{\mathfrak{Sin}}\xi\sin\xi + \operatorname{\mathfrak{Cof}}\xi\cos\xi) + B_2\,(\operatorname{\mathfrak{Cof}}\xi\cos\xi - \operatorname{\mathfrak{Sin}}\xi\sin\xi)], \\[2pt] v ={}& -\frac{\mu}{E\,h}\sqrt{\frac{h}{a}}\,(A_1\,\operatorname{\mathfrak{Sin}}\xi\sin\xi + B_1\,\operatorname{\mathfrak{Cof}}\xi\cos\xi + A_2\,\operatorname{\mathfrak{Cof}}\xi\sin\xi + B_2\,\operatorname{\mathfrak{Sin}}\xi\cos\xi) + k. \end{aligned} \right.$$

Im Falle der Kugelschale (Abb. 8) ist $r = r_s = a$, $x = a \sin \varphi$, $s = a\varphi$, $x = \cos \varphi$. Damit folgt bei konstanter Wandstärke

$$\Psi = \frac{\sqrt{12(1 - \mu^2)}}{a\,h}, \qquad \Phi = \frac{1}{a^2}\left(\frac{3}{4}\,\mathrm{cotg}^2\,\varphi - \frac{1}{2}\right),$$

und die komplexe Differentialgleichung lautet

$$\frac{d^2 X}{d\varphi^2} + \left(i\,\frac{a}{h}\,\sqrt{12\,(1 - \mu^2)} - \frac{3}{4}\,\mathrm{cotg}^2\,\varphi + \frac{1}{2}\right) X = 0\,.$$

Die strenge Lösung dieser Differentialgleichung führt auf hypergeometrische Funktionen und ist, wie schon einleitend bemerkt, für praktische Rechnungen nicht brauchbar. Um zu einer bequemeren Lösungsform zu gelangen, soll die Funktion $\frac{1}{2} - \frac{3}{4}\,\mathrm{cotg}^2\,\varphi$ gemäß

$$\frac{1}{2} - \frac{3}{4}\,\mathrm{cotg}^2\,\varphi = \sim \frac{9}{10} - \frac{3}{4\,\varphi^2}$$

$$\left(0 \leqq \varphi \leqq \frac{\pi}{2}\right)$$

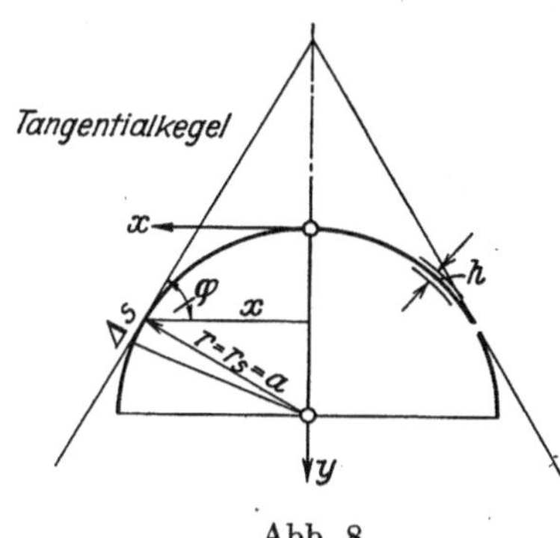

Abb. 8.

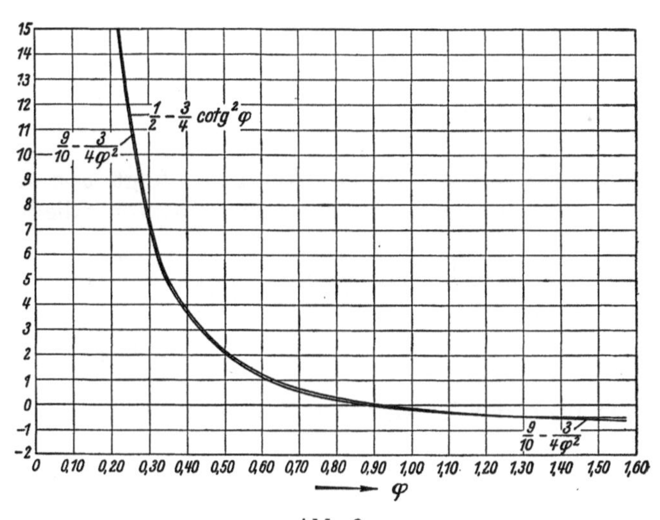

Abb. 9.

durch eine quadratische Hyperbel ersetzt werden. Wie Abb. 9 sowie die nachstehende Gegenüberstellung

φ	0,00	0,10	0,20	0,30	0,40	0,50	0,60	0,70	0,80
$\dfrac{1}{2} - \dfrac{3}{4}\,\mathrm{cotg}^2\,\varphi$	$-\infty$	$-73{,}90$	$-17{,}73$	$-7{,}34$	$-3{,}69$	$-2{,}10$	$-1{,}10$	$-0{,}56$	$-0{,}21$
$\dfrac{9}{10} - \dfrac{3}{4\,\varphi^2}$	$-\infty$	$-74{,}10$	$-17{,}85$	$-7{,}43$	$-3{,}78$	$-2{,}10$	$-1{,}18$	$-0{,}63$	$-0{,}27$

φ	0,90	1,00	1,10	1,20	1,30	1,40	1,50	1,571
$\dfrac{1}{2} - \dfrac{3}{4}\,\mathrm{cotg}^2\,\varphi$	$+0{,}04$	$+0{,}19$	$+0{,}30$	$+0{,}39$	$+0{,}44$	$+0{,}48$	$+0{,}50$	$+0{,}50$
$\dfrac{9}{10} - \dfrac{3}{4\,\varphi^2}$	$-0{,}02$	$+0{,}15$	$+0{,}28$	$+0{,}38$	$+0{,}46$	$+0{,}52$	$+0{,}56$	$+0{,}59$

erkennen lassen, kann die Übereinstimmung in dem praktisch allein interessierenden φ-Bereich zwischen 0 und $\frac{\pi}{2}$ als in jeder Hinsicht befriedigend bezeichnet werden. Die damit sich ergebende Differentialgleichung

$$\frac{d^2 X}{d\varphi^2} + \left[\frac{9}{10} + i\,\frac{2\,a}{h}\,\sqrt{3\,(1 - \mu^2)} - \frac{3}{4\,\varphi^2}\right] X = 0$$

läßt sich in geschlossener Form durch Zylinderfunktionen integrieren. Hierfür empfiehlt es sich, die dimensionslose Veränderliche

$$(21) \qquad \xi = \sqrt{\frac{2\,a}{h}}\;\sqrt[4]{3\,(1-\mu^2)}\;\varphi$$

einzuführen. Die entsprechende Umschreibung liefert

$$\frac{d^2X}{d\xi^2} + \left[\frac{9}{10}\,\frac{h}{2\,a}\,\frac{1}{\sqrt{3\,(1-\mu^2)}} + i - \frac{3}{4\,\xi^2}\right] X = 0\,,$$

mit der allgemeinen Lösung

$$X = C_1\,\sqrt{\xi\,i}\;J_1\!\left(\xi\sqrt{i + \frac{9}{10}\,\frac{h}{2\,a}\,\frac{1}{\sqrt{3\,(1-\mu^2)}}}\right) + C_2\,\sqrt{\xi\,i}\;G_1\!\left(\xi\sqrt{i + \frac{9}{10}\,\frac{h}{2\,a}\,\frac{1}{\sqrt{3\,(1-\mu^2)}}}\right).$$

Nun ist $\dfrac{9}{10}\,\dfrac{h}{2\,a}\,\dfrac{1}{\sqrt{3\,(1-\mu^2)}}$ stets eine kleine Größe, so daß für die Wurzel

$$\sqrt{i + \frac{9}{10}\,\frac{h}{2\,a}\,\frac{1}{\sqrt{3\,(1-\mu^2)}}} = \sqrt{i}\left(1 - \frac{9}{20}\,\frac{h}{2\,a}\,\frac{1}{\sqrt{3\,(1-\mu^2)}}\right) = \sqrt{i} - \frac{9}{20}\,\frac{h}{2\,a}\,\frac{1}{\sqrt{3\,(1-\mu^2)}}\,\sqrt{-i}$$

geschrieben werden kann. Weiterhin folgt aus der Taylor-Entwicklung der Zylinderfunktionen, die man hier nach dem linearen Gliede abbrechen kann,

$$J_1\!\left(\xi\sqrt{i + \frac{9}{10}\,\frac{h}{2\,a}\,\frac{1}{\sqrt{3\,(1-\mu^2)}}}\right) = J_1\!\left(\xi\,\sqrt{i} - \frac{9}{20}\,\frac{h}{2\,a}\,\frac{1}{\sqrt{3\,(1-\mu^2)}}\,\xi\,\sqrt{-i}\right)$$

$$= J_1(\xi\,\sqrt{i}) - \frac{9}{20}\,\frac{h}{2\,a}\,\frac{1}{\sqrt{3\,(1-\mu^2)}}\,\xi\,\sqrt{-i}\,\frac{dJ_1(\xi\sqrt{i})}{d\,(\xi\sqrt{i})}\,,$$

wobei nach der Theorie der Zylinderfunktionen

$$\frac{dJ_1(\xi\sqrt{i})}{d\,(\xi\sqrt{i})} = J_0(\xi\,\sqrt{i}) - \frac{J_1(\xi\sqrt{i})}{\xi\sqrt{i}}$$

zu setzen ist. Somit ergibt sich

$$J_1\!\left(\xi\sqrt{i + \frac{9}{10}\,\frac{h}{2\,a}\,\frac{1}{\sqrt{3\,(1-\mu^2)}}}\right) = \left[1 + \frac{9}{20}\,\frac{h}{2\,a}\,\frac{i}{\sqrt{3\,(1-\mu^2)}}\right] J_1(\xi\,\sqrt{i}) - \frac{9}{20}\,\frac{h}{2\,a}\,\frac{1}{\sqrt{3\,(1-\mu^2)}}\,\xi\,\sqrt{-i}\,J_0(\xi\,\sqrt{i})$$

und

$$\sqrt{\xi\,i}\,J_1\!\left(\xi\sqrt{i + \frac{9}{10}\,\frac{h}{2\,a}\,\frac{1}{\sqrt{3\,(1-\mu^2)}}}\right) = \sqrt{\xi}\left(\sqrt{i} + \frac{9}{20}\,\frac{h}{2\,a}\,\frac{\sqrt{-i}}{\sqrt{3\,(1-\mu^2)}}\right) J_1(\xi\,\sqrt{i}) - \frac{9}{20}\,\frac{h}{2a}\,\frac{1}{\sqrt{3\,(1-\mu^2)}}\,\xi^{3/2}\,J_0(\xi\,\sqrt{i})\,.$$

Mit

$$\sqrt{i} = \frac{1+i}{\sqrt{2}}\,, \qquad \sqrt{-i} = \frac{1-i}{\sqrt{2}}\,, \qquad J_0(\xi\,\sqrt{i}) = J_{01}(\xi) + i\,J_{02}(\xi)\,, \qquad J_1(\xi\,\sqrt{i}) = J_{11}(\xi) + i\,J_{12}(\xi)$$

erhält man weiter

$$\sqrt{\xi\,i}\,J_1\!\left(\xi\sqrt{i + \frac{9}{10}\,\frac{h}{2\,a}\,\frac{1}{\sqrt{3\,(1-\mu^2)}}}\right)$$

$$= \sqrt{\xi}\left(\frac{J_{11}(\xi) - J_{12}(\xi)}{\sqrt{2}} + \frac{9}{20}\,\frac{h}{2a}\,\frac{1}{\sqrt{3\,(1-\mu^2)}}\,\frac{J_{11}(\xi) + J_{12}(\xi)}{\sqrt{2}} - \frac{9}{20}\,\frac{h}{2a}\,\frac{\xi}{\sqrt{3\,(1-\mu^2)}}\,J_{01}(\xi)\right) +$$

$$+ i\,\sqrt{\xi}\left(\frac{J_{11}(\xi) + J_{12}(\xi)}{\sqrt{2}} - \frac{9}{20}\,\frac{h}{2a}\,\frac{1}{\sqrt{3\,(1-\mu^2)}}\,\frac{J_{11}(\xi) - J_{12}(\xi)}{\sqrt{2}} - \frac{9}{20}\,\frac{h}{2a}\,\frac{\xi}{\sqrt{3\,(1-\mu^2)}}\,J_{02}(\xi)\right).$$

Ein völlig gleichgebauter Ausdruck ergibt sich für $\sqrt{\xi\,i}\,G_1(\xi)$. Es folgt daher für die allgemeine Lösung

$$X = C_1 \sqrt{\xi} \left\{ \left[\frac{J_{11}(\xi) - J_{12}(\xi)}{\sqrt{2}} + \frac{\frac{9}{20}\frac{h}{2a}}{\sqrt{3}(1-\mu^2)} \left(\frac{J_{11}(\xi) + J_{12}(\xi)}{\sqrt{2}} - \xi J_{01}(\xi) \right) \right] + \right.$$

$$+ i \left[\frac{J_{11}(\xi) + J_{12}(\xi)}{\sqrt{2}} - \frac{\frac{9}{20}\frac{h}{2a}}{\sqrt{3}(1-\mu^2)} \left(\frac{J_{11}(\xi) - J_{12}(\xi)}{\sqrt{2}} + \xi J_{02}(\xi) \right) \right] \Big\} +$$

$$+ C_2 \sqrt{\xi} \left\{ \left[\frac{G_{11}(\xi) - G_{12}(\xi)}{\sqrt{2}} + \frac{\frac{9}{20}\frac{h}{2a}}{\sqrt{3}(1-\mu^2)} \left(\frac{G_{11}(\xi) + G_{12}(\xi)}{\sqrt{2}} - \xi G_{01}(\xi) \right) \right] + \right.$$

$$+ i \left[\frac{G_{11}(\xi) + G_{12}(\xi)}{\sqrt{2}} - \frac{\frac{9}{20}\frac{h}{2a}}{\sqrt{3}(1-\mu^2)} \left(\frac{G_{11}(\xi) - G_{12}(\xi)}{\sqrt{2}} + \xi G_{02}(\xi) \right) \right] \Big\} .$$

Werden die zugehörigen Real- bzw. Imaginärteile

$$X_{11} = \sqrt{\xi} \left[\frac{J_{11}(\xi) - J_{12}(\xi)}{\sqrt{2}} + \frac{\frac{9}{20}\frac{h}{2a}}{\sqrt{3}(1-\mu^2)} \left(\frac{J_{11}(\xi) + J_{12}(\xi)}{\sqrt{2}} - \xi J_{01}(\xi) \right) \right],$$

$$X_{12} = \sqrt{\xi} \left[\frac{J_{11}(\xi) + J_{12}(\xi)}{\sqrt{2}} - \frac{\frac{9}{20}\frac{h}{2a}}{\sqrt{3}(1-\mu^2)} \left(\frac{J_{11}(\xi) - J_{12}(\xi)}{\sqrt{2}} + \xi J_{02}(\xi) \right) \right],$$

$$X_{21} = \sqrt{\xi} \left[\frac{G_{11}(\xi) - G_{12}(\xi)}{\sqrt{2}} + \frac{\frac{9}{20}\frac{h}{2a}}{\sqrt{3}(1-\mu^2)} \left(\frac{G_{11}(\xi) + G_{12}(\xi)}{\sqrt{2}} - \xi G_{01}(\xi) \right) \right],$$

$$X_{22} = \sqrt{\xi} \left[\frac{G_{11}(\xi) + G_{12}(\xi)}{\sqrt{2}} - \frac{\frac{9}{20}\frac{h}{2a}}{\sqrt{3}(1-\mu^2)} \left(\frac{G_{11}(\xi) - G_{12}(\xi)}{\sqrt{2}} + \xi G_{02}(\xi) \right) \right]$$

in (6) eingeführt, so lauten die Bezugsfunktionen

$$(22) \quad \begin{cases} Y = A_1 \sqrt{\xi} \left[\frac{J_{11}(\xi) + J_{12}(\xi)}{\sqrt{2}} - \frac{\frac{9}{20}\frac{h}{2a}}{\sqrt{3}(1-\mu^2)} \left(\frac{J_{11}(\xi) - J_{12}(\xi)}{\sqrt{2}} + \xi J_{02}(\xi) \right) \right] - \\[2ex]
\quad - B_1 \sqrt{\xi} \left[\frac{J_{11}(\xi) - J_{12}(\xi)}{\sqrt{2}} + \frac{\frac{9}{20}\frac{h}{2a}}{\sqrt{3}(1-\mu^2)} \left(\frac{J_{11}(\xi) + J_{12}(\xi)}{\sqrt{2}} - \xi J_{01}(\xi) \right) \right] + \\[2ex]
\quad + A_2 \sqrt{\xi} \left[\frac{G_{11}(\xi) + G_{12}(\xi)}{\sqrt{2}} - \frac{\frac{9}{20}\frac{h}{2a}}{\sqrt{3}(1-\mu^2)} \left(\frac{G_{11}(\xi) - G_{12}(\xi)}{\sqrt{2}} + \xi G_{02}(\xi) \right) \right] - \\[2ex]
\quad - B_2 \sqrt{\xi} \left[\frac{G_{11}(\xi) - G_{12}(\xi)}{\sqrt{2}} + \frac{\frac{9}{20}\frac{h}{2a}}{\sqrt{3}(1-\mu^2)} \left(\frac{G_{11}(\xi) + G_{12}(\xi)}{\sqrt{2}} - \xi G_{01}(\xi) \right) \right], \\[3ex]
Z = A_1 \sqrt{\xi} \left[\frac{J_{11}(\xi) - J_{12}(\xi)}{\sqrt{2}} + \frac{\frac{9}{20}\frac{h}{2a}}{\sqrt{3}(1-\mu^2)} \left(\frac{J_{11}(\xi) + J_{12}(\xi)}{\sqrt{2}} - \xi J_{01}(\xi) \right) \right] + \\[2ex]
\quad + B_1 \sqrt{\xi} \left[\frac{J_{11}(\xi) + J_{12}(\xi)}{\sqrt{2}} - \frac{\frac{9}{20}\frac{h}{2a}}{\sqrt{3}(1-\mu^2)} \left(\frac{J_{11}(\xi) - J_{12}(\xi)}{\sqrt{2}} + \xi J_{02}(\xi) \right) \right] + \\[2ex]
\quad + A_2 \sqrt{\xi} \left[\frac{G_{11}(\xi) - G_{12}(\xi)}{\sqrt{2}} + \frac{\frac{9}{20}\frac{h}{2a}}{\sqrt{3}(1-\mu^2)} \left(\frac{G_{11}(\xi) + G_{12}(\xi)}{\sqrt{2}} - \xi G_{01}(\xi) \right) \right] + \\[2ex]
\quad + B_2 \sqrt{\xi} \left[\frac{G_{11}(\xi) + G_{12}(\xi)}{\sqrt{2}} - \frac{\frac{9}{20}\frac{h}{2a}}{\sqrt{3}(1-\mu^2)} \left(\frac{G_{11}(\xi) - G_{12}(\xi)}{\sqrt{2}} + \xi G_{02}(\xi) \right) \right]. \end{cases}$$

Weiter folgt für die Ableitungen

$$
(23)\quad
\begin{cases}
\begin{aligned}
\frac{dY}{d\xi} =\; & A_1\sqrt{\xi}\left[\frac{3}{4}J_{01}(\xi)-\frac{1}{4}J_{21}(\xi)-\frac{\frac{9}{20}\frac{h}{2a}}{\sqrt{3(1-\mu^2)}}\left(\frac{3}{4}J_{02}(\xi)+\frac{1}{4}J_{22}(\xi)-\xi\frac{J_{11}(\xi)+J_{12}(\xi)}{\sqrt{2}}\right)\right]+\\[2mm]
&+ B_1\sqrt{\xi}\left[\frac{3}{4}J_{02}(\xi)-\frac{1}{4}J_{22}(\xi)+\frac{\frac{9}{20}\frac{h}{2a}}{\sqrt{3(1-\mu^2)}}\left(\frac{3}{4}J_{01}(\xi)+\frac{1}{4}J_{21}(\xi)-\xi\frac{J_{11}(\xi)-J_{12}(\xi)}{\sqrt{2}}\right)\right]+\\[2mm]
&+ A_2\sqrt{\xi}\left[\frac{3}{4}G_{01}(\xi)-\frac{1}{4}G_{21}(\xi)-\frac{\frac{9}{20}\frac{h}{2a}}{\sqrt{3(1-\mu^2)}}\left(\frac{3}{4}G_{02}(\xi)+\frac{1}{4}G_{22}(\xi)-\xi\frac{G_{11}(\xi)+G_{12}(\xi)}{\sqrt{2}}\right)\right]+\\[2mm]
&+ B_2\sqrt{\xi}\left[\frac{3}{4}G_{02}(\xi)-\frac{1}{4}G_{22}(\xi)+\frac{\frac{9}{20}\frac{h}{2a}}{\sqrt{3(1-\mu^2)}}\left(\frac{3}{4}G_{01}(\xi)+\frac{1}{4}G_{21}(\xi)-\xi\frac{G_{11}(\xi)-G_{12}(\xi)}{\sqrt{2}}\right)\right],\\[4mm]
\frac{dZ}{d\xi} =\; & -A_1\sqrt{\xi}\left[\frac{3}{4}J_{02}(\xi)-\frac{1}{4}J_{22}(\xi)+\frac{\frac{9}{20}\frac{h}{2a}}{\sqrt{3(1-\mu^2)}}\left(\frac{3}{4}J_{01}(\xi)+\frac{1}{4}J_{21}(\xi)-\xi\frac{J_{11}(\xi)-J_{12}(\xi)}{\sqrt{2}}\right)\right]+\\[2mm]
&+ B_1\sqrt{\xi}\left[\frac{3}{4}J_{01}(\xi)-\frac{1}{4}J_{21}(\xi)-\frac{\frac{9}{20}\frac{h}{2a}}{\sqrt{3(1-\mu^2)}}\left(\frac{3}{4}J_{02}(\xi)+\frac{1}{4}J_{22}(\xi)-\xi\frac{J_{11}(\xi)+J_{12}(\xi)}{\sqrt{2}}\right)\right]-\\[2mm]
&- A_2\sqrt{\xi}\left[\frac{3}{4}G_{02}(\xi)-\frac{1}{4}G_{22}(\xi)+\frac{\frac{9}{20}\frac{h}{2a}}{\sqrt{3(1-\mu^2)}}\left(\frac{3}{4}G_{01}(\xi)+\frac{1}{4}G_{21}(\xi)-\xi\frac{G_{11}(\xi)-G_{12}(\xi)}{\sqrt{2}}\right)\right]+\\[2mm]
&+ B_2\sqrt{\xi}\left[\frac{3}{4}G_{01}(\xi)-\frac{1}{4}G_{21}(\xi)-\frac{\frac{9}{20}\frac{h}{2a}}{\sqrt{3(1-\mu^2)}}\left(\frac{3}{4}G_{02}(\xi)+\frac{1}{4}G_{22}(\xi)-\xi\frac{G_{11}(\xi)+G_{12}(\xi)}{\sqrt{2}}\right)\right].
\end{aligned}
\end{cases}
$$

Mit Hilfe von (22) und (23) lassen sich die Schnittkräfte und Verschiebungskomponenten leicht aufbauen. Man erhält:

$$
(24)\quad
\begin{cases}
V=0,\qquad H=-\frac{1}{a\sin\varphi}\sqrt{\frac{h}{a\sin\varphi}}\,Y,\qquad Q_s=\frac{1}{a}\sqrt{\frac{h}{a\sin\varphi}}\,Y,\qquad N_s=-\frac{\cotg\varphi}{a}\sqrt{\frac{h}{a\sin\varphi}}\,Y,\\[3mm]
N_r=-\frac{1}{a}\sqrt{\frac{2}{\sin\varphi}}\,\sqrt[4]{3(1-\mu^2)}\left(\frac{dY}{d\xi}-\frac{\frac{1}{2}\cotg\varphi\sqrt{\frac{h}{2a}}}{\sqrt[4]{3(1-\mu^2)}}\,Y\right),\\[3mm]
M_s=\frac{h}{a\sqrt{2\sin\varphi}\,\sqrt[4]{3(1-\mu^2)}}\left(\frac{dZ}{d\xi}-\frac{\left(\frac{1}{2}-\mu\right)\cotg\varphi\sqrt{\frac{h}{2a}}}{\sqrt[4]{3(1-\mu^2)}}\,Z\right),\\[3mm]
M_r=\frac{h}{a\sqrt{2\sin\varphi}\,\sqrt[4]{3(1-\mu^2)}}\left(\mu\frac{dZ}{d\xi}-\frac{\left(\frac{\mu}{2}-1\right)\cotg\varphi\sqrt{\frac{h}{2a}}}{\sqrt[4]{3(1-\mu^2)}}\,Z\right),\\[3mm]
\delta\varphi=\frac{dw}{ds}-\frac{v}{r_s}=\frac{\sqrt{12(1-\mu^2)}}{Eh^2}\sqrt{\frac{h}{a\sin\varphi}}\,Z,\\[3mm]
u_x=-\frac{1}{Eh}\sqrt{2\sin\varphi}\,\sqrt[4]{3(1-\mu^2)}\left(\frac{dY}{d\xi}-\frac{\left(\frac{1}{2}+\mu\right)\cotg\varphi\sqrt{\frac{h}{2a}}}{\sqrt[4]{3(1-\mu^2)}}\,Y\right).
\end{cases}
$$

Für die Verschiebungskomponenten u_y, v und w lassen sich keine geschlossenen Formeln angeben; es empfiehlt sich in diesen Fällen, die auftretenden Integrale nach den Verfahren der graphischen Integration auszuwerten. Im übrigen tritt dieser Mangel praktisch kaum in Erscheinung, da für fast alle Randwertprobleme lediglich δ_φ und u_x von Bedeutung sind.

In dünnen Schalen mit entsprechend starker Randabklingung können die $\frac{h}{2a}$-Glieder meist unterdrückt werden, womit sich die Formeln sehr vereinfachen. Maßgebend hierfür ist der Faktor

$$\frac{\frac{9}{20}\frac{h}{2a}}{\sqrt{3\,(1-\mu^2)}}\,\frac{\xi}{\varphi} = \frac{\frac{9}{20}\frac{h}{2a}}{\sqrt{3\,(1-\mu^2)}}\sqrt{\frac{2a}{h}}\,\sqrt[4]{3\,(1-\mu^2)} = \frac{\frac{9}{20}\sqrt{\frac{h}{2a}}}{\sqrt[4]{3\,(1-\mu^2)}} = \sim\sqrt{\frac{h}{18a}}$$

im Vergleich zur Einheit. In diesem Falle tritt an Stelle von (22) und (23):

$$(25)\quad\left\{\begin{aligned}
Y &= A_1\sqrt{\xi}\,\frac{J_{11}(\xi)+J_{12}(\xi)}{\sqrt{2}} - B_1\sqrt{\xi}\,\frac{J_{11}(\xi)-J_{12}(\xi)}{\sqrt{2}} + \\
&\quad + A_2\sqrt{\xi}\,\frac{G_{11}(\xi)+G_{12}(\xi)}{\sqrt{2}} - B_2\sqrt{\xi}\,\frac{G_{11}(\xi)-G_{12}(\xi)}{\sqrt{2}}, \\
Z &= A_1\sqrt{\xi}\,\frac{J_{11}(\xi)-J_{12}(\xi)}{\sqrt{2}} + B_1\sqrt{\xi}\,\frac{J_{11}(\xi)+J_{12}(\xi)}{\sqrt{2}} + \\
&\quad + A_2\sqrt{\xi}\,\frac{G_{11}(\xi)-G_{12}(\xi)}{\sqrt{2}} + B_2\sqrt{\xi}\,\frac{G_{11}(\xi)+G_{12}(\xi)}{\sqrt{2}}, \\
\frac{dY}{d\xi} &= A_1\sqrt{\xi}\,[\tfrac{3}{4}J_{01}(\xi) - \tfrac{1}{4}J_{21}(\xi)] + B_1\sqrt{\xi}\,[\tfrac{3}{4}J_{02}(\xi) - \tfrac{1}{4}J_{22}(\xi)] + \\
&\quad + A_2\sqrt{\xi}\,[\tfrac{3}{4}G_{01}(\xi) - \tfrac{1}{4}G_{21}(\xi)] + B_2\sqrt{\xi}\,[\tfrac{3}{4}G_{02}(\xi) - \tfrac{1}{4}G_{22}(\xi)], \\
\frac{dZ}{d\xi} &= -A_1\sqrt{\xi}\,[\tfrac{3}{4}J_{02}(\xi) - \tfrac{1}{4}J_{22}(\xi)] + B_1\sqrt{\xi}\,[\tfrac{3}{4}J_{01}(\xi) - \tfrac{1}{4}J_{21}(\xi)] - \\
&\quad - A_2\sqrt{\xi}\,[\tfrac{3}{4}G_{02}(\xi) - \tfrac{1}{4}G_{22}(\xi)] + B_2\sqrt{\xi}\,[\tfrac{3}{4}G_{01}(\xi) - \tfrac{1}{4}G_{21}(\xi)].
\end{aligned}\right.$$

$\left(\sqrt{\dfrac{h}{18a}}\text{ muß gegenüber 1 vernachlässigbar sein}\right)$.

Die J_0- und J_1-Funktionen beschreiben im wesentlichen die Randeinflüsse des Innenrandes, die G_0- und G_1-Funktionen diejenigen des Außenrandes. Bei fehlendem Innenrand, d. h. in geschlossenen Kugelschalen, sind A_2 und B_2 Null zu setzen.

Werden die Zylinderfunktionen durch halbkonvergente Reihen dargestellt, und werden Innen- und Außenrand bzw. die Werte ξ_1 und ξ_2 gemäß

$$\xi_1 = \sqrt{\frac{2a}{h}}\,\sqrt[4]{3\,(1-\mu^2)}\,\varphi_1,$$

$$\xi_2 = \sqrt{\frac{2a}{h}}\,\sqrt[4]{3\,(1-\mu^2)}\,\varphi_2$$

zugeordnet, so ist das Abklingungsverhältnis durch den Quotienten

$$\frac{e^{\frac{\xi_1}{\sqrt{2}}}}{e^{\frac{\xi_2}{\sqrt{2}}}} = e^{\frac{\xi_1-\xi_2}{\sqrt{2}}} = e^{-\sqrt{\frac{a}{h}}\,\sqrt[4]{3\,(1-\mu^2)}\,(\varphi_2-\varphi_1)}$$

im wesentlichen bestimmt. Es folgt hieraus, daß eine gegenseitige Beeinflussung beider Ränder praktisch aufhört, wenn die Bedingungsgleichung

$$(26)\qquad\qquad \sqrt{\frac{a}{h}}\,\sqrt[4]{3\,(1-\mu^2)}\,(\varphi_2-\varphi_1) \geqq 8$$

erfüllt ist.

Bei starker Randabklingung gemäß (26) ergeben sich für die Umgebung der Ränder die vereinfachten Formeln

$$(27)\quad\begin{cases}
Y = A_2\sqrt{\xi}\left[\dfrac{G_{11}(\xi)+G_{12}(\xi)}{\sqrt{2}} - \dfrac{\frac{9}{20}\frac{h}{2a}}{\sqrt{3(1-\mu^2)}}\left(\dfrac{G_{11}(\xi)-G_{12}(\xi)}{\sqrt{2}} + \xi\,G_{02}(\xi)\right)\right] - \\[2ex]
\qquad - B_2\sqrt{\xi}\left[\dfrac{G_{11}(\xi)-G_{12}(\xi)}{\sqrt{2}} + \dfrac{\frac{9}{20}\frac{h}{2a}}{\sqrt{3(1-\mu^2)}}\left(\dfrac{G_{11}(\xi)+G_{12}(\xi)}{\sqrt{2}} - \xi\,G_{01}(\xi)\right)\right], \\[3ex]
Z = A_2\sqrt{\xi}\left[\dfrac{G_{11}(\xi)-G_{12}(\xi)}{\sqrt{2}} + \dfrac{\frac{9}{20}\frac{h}{2a}}{\sqrt{3(1-\mu^2)}}\left(\dfrac{G_{11}(\xi)+G_{12}(\xi)}{\sqrt{2}} - \xi\,G_{01}(\xi)\right)\right] + \\[2ex]
\qquad + B_2\sqrt{\xi}\left[\dfrac{G_{11}(\xi)+G_{12}(\xi)}{\sqrt{2}} - \dfrac{\frac{9}{20}\frac{h}{2a}}{\sqrt{3(1-\mu^2)}}\left(\dfrac{G_{11}(\xi)-G_{12}(\xi)}{\sqrt{2}} + \xi\,G_{02}(\xi)\right)\right], \\[3ex]
\dfrac{dY}{d\xi} = A_2\sqrt{\xi}\left[\dfrac{3}{4}G_{01}(\xi) - \dfrac{1}{4}G_{21}(\xi) - \dfrac{\frac{9}{20}\frac{h}{2a}}{\sqrt{3(1-\mu^2)}}\times\right. \\[2ex]
\qquad\qquad \left.\times\left(\dfrac{3}{4}G_{02}(\xi) + \dfrac{1}{4}G_{22}(\xi) - \xi\dfrac{G_{11}(\xi)+G_{12}(\xi)}{\sqrt{2}}\right)\right] + \\[2ex]
\qquad + B_2\sqrt{\xi}\left[\dfrac{3}{4}G_{02}(\xi) - \dfrac{1}{4}G_{22}(\xi) + \dfrac{\frac{9}{20}\frac{h}{2a}}{\sqrt{3(1-\mu^2)}}\times\right. \\[2ex]
\qquad\qquad \left.\times\left(\dfrac{3}{4}G_{01}(\xi) + \dfrac{1}{4}G_{21}(\xi) - \xi\dfrac{G_{11}(\xi)-G_{12}(\xi)}{\sqrt{2}}\right)\right], \\[3ex]
\dfrac{dZ}{d\xi} = - A_2\sqrt{\xi}\left[\dfrac{3}{4}G_{02}(\xi) - \dfrac{1}{4}G_{22}(\xi) + \dfrac{\frac{9}{20}\frac{h}{2a}}{\sqrt{3(1-\mu^2)}}\times\right. \\[2ex]
\qquad\qquad \left.\times\left(\dfrac{3}{4}G_{01}(\xi) + \dfrac{1}{4}G_{21}(\xi) - \xi\dfrac{G_{11}(\xi)-G_{12}(\xi)}{\sqrt{2}}\right)\right] + \\[2ex]
\qquad + B_2\sqrt{\xi}\left[\dfrac{3}{4}G_{01}(\xi) - \dfrac{1}{4}G_{21}(\xi) - \dfrac{\frac{9}{20}\frac{h}{2a}}{\sqrt{3(1-\mu^2)}}\times\right. \\[2ex]
\qquad\qquad \left.\times\left(\dfrac{3}{4}G_{02}(\xi) + \dfrac{1}{4}G_{22}(\xi) - \xi\dfrac{G_{11}(\xi)+G_{12}(\xi)}{\sqrt{2}}\right)\right]
\end{cases}$$

[Starke Randabklingung gemäß (26); Umgebung des Innenrandes $\xi=\xi_1$.]

$$\begin{cases}
Y = A_1\sqrt{\xi}\left[\dfrac{J_{11}(\xi)+J_{12}(\xi)}{\sqrt{2}} - \dfrac{\frac{9}{20}\frac{h}{2a}}{\sqrt{3(1-\mu^2)}}\left(\dfrac{J_{11}(\xi)-J_{12}(\xi)}{\sqrt{2}} + \xi\,J_{02}(\xi)\right)\right] - \\[2ex]
\qquad - B_1\sqrt{\xi}\left[\dfrac{J_{11}(\xi)-J_{12}(\xi)}{\sqrt{2}} + \dfrac{\frac{9}{20}\frac{h}{2a}}{\sqrt{3(1-\mu^2)}}\left(\dfrac{J_{11}(\xi)+J_{12}(\xi)}{\sqrt{2}} - \xi\,J_{01}(\xi)\right)\right], \\[3ex]
Z = A_1\sqrt{\xi}\left[\dfrac{J_{11}(\xi)-J_{12}(\xi)}{\sqrt{2}} + \dfrac{\frac{9}{20}\frac{h}{2a}}{\sqrt{3(1-\mu^2)}}\left(\dfrac{J_{11}(\xi)+J_{12}(\xi)}{\sqrt{2}} - \xi\,J_{01}(\xi)\right)\right] + \\[2ex]
\qquad + B_1\sqrt{\xi}\left[\dfrac{J_{11}(\xi)+J_{12}(\xi)}{\sqrt{2}} - \dfrac{\frac{9}{20}\frac{h}{2a}}{\sqrt{3(1-\mu^2)}}\left(\dfrac{J_{11}(\xi)-J_{12}(\xi)}{\sqrt{2}} + \xi\,J_{02}(\xi)\right)\right],
\end{cases}$$

$$(28)\quad\begin{aligned}
\frac{dY}{d\xi} &= A_1\sqrt{\xi}\left[\frac{3}{4}J_{01}(\xi) - \frac{1}{4}J_{21}(\xi) - \frac{\frac{9}{20}\frac{h}{2a}}{\sqrt{3(1-\mu^2)}}\times\right.\\
&\qquad\qquad\left.\times\left(\frac{3}{4}J_{02}(\xi) + \frac{1}{4}J_{22}(\xi) - \xi\frac{J_{11}(\xi)+J_{12}(\xi)}{\sqrt{2}}\right)\right] + \\
&+ B_1\sqrt{\xi}\left[\frac{3}{4}J_{02}(\xi) - \frac{1}{4}J_{22}(\xi) + \frac{\frac{9}{20}\frac{h}{2a}}{\sqrt{3(1-\mu^2)}}\times\right.\\
&\qquad\qquad\left.\times\left(\frac{3}{4}J_{01}(\xi) + \frac{1}{4}J_{21}(\xi) - \xi\frac{J_{11}(\xi)-J_{12}(\xi)}{\sqrt{2}}\right)\right], \\[4pt]
\frac{dZ}{d\xi} &= -A_1\sqrt{\xi}\left[\frac{3}{4}J_{02}(\xi) - \frac{1}{4}J_{22}(\xi) + \frac{\frac{9}{20}\frac{h}{2a}}{\sqrt{3(1-\mu^2)}}\times\right.\\
&\qquad\qquad\left.\times\left(\frac{3}{4}J_{01}(\xi) + \frac{1}{4}J_{21}(\xi) - \xi\frac{J_{11}(\xi)-J_{12}(\xi)}{\sqrt{2}}\right)\right] + \\
&+ B_1\sqrt{\xi}\left[\frac{3}{4}J_{01}(\xi) - \frac{1}{4}J_{21}(\xi) - \frac{\frac{9}{20}\frac{h}{2a}}{\sqrt{3(1-\mu^2)}}\times\right.\\
&\qquad\qquad\left.\times\left(\frac{3}{4}J_{02}(\xi) + \frac{1}{4}J_{22}(\xi) - \xi\frac{J_{11}(\xi)+J_{12}(\xi)}{\sqrt{2}}\right)\right].
\end{aligned}$$

[Starke Randabklingung gemäß (26); Umgebung des Außenrandes $\xi = \xi_2$.]

Ist außerdem auch $\sqrt{\dfrac{h}{18a}}$ gegenüber der Einheit vernachlässigbar, so folgt

$$(29)\quad\begin{aligned}
Y &= A_2\sqrt{\xi}\,\frac{G_{11}(\xi)+G_{12}(\xi)}{\sqrt{2}} - B_2\sqrt{\xi}\,\frac{G_{11}(\xi)-G_{12}(\xi)}{\sqrt{2}}, \\
Z &= A_2\sqrt{\xi}\,\frac{G_{11}(\xi)-G_{12}(\xi)}{\sqrt{2}} + B_2\sqrt{\xi}\,\frac{G_{11}(\xi)+G_{12}(\xi)}{\sqrt{2}}, \\
\frac{dY}{d\xi} &= A_2\sqrt{\xi}\left[\tfrac{3}{4}G_{01}(\xi) - \tfrac{1}{4}G_{21}(\xi)\right] + B_2\sqrt{\xi}\left[\tfrac{3}{4}G_{02}(\xi) - \tfrac{1}{4}G_{22}(\xi)\right], \\
\frac{dZ}{d\xi} &= -A_2\sqrt{\xi}\left[\tfrac{3}{4}G_{02}(\xi) - \tfrac{1}{4}G_{22}(\xi)\right] + B_2\sqrt{\xi}\left[\tfrac{3}{4}G_{01}(\xi) - \tfrac{1}{4}G_{21}(\xi)\right].
\end{aligned}$$

[Starke Randabklingung gemäß (26); außerdem $\sqrt{\dfrac{h}{18a}}$ vernachlässigbar gegenüber 1, Umgebung des Innenrandes $\xi = \xi_1$.]

$$(30)\quad\begin{aligned}
Y &= A_1\sqrt{\xi}\,\frac{J_{11}(\xi)+J_{12}(\xi)}{\sqrt{2}} - B_1\sqrt{\xi}\,\frac{J_{11}(\xi)-J_{12}(\xi)}{\sqrt{2}}, \\
Z &= A_1\sqrt{\xi}\,\frac{J_{11}(\xi)-J_{12}(\xi)}{\sqrt{2}} + B_1\sqrt{\xi}\,\frac{J_{11}(\xi)+J_{12}(\xi)}{\sqrt{2}}, \\
\frac{dY}{d\xi} &= A_1\sqrt{\xi}\left[\tfrac{3}{4}J_{01}(\xi) - \tfrac{1}{4}J_{21}(\xi)\right] + B_1\sqrt{\xi}\left[\tfrac{3}{4}J_{02}(\xi) - \tfrac{1}{4}J_{22}(\xi)\right], \\
\frac{dZ}{d\xi} &= -A_1\sqrt{\xi}\left[\tfrac{3}{4}J_{02}(\xi) - \tfrac{1}{4}J_{22}(\xi)\right] + B_1\sqrt{\xi}\left[\tfrac{3}{4}J_{01}(\xi) - \tfrac{1}{4}J_{21}(\xi)\right].
\end{aligned}$$

[Starke Randabklingung gemäß (26); außerdem $\sqrt{\dfrac{h}{18a}}$ vernachlässigbar gegenüber 1, Umgebung des Außenrandes $\xi = \xi_2$.]

Im Sonderfalle einer dünnen geschlossenen Halbkugelschale erfolgt die Randabklingung praktisch genau so wie bei einer Kreiszylinderschale. Man erkennt dies leicht an der komplexen Differentialgleichung, die, da $\cot g^2\varphi$ sowie die erste Ableitung nach φ für $\varphi = \dfrac{\pi}{2}$ verschwinden, in der Umgebung eines Halbkugelrandes die vereinfachte Form

$$\frac{d^2X}{d\varphi^2} + \left[i\,\frac{a}{h}\,\sqrt{12(1-\mu^2)} + \frac{1}{2}\right]X = 0$$

annimmt. Ist außerdem noch $\sqrt{\dfrac{h}{70a}}$ vernachlässigbar gegenüber der Einheit, so kann auch noch das $\tfrac{1}{2}$-Glied unterdrückt werden, und es verbleibt die Differentialgleichung

$$\frac{d^2X}{d\varphi^2} + i\,\frac{a}{h}\,\sqrt{12(1-\mu^2)}\,X = 0.$$

Wird hierin φ gemäß (21) durch ξ ersetzt, so folgt

$$\frac{d^2 X}{d\xi^2} + i\,X = 0 \quad \text{(Umgebung eines Halbkugelrandes)}.$$

Diese Differentialgleichung stimmt bis auf den Faktor 2, der durch die verschiedenartigen ξ-Parameter bedingt ist, völlig mit derjenigen der Kreiszylinderschale überein. Die Gleichungen für diese können daher unmittelbar übernommen werden, wobei lediglich dem verschiedenartigen ξ durch Einführen von $\frac{\xi}{\sqrt{2}}$ an Stelle von ξ Rechnung zu tragen ist. Werden ferner entsprechend dem fehlenden Innenrande A_2 und B_2 unterdrückt und $A_1 = A$, $B_1 = B$ gesetzt, so folgt

$$(31)\quad
\begin{cases}
Y = -A\,e^{\frac{\xi}{\sqrt{2}}}\sin\frac{\xi}{\sqrt{2}} - B\,e^{\frac{\xi}{\sqrt{2}}}\cos\frac{\xi}{\sqrt{2}}\,,\\[2mm]
Z = +A\,e^{\frac{\xi}{\sqrt{2}}}\cos\frac{\xi}{\sqrt{2}} - B\,e^{\frac{\xi}{\sqrt{2}}}\sin\frac{\xi}{\sqrt{2}}\,,\\[2mm]
\dfrac{dY}{d\xi} = -\dfrac{A}{\sqrt{2}}e^{\frac{\xi}{\sqrt{2}}}\Big(\sin\frac{\xi}{\sqrt{2}}+\cos\frac{\xi}{\sqrt{2}}\Big) + \dfrac{B}{\sqrt{2}}e^{\frac{\xi}{\sqrt{2}}}\Big(\sin\frac{\xi}{\sqrt{2}}-\cos\frac{\xi}{\sqrt{2}}\Big)\,,\\[2mm]
\dfrac{dZ}{d\xi} = -\dfrac{A}{\sqrt{2}}e^{\frac{\xi}{\sqrt{2}}}\Big(\sin\frac{\xi}{\sqrt{2}}-\cos\frac{\xi}{\sqrt{2}}\Big) - \dfrac{B}{\sqrt{2}}e^{\frac{\xi}{\sqrt{2}}}\Big(\sin\frac{\xi}{\sqrt{2}}+\cos\frac{\xi}{\sqrt{2}}\Big)\,.
\end{cases}$$

(Umgebung eines Halbkugelrandes; $\sqrt{\dfrac{h}{70\,a}}$ vernachlässigbar gegenüber der Einheit)

Beispiel.

Als Beispiel sei der Spannungs- und Verschiebungszustand eines Hochdruckkessels untersucht, der im mittleren Teile als Zylinderschale, oben und unten als Halbkugelschale durchgebildet ist (Abb. 10)[1]. Der Halbmesser des Kessels sei 30 cm, die Wandstärke 12 cm und der Innendruck betrage 1000 atü. Da in den allgemeinen Formeln alles auf die Schalenmittelfläche bezogen ist, empfiehlt es sich auch, die Belastung auf diese zu beziehen. Bei den vorliegenden Abmessungen folgt

$$p_m = p_{\ddot u}\frac{a_i}{a_m} = 1000\,\frac{24}{30} = 800\ \text{kg/cm}^2.$$

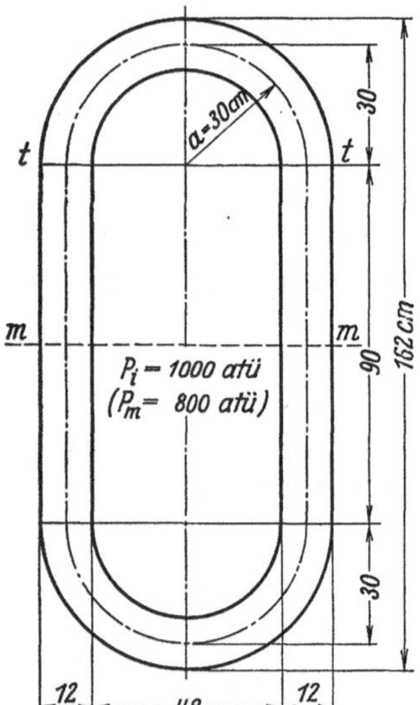

Entsprechend dem Zweck dieser Untersuchung soll von einer Berücksichtigung der Längskrümmung der Kugelschale auf den Spannungszustand abgesehen werden. Bekanntlich werden hierdurch die Spannungen am Außenrande gegenüber denen der Schalentheorie vermindert, am Innenrande erhöht.

Da der Spannungszustand in bezug auf die Achse m—m symmetrisch ist, genügt die Betrachtung einer Schalenhälfte, z. B. der oberen. Ferner kann man sich die Schale im Trennschnitt t—t durchgeschnitten denken, was zur Folge haben würde, daß sich in der Schnittfläche die Kugelschale weniger weitet als die Zylinderschale. Um diese Unstetigkeit wieder rückgängig zu machen, müssen gemäß Abb. 11 Ring-

Abb. 10.

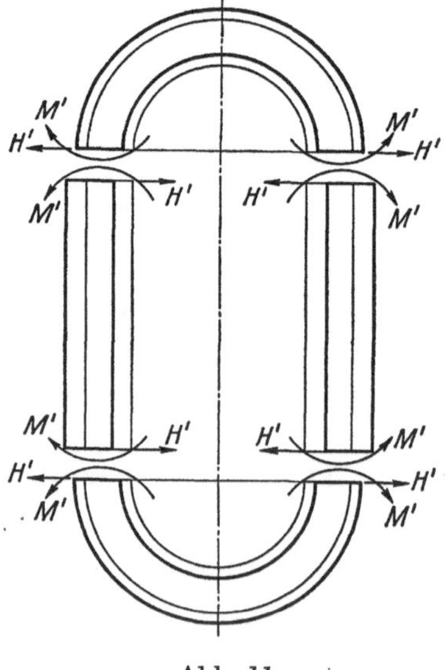

Abb. 11.

[1] Meinem Assistenten, Herrn Dipl.-Ing. Chang Wei, danke ich für die zahlenmäßige Durchrechnung dieses Beispiels.

schübe H^* und Biegungsmomente M_S^* angebracht werden, die einen zusätzlichen Biegungszustand auslösen.

Werden die Größen des Membranzustandes von denen des Biegungszustandes durch Querstriche unterschieden, so folgt:

Membranzustand für die Kugelschale:

$$_K\overline{N}_s = {}_K\overline{N}_r = \tfrac{1}{2}\, p_m\, a_m = \tfrac{1}{2} \cdot 800 \cdot 30 = 12\,000 \text{ kg/cm},$$

$$_K\overline{\sigma}_s = {}_K\overline{\sigma}_r = \frac{12000}{12} = 1000 \text{ kg/cm}^2,$$

$$_K\overline{u}_x = \frac{X}{E}\,({}_K\overline{\sigma}_r - \mu \cdot {}_K\overline{\sigma}_s) = \frac{30 \cdot 1000 \cdot (1 - 0{,}30)}{2{,}10 \cdot 10^6} = 0{,}0100 \text{ cm},$$

$$_K\overline{\delta\varphi} = 0.$$

Membranzustand für die Zylinderschale:

$$_Z\overline{N}_s = \tfrac{1}{2}\, p_m\, a_m = 12\,000 \text{ kg/cm}, \qquad _Z\overline{N}_r = p_m\, a_m = 24\,000 \text{ kg/cm},$$

$$_Z\overline{\sigma}_s = \frac{12000}{12} = 1000 \text{ kg/cm}^2, \qquad _Z\overline{\sigma}_r = \frac{24000}{12} = 2000 \text{ kg/cm}^2,$$

$$_Z\overline{u}_x = \frac{x}{E}\,({}_K\overline{\sigma}_r - \mu\, {}_K\overline{\sigma}_s) = \frac{30 \cdot (2000 - 300)}{2{,}10 \cdot 10^6} = 0{,}02429 \text{ cm},$$

$$_Z\overline{\delta\varphi} = 0.$$

Biegungszustand der Kugelschale. Da es sich um eine im Scheitel geschlossene Schale handelt, verschwinden in den Gleichungen (22) und (23) die mit den Grayschen Zylinderfunktionen multiplizierten Glieder, d. h. es ist

$$A_2 = B_2 = 0,$$

die damit verbleibenden Konstanten seien mit

$$A_1 = {}_KA, \quad B_1 = {}_KB$$

bezeichnet.

Ringschub H und Längsmoment M_S stimmen nach Abb. 4 mit den statisch unbestimmten Randgrößen von Abb. 11 im Vorzeichen überein. Es folgt daher

$$_KH = H^*, \quad _KM_s = M_s^* \quad (\text{Schnitt } t - t).$$

Biegungszustand der Zylinderschale. Da es sich um eine in bezug auf m—m symmetrisch belastete Zylinderschale handelt, verschwinden in den Gleichungen (18) bis (20) alle mit A_2 und B_2 multiplizierten Glieder; es ist daher

$$A_2 = B_2 = 0$$

zu setzen. Ferner sei

$$A_1 = {}_ZA, \quad B_1 = {}_ZB.$$

Da das Bezugssystem von Abb. 7 ein Linkssystem, das von Abb. 8 ein Rechtssystem ist, muß jetzt

$$_ZH = -H^*, \quad _ZM_S = M_S^*$$

gesetzt werden.

Elastizitätsgleichungen. Die vier Stetigkeitsbedingungen für Ringweitung, Tangentendrehung, Längsbiegungsmoment und Ringschub liefern die Elastizitätsgleichungen für die vier Unbekannten $_KA$, $_KB$, $_ZA$ und $_ZB$. Unter Berücksichtigung der Verschiedenartigkeit der Bezugssysteme von Abb. 7 und 8 folgt

$$_K\overline{u}_x + {}_Ku_x = {}_Z\overline{u}_x + {}_Zu_x,$$

$$_K\delta\varphi = -{}_Z\delta\varphi,$$

$$_KM_s = {}_ZM_s,$$

$$_KH = -{}_ZH.$$

Die ξ-Werte an der Schnittstelle $t-t$ folgen für Kugel und Zylinder zu

$$_K\xi = \sqrt{\frac{2\,a}{h}}\ \sqrt[4]{3\,(1-\mu^2)}\ \varphi = \sqrt{\frac{60}{12}}\ \sqrt[4]{3\cdot 0,91}\ \frac{\pi}{2} = 4,515,$$

$$_Z\xi = \frac{s}{a\,h}\ \sqrt[4]{3\,(1-\mu^2)} = \frac{45}{30\cdot 12}\ \sqrt[4]{3\cdot 0,91} = 3,047.$$

Für $_K\xi$ entnimmt man der eingangs erwähnten Funktionentafel

$$\begin{cases} J_{01}\,(4,515) = -4,356, & \dfrac{1}{\sqrt{2}}\,[J_{11}\,(4,515) - J_{12}\,(4,515)] = +3,766, \\[2mm] J_{02}\,(4,515) = -1,655, & \dfrac{1}{\sqrt{2}}\,[J_{11}\,(4,515) + J_{12}\,(4,515)] = -2,111, \\[2mm] J_{21}\,(4,515) = +3,421, & J_{22}\,(4,515) = -0,0236 \end{cases}$$

und erhält damit

$$\begin{cases} _KY = -4,057\ _KA - 10,034\ _KB, & \dfrac{d\,_KY}{d\xi} = -9,718\ _KA - 4,871\ _KB, \\[2mm] _KZ = +10,034\ _KA - 4,057\ _KB, & \dfrac{d\,_KZ}{d\xi} = +4,871\ _KA - 9,718\ _KB. \end{cases}$$

$$\begin{cases} _Ku_x = 0,007008\cdot 10^{-4}\ _KA + 0,003512\cdot 10^{-4}\ _KB, \\[1mm] _K\delta\varphi = 0,06936\cdot 10^{-6}\ _KA - 0,02805\cdot 10^{-6}\ _KB, \\[1mm] _KM_s = 1,072\ _KA - 2,139\ _KB, \\[1mm] _KH = 0,08555\ _KA + 0,2115\ _KB. \end{cases}$$

Für $_Z\xi$ errechnet sich in Verbindung mit der Funktionentafel von K. Hayashi[1]

$$_Zu_x = -0,004851\cdot 10^{-4}\ _ZA - 0,005863\cdot 10^{-4}\ _ZB,$$
$$_Z\delta\varphi = -0,07225\cdot 10^{-6}\ _ZA - 0,006885\cdot 10^{-6}\ _ZB,$$
$$_ZM_s = -1,788\ _ZA + 1,480\ _ZB,$$
$$_ZH = +0,02100\ _ZA - 0,2204\ _ZB.$$

Werden diese Werte zusammen mit den oben ermittelten Membranweitungen $_K\bar{u}_x$ und $_Z\bar{u}_x$ in die Elastizitätsgleichungen eingeführt, so folgt das Gleichungssystem

$$\begin{cases} 0,7008\ _KA + 0,3512\ _KB + 0,4851\ _ZA + 0,5863\ _ZB = 14\,290, \\[1mm] 0,6934\ _KA - 0,2805\ _KB - 0,7225\ _ZA - 0,06885\ _ZB = 0, \\[1mm] 1,072\ _KA - 2,139\ _KB + 1,788\ _ZA - 1,480\ _ZB = 0, \\[1mm] 0,8555\ _KA + 2,115\ _KB + 0,2100\ _ZA - 2,204\ _ZB = 0. \end{cases}$$

Die Auflösung liefert

$$_KA = 8284, \quad _KB = 3820, \quad _ZA = 5755, \quad _ZB = 7430.$$

Mit diesen Konstanten lassen sich sämtliche Spannungsresultanten und Verschiebungsgrößen leicht punktweise berechnen und auftragen. Das Ergebnis ist in den Abb. 12 bis 29 zusammengestellt. Neben den Spannungsresultanten enthalten die Abbildungen auch die Spannungen selbst, und zwar am Innenrande, in Schalenmitte und am Außenrande; die zugehörigen verbindenden Beziehungen lauten

$$\sigma_{\substack{i\\a}} = \frac{N}{h} \pm \frac{6\,M}{h^2}, \quad \sigma_m = \frac{N}{h}.$$

---

[1] Fünfstellige Funktionentafel der Kreis- und Hyperbelfunktionen. Berlin: Springer 1930.

Das Ergebnis der Rechnung ist in vieler Hinsicht aufschlußreich. Von einem den Spannungszustand beherrschenden Randabklingungsverhalten ist nichts mehr zu spüren; die

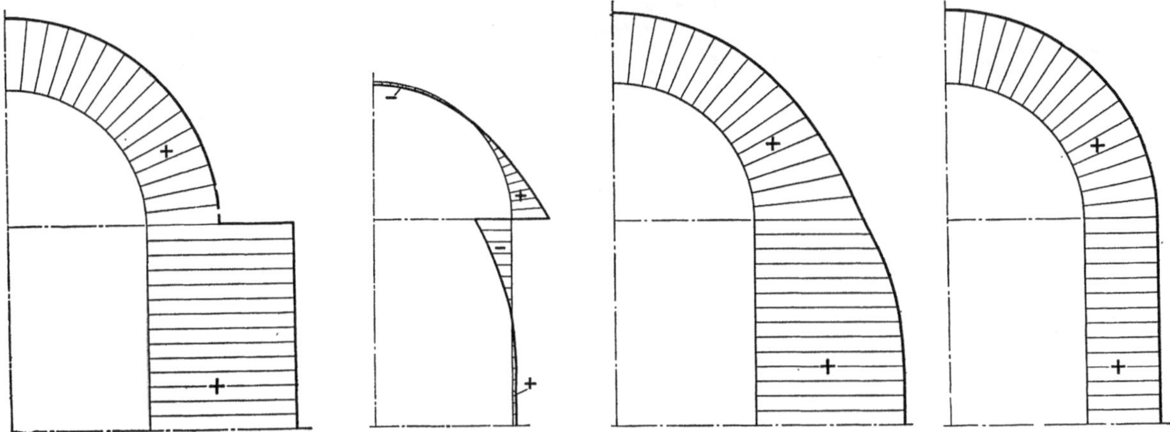

Abb. 12. Ringkraft N_φ aus Membranzustand allein.

Abb. 13. Ringkraft N_φ aus Biegungszustand allein.

Abb. 14. Überlagerte Ringkraft N_φ aus Membran- und Biegungszustand.

Abb. 15. Längskraft N_s aus Membranzustand allein.

gesamte Schale wird zur Bereitstellung der erforderlichen Formänderungsarbeit herangezogen. Dies hat wiederum zur Folge, daß die zusätzlichen Biegungsspannungen erheblich gemildert sind. Eine Parallelrechnung nach den Geckelerschen Näherungsformeln ergab um mehr als 40 % höhere

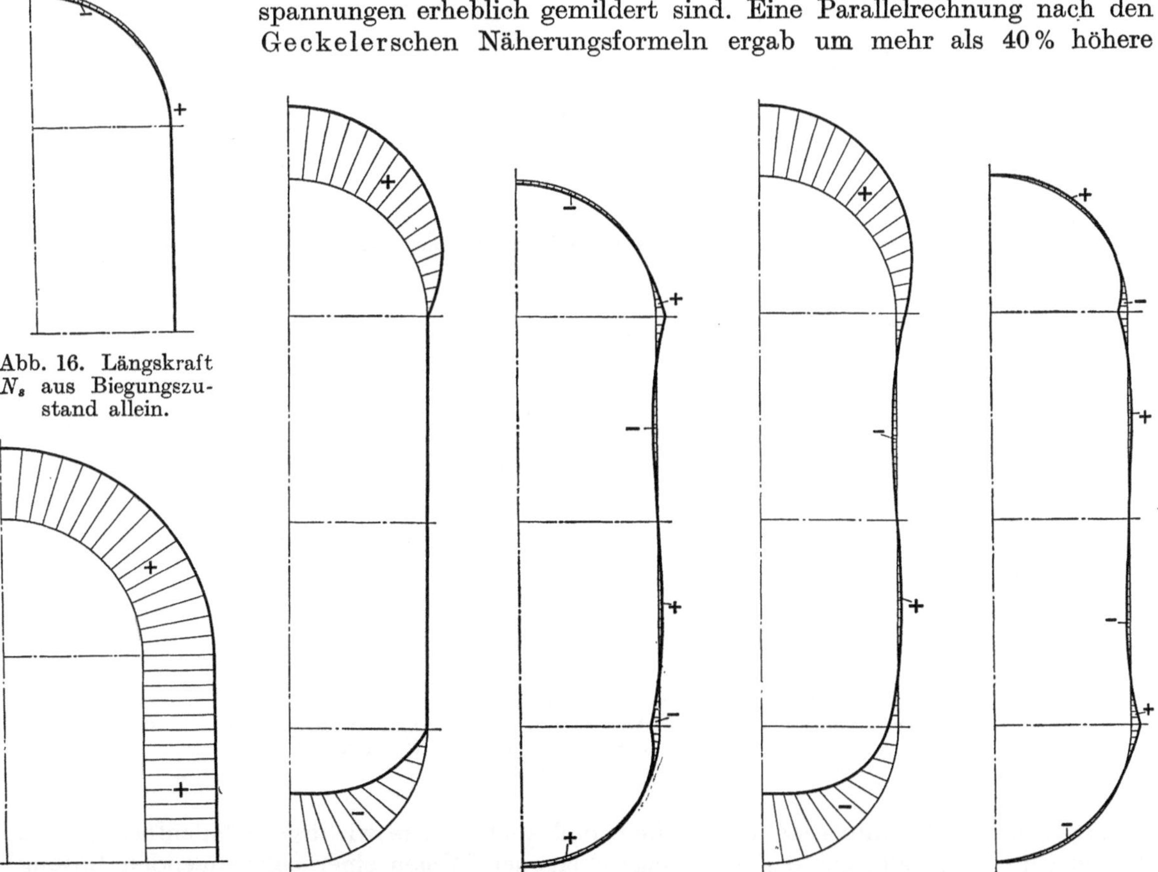

Abb. 16. Längskraft N_s aus Biegungszustand allein.

Abb. 17. Überlagerte Längskraft N_s aus Membran- und Biegungszustand.

Abb. 18. Ringschub H aus Membranzustand.

Abb. 19. Ringschub H aus Biegungszustand.

Abb. 20. Überlagertes Ringschub H aus Membran- und Biegungszustand.

Abb. 21. Querkraft Q_s.

Biegungsspannungen. Man kann hieraus den Schluß ziehen, daß bei Schalen unter hohen Drucken mit der Anwendung von Näherungstheorien Vorsicht geboten ist. Hinsichtlich

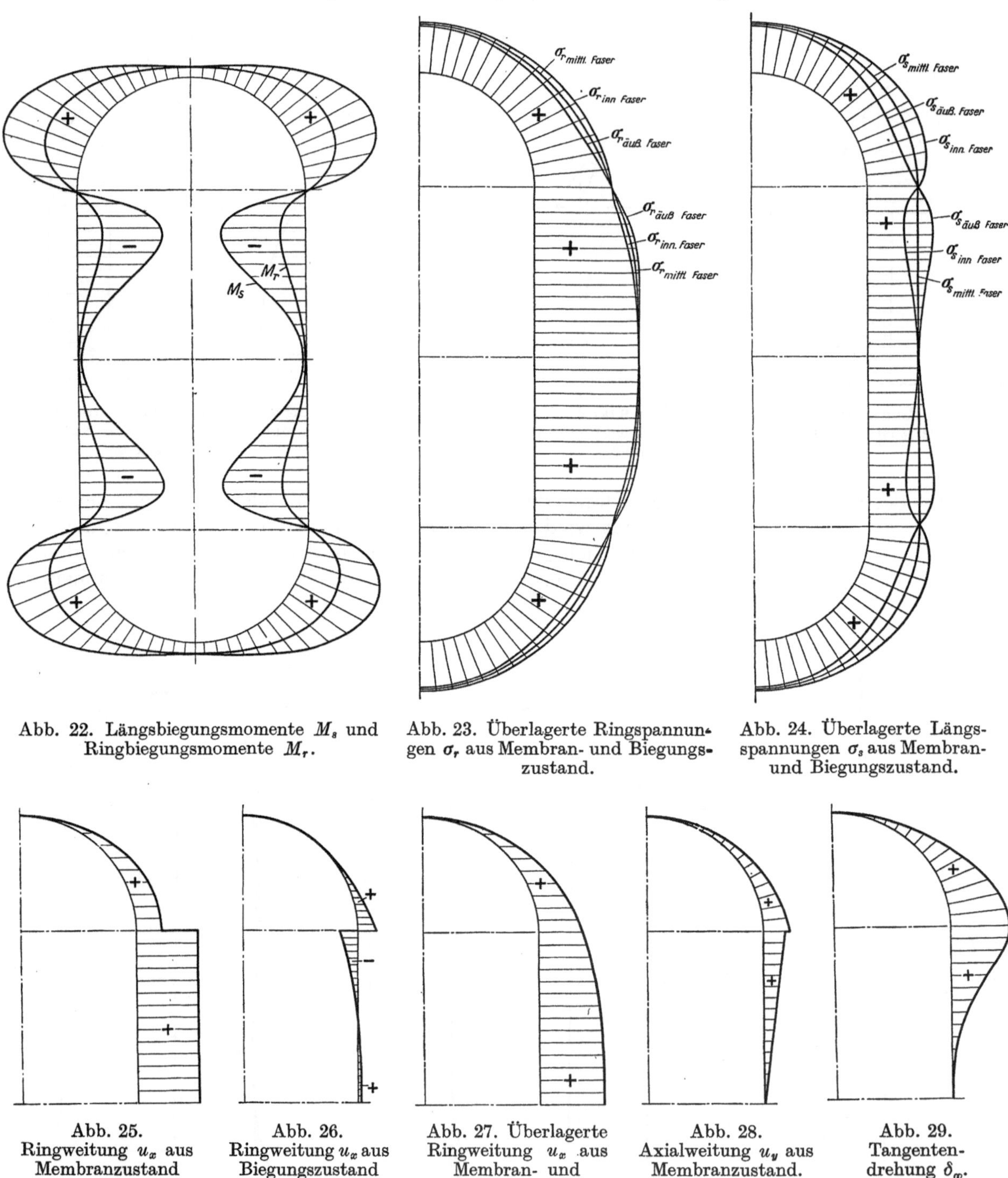

Abb. 22. Längsbiegungsmomente M_s und Ringbiegungsmomente M_r.

Abb. 23. Überlagerte Ringspannungen σ_r aus Membran- und Biegungszustand.

Abb. 24. Überlagerte Längsspannungen σ_s aus Membran- und Biegungszustand.

Abb. 25. Ringweitung u_x aus Membranzustand allein.

Abb. 26. Ringweitung u_x aus Biegungszustand allein.

Abb. 27. Überlagerte Ringweitung u_x aus Membran- und Biegungszustand.

Abb. 28. Axialweitung u_y aus Membranzustand.

Abb. 29. Tangentendrehung δ_φ.

einer strengeren Behandlung steht zu hoffen, daß auch andere wichtige Schalenformen, wie z. B. die Ellipsoidschale, mit den hier eingeschlagenen Wegen einer befriedigenden Lösung entgegengeführt werden können.

(Eingegangen 21. 3. 42.)

Eine neue Methode zur approximativen Lösung von Spannungsproblemen bei Platten und Scheiben.

Von U. Wegner, Heidelberg.

Mit 1 Abbildung.

Zur Lösung von Biegungsproblemen in der Plattentheorie verwendet man im wesentlichen drei Methoden. Dabei sehen wir von denjenigen Fällen ab, in denen die Biegefunktion durch einen endlichen Ausdruck bekannter Funktionen dargestellt werden kann, z. B. bei der Kreisplatte mit fester Einspannung und gleichmäßiger Belastung.

Die erste Methode, die klassische, beruht darauf, daß man die Plattenbiegungsgleichung mit gegebenen Randbedingungen für die Biegefunktion mit Hilfe eines Reihenansatzes löst. Hierher gehören das klassische Verfahren von Navier sowie die mathematisch exakten Untersuchungen z. B. von Happel[1] und Hencky[2]. Die Methode wird in verschiedenen Variationen verwendet, bedingt durch die Verschiedenheit in der Lagerung der Platte und der Belastungsformen. Schon bei einfachen Plattenkonturen und bei durchgehend gleichartiger Lagerung ist diese Methode für den praktisch arbeitenden Ingenieur daher besonders unzweckmäßig, weil die Konvergenz der Reihen für die einzelnen den Ingenieur interessierenden Größen, z. B. Biegemomente und Querkräfte, außerordentlich schlecht ist. Dies beruht darauf, daß man durch den Reihenansatz zunächst die Durchbiegungsfunktion w ermittelt und dann durch Differentiationen die einzelnen statischen Größen bestimmt. Die Konvergenz der durch Differenzieren gewonnenen neuen Reihe wird aber bekanntlich schlechter, falls überhaupt noch Konvergenz vorhanden ist. Dies bedingt, daß man bei der Ermittlung der für den Ingenieur in Frage kommenden Größen eine dem Problem angepaßte Genauigkeit erst dadurch erzielt, daß man eine große Anzahl von Gliedern aufsummiert. Ist die Lagerung der Platte nicht an allen Rändern gleichartig, und ist das Profil der Platte nicht speziell kreisförmig oder rechteckig, so gelangt man erst bei großem Arbeitsaufwand zu praktisch brauchbaren Ergebnissen.

Die zweite Methode, die zur Lösung der genannten Probleme dient, ist die Differenzenmethode. Diese Methode wurde für die Plattenbiegungsprobleme im wesentlichen von Marcus in verschiedenen Spielarten verwendet. Je nach dem Profil der Platte breitete er über der Platte verschiedenartige geometrische Netze aus und bestimmte in bekannter Weise die Durchbiegungen in den belasteten Knotenpunkten des Netzes. Die statischen Größen, die in der Praxis interessieren, wie Biegemoment und Querkraft, werden dann durch Differenzen- und Mittelbildungen gewonnen. Dadurch leidet aber die Genauigkeit außerordentlich, und man kann eigentlich nur bei einem sehr feinen Netz die numerischen Werte der genannten statischen Größen bestimmen. Es gibt aber kaum eine Möglichkeit, aus der für die Lösung des Problems geforderten Genauigkeit die Maschenweite des Netzes zu errechnen. Diese Differenzenmethode wurde auch in einer Reihe von Untersuchungen bei Stabilitätsproblemen mit Erfolg verwendet. Die sich auf Grund der Differenzenmethode ergebenden kritischen Werte sind hier ebenfalls großen Genauigkeitsschwankungen unterworfen. Auch hier ist es praktisch unmöglich, aus der geforderten Genauigkeit auf die Maschenweite des Netzes zu schließen.

Die dritte Methode ist schließlich charakterisiert durch das unter dem Namen „Energiemethode" bekannte Variationsprinzip. Man berechnet die gesamte bei der Biegung der Platte auftretende potentielle Energie. Für die bei einer gegebenen Einspannungs- und Belastungsart wirklich auftretende Biegungsfunktion ist dann die potentielle Energie, d. h. das Integral, welches die Energie darstellt, ein Minimum. Dabei werden als Vergleichsfunktionen für die

---

[1] Happel, H.: Über das Gleichgewicht rechteckiger Platten. Göttinger Nachrichten 1914 S. 37—62. — Über das Gleichgewicht von elastischen Platten unter Einzellast. Math. Z. Bd. 6 (1920) S. 203—218.

[2] Hencky, H.: Über den Spannungszustand in rechteckigen ebenen Platten bei gleichmäßig verteilter und bei konzentrierter Belastung. Diss. Darmstadt 1913.

wahre Lösungsfunktion nur solche Funktionen zugelassen, die den vorgegebenen Randbedingungen genügen. Eine Approximationsfunktion für diese wahre Lösung gewinnt man meistens auf Grund des Ritzschen[1] Verfahrens. Dieses Verfahren erfreut sich größter Beliebtheit besonders deswegen, weil im Verhältnis zu den beiden anderen genannten Methoden schon ein geringerer Arbeitsaufwand in der Genauigkeit brauchbare Resultate zeitigt. Die Nachteile des Ritzschen Verfahrens liegen aber besonders im folgenden:

1. In der Mühe, die zur Bestimmung einer Reihe von Grundfunktionen, die den gegebenen Randbedingungen genügen, erforderlich ist.

2. In der Schwierigkeit, bei Erfüllung der gestellten Randbedingungen die analytische Gestalt der Grundfunktionen besonders einfach zu halten, sowie durch den Ansatz den Symmetrien des Problems Rechnung zu tragen und auch keine neuen Symmetrien hineinzubringen, die in dem Problem nicht vorhanden sind.

3. In der Unkenntnis, ob bei Verallgemeinerung des Approximationsansatzes durch Hinzufügen weiterer Grundfunktionen eine bessere Annäherung an die wahre Lösung erzielt wird.

4. In dem Umstand, daß durch das Ritzsche Verfahren die Biegefunktion approximiert wird und nicht die gewünschten statischen Größen, wie Biegemoment und Querkraft. Wollte man diese Größen bestimmen, so wären wieder Differentiationen der für die Biegefunktion gewonnenen Approximationsfunktion notwendig. Ob man dann noch eine brauchbare Annäherung an diese Größen erhält, ist zweifelhaft.

Um eine Verbesserung bei der Konvergenz der Ableitungen der Biegefunktion zu erhalten, wird nach Courant[2] in dem Variationsansatz noch ein Integral hinzugefügt, dessen Integrand für die wahre Biegefunktion identisch Null ist. Dieser Integrand besteht z. B. aus dem für die wahre Biegefunktion identisch verschwindenden Differentialausdruck $\varDelta\,\varDelta w - \frac{p}{N}$. Eine weitere Verbesserung kann durch Einführung von Parametern erreicht werden.

Im folgenden soll ein Verfahren, das zu den Variationsverfahren gehört, mitgeteilt werden, bei dem aber einige der beim Ritzschen Verfahren aufgezählten Nachteile nicht auftreten.

Wir gehen nicht vom Prinzip des Minimums der potentiellen Energie, sondern vom Castiglianoschen Prinzip der Mechanik aus und wollen die Methode, die sowohl für Biege- als auch für Stabilitätsprobleme verwendet werden kann, an einfachen Biegeproblemen erläutern.

Auf Grund des Castiglianoschen Prinzips, angewendet auf die Kirchhoffsche Plattenbiegungstheorie, findet man die Spannungen bei einer allseitig eingespannten Platte auf Grund des folgenden Minimalansatzes:

$$(1) \qquad \frac{1}{2}\iint\limits_{\mathfrak{B}} \frac{1}{N}\,M^2\,dx\,dy = \text{Min},$$

($\mathfrak{B}$ ist der Bereich der x, y-Ebene, der von der Platte eingenommen wird), wobei M die Momentensumme der Platte bedeutet, welche mit der Steifigkeit N und der Biegefunktion w durch die folgende Formel zusammenhängt:

$$(2) \qquad M = -N\,\varDelta w.$$

Als Vergleichsfunktionen werden solche Funktionen $M = M\,(x, y)$ zugelassen, welche die Differentialgleichung

$$(3) \qquad \varDelta M = -p\,(x, y)$$

befriedigen, $p(x, y)$ ist die Belastung pro Flächeneinheit senkrecht zur x, y-Ebene. Dabei sind für die Vergleichsfunktionen keinerlei Randbedingungen zu erfüllen. Der genannte Ansatz gilt auch für veränderliche Steifigkeiten N der Platte[3].

---

[1] Ritz, W.: Über eine neue Methode zur Lösung gewisser Variationsprobleme der mathematischen Physik. J. reine angew. Math. Bd. 135 (1909) S. 1—61.

[2] Courant, R.: Über ein Konvergenz erzeugendes Prinzip in der Variationsrechnung. Göttinger Nachrichten 1922 S. 144—150.

[3] Eine strenge Ableitung dafür siehe U. Wegner: Neuere Methoden zur Lösung von ebenen Spannungsproblemen. Forschungsheft des Stahlbaues (erscheint demnächst).

Trennt man von den Vergleichsfunktionen ein partikuläres Integral M_0 der Differential-gleichung

$$\Delta M = -p$$

ab, d. h. $\Delta M_0 = -p(x, y)$, so erhält man das folgende Variationsproblem

$$\frac{1}{2} \iint_{\mathfrak{B}} \frac{1}{N} (M_0 + \Phi)^2 \, dx \, dy = \text{Min},$$

wobei als zulässige Vergleichsfunktionen $\Phi(x, y)$ nur diejenigen Funktionen in Frage kommen, die der Gleichung $\Delta \Phi = 0$ entsprechen. Funktionen, die dieser Differentialgleichung genügen, heißen Potentialfunktionen, die in großer Zahl existieren und für die es viele Erzeugungsformen gibt; z. B. sind der Real- und Imaginärteil von $(x + i\,y)^n$ (i ist die imaginäre Einheit, $i^2 = -1$) solche Potentialfunktionen. Führt man an Stelle der Momentensumme die Biegefunktion w ein, so erhält man das Castiglianosche Prinzip in der folgenden Form:

$$(4) \qquad \frac{1}{2} \iint_{\mathfrak{B}} N (\Delta w)^2 \, dx \, dy = \frac{1}{2} \iint_{\mathfrak{B}} N \left(\Delta w_0 - \frac{\Phi}{N}\right)^2 \, dx \, dy = \text{Min},$$

wobei $\Delta(N \Delta w_0) = p(x, y)$ ist, und die zulässigen Vergleichsfunktionen beliebige Potentialfunktionen sind. (Es ist nämlich $M_0 = -N \Delta w_0$ und $M = -N \Delta w$.) Ein partikuläres Integral der Plattenbiegungsgleichung kann bei allen Belastungsformen stets angegeben werden. Entweder findet man es durch Probieren oder dadurch, daß man auf Grund der Untersuchungen von Love[1] und Happel[2] weiß, daß ein partikuläres Integral der Plattenbiegungsgleichung bei einer durch Einzellast p im Punkte α, β belasteten Platte in der folgenden Formel wiedergegeben werden kann

$$(5) \qquad w_0(x, y) = \frac{p}{8 \pi N} [(x - \alpha)^2 + (y - \beta)^2] \ln \sqrt{(x - \alpha)^2 + (y - \beta)^2}.$$

Bildet man Δw_0 und multipliziert es mit $-N$, so erhält man ein partikuläres M_0. Ist die Belastung beliebig, so kann man in bekannter Weise durch Superposition von Einzellasten die Belastung $p(x, y)$ und damit durch Superposition von partikulären Integralen der genannten Art ein partikuläres Integral für den allgemeinsten Belastungsfall angeben[3].

Wie wir eben sahen, liegt der Vorteil dieser Methode darin, daß wir bei den zulässigen Vergleichsfunktionen, hier den Potentialfunktionen, keine Randbedingungen zu erfüllen brauchen. Außerdem erhalten wir gleich eine Annäherung an die Momentensumme der Platte und nicht erst an die Biegefunktion, die den Statiker kaum interessiert. Mit der Momentensumme M der Platte sind aber auch das Biegemoment und die Querkräfte an einzelnen Stellen der Platte, und zwar gerade an den den Ingenieur interessierenden Stellen, sofort anzugeben.

Betrachten wir beispielsweise eine quadratische Platte der Kantenlänge $2a$ mit dem Mittelpunkt als Nullpunkt des Koordinatensystems, so sind die Biegemomente am Rande gleich

$$(6) \qquad \begin{aligned} m_x\big|_{y=\pm a} &= -N \left(\frac{\partial^2 w}{\partial y^2} + \frac{1}{m} \frac{\partial^2 w}{\partial x^2}\right)_{y=\pm a} = -N \frac{\partial^2 w}{\partial y^2}\Big|_{y=\pm a} = -N \Delta w\big|_{y=\pm a} = M\big|_{y=\pm a}, \\[2ex] m_y\big|_{x=\pm a} &= -N \left(\frac{\partial^2 w}{\partial x^2} + \frac{1}{m} \frac{\partial^2 w}{\partial y^2}\right)_{x=\pm a} = -N \frac{\partial^2 w}{\partial x^2}\Big|_{x=\pm a} = -N \Delta w\big|_{x=\pm a} = M\big|_{x=\pm a} \end{aligned}$$

und das Biegemoment im Mittelpunkt

$$m_x\Big|_{\substack{x=0 \\ y=0}} = m_y\Big|_{\substack{x=0 \\ y=0}} = -N \left(1 + \frac{1}{m}\right) \frac{\partial^2 w}{\partial x^2}\Big|_{\substack{x=0 \\ y=0}} = -\frac{N}{2}\left(1 + \frac{1}{m}\right) \Delta w\Big|_{\substack{x=0 \\ y=0}} = \frac{1}{2}\left(1 + \frac{1}{m}\right) M\Big|_{\substack{x=0 \\ y=0}}.$$

---

[1] Love, A. E. H.: Lehrbuch der Elastizität, deutsch von A. Timpe, S. 562ff. Leipzig 1907.
[2] Happel, H.: Siehe l. c. S. 183, Anm. 1.   [3] Siehe l. c. S. 184, Anm. 3.

Die Querkräfte am Rande der Platte werden dann durch die Ableitung der Momentensumme M durch folgende Formeln wiedergegeben:

$$(7) \qquad \begin{aligned} V_{yz}\big|_{y=\pm a} &= -N\frac{\partial}{\partial y}(\varDelta w)\big|_{y=\pm a} = \frac{\partial M}{\partial y}\Big|_{y=\pm a}, \\ V_{xz}\big|_{x=\pm a} &= -N\frac{\partial}{\partial x}(\varDelta w)\big|_{x=\pm a} = \frac{\partial M}{\partial x}\Big|_{x=\pm a}. \end{aligned}$$

Wir wollen den Rechnungsgang nun an dem obengenannten Beispiel einer allseitig eingespannten, quadratischen Platte bei konstanter Steifigkeit N und konstanter Belastung p verfolgen.

Als Vergleichsfunktionen wählen wir die Potentialfunktionen

$$\varPhi(x, y) = -N[c_0 + c_1(x^4 - 6x^2y^2 + y^4)]$$

mit den zunächst noch unbestimmten Koeffizienten c_0 und c_1. Die Funktion $x^4 - 6x^2y^2 + y^4$ stellt den Realteil von $(x + iy)^4$ dar. Wegen der Symmetrie der Plattenform sowie wegen der Art der Belastung sind die Potentialfunktionen niedrigeren Grades nicht brauchbar.

Durch Probieren findet man leicht ein partikuläres Integral w_0 der Plattenbiegungsgleichung $\varDelta\varDelta w = \frac{p}{N}$. Ein solches lautet:

$$w_0 = \frac{p}{8N}(a^2 - x^2)(a^2 - y^2).$$

Man rechnet sofort nach, daß

$$\varDelta w_0 = -\frac{pa^2}{2N} + \frac{p(x^2 + y^2)}{4N}$$

ist, so daß wir durch Multiplikation mit $-N$ auch ein partikuläres Integral M_0 der Differentialgleichung $\varDelta M = -p$ gewonnen haben.

Diese Werte für $\varPhi(x, y)$ und $\varDelta w_0$ werden dann in unseren Minimalansatz (4) eingetragen. Das zu lösende Variationsproblem lautet dann: c_0 und c_1 sind so zu bestimmen, daß das Integral

$$A \equiv \frac{N}{2}\int\limits_{-a}^{a}\int\limits_{-a}^{a}\left[c_0 - \frac{pa^2}{2N} + \frac{p}{4N}(x^2 + y^2) + c_1(x^4 - 6x^2y^2 + y^4)\right]^2 dx\,dy$$

zum Minimum wird.

Bei Ausführung der Integrationen ergibt sich ein quadratischer Ausdruck in den unbestimmten Koeffizienten c_0 und c_1:

$$A = c_0^2 a^2 + \frac{944}{1575}c_1^2 a^{10} - \frac{8}{15}c_0 c_1 a^6 - \frac{2}{3}\frac{pa^4}{N}c_0 + \frac{8}{105}\frac{pa^8}{N}c_1.$$

Die Extremumsbedingungen $\frac{\partial A}{\partial c_0} = 0$ und $\frac{\partial A}{\partial c_1} = 0$ liefern zwei symmetrische Gleichungen mit zwei Unbekannten zur Bestimmung der Koeffizienten c_0 und c_1. Bei Auflösung dieses Systems ergeben sich die Werte:

$$c_0 = \frac{14}{39}\frac{pa^2}{N},$$

$$c_1 = \frac{5}{52}\frac{p}{a^2 N}.$$

Setzen wir diese Werte in den Ansatz für $\varPhi(x, y)$ ein, so erhalten wir eine Annäherung für $\varDelta w$ auf Grund der folgenden Beziehung:

$$\varDelta w = \varDelta w_0 - \frac{\varPhi}{N} = -\frac{11}{78}\frac{pa^2}{N} + \frac{p}{4N}(x^2 + y^2) + \frac{5}{52}\frac{p}{a^2 N}(x^4 - 6x^2y^2 + y^4).$$

Für die auf Grund der Formeln (6) und (7) sich ergebenden Biegemomente und Querkräfte erhalten wir dann die folgenden Werte:

$$m_y\Big|_{\substack{x=\pm a\\y=0}} = m_x\Big|_{\substack{y=\pm a\\x=0}} = M\Big|_{\substack{x=\pm a\\y=0}} = -\,0{,}205\,p\,a^2,$$

$$m_y\Big|_{\substack{x=0\\y=0}} = m_x\Big|_{\substack{x=0\\y=0}} = -\frac{N}{2}\Big(1+\frac{1}{m}\Big)\,\varDelta\,w\Big|_{\substack{x=0\\y=0}} = \frac{1}{2}\Big(1+\frac{1}{m}\Big)M\Big|_{\substack{x=0\\y=0}} = -\,0{,}092\,p\,a^2,$$

$$V_{yz}\Big|_{\substack{y=\pm a\\x=0}} = V_{xz}\Big|_{\substack{x=\pm a\\y=0}} = -\,N\frac{\partial}{\partial y}(\varDelta\,w)\Big|_{\substack{y=\pm a\\x=0}} = \frac{\partial M}{\partial y}\Big|_{\substack{y=\pm a\\x=0}} = 0{,}884\,p\,a.$$

Diese Werte stimmen genau mit den auf drei aufgerundeten Werten bei der exakten Lösung überein[1].

Nach der geschilderten Methode kann auch die Durchbiegung einer Kreisplatte vom Radius Eins bei konzentrierter Last p im Punkte (α, β) berechnet werden.

Die Durchbiegung ist gegeben durch den folgenden Ausdruck

$$(8) \qquad w = \frac{p\,\varrho^2}{8\,\pi\,N}\ln\varrho + F(x, y)$$

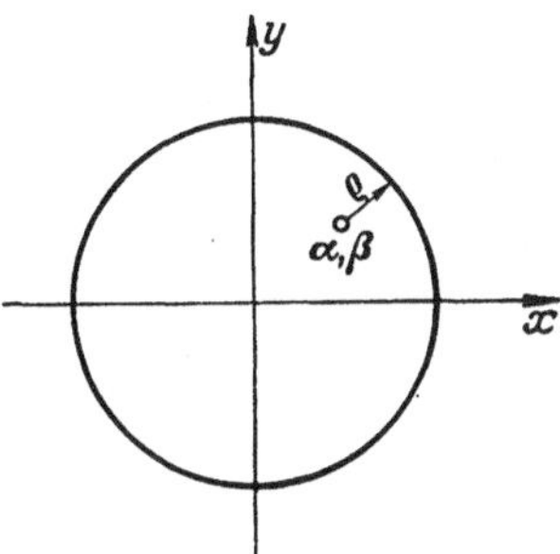

auf Grund der Untersuchungen von Love und Happel[2]. Der erste Ausdruck enthält die Singularität. $\frac{p\,\varrho^2}{8\pi N}\ln\varrho$ ist eine partikuläre Lösung der Plattenbiegungsgleichung bei vorgegebener Belastung. Die Funktion F genügt der partiellen Differentialgleichung $\varDelta\,\varDelta\,F = 0$ für alle Punkte x, y der Platte.

Für die weiteren Rechnungen setzen wir $\beta = 0$, so daß ein partikuläres Integral der Plattenbiegungsgleichung für eine durch Einzellast im Punkte $x = \alpha$, $y = 0$ beanspruchte Kreisscheibe in der folgenden Form

$$w_0 = \frac{1}{16\,\pi\,N}\,p\,[(x-\alpha)^2 + y^2]\ln[(x-\alpha)^2 + y^2]$$

dargestellt werden kann.

Führen wir Polarkoordinaten ein, so ergibt sich

$$w_0 = \frac{p}{16\,\pi\,N}(r^2 - 2\alpha r\cos\varphi + \alpha^2)\ln[r^2 - 2\alpha r\cos\varphi + \alpha^2].$$

$\varDelta\,w_0$ nimmt die Gestalt an:

$$\varDelta\,w_0 = \frac{p}{4\,\pi\,N}[\ln(r^2 - 2\alpha r\cos\varphi + \alpha^2) + 2].$$

Als Vergleichsfunktionen wählen wir die Potentialfunktionen

$$\varPhi(r, \varphi) = -\,N(c_0 + c_1 r\cos\varphi)$$

mit den zunächst noch unbestimmten Koeffizienten c_0 und c_1. Dieser Ansatz für die Funktion $\varPhi(r, \varphi)$ kann durch Hinzufügen von weiteren Summanden beliebig erweitert werden. Um die Durchführung der Integrationen etwas zu vereinfachen, nehmen wir eine Umformung des vorliegenden Variationsprinzips

$$A \equiv \frac{1}{2}\iint\limits_{\mathfrak{B}} N\Big(\varDelta\,w_0 - \frac{\varPhi}{N}\Big)^2 dx\,dy = \text{Min}$$

vor. Setzen wir $-\dfrac{\varPhi}{N} = P$, so lautet es

$$(9) \qquad A \equiv \tfrac{1}{2}\iint\limits_{\mathfrak{B}} N(\varDelta\,w_0 + P)^2\,dx\,dy = \tfrac{1}{2}\iint\limits_{\mathfrak{B}} N[(\varDelta\,w_0)^2 + 2\,\varDelta\,w_0\,P + P^2]\,dx\,dy = \text{Min}.$$

---

[1] Siehe l. c. S. 183, Anm. 2, S. 53.   [2] Siehe l. c. S. 183, Anm. 1, u. S. 184, Anm. 1.

Dabei ist das Doppelintegral über $(\Delta w_0)^2$ konstant, so daß wir es für die Variation weglassen können. Auf das 2. Integral wenden wir die Greensche Formel an. Danach gilt für zwei Funktionen P und Δw_0:

$$\iint_{\mathfrak{B}} (\Delta w_0 P - \Delta P w_0)\, dx\, dy = \int_{\text{Rand}} \left(P \frac{\partial \overline{w}_0}{\partial n} - \overline{w}_0 \frac{\partial P}{\partial n} \right) dl .$$

Da in unserem Falle $\Delta P = 0$ ist, ergibt sich für das 2. Integral:

$$\iint_{\mathfrak{B}} \Delta w_0 P\, dx\, dy = \int_{\text{Rand}} \left(P \frac{\partial \overline{w}_0}{\partial n} - \overline{w}_0 \frac{\partial P}{\partial n} \right) dl .$$

Unser Minimumprinzip (4) nimmt damit die Gestalt

$$(10) \qquad A \equiv \frac{N}{2} \iint_{\mathfrak{B}} P^2 dx\, dy + 2 \int_{\text{Rand}} \left(P \frac{\partial \overline{w}_0}{\partial n} - \overline{w}_0 \frac{\partial P}{\partial n} \right) dl = \text{Min}$$

an. Führen wir noch Polarkoordinaten ein, so erhalten wir die für unsere Rechnung geeignete Form des Minimalansatzes. Es ist:

$$(11) \qquad A \equiv \frac{N}{2} \int_0^{2\pi}\!\!\int_0^1 P^2 r\, dr\, d\varphi + 2 \int_0^{2\pi} \left(P \frac{\partial \overline{w}_0}{\partial r} - \overline{w}_0 \frac{\partial P}{\partial r} \right)\Big|_{r=1} d\varphi = \text{Min},$$

oder beim Einsetzen der oben angegebenen Werte für P und w_0 ergibt sich:

$$A \equiv \int_0^{2\pi}\!\!\int_0^1 (c_0 + c_1 r \cos \varphi)^2 r\, dr\, d\varphi +$$

$$+ \frac{p}{4\pi N} \int_0^{2\pi} d\varphi \left\{ (c_0 + c_1 \cos \varphi)(1 - \alpha \cos \varphi)[1 + \ln(1 - 2\alpha \cos \varphi + \alpha^2)] - \right.$$

$$\left. - \frac{c_1}{2} \cos \varphi (1 - 2\alpha \cos \varphi + \alpha^2) \ln(1 - 2\alpha \cos \varphi + \alpha^2) \right\} = \text{Min} .$$

Dabei sind c_0 und c_1 so zu bestimmen, daß dieses Minimum erreicht wird. Bei Ausführung der Integrationen ergibt sich der quadratische Ausdruck:

$$A \equiv \pi c_0^2 + \frac{\pi}{4} c_1^2 + \frac{p}{4\pi N} \left\{ 2\pi c_0 - \alpha \pi c_1 + [2\pi \alpha c_0 - c_1 \pi (1 - \alpha^2)]\alpha \right\} .$$

Bei partieller Differentiation nach c_0 und c_1 erhält man die Werte

$$c_0 = -\frac{p}{4\pi N}(1 + \alpha^2),$$

$$c_1 = -\frac{p}{2\pi N}(\alpha^3 - 2\alpha) .$$

Tragen wir diese Werte in unseren Ansatz für P ein, so liefert der Ausdruck $\Delta w_0 + P$ eine Approximation für Δw. Es ist:

$$\Delta w = \frac{p}{4\pi N}[\ln(r^2 - 2\alpha r \cos \varphi + \alpha^2) + 2] - \frac{p}{4\pi N}(1 + \alpha^2) - \frac{p}{2\pi N}(\alpha^3 - 2\alpha) r \cos \varphi .$$

Die exakte Lösung dieses Problems wurde von Reißner[1] angegeben. Die durch Reißner bestimmte Lösung, „die Greensche Funktion" $G(x, y, \alpha, 0)$, lautet:

$$G(x, y, \alpha, 0) = \frac{p}{8\pi N} \left[(z - \alpha)^2 \ln \left| \frac{(z-\alpha)a}{a^2 - \alpha z} \right| + \frac{(a^2 - r^2)(a^2 - \alpha^2)}{2a^2} \right] .$$

Entwickeln wir die Reißnersche Lösung für ΔG in eine Reihe, so erhalten wir:

$$\Delta G = \Delta w_0 - \frac{p}{4\pi N}[(1 + \alpha^2) + 2r \cos \varphi (\alpha^3 - 2\alpha) + r^2 \cos 2\varphi (2\alpha^4 - 3\alpha^2) + \cdots],$$

---

[1] Reißner, H.: Math. Ann. Bd. 111 (1935) S. 777—780.

d. h. aber die hier auf Grund der neuen Methode berechnete Annäherung stimmt genau mit den ersten Gliedern dieser Fourier-Reihe überein. Erweitern wir den Ansatz für $P(r, \varphi)$, so erkennt man auf Grund eines einfachen Bildungsgesetzes, daß eine gliedweise Übereinstimmung mit der Entwicklung der exakten Lösung von Reißner vorhanden ist.

Nach der gleichen Methode können wir auch beliebig geformte Platten mit Einzellast berechnen. Wir erhalten dabei sehr schnell brauchbare Ergebnisse. Das Verfahren besitzt gegenüber dem bisher in den meisten Fällen angewandten Ritzschen Verfahren die angeführten Vorteile. Neuerdings erfolgt die Bestimmung der Greenschen Funktion nicht mit Hilfe des Ritzschen Ansatzes, sondern die Funktion w wird nach Reihen bekannter Funktionen entwickelt. Diese Methode wird Singularitätenmethode[1] genannt. Sie ist recht umständlich und besitzt genau wie das Ritzsche Verfahren den Nachteil, daß die Funktion w selbst und nicht Δw approximiert wird, so daß zur Berechnung der den Ingenieur interessierenden Größen noch Differentiationen ausgeführt werden müssen.

Die hier geschilderte Methode kann mit gutem Erfolg auch zur Lösung von Stabilitäts- und Beulungsproblemen herangezogen werden. All diese Probleme werden in dem obengenannten Forschungsheft des Stahlbaues[2] ausführlich dargestellt.

---

[1] Pucher: Über die Singularitätenmethode an elastischen Platten. Ing.-Arch. Bd. 12 (1941) S. 76ff.
[2] Siehe l. c. S. 184, Anm. 3.

(Eingegangen 15. 1. 42.)

Beitrag zur Berechnung der allseitig eingespannten Rechteckplatte.

Von G. Worch, München.

Mit 7 Abbildungen.

Die Integration der Plattengleichung sowie die Erfüllung sämtlicher Randbedingungen in einem einzigen Schritt gelingt nur in Ausnahmefällen. In der Regel kommt man nur durch Überlagerung einer Grundlösung und einer — oder auch mehrerer — Zusatzlösungen zum Ziel. Die Grundlösung erfüllt die inhomogene Plattengleichung und einen Teil der Randbedingungen. Die Zusatzlösungen gehorchen der homogenen Plattengleichung und enthalten eine Anzahl Freiwerte, die so zu bestimmen sind, daß Grund- und Zusatzlösungen zusammen alle vorgeschriebenen Randbedingungen erfüllen.

Für die frei aufliegende Platte hat sich der Lévysche Ansatz als Zusatzlösung gut bewährt. Bei eingespannten Platten erhält man mit Hilfe komplexer Funktionen eine übersichtliche Form derZusatzlösung. Komplexe Ausdrücke wurden bereits von Fr. Tölke[1] und J. Fadle[2] zur Ermittlung von Spannungsfunktionen bei Scheibentragwerken verwendet. W. Koepcke[3] übertrug diesen Rechnungsgang auf plattenförmige Tragwerke.

Eine Ergänzung hierzu bildet die vorliegende Arbeit, in der die Berechnung einer allseitig eingespannten Rechteckplatte sowohl mit gleichmäßig verteilter voller Belastung als auch mit einer Einzellast in Plattenmitte gezeigt wird. Für den erstgenannten Belastungsfall wird auch ein Zahlenbeispiel durchgeführt.

Legt man der Untersuchung die sogenannten Kirchhoffschen Annahmen zugrunde, so lautet die bekannte Differentialgleichung der Platte

$$(1) \qquad \Delta \Delta w = \left(\frac{\partial^2}{\partial x^2} + \frac{\partial^2}{\partial y^2}\right) \cdot \left(\frac{\partial^2 w}{\partial x^2} + \frac{\partial^2 w}{\partial y^2}\right) = \frac{p}{D}.$$

---

[1] Tölke, Fr.: Wasserkraftanlagen II, 1. Handbibliothek für Bauingenieure Teil III, Bd. 9 S. 391. Berlin: Springer 1938.
[2] Fadle, J.: Ing.-Arch. Bd. 11 (1940) S. 125.
[3] Koepcke, W.: Umfangsgelagerte Rechtecksplatten mit drehbaren und eingespannten Rändern. Borna, Bez. Leipzig: R. Noske 1941.

Hierin ist w die Durchbiegung der Plattenmittelfläche, p die Belastung, beide an der Stelle $x\,y$, und $D = \dfrac{E\,h^3}{12\,(1-\mu^2)}$ die Plattensteifigkeit.

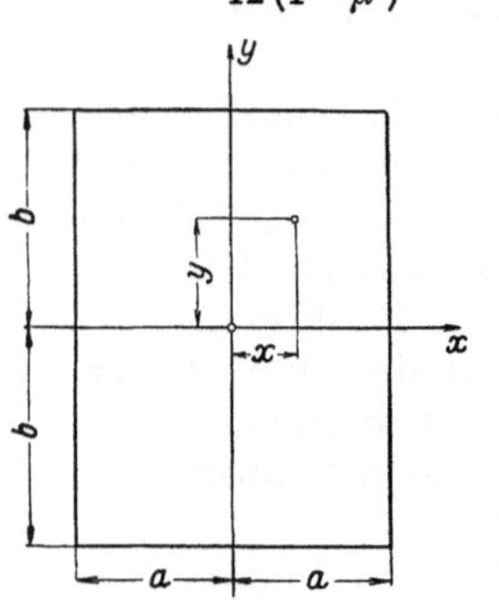

Abb. 1.

Auf dem ganzen Rande muß sein

$$(2)\quad\begin{cases} \text{a)} & w = 0, \\[4pt] \text{ferner wegen der starren Einspannung} \\[4pt] \text{b) auf den Rändern} \quad x = \pm a: \quad \dfrac{\partial w}{\partial x} = 0 \\[4pt] \text{c) und auf den Rändern} \quad y = \pm b: \quad \dfrac{\partial w}{\partial y} = 0. \end{cases}$$

Der Ursprung des Achsenkreuzes liege im Mittelpunkt der Platte (Abb. 1); wegen der Symmetrie braucht dann nur das Plattenviertel $0 \leqq x \leqq a$, $0 \leqq y \leqq b$ untersucht zu werden.

Sowohl in der Plattengleichung (1) als auch in den Ausdrücken für die Schnittkräfte kommt die Unbekannte w nur in der ersten Potenz vor. Es ist daher der Ansatz zulässig

$$(3)\qquad w = w_0 + w_I + w_{II} + \cdots .$$

Darin bezeichnet w_0 die Grundlösung; die Zusatzlösungen sind w_I, w_{II} usw.

Die Grundlösung ist für jeden Lastfall verschieden; die Zusatzlösungen sind hingegen unabhängig von der Belastung. Wir bauen daher zweckmäßig zunächst die Zusatzlösungen auf.

1. Die Zusatzlösung w_I.

Wie bereits eingangs erwähnt, muß die Zusatzlösung die homogene Plattengleichung $\Delta\,\Delta w = 0$ erfüllen. Ferner soll sie symmetrisch zur x- bzw. y-Achse sein. Aus der Fülle der zur Verfügung stehenden Lösungen wählen wir aus[1]

$$(4)\quad\begin{cases} w_I = K\left(A\,\alpha\,\dfrac{x}{a}\,\sin\alpha\,\dfrac{x}{a} + B\cos\alpha\,\dfrac{x}{a}\right)\mathfrak{Co}\mathfrak{f}\,\alpha\,\dfrac{y}{a} \\[6pt] \text{oder} \\[6pt] w_I = K\,(A\,\alpha\,\xi\,\sin\alpha\,\xi + B\cos\alpha\,\xi)\,\mathfrak{Co}\mathfrak{f}\,\alpha\,\eta. \end{cases}$$

Zur Abkürzung der Schreibarbeit ist darin eingeführt

$$(5)\qquad \xi = \frac{x}{a}, \qquad \eta = \frac{y}{a}.$$

A und B sind Freiwerte, α ist ein Parameter, der, wie sich später herausstellen wird, komplex ist. Über die Konstante K können wir frei verfügen ($K \neq 0$ und $\neq \infty$).

Daß dieser Ansatz (4) der Gleichung $\Delta\,\Delta w = 0$ gehorcht, kann man leicht durch Einsetzen nachprüfen.

Freiwerte und Parameter sollen nun so bestimmt werden, daß auf den Rändern $x = \pm a\,(\xi = 1)$ die Randbedingungen $w = 0$ und $\dfrac{\partial w}{\partial x} = 0$ erfüllt sind.

Laut (4) ist

$$w_{I,\,\xi=1} = K\,(A\,\alpha\,\sin\alpha + B\cos\alpha)\,\mathfrak{Co}\mathfrak{f}\,\alpha\,\eta = 0.$$

Daraus folgt, da $K \neq 0$ und $\mathfrak{Co}\mathfrak{f}\,\alpha\,\eta \neq 0$

$$A\,\alpha\,\sin\alpha + B\cos\alpha = 0,$$
$$B = -A\,\alpha\,\operatorname{tg}\alpha.$$

---

[1] Dieser Ansatz findet sich auch bereits bei Koepcke: a. a. O. S. 71. Er ist dort aber nicht weiter verfolgt worden.

Setzt man diesen Wert in (4) ein, so ergibt sich

$$(6) \qquad w_I = K A \alpha (\xi \sin \alpha \xi - \operatorname{tg} \alpha \cos \alpha \xi) \operatorname{\mathfrak{Cof}} \alpha \eta$$

und daraus

$$\frac{\partial w_I}{\partial x} = \frac{1}{a} \frac{\partial w_I}{\partial \xi} = \frac{K A \alpha}{a} [(1 + \alpha \operatorname{tg} \alpha) \sin \alpha \xi + \alpha \xi \cos \alpha \xi] \operatorname{\mathfrak{Cof}} \alpha \eta.$$

Dieser Wert soll ebenfalls auf dem Rande $x = a$ ($\xi = 1$) verschwinden. Die Lösungen $K = 0$, $A = 0$ bzw. $\alpha = 0$ scheiden aus; wie bereits erwähnt, ist $\operatorname{\mathfrak{Cof}} \alpha \eta \neq 0$. Es bleibt also übrig

$$(1 + \alpha \operatorname{tg} \alpha) \sin \alpha + \alpha \cos \alpha = 0$$

oder

$$\sin \alpha + \alpha \frac{\sin^2 \alpha}{\cos \alpha} + \alpha \frac{\cos^2 \alpha}{\cos \alpha} = 0.$$

Mit $\sin^2 \alpha + \cos^2 \alpha = 1$ wird daraus

$$(7) \qquad \sin \alpha + \frac{\alpha}{\cos \alpha} = 0.$$

Erweitert man mit $\cos \alpha$ und beachtet, daß $\sin \alpha \cos \alpha = \frac{1}{2} \sin 2\alpha$ ist, so erhält man

$$\tfrac{1}{2} \sin 2\alpha + \alpha = 0$$

oder

$$(8) \qquad \sin 2\alpha + 2\alpha = 0.$$

Bevor wir auf diese Bestimmungsgleichung für α eingehen, soll (7) noch etwas umgeformt werden. Durch Erweiterung mit $\sin \alpha$ gewinnt man

$$\sin^2 \alpha + \alpha \operatorname{tg} \alpha = 0$$

oder

$$\alpha \operatorname{tg} \alpha = - \sin^2 \alpha.$$

Diesen Wert in (6) eingesetzt ergibt

$$(9) \qquad w_I = K A (\alpha \xi \sin \alpha \xi + \sin^2 \alpha \cos \alpha \xi) \operatorname{\mathfrak{Cof}} \alpha \eta.$$

2. Ermittlung des Parameters α.

Zur Vereinfachung der Schreibarbeit setzen wir vorübergehend $2\alpha = z$. Unsere Bestimmungsgleichung (8) für α lautet damit

$$(10) \qquad \begin{cases} \text{a)} \quad \sin z + z = 0 \\ \text{oder} \\ \text{b)} \quad \dfrac{\sin z}{z} = -1. \end{cases}$$

Die Kurve $\dfrac{\sin z}{z}$ — für reelle Werte von z — ist in Abb. 2 aufgetragen. Wie man erkennt, hat sie nirgends den Wert -1. Wir müssen uns daher nach komplexen Lösungen umsehen und setzen an

$$(11) \qquad z = x + i y.$$

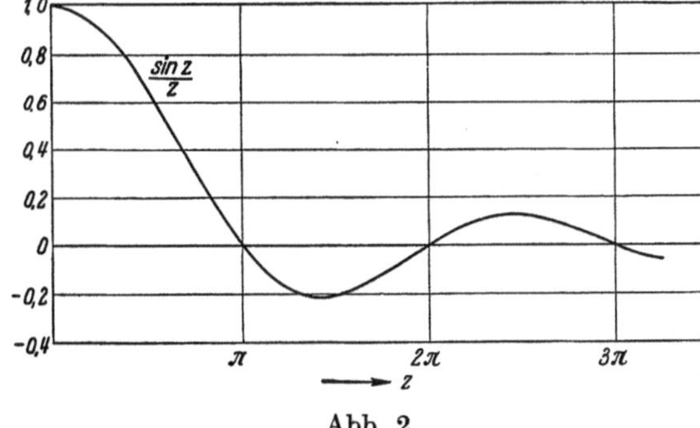

Abb. 2.

Darin ist $i = \sqrt{-1}$, x und y sind reelle Zahlen, die mit den früher eingeführten Abständen x und y (Abb. 1) nichts zu tun haben.

Geht man mit dem Ansatz (11) in die Gleichung (10 a) ein, so erhält man

$$\sin (x + i y) + x + i y = 0$$

oder

$$\sin x \operatorname{\mathfrak{Cof}} y + i \cos x \operatorname{\mathfrak{Sin}} y + x + i y = 0.$$

Daraus folgt

$$(12) \qquad \begin{cases} \text{a)} \quad f(x y) = \sin x \operatorname{\mathfrak{Cof}} y + x = 0, \\ \text{b)} \quad g(x y) = \cos x \operatorname{\mathfrak{Sin}} y + y = 0. \end{cases}$$

Dieselben Bestimmungsgleichungen für x und y erhält man, wenn man von dem Ansatz

$$z = x - iy \quad \text{oder} \quad z = -(x + iy) \quad \text{oder} \quad z = -(x - iy)$$

ausgeht.

Jeder der beiden Funktionen f und g in (12) entspricht eine Kurve. Man sieht dies besser, indem man (12) wie folgt schreibt:

$$(13) \quad \begin{cases} \text{a)} \quad \mathfrak{Cof}\, y = -\dfrac{x}{\sin x} \\[2mm] \text{b)} \quad \cos x = -\dfrac{y}{\mathfrak{Sin}\, y} \end{cases} \text{oder} \quad \begin{aligned} y &= \mathfrak{Ar}\,\mathfrak{Cof}\left(-\dfrac{x}{\sin x}\right), \\[2mm] x &= \mathrm{arc}\cos\left(-\dfrac{y}{\mathfrak{Sin}\, y}\right). \end{aligned}$$

Die zu $f = 0$ gehörige Kurve ist in Abb. 3 kräftig, die der Gleichung $g = 0$ entsprechende Kurve dünn dargestellt. Dabei ist noch folgendes zu beachten. Da y stets positiv sein soll,

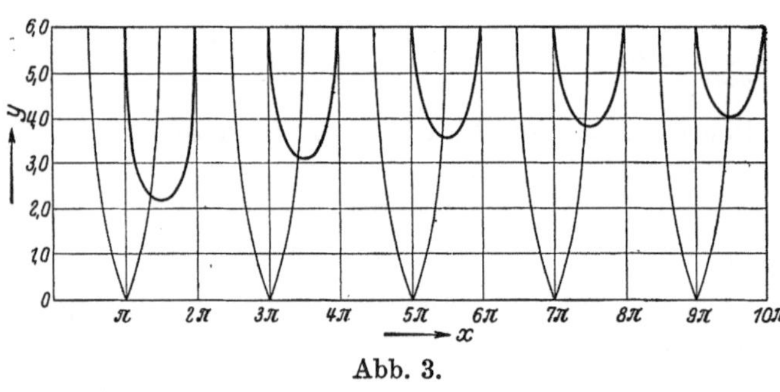

Abb. 3.

kommen in (13a) nur die Werte x in Frage, für die $\sin x$ negativ ist, d. h. also die Bereiche von π bis 2π, von 3π bis 4π, von 5π bis 6π usw. Aus dem gleichen Grunde kommen in (13b) nur die Werte x in Betracht, für die $\cos x$ negativ ist, d. h. die Bereiche von $\frac{\pi}{2}$ bis $\frac{3}{2}\pi$, von $\frac{5}{2}\pi$ bis $\frac{7}{2}\pi$, von $\frac{9}{2}\pi$ bis $\frac{11}{2}\pi$ usw.

Die beiden Kurven haben, wie aus Abb. 3 ersichtlich ist, unendlich viele Schnittpunkte; aus der Zeichnung lassen sich diese allerdings nur mit beschränkter Genauigkeit entnehmen. Zur Verbesserung dieser Werte wird das Newtonsche Verfahren[1] herangezogen.

Aus der Zeichnung seien z. B. für das erste Wurzelpaar die Näherungswerte abgelesen

$$x_1 = 4{,}2 \quad \text{und} \quad y_1 = 2{,}2.$$

Setzt man diese Werte in (12) ein, so ergibt sich

$$f(x_1 y_1) = \sin x_1 \,\mathfrak{Cof}\, y_1 + x_1 = 0{,}219,$$
$$g(x_1 y_1) = \cos x_1 \,\mathfrak{Sin}\, y_1 + y_1 = 0{,}015,$$

also nicht Null, wie es für die genauen Werte sein müßte. Die verbesserten Werte seien

$$x_2 = x_1 + h, \quad y_2 = y_1 + k.$$

Die Taylorsche Formel für zwei Veränderliche liefert, wenn man sich auf lineare Glieder beschränkt,

$$f(x_2 y_2) = f(x_1 + h,\, y_1 + k) = f(x_1 y_1) + h\frac{\partial}{\partial x}f(x_1 y_1) + k\frac{\partial}{\partial y}f(x_1 y_1) = 0.$$

Eine entsprechende Gleichung läßt sich auch für $g(x_2 y_2)$ aufstellen. In abgekürzter Schreibweise erhalten wir

$$f(x_2 y_2) = f + h f_x + k f_y = 0,$$
$$g(x_2 y_2) = g + h g_x + k g_y = 0.$$

Darin bedeutet $f_x = \dfrac{\partial f}{\partial x}$, $f_y = \dfrac{\partial f}{\partial y}$ usw.

Aus diesen beiden Gleichungen ergeben sich die Unbekannten h und k zu

$$h = \frac{1}{\varDelta}\left(-f g_y + g f_y\right),$$
$$k = \frac{1}{\varDelta}\left(f g_x - g f_x\right),$$

---

[1] Vgl. z. B. C. Runge u. H. König: Numerisches Rechnen S. 177. Berlin: Springer 1924.

worin Δ die Nennerdeterminante darstellt

$$\Delta = f_x g_y - f_y g_x.$$

Die Werte f und g sind oben schon zahlenmäßig angegeben. Durch Differentiation der Gleichungen (12) ergibt sich

$$f_x = \quad g_y = \cos x_1 \, \mathfrak{Cos} \, y_1 + 1 = -1{,}239\,,$$
$$f_y = -g_x = \sin x_1 \, \mathfrak{Sin} \, y_1 \quad\;\; = -3{,}885\,.$$

Damit wird

$$\Delta = 1{,}239^2 + 3{,}885^2 = 16{,}627$$

und

$$h = \frac{1}{16{,}627}\,(0{,}219\cdot 1{,}239 - 0{,}015\cdot 3{,}885) = 0{,}013\,,$$

$$k = \frac{1}{16{,}627}\,(0{,}219\cdot 3{,}885 + 0{,}015\cdot 1{,}239) = 0{,}052\,.$$

Die verbesserten Werte betragen somit

$$x_2 = x_1 + h = 4{,}2 + 0{,}013 = 4{,}213\,,$$
$$y_2 = y_1 + k = 2{,}2 + 0{,}052 = 2{,}252\,.$$

Diese Wurzeln sind auch noch nicht genau, da wir ja beim Ansetzen der Taylorschen Formel alle Glieder von höherer als der ersten Ordnung vernachlässigt haben. Man kann jetzt x_2, y_2 als neue Näherungswerte auffassen und das Verfahren wiederholen.

Die gleiche Rechnung wird auch für die anderen Wurzelpaare durchgeführt.

Ist $z = 2\,\alpha = x + i\,y$ bestimmt, so ist

$$\alpha = \tfrac{1}{2}\,(x + i\,y) = u + i\,v.$$

Die Bestimmungsgleichung (8) hat somit unendlich viele Gruppen komplexer Wurzeln, worin jede Gruppe aus vier zusammengehörigen Werten besteht   Die n-te Gruppe lautet

$$(14) \qquad \begin{cases} \alpha_{n1} = \alpha_n = u_n + i\,v_n\,, & \alpha_{n3} = -\alpha_n = -(u_n + i\,v_n)\,, \\[4pt] \alpha_{n2} = \overline{\alpha}_n = u_n - i\,v_n\,, & \alpha_{n4} = -\overline{\alpha}_n = -(u_n - i\,v_n)\,. \end{cases}$$

Die Zahlenwerte u_n und v_n für $n = 1$ bis 5 betragen darin (vgl. das anfangs angezogene Schrifttum):

(15)

n	u_n	v_n
1	2,106	1,125
2	5,356	1,552
3	8,537	1,776
4	11,699	1,929
5	14,854	2,047

3. Fortsetzung der Zusatzlösung w_I.

Da α unendlich viele Werte aufweist, setzen wir die Zusatzlösung jetzt in Reihenform an

$$(16) \qquad\qquad w_I = \sum_n w_n \qquad\qquad (n = 1, 2, 3, \ldots).$$

Wegen der Symmetrie von w_I zur x- bzw. y-Achse liefert α_{n3} denselben Wert wie α_{n1} und α_{n4} denselben wie α_{n2}. Es genügt also, das Reihenglied w_n entsprechend (9) in der Form anzusetzen

$$(17) \qquad w_n = K\,[A_n\,(\alpha_n\xi \sin\alpha_n\xi + \sin^2\alpha_n \cos\alpha_n\xi)\,\mathfrak{Cos}\,\alpha_n\eta +$$
$$+ B_n\,(\overline{\alpha}_n\xi \sin\overline{\alpha}_n\xi + \sin^2\overline{\alpha}_n \cos\overline{\alpha}_n\xi)\,\mathfrak{Cos}\,\overline{\alpha}_n\eta].$$

Mit den Abkürzungen

$$\sin^2\alpha_n = \gamma_n + i\,\delta_n; \qquad \sin^2\overline{\alpha}_n = \gamma_n - \imath\,\delta_n$$

sowie

$$\alpha_n\xi\,\sin\alpha_n\xi + \sin^2\alpha_n\,\cos\alpha_n\xi = c_n + i\,d_n,$$
$$\overline{\alpha}_n\xi\,\sin\overline{\alpha}_n\xi + \sin^2\overline{\alpha}_n\,\cos\overline{\alpha}_n\xi = c_n - i\,d_n$$

und

$$\mathfrak{Cos}\,\alpha_n\eta = e_n + i\,f_n; \qquad \mathfrak{Cos}\,\overline{\alpha}_n\eta = e_n - i\,f_n$$

wird, wenn man nach reellen und imaginären Gliedern ordnet,

$$(18) \quad w_n = K\{A_n\left[(c_n e_n - d_n f_n) + i\,(c_n f_n + d_n e_n)\right] + B_n\left[(c_n e_n - d_n f_n) - i\,(c_n f_n + d_n e_n)\right]\}.$$

Darin sind

$$(19) \quad \begin{cases} c_n = (u_n\xi\,\sin u_n\xi + \gamma_n\,\cos u_n\xi)\,\mathfrak{Cos}\,v_n\xi - (v_n\xi\,\cos u_n\xi - \delta_n\,\sin u_n\xi)\,\mathfrak{Sin}\,v_n\xi, \\ d_n = (u_n\xi\,\cos u_n\xi - \gamma_n\,\sin u_n\xi)\,\mathfrak{Sin}\,v_n\xi + (v_n\xi\,\sin u_n\xi + \delta_n\,\cos u_n\xi)\,\mathfrak{Cos}\,v_n\xi \end{cases}$$

Funktionen von ξ allein, während

$$(20) \quad e_n = \mathfrak{Cos}\,u_n\eta\,\cos v_n\eta; \qquad f_n = \mathfrak{Sin}\,u_n\eta\,\sin v_n\eta$$

nur von η abhängig sind. Die in (19) vorkommenden Werte

$$(21) \quad \begin{cases} \gamma_n = \sin^2 u_n\,\mathfrak{Cos}^2 v_n - \cos^2 u_n\,\mathfrak{Sin}^2 v_n, \\ \delta_n = 2\sin u_n\,\cos u_n\,\mathfrak{Sin}\,v_n\,\mathfrak{Cos}\,v_n = \tfrac{1}{2}\sin 2u_n\,\mathfrak{Sin}\,2v_n \end{cases}$$

sind von ξ und η unabhängig.

Führt man in Gleichung (18)

$$U_n = A_n + B_n \quad \text{und} \quad V_n = i\,(A_n - B_n)$$

als neue Freiwerte ein, so wird daraus schließlich

$$(22) \quad w_n = K\left[U_n\,(c_n e_n - d_n f_n) + V_n\,(c_n f_n + d_n e_n)\right].$$

Für die weitere Berechnung brauchen wir außerdem die partielle Ableitung nach y. Laut Gleichung (16) ist

$$(23) \quad \frac{\partial w_I}{\partial y} = \sum_n \frac{\partial w_n}{\partial y} \qquad\qquad (n = 1, 2, 3, \ldots).$$

In w_n laut (22) sind nur die Werte e_n und f_n von y abhängig. Die Differentiation ergibt

$$(24) \quad \frac{\partial w_n}{\partial y} = \frac{K}{a}\left[U_n\,(c_n g_n - d_n h_n) + V_n\,(c_n h_n + d_n g_n)\right],$$

worin zur Abkürzung gesetzt ist

$$(25) \quad \begin{cases} g_n = \dfrac{d\,e_n}{d\,\eta} = u_n\,\mathfrak{Sin}\,u_n\eta\,\cos v_n\eta - v_n\,\mathfrak{Cos}\,u_n\eta\,\sin v_n\eta, \\ h_n = \dfrac{d\,f_n}{d\,\eta} = u_n\,\mathfrak{Cos}\,u_n\eta\,\sin v_n\eta + v_n\,\mathfrak{Sin}\,u_n\eta\,\cos v_n\eta. \end{cases}$$

Zur Ermittlung der Freiwerte U und V müssen wir noch die entsprechenden Werte auf dem Rande $y = b$ aufstellen. Mit den Abkürzungen

$$(26) \quad \begin{cases} \Phi_n = c_n\varepsilon_n - d_n\zeta_n \\ \Psi_n = c_n\zeta_n + d_n\varepsilon_n \end{cases} \quad \text{und} \quad \begin{aligned} &\Theta_n = c_n\vartheta_n - d_n\varkappa_n \\ &\Omega_n = c_n\varkappa_n + d_n\vartheta_n, \end{aligned}$$

worin

$$(27) \quad \varepsilon_n = e_{n,\,y=b} = \mathfrak{Cos}\,u_n\lambda\,\cos v_n\lambda; \qquad \zeta_n = f_{n,\,y=b} = \mathfrak{Sin}\,u_n\lambda\,\sin v_n\lambda$$

sowie

$$
(28) \quad
\begin{cases}
\vartheta_n = g_{n,\,v=b} = u_n \, \mathfrak{Sin}\, u_n \lambda \, \cos v_n \lambda - v_n \, \mathfrak{Cof}\, u_n \lambda \, \sin v_n \lambda, \\[2mm]
\varkappa_n = h_{n,\,v=b} = u_n \, \mathfrak{Cof}\, u_n \lambda \, \sin v_n \lambda + v_n \, \mathfrak{Sin}\, u_n \lambda \, \cos v_n \lambda
\end{cases}
$$

und

$$
(29) \qquad \lambda = \frac{b}{a}
$$

bedeutet, wird schließlich

$$
(30) \quad
\begin{cases}
w_{I,\,v=b} = \displaystyle\sum_n w_{n,\,v=b]} = K \sum_n (U_n \Phi_n + V_n \Psi_n) \\[3mm]
\left(\dfrac{\partial w_I}{\partial y}\right)_{v=b} = \displaystyle\sum_n \left(\dfrac{\partial w_n}{\partial y}\right)_{v=b} = \dfrac{K}{a} \sum_n (U_n \Theta_n + V_n \Omega_n) \\[3mm]
(n = 1,\, 2,\, 3,\, \ldots).
\end{cases}
$$

Die Funktionen Φ_n, Ψ_n, Θ_n und Ω_n sind nur von ξ und λ abhängig. In Abb. 4 ist beispielsweise deren Verlauf für $n = 1$ und $b = a$ ($\lambda = 1$) dargestellt.

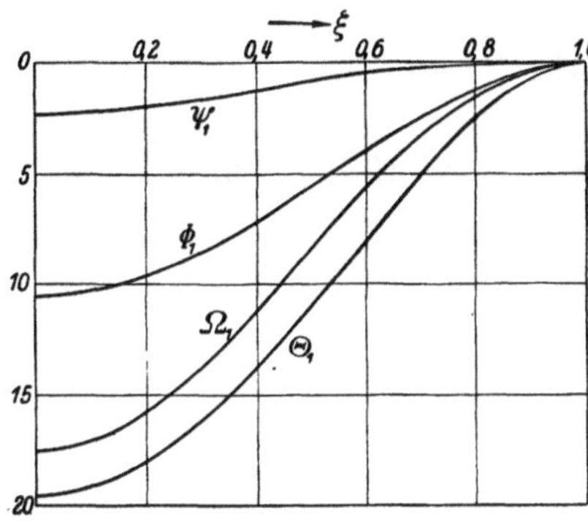

Abb. 4.

Zusammenfassend ist also festzustellen: Durch die Reihe (16), worin jedes Reihenglied in (22) angeschrieben wurde, ist eine Zusatzlösung bestimmt, welche symmetrisch zur x- und y-Achse verläuft und der homogenen Gleichung $\Delta \Delta w = 0$ genügt. Auf den Rändern $x = \pm a$ ist starre Einspannung vorhanden. Die Reihenglieder zur Ermittlung der Durchbiegungen und Neigungen in Richtung der y-Achse auf den Rändern $y = \pm b$ sind in (30) angeschrieben. Die Zusatzlösung weist unendlich viele Freiwerte U bzw. V auf.

4. Die Zusatzlösung w_{II}.

Entsprechend (4) setzen wir jetzt an

$$
(31) \quad
\begin{cases}
w_{II} = K \left(C \beta \dfrac{y}{b} \sin \beta \dfrac{y}{b} + D \cos \beta \dfrac{y}{b} \right) \mathfrak{Cof}\, \beta \dfrac{x}{b} \\[3mm]
\text{oder} \\[2mm]
w_{II} = K \left(C \beta \varphi \, \sin \beta \varphi + D \cos \beta \varphi \right) \mathfrak{Cof}\, \beta \psi,
\end{cases}
$$

worin zur Abkürzung eingeführt wird

$$
(32) \qquad \varphi = \frac{y}{b} \quad \text{und} \quad \psi = \frac{x}{b}.
$$

Darin sind C und D wieder Freiwerte, β ist ein Parameter und K ist eine beliebige Konstante.

Wir fordern jetzt entsprechend, daß auf den Rändern $y = \pm b$ ($\varphi = 1$) die Randbedingungen $w = 0$ und $\dfrac{\partial w}{\partial y} = 0$ erfüllt sind.

Die weitere Rechnung braucht hier nicht durchgeführt zu werden. Sie verläuft ebenso, wie dies in den Abschnitten 1 bis 3 ausführlich dargestellt wurde; der Parameter β wird gleich α.

Damit ist eine zweite Zusatzlösung gewonnen, die symmetrisch zur x- und y-Achse verläuft und die homogene Plattengleichung $\Delta \Delta w = 0$ befriedigt. Die starre Einspannung ist jetzt längs der Ränder $y = \pm b$ vorhanden.

5. Die Ermittlung der Freiwerte.

Die Zusatzlösung w_I weist auf den Rändern $x = \pm a$, w_{II} auf den Rändern $y = \pm b$ starre Einspannung auf. In den Plattenecken wird somit w_I und w_{II} nebst ihren ersten partiellen Ableitungen nach x und y gleich Null. Wir müssen also die Grundlösung so auswählen, daß in den Plattenecken die Durchbiegungen sowie die Neigungswinkel in der x- und y-Richtung ebenfalls verschwinden. Außerdem muß Symmetrie zu beiden Achsen vorhanden sein.

Angenommen, w_0 sei eine solche Grundlösung. Auf dem Rande $y = b$ sei

$$(33) \quad \begin{cases} w_{0,\,y=b} = K\,k, \\ \left(\dfrac{\partial w_0}{\partial y}\right)_{y=b} = \dfrac{K}{a}\,l, \end{cases}$$

worin k und l Funktionen von x bzw. ξ allein sind.

Um nun diese Werte mit der Zusatzlösung w_I superponieren zu können, entwickeln wir diese Werte (33) in eine Reihe. Entsprechend (30) setzen wir an

$$(34) \quad \begin{cases} k = \sum_n (A_n\,\Phi_n + B_n\,\Psi_n) \\ l = \sum_n (A_n\,\Theta_n + B_n\,\Omega_n) \end{cases} \qquad (n = 1,\,2,\,3,\,\ldots).$$

Darin haben die Festwerte A_n und B_n nichts mit den früher vorübergehend eingeführten Freiwerten A und B zu tun.

Die Überlagerung von Grund- und Zusatzlösung ergibt dann

$$w_{y=b} = w_{0,\,y=b} + w_{I,\,y=b} = K \sum_n [(A_n + U_n)\,\Phi_n + (B_n + V_n)\,\Psi_n] = 0,$$

$$\left(\frac{\partial w}{\partial y}\right)_{y=b} = \left(\frac{\partial w_0}{\partial y}\right)_{y=b} + \left(\frac{\partial w_I}{\partial y}\right)_{y=b} = \frac{K}{a} \sum_n [(A_n + U_n)\,\Theta_n + (B_n + V_n)\,\Omega_n] = 0.$$

Diese Gleichungen sollen für jeden Wert von x erfüllt sein. Dies ist nur möglich, wenn jedes Reihenglied verschwindet; es muß also sein

$$(35) \quad \begin{cases} \text{oder} \quad A_n + U_n = 0 \quad\text{und}\quad B_n + V_n = 0 \\ \qquad\quad U_n = -A_n \quad\text{und}\qquad V_n = -B_n. \end{cases}$$

Die Überlagerung der Grundlösung w_0 mit der Zusatzlösung w_{II} längs des Randes $x = a$ erfolgt, sofern eine zweite Zusatzlösung überhaupt erforderlich ist, auf entsprechende Weise.

6. Die Platte mit gleichmäßig verteilter voller Belastung.

Zur Ermittlung der Grundlösung gehen wir aus von der bekannten Biegungslinie des beiderseitig eingespannten Balkens von der Länge $2a$, der gleichmäßig mit p belastet ist. Der Abstand x zählt von Balkenmitte aus. Ersetzt man die Balkensteifigkeit EJ durch die Plattensteifigkeit D, so ergibt sich

$$(36) \quad w_0 = \frac{p\,a^4}{24\,D}\left[1 - \left(\frac{x}{a}\right)^2\right]^2 = \frac{p\,a^4}{24\,D}(1 - \xi^2)^2.$$

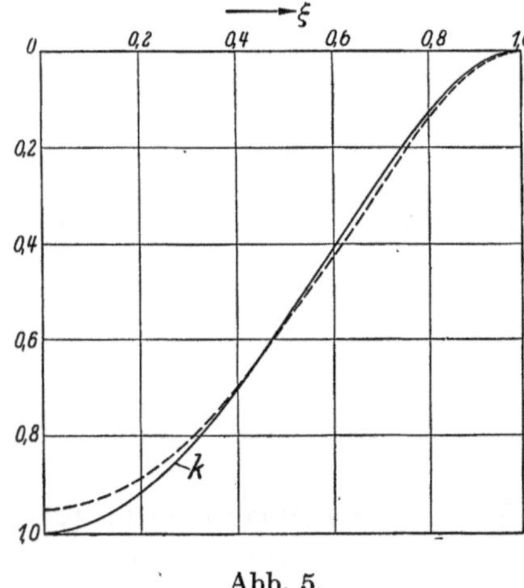

Abb. 5.

Dieser Ansatz befriedigt, wie man leicht nachprüfen kann, die Plattengleichung (1). Er erfüllt ferner sämtliche Randbedingungen (2) mit Ausnahme der Bedingung

$$w = 0 \quad\text{auf den Rändern}\quad y = \pm b.$$

Es genügt also die Überlagerung der ersten Zusatzlösung w_I; die zweite Zusatzlösung w_{II} ist nicht erforderlich.

Die Konstante K wird angesetzt zu

$$(37) \quad K = \frac{p\,a^4}{24\,D}.$$

Dann ist laut Gleichung (33)

$$(38) \qquad \begin{cases} k = (1 - \xi^2)^2, \\ l = 0. \end{cases}$$

Der Verlauf der Funktion k ist in Abb. 5 dargestellt (ausgezogene Kurve).

7. Die Platte mit einer Einzellast P in Plattenmitte.

Als Grundlösung setzen wir an[1]

$$(39) \qquad w_0 = K\left[\frac{x^2 + y^2}{a^2 + b^2}\left(\ln\frac{x^2 + y^2}{a^2 + b^2} - 1\right) + 1\right],$$

worin

$$(40) \qquad K = \frac{P}{16\,D\,\pi}\,(a^2 + b^2)$$

eingeführt wird. Dieser Ansatz erfüllt, wie man sich durch Einsetzen überzeugen möge, die Plattengleichung (1), in der jetzt, mit Ausnahme des Lastangriffspunktes, $p = 0$ zu setzen ist. Wie aus der Theorie der Kreisplatten ferner bekannt ist, liefert der logarithmische Anteil in einem konzentrischen Schnitt um den Plattenmittelpunkt Querkräfte, deren Resultierende gleich der angreifenden Einzellast P ist. Wegen des quadratischen Auftretens von x und y ist w_0 symmetrisch zur x- und y-Achse. Schließlich übersieht man leicht, daß in den Plattenecken sowohl w_0 als auch deren erste partielle Ableitungen nach x und y verschwinden.

Außerhalb der Plattenecken sind die Randbedingungen (2) nicht erfüllt, weder auf den Rändern $x = \pm a$ noch auf den Rändern $y = \pm b$. Wir benötigen also beide Zusatzlösungen w_I und w_{II}.

Zwecks Überlagerung mit der Zusatzlösung w_I führen wir die Abkürzungen (5) und (29) ein; damit geht (39) über in

$$w_0 = K\left[\frac{\xi^2 + \eta^2}{1 + \lambda^2}\left(\ln\frac{\xi^2 + \eta^2}{1 + \lambda^2} - 1\right) + 1\right],$$

woraus sich sofort ergibt

$$\frac{\partial w_0}{\partial y} = \frac{1}{a}\frac{\partial w_0}{\partial \eta} = \frac{K}{a}\frac{2\eta}{1 + \lambda^2}\ln\frac{\xi^2 + \eta^2}{1 + \lambda^2}.$$

Setzt man darin $\eta = \lambda$, so erhält man die entsprechenden Werte auf dem Plattenrand $y = b$. Die Funktionen k und l nach Gleichung (33) betragen also

$$(41) \qquad \begin{cases} k = \dfrac{\xi^2 + \lambda^2}{1 + \lambda^2}\left(\ln\dfrac{\xi^2 + \lambda^2}{1 + \lambda^2} - 1\right) + 1, \\ l = \dfrac{2\lambda}{1 + \lambda^2}\ln\dfrac{\xi^2 + \lambda^2}{1 + \lambda^2}. \end{cases}$$

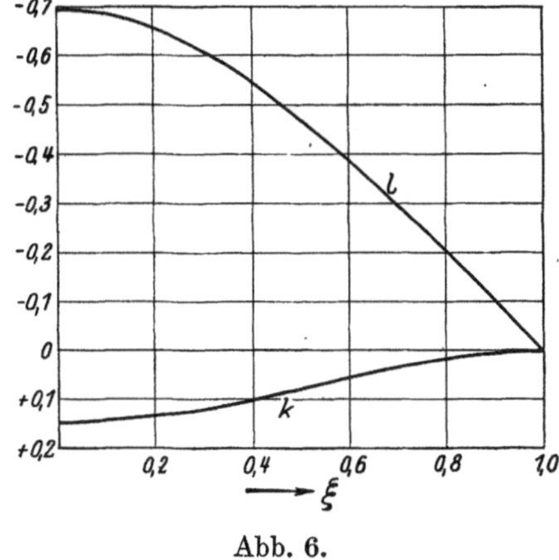

Abb. 6.

Für die quadratische Platte ($\lambda = 1$) ist der Verlauf der Funktionen k und l in Abb. 6 dargestellt.

Um die Grundlösung mit der Zusatzlösung w_{II} zu überlagern, führen wir in (39) die Abkürzungen (32) ein. Setzt man ferner

$$(42) \qquad \varkappa = \frac{a}{b} = \frac{1}{\lambda},$$

so wird damit

$$w_0 = K\left[\frac{\varphi^2 + \psi^2}{1 + \varkappa^2}\left(\ln\frac{\varphi^2 + \psi^2}{1 + \varkappa^2} - 1\right) + 1\right]$$

[1] Ein ähnlicher Ansatz findet sich bereits bei H. Hencky: Über den Spannungszustand in rechteckigen ebenen Platten bei gleichmäßig verteilter und bei konzentrierter Belastung S. 64. Diss. T. H. Darmstadt 1913.

und daraus

$$\frac{\partial w_0}{\partial x} = \frac{1}{b}\,\frac{\partial w_0}{\partial \psi} = \frac{K}{b}\,\frac{2\psi}{1+\chi^2}\ln\frac{\varphi^2+\psi^2}{1+\chi^2}\,.$$

Die entsprechenden Werte auf dem Rande $x = a$ ergeben sich, indem man in diesen Gleichungen ψ durch χ ersetzt.

8. Zahlenbeispiel.

Die Rechnung sei für eine ringsum eingespannte quadratische Platte ($\lambda = 1$) mit gleichmäßig verteilter Belastung durchgeführt. Die Grundlösung für diesen Lastfall wurde im Abschnitt 6 angeschrieben; als Zusatzlösung kommt nur w_I in Betracht. Die Annäherung der bekannten Funktionen k und l durch die Reihen (34) erfolgt nach der Methode der kleinsten Quadrate[1] und liefert eine Gruppe linearer Gleichungen zur Ermittlung der Festwerte A und B. Bei Beschränkung auf das erste Reihenglied ($w_I = w_1$) treten nur die beiden Festwerte A_1 und B_1 auf, für die sich die beiden Bestimmungsgleichungen ergeben:

$$A_1\left(\int \Phi_1^2\,d\xi + \int \Theta_1^2\,d\xi\right) \qquad + B_1\left(\int \Phi_1\Psi_1\,d\xi + \int \Theta_1\Omega_1\,d\xi\right) = \int k\,\Phi_1\,d\xi + \int l\,\Theta_1\,d\xi,$$

$$A_1\left(\int \Phi_1\Psi_1\,d\xi + \int \Theta_1\Omega_1\,d\xi\right) + B_1\left(\int \Psi_1^2\,d\xi + \int \Omega_1^2\,d\xi\right) \qquad = \int k\,\Psi_1\,d\xi + \int l\,\Omega_1\,d\xi.$$

Die Integrale werden numerisch ermittelt; mit Rücksicht auf die Symmetrie genügt es, die Integration nur über die halbe Plattenbreite, d. h. von $\xi = 0$ bis $\xi = 1$ zu erstrecken.

Man erhält so die beiden Gleichungen

$$197,4\,A_1 + 139,5\,B_1 = 4,19\,,$$
$$139,5\,A_1 + 113,7\,B_1 = 0,81\,,$$

aus denen sich $A_1 = 0,122$ und $B_1 = -0,142$ ergeben. Daraus folgt laut (35) $U_1 = -0,122$ und $V_1 = +0,142$. Die Überlagerung der Grundlösung (36) und der Zusatzlösung (22) ergibt dann unter Beachtung von (37)

$$w = \frac{p\,a^4}{24\,D}\left[(1-\xi^2)^2 - 0,122\right.$$
$$(c_1 e_1 - d_1 f_1) + 0,142\,(c_1 f_1 + d_1 e_1)\big],$$

worin die Funktionen c_1 und d_1 in (19), e_1 und f_1 in (20) angeschrieben sind.

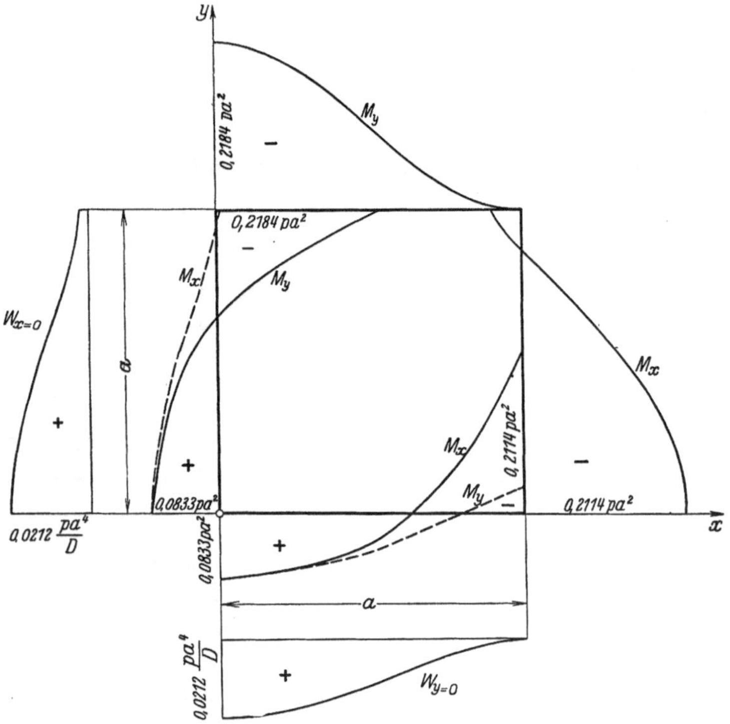

Auf dem Rande $y = a\,(\eta = 1)$ muß wegen der starren Einspannung sowohl die Durchbiegung als auch deren erste Ableitungen nach x und y verschwinden. Berücksichtigt man von der Reihe nur das erste Reihenglied, so kann man eine strenge Einhaltung dieser Randbedingungen natürlich nicht erwarten. Als Beispiel sei die Durchbiegung auf dem Rande $y = a$ untersucht. Der erste Summand des obigen Ausdrucks für w war bereits in Abb. 5 aufgetragen (ausgezogene Kurve). Die Summe der beiden restlichen Summanden ist in der gleichen Abb. 5 als gestrichelte Kurve eingezeichnet. Der Unterschied beider Kurven stellt den auftretenden Fehler dar; im Verhältnis zur absoluten Größe der einzelnen Summanden ist er nur gering.

Abb. 7.

---

[1] Vgl. z. B. C. Runge u. H. König: a. a. O. S. 189.

Sind die Durchbiegungen bestimmt, so lassen sich daraus die Schnittkräfte in bekannter Weise ermitteln. Abb. 7 zeigt die Biegungslinien längs der beiden Symmetrieschnitte $x = 0$ bzw. $y = 0$; weiterhin sind die Momentenlinien für die gleichen Mittelschnitte sowie für die Plattenränder $x = a$ bzw. $y = a$ aufgetragen.

Aus Symmetriegründen müssen die entsprechenden Werte auf symmetrisch liegenden Schnitten übereinstimmen. So müßten z. B. die beiden gezeichneten Biegungslinien sich vollständig zur Deckung bringen lassen. Wie man erkennt, trifft dies nicht genau zu; der Grund hierfür liegt in der bereits erwähnten Ungenauigkeit auf den Rändern $y = a$.

Von besonderem Interesse ist der Vergleich mit den auf anderen Wegen gewonnenen Ergebnissen. Die größte Durchbiegung in Plattenmitte beträgt 0,0212. Lewe[1] errechnet dafür 0,0184, Nádai[2] 0,0204 und Marcus[3] 0,0228; sämtliche Zahlen sind darin auf den gleichen Multiplikator $\frac{p\,a^4}{D}$ umgerechnet.

Die Biegungsmomente in Plattenmitte ergeben sich zu $M_x = M_y = 0,0833\,p\,a^2$. Für die gleichen Werte gibt Marcus 0,0721, Nádai 0,0888 und Hencky[4] $0,092\,p\,a^2$ an. Schließlich seien noch die größten Momente in den Mitten der Plattenränder verglichen. Die eigene Berechnung ergibt den Mittelwert $-0,215\,p\,a^2$, während Marcus $-0,189$, Hencky $-0,205$ und Nádai $-0,206\,p\,a^2$ ermittelt. Bei dem Vergleich dieser Zahlen für die Momente darf man allerdings nicht übersehen, daß die Querdehnungszahl $\mu = \frac{1}{m}$ sämtlich verschieden groß angenommen wurde. Hencky führte μ zu $^3/_{10}$, Nádai zu $^1/_4$ ein; der eigenen Berechnung liegt $\mu = ^1/_6$ zugrunde, während Marcus $\mu = 0$ annahm.

Zusammenfassend ist festzustellen, daß die Ergebnisse des Zahlenbeispieles sich gut in die bekannten Werte anderer Verfasser einordnen. Die aufzuwendende Rechenarbeit dürfte wesentlich geringer sein als nach den anderen Verfahren.

---

[1] Lewe, V.: Pilzdecken S. 47. Berlin: W. Ernst & Sohn 1926.

[2] Nádai, A.: Elastische Platten S. 183. Berlin: Springer 1925.

[3] Marcus, H.: Die Theorie elastischer Gewebe und ihre Anwendung auf die Berechnung biegsamer Platten S. 152. Berlin: Springer 1924.

[4] Hencky, H.: a. a. O. S. 53.

(Eingegangen am 30. 1. 42.)